Σ BEST
シグマベスト

最高水準問題集
高校入試 数学

文英堂編集部 編

文英堂

本書のねらい ▶ ▶ ▷

　この問題集は，文英堂の「最高水準問題集」シリーズの総仕上げ用として編集したものです。特に，国立大附属や有名私立などの難関校を受験しようとするみなさんのために，最高の実力がつくように，次のような構成と特色をもたせました。

1

全国の一流難関校の入試問題から良問で高水準のものを精選し，実際の入試に即して編集した。

　▶入試によく出る問題には **頻出**，特に難しい問題には **難** の印をつけた。

2

単元別に問題を分類し，学習しやすいように配列して，系統的な勉強ができるようにした。

　▶各自の学習計画に合わせて，どこからでも学習できる。
　▶すべての問題に「**内容を示すタイトル**」をつけたので，頻出テーマの研究や弱点分野の補強，入試直前の重点演習などに役立てることができる。

3

国・私立高校受験の総仕上げのために，模擬テストを3回設けた。

　▶制限時間と配点を示したので，各自の実力が判定できる。

4

解答は別冊にし，どんな難問でも必ず解けるように，くわしい解説をつけた。

　▶類題にも応用できる，くわしくてわかりやすい **解説** をつけるとともに，**入試メモ** では，出題傾向の分析などの入試情報を載せた。**パワーアップ** では，中学の範囲外ではあるが，知っていると入試で役立つ内容を取り上げ，実力アップに役立つようにした。

もくじ ▶ ▶ ▶

1 数の計算 ………………………………………………………… 5
2 式の計算 ………………………………………………………… 11
3 1次方程式と連立方程式 ……………………………………… 16
4 2次方程式 ……………………………………………………… 21
5 不 等 式 ………………………………………………………… 25
6 比例・反比例 …………………………………………………… 27
7 1次関数 ………………………………………………………… 30
8 2乗に比例する関数 …………………………………………… 36
9 場合の数 ………………………………………………………… 44
10 確　率 …………………………………………………………… 47
11 資料の活用と標本調査 ………………………………………… 52
12 図形の基礎 ……………………………………………………… 55
13 相似な図形 ……………………………………………………… 60
14 円の性質 ………………………………………………………… 65
15 三平方の定理 …………………………………………………… 70
16 平面図形の総合問題 …………………………………………… 79
17 空間図形の総合問題 …………………………………………… 86

○模擬テスト(第1回・第2回・第3回) ………………………………… 97

別冊 正解答と解説

1 数の計算

▶解答→別冊 p.1

1 〈有理数の計算〉 頻出
次の計算をしなさい。

(1) $\left(-\dfrac{2}{3}\right)^2 \times 6 \div (-10) - \dfrac{2}{5}$ （広島大附高）

(2) $-2^4 \div (-3)^2 \div \dfrac{2}{3} - 3 \div (-2^2)$ （東京・法政大高）

(3) $\{(-2)^3 - 3 \times (-4)\} \div \left(\dfrac{1}{2} - 1\right)^2$ （東京・國學院大久我山高）

(4) $18^2 + 18 \times 19 + 20^2 + 21 \times 22 + 22^2$ （大阪教育大附高池田）

(5) $0.65^2 + (-0.25)^2 - 0.65 \times 0.25 \times 2$ （東京・中央大杉並高）

(6) $\dfrac{\dfrac{3}{4} + \dfrac{1}{20}}{\dfrac{7}{12} + \dfrac{1}{1 + \dfrac{1}{2}}}$ （東京・お茶の水女子大附高）

2 〈無理数の計算〉 頻出
次の計算をしなさい。

(1) $\left(\dfrac{10}{\sqrt{5}} - \dfrac{5}{\sqrt{3}}\right)\left(\dfrac{2}{\sqrt{3}} + \dfrac{4}{\sqrt{5}}\right)$ （東京・明治学院高）

(2) $\dfrac{\sqrt{27}}{2} - 3\sqrt{48} - \dfrac{\sqrt{735}}{\sqrt{20}} + 2\sqrt{147}$ （東京・中央大杉並高）

(3) $(1 + \sqrt{2} + \sqrt{3})(2 + \sqrt{2} - \sqrt{6}) - (\sqrt{3} - 1)^2$ （鹿児島・ラ・サール高）

(4) $\dfrac{(2\sqrt{3} + 1)^2 - (2\sqrt{3} - 1)^2}{\sqrt{32}}$ （兵庫・関西学院高）

(5) $(\sqrt{2} - \sqrt{3} + 3 - \sqrt{6})^2 + (\sqrt{2} + \sqrt{3} - 3 - \sqrt{6})^2$ （大阪星光学院高）

(6) $-\dfrac{(\sqrt{2} - 1)^2}{4\sqrt{2}} + \dfrac{(\sqrt{5} + \sqrt{3})^2}{\sqrt{15}} + \dfrac{(\sqrt{2} + 1)^2}{4\sqrt{2}} - \dfrac{(\sqrt{5} - \sqrt{3})^2}{\sqrt{15}}$ （東京学芸大附高）

3 〈最大公約数と最小公倍数〉
次の各問いに答えなさい。

(1) $\dfrac{128}{35}x$, $\dfrac{100}{21}x$, $\dfrac{56}{15}x$ がすべて正の整数となる分数 x のうち，最小のものを求めなさい。

(愛知・滝高)

(2) 最小公倍数が420で，最大公約数が5である2つの自然数がある。この2つの自然数の積は ① で，2つの自然数の組は ② 組ある。

(東京・成城高)

難(3) 2つの正の整数 A, B ($A>B$) があり，$AB=1920$，A, B の最小公倍数が240である。このとき，A と B の和が最小となるのは $A=$ □ のときである。

(東京・明治大付明治高)

4 〈素因数分解〉
45を素因数分解すると $45=3^2\times 5$ となる。このとき，素因数3の指数は2であり，素因数5の指数は1である。1から100までのすべての自然数の積を N とする。N を素因数分解したとき，次の問いに答えなさい。

(1) N の素因数の中で次のものを求めなさい。
   ① 指数が1である最大の素因数
   ② 指数が2である最大の素因数
   ③ 指数が5であるすべての素因数
(2) 素因数3の指数を求めなさい。

(大阪教育大附高池田)

5 〈互いに素〉
2つの自然数 a と b の最大公約数が1であるとき，「a と b は互いに素である」という。例えば，1と6，9と14はそれぞれ互いに素である。
次の問いに答えなさい。

(1) 1から21までの自然数で，21と互いに素であるものの個数を求めなさい。

(2) p を素数とするとき，1から p までの自然数で，p と互いに素であるものの個数を求めなさい。

難(3) p, q を素数とするとき，1から pq までの自然数で，pq と互いに素であるものの個数を求めなさい。

(東京・中央大附高)

6 〈適する数を求める〉
次の各問いに答えなさい。

(1) n, Nは自然数とする。$N^2 \leq n < (N+1)^2$を満たすnが11個あるとき、$N = \boxed{}$となる。
（東京・國學院大久我山高）

(2) 2つの自然数m, nがある。$2 < \sqrt{m} < 3$, $5 < \sqrt{n} < 6$であり、2つの数の積mnは、ある自然数の平方で表される。このような組(m, n)をすべて求めなさい。
（東京・お茶の水女子大附高）

7 〈根号を消す〉頻出
次の各問いに答えなさい。

(1) $\sqrt{112x}$が自然数となるような整数xの中で、最も小さい数を求めなさい。
（東京・日本大豊山高）

(2) $\sqrt{\dfrac{1176}{n}}$が整数となるような自然数nをすべて求めなさい。
（神奈川・法政大女子高）

難(3) $\sqrt{n^2+29}$が整数となるような、自然数nの値を求めなさい。
（千葉・東邦大付東邦高）

8 〈整数部分と小数部分〉頻出
次の各問いに答えなさい。

(1) $\sqrt{29}$の整数部分をa、小数部分をb（ただし、$0<b<1$）とするとき、$a^2+b(b+10)$の値は$\boxed{}$である。
（福岡大附大濠高）

(2) $5-\sqrt{3}$の整数部分をa、小数部分をbとするとき、$\dfrac{7a-3b^2}{2a-3b}$の値を求めなさい。
（東京・早稲田実業高）

(3) $\dfrac{2}{2-\sqrt{2}}$の整数部分をa、小数部分をbとするとき、次の値を求めなさい。

① a　② b　③ $a+\dfrac{2}{b}$
（埼玉・慶應志木高）

(4) $\sqrt{2}$, $\sqrt{3}$, $\sqrt{6}$の小数部分をそれぞれa, b, cとするとき、$\dfrac{(b+2)(c+4)}{a+1}$の値を求めなさい。
（東京・桐朋高）

9 〈n進法問題〉

次の各問いに答えなさい。

(1) 0, 1, 2の3種類の数字を用いて整数をつくり，次のように小さい順に並べていく。

0, 1, 2, 10, 11, 12, 20, …

次の問いに答えなさい。

① 15番目の数を求めなさい。

② 2011は何番目の数か答えなさい。

(埼玉・立教新座高)

(2) a, b, c, d, e の値は0か1であり，$A = a \times \dfrac{1}{2} + b \times \dfrac{1}{2^2} + c \times \dfrac{1}{2^3} + d \times \dfrac{1}{2^4} + e \times \dfrac{1}{2^5}$ のとき，

$A = (a, b, c, d, e)$ と表す。例えば，$0.4375 = 0 \times \dfrac{1}{2} + 1 \times \dfrac{1}{2^2} + 1 \times \dfrac{1}{2^3} + 1 \times \dfrac{1}{2^4} + 0 \times \dfrac{1}{2^5}$ だから，

$0.4375 = (0, 1, 1, 1, 0)$ と表される。

では，0.84375はどのように表されますか。

(東京・早稲田実業高)

10 〈回文数〉

515, 3223のような，一の位から逆に数字を並べても，もとの数と同じになる整数を回文数という。ある整数 n を2乗すると3けたの回文数となった。このような n のうち最大のものは □ である。

(東京・筑波大附駒場高)

11 〈既約分数〉

a は $\dfrac{1}{6}$ 以上 $\dfrac{1}{2}$ 以下の分数であり，分母と分子はともに自然数で1以外の公約数をもたない。

a の分母が84のとき，a は何個ありますか。

(東京・新宿高)

難 12 〈剰余の数①〉

1から30までのすべての奇数の積を8で割ったときの余りを求めなさい。

(東京・法政大高)

13 〈剰余の数②〉

a, b を自然数とする。a を13で割ると商が b で余りが10である。また，b を11で割ると余りが7である。a を11で割ったときの余りを求めなさい。

(東京・桐朋高)

14 〈循環小数〉頻出

$\frac{1}{7}$ を小数で表したとき，小数第1位から小数第n位までの各桁の数の和を$S(n)$とする。

(1) $S(7)$を求めなさい。
(2) $S(2012)$を求めなさい。

（鹿児島・ラ・サール高）

15 〈整数の和〉

1155を連続する正の整数の和として表すことを考える。例えば，連続する5個の正の整数の和として表すと，$1155=229+230+231+232+233$である。

(1) 1155を連続する7個の正の整数の和として表すとき，7個のうちの真ん中の数を求めなさい。
(2) 1155を連続する10個の正の整数の和として表すとき，10個のうちの最大の数と最小の数の和を求めなさい。
難(3) 1155を最大で何個の連続する正の整数の和として表すことができますか。

（東京・中央大附高）

難 16 〈0の個数〉

次の問いに答えなさい。

(1) $1\times2\times3\times\cdots\times2012$のように，1から2012までの整数をすべてかけてできた数は，一の位から0がいくつか連続して並んでいる。0は一の位から何個連続して並びますか。
(2) 2013から4024までの整数をすべてかけてできた数は，一の位から0がいくつか連続して並んでいる。0は一の位から何個連続して並びますか。
(3) 1からaまでの整数をすべてかけてできた数は，一の位から0がちょうど2012個連続して並んだ。aの値として考えられるものをすべて答えなさい。なお，aは1より大きい正の整数である。

（東京・筑波大附駒場高）

難 17 〈演算規則〉

1から4までの整数m, nについて，演算$m*n$を次のように定める。

$n*1=n$

$m*n=n*m$

1から4までの整数kについて，$m \neq n$のとき $k*m \neq k*n$

演算$m*n$の値は，1から4までの整数である。

次の問いに答えなさい。

(1) $n*n=1$であるとき，$2*4$の値を求めなさい。
(2) $3*4=1$であるとき，$2*3$の値を求めなさい。

（千葉・東邦大付東邦高）

18 〈数の置換〉

図1のようなあみだくじXがある。このあみだくじでは，1の縦線からスタートしたⒶはゴールでは3の縦線に，2の縦線からスタートしたⒷはゴールでは1の縦線に，3の縦線からスタートしたⒸはゴールでは2の縦線に移る。

これを，図2のようにスタートの縦線の番号を上段に，それに対してゴールの縦線の番号を真下の下段に書き，矢印で結ぶことにする。

図3は，縦線が5本あるあみだくじYであるが，横線はすべて隠されている。あみだくじYのスタートからゴールへの移動は図4のようになっている。

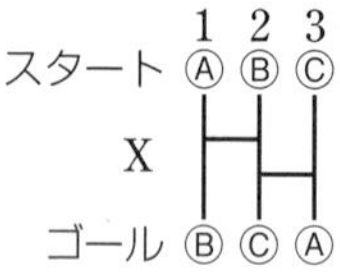

次の問いに答えなさい。

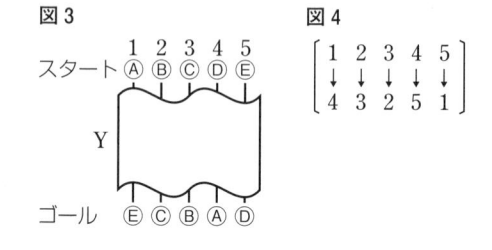

(1) 図5のように，あみだくじYを縦に2つ同じ向きにつないだとき，5本の縦線からそれぞれスタートすると，ゴールではどの番号の縦線に移るか，右の図に1，2，3，4，5の数字を記入しなさい。

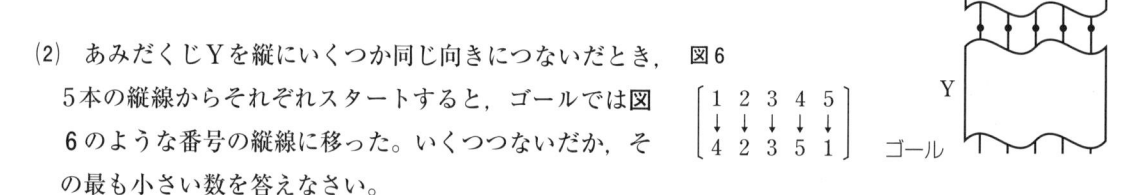

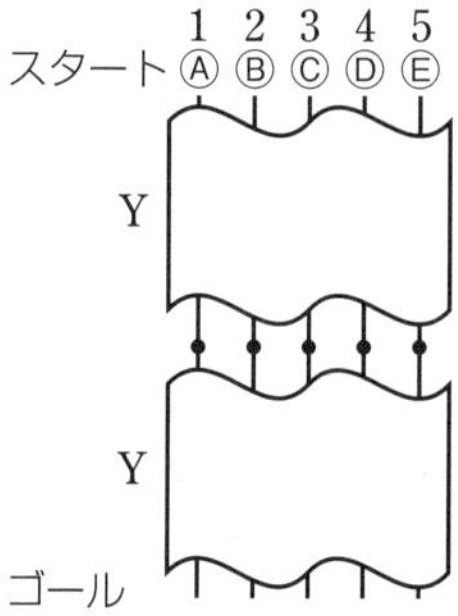

(2) あみだくじYを縦にいくつか同じ向きにつないだとき，5本の縦線からそれぞれスタートすると，ゴールでは図6のような番号の縦線に移った。いくつつないだか，その最も小さい数を答えなさい。

(3) あみだくじYを縦にいくつか同じ向きにつないだとき，5本の縦線からスタートすると，ゴールではそれぞれスタートと同じ番号の縦線に移った。いくつつないだか，その最も小さい数を答えなさい。

(4) 縦線が10本のあみだくじZがあり，スタートからゴールへの移動は図7のようになっている。このあみだくじZを縦にいくつか同じ向きにつないだとき，10本の縦線からスタートすると，ゴールではそれぞれスタートと同じ番号の縦線に移った。いくつつないだか，その最も小さい数を答えなさい。

(兵庫県)

2 式の計算

▶解答→別冊 p.7

19 〈指数法則〉

$\left(\dfrac{-b^2}{ca}\right)^2\left(-\dfrac{a^2}{b}\right)^2(b^2c)^3 = a^{\square}b^{\square}c^{\square}$ の □ にあてはまる数を求めなさい。

(東京・明治学院高)

20 〈単項式の計算〉 頻出

次の計算をしなさい。

(1) $\left(\dfrac{3}{2}xy^2\right)^2 \div (-3x^2y)^3 \times (-12x^4y^2)$ 　　　(大阪・近畿大附高)

(2) $\dfrac{3}{8}x^5 \times \left\{\left(\dfrac{2}{3}xy^2\right)^2 \div \dfrac{1}{6}x^3y\right\}^2$ 　　　(東京・日本大二高)

(3) $(-\sqrt{8}\,x^3y^2) \div \left(-\dfrac{\sqrt{72}}{5}xy\right) \times (\sqrt{3}\,y)^2$ 　　　(神奈川・横浜翠嵐高)

21 〈多項式の計算〉 頻出

次の計算をしなさい。

(1) $\dfrac{9-7x}{10} - 3(1-2x) - \dfrac{3x-2}{4}$ 　　　(千葉・市川高)

(2) $\dfrac{x+3y-3z}{3} - \dfrac{2x-3y}{6} - \dfrac{3y+2z}{4}$ 　　　(東京・青山学院高)

(3) $\dfrac{11x-7y}{6} - \left(\dfrac{7x-9y}{8} - \dfrac{8x-10y}{9}\right) \times 12$ 　　　(東京・東邦大東邦高)

22 〈分数式の計算〉 頻出

次の計算をしなさい。

(1) $\left(-\dfrac{y}{x^2}\right)^3 \times \left(\dfrac{x^4}{y^2}\right)^2 \div \left(-\dfrac{y^2}{3x}\right)^2$ 　　　(東京・明治大付中野高)

(2) $x\left(-\dfrac{x^3}{y}\right)^5\left(\dfrac{y^2}{x^4}\right)^3 \div \left(-\dfrac{x^2}{2y}\right)^2$ 　　　(東京・日本大二高)

(3) $\left(-\dfrac{1.5ab^2}{c^3}\right)^3 \div (4.5a^7b^2c) \times \left(\dfrac{c^5}{ab}\right)^2$ 　　　(兵庫・関西学院高)

23 〈等式変形〉 頻出
次の各問いに答えなさい。

(1) $S=\pi r^2+\pi \ell r$ を文字 ℓ について解きなさい。ただし，$r \neq 0$ とする。 （京都・立命館高）

(2) $\dfrac{1}{a}+\dfrac{1}{b}=\dfrac{1}{c}$ を b について解きなさい。 （長崎・青雲高）

(3) 等式 $y=\dfrac{2x-1}{3x-2}$ を x について解きなさい。 （神奈川・慶應高）

24 〈式の展開〉 頻出
次の各式を展開しなさい。

(1) $(a+c)(b+1)$ （千葉・渋谷教育学園幕張高）

(2) $(x+4)(x-2)-(x-3)^2$ （神奈川県）

(3) $(a+b+c)(a-b+c)-(a+b-c)(a-b-c)$ （東京・早稲田実業高）

25 〈因数分解〉 頻出
次の各式を因数分解しなさい。

(1) $2xy^2-8xy-64x$ （東京・青山高）

(2) $(2x+3)(2x-3)-(x-1)(3x+1)$ （東京・西高）

(3) $x^2-xy-y+x$ （東京・明治学院高）

(4) $a^2-b^2-c^2-2bc$ （東京・法政大高）

(5) $ab-2b+a^2-a-2$ （千葉・東邦大付東邦高）

(6) $(x^2+5x)^2+5(x^2+5x)-6$ （兵庫・関西学院高）

(7) $(x^2+4x+2)(x-2)(x+6)+2x^2+8x-24$ （東京・明治大付中野高）

(8) $(a-1)^2+a+b-(b+1)^2$ （奈良・東大寺学園高）

(9) $9a^2+4b^2-25c^2+12ab+30c-9$ （神奈川・法政大女子高）

(10) $a^3+b^2c-a^2c-ab^2$ （千葉・市川高）

2 式の計算

難 26 〈展開と因数分解〉
$(a^2+b^2-c^2)^2$ を展開すると ___(1)___ であるから，$a^4+b^4+c^4-2a^2b^2-2b^2c^2-2c^2a^2$ を因数分解すると ___(2)___ となる。
(兵庫・灘高)

27 〈式の値①〉 頻出
次の各問いに答えなさい。

(1) $a=\sqrt{2}+1$，$b=2\sqrt{2}-1$ のとき，$ab+a-b-1$ の値を求めなさい。
(千葉・和洋国府台女子高)

(2) $a=3\sqrt{2}+2\sqrt{3}$，$b=3\sqrt{2}-2\sqrt{3}$ のとき，$ab+\sqrt{2}\,a+\sqrt{3}\,b$ の値を求めなさい。
(大阪・清風高)

(3) $a=3\sqrt{2}+1$，$b=3\sqrt{2}-1$ のとき，$\dfrac{a^2-4ab+b^2}{a-b}$ の値を求めなさい。
(東京・新宿高)

(4) $x=\dfrac{\sqrt{3}}{\sqrt{2}}-\dfrac{\sqrt{2}}{\sqrt{3}}$，$y=\sqrt{6}-\dfrac{1}{\sqrt{6}}$ のとき，x^2-y^2 の値を求めなさい。
(東京・日比谷高)

(5) $x=\sqrt{7}+\sqrt{3}$，$y=\sqrt{7}-\sqrt{3}$ のとき，$2x^2-5xy-3y^2-(x+y)(x-4y)$ の値を求めなさい。
(奈良・西大和学園高)

(6) $(1+\sqrt{3})x=2$，$(1-\sqrt{3})y=-2$ のとき，$(2+\sqrt{3})x^2+(2-\sqrt{3})y^2$ の値を求めなさい。
(福岡・久留米大附設高)

28 〈式の値②〉
次の各問いに答えなさい。

(1) a，b は整数で，$(a-2\sqrt{2})(4+3\sqrt{2})=\sqrt{2}\,b$ となるとき，a，b の値を求めなさい。
(東京・法政大高)

(2) $7x+2y=-x-5y$ のとき，$\dfrac{5x-8y}{4x+9y}$ の値を求めなさい。
(茨城・江戸川学園取手高)

(3) $3x+y+1=2x+3y+\sqrt{3}$ のとき，$x^2-4xy+4y^2-3x+6y-4$ の値を求めなさい。
(東京・明治大付明治高)

(4) $x=\sqrt{3}\,y-1$，$y=\sqrt{3}\,x$ のとき，$(\sqrt{3}-y)^2-\dfrac{2}{\sqrt{3}}(\sqrt{3}-y)-(1-x)^2$ の値を求めなさい。
(東京・巣鴨高)

(5) $m-n=2$，$mn=4$ のとき，$(n^2+1)m-(m^2+1)n$ の値を求めなさい。
(奈良・東大寺学園高)

29 〈因数分解の利用〉

次の各問いに答えなさい。

(1) 等式 $x^2 - 9y^2 = 133$ を満たす自然数 x, y の組をすべて求めなさい。　　　　（埼玉・立教新座高）

(2) $x^2 - y^2 + 2x - 2y$ を因数分解すると ① である。また，$x^2 - y^2 + 2x - 2y - 40 = 0$ を満たす正の整数の組 (x, y) をすべて求めると ② である。　　　　（愛媛・愛光高）

難(3) a, b は正の数で，$a^2 + b^2 = 28$，$a^4 + b^4 = 584$ のとき，
$ab = $ ① ，$a + b = $ ② である。　　　　（兵庫・灘高）

30 〈式の利用①〉頻出

下の図のように，1辺の長さが1の正三角形のタイルをすき間なく並べて，順に1番目，2番目，3番目，4番目，…と，n番目の底辺の長さがnである正三角形をつくる。このとき，正三角形をつくるのに必要なタイルの枚数を考える。例えば，4番目の正三角形をつくるのに必要なタイルの枚数は16枚である。

(1) 6番目の正三角形をつくるのに必要なタイルの枚数を求めなさい。

(2) n番目の正三角形をつくるのに必要なタイルの枚数に47枚を加えると，$n+1$番目の正三角形をつくるのに必要なタイルの枚数となった。nの値を求めなさい。　　　　（長野県）

31 〈式の利用②〉頻出

2以上の偶数と6以上の偶数の積を次の表のように書いていく。例えば，1行1列目には2と6の積12が，2行3列目には4と10の積40が書かれている。次の問いに答えなさい。

	1列	2列	3列	4列	
	6	8	10	12	…
1行 2	12	16	20	24	
2行 4	24	32	40	48	
3行 6	36	48	60	72	
4行 8	48	64	80	96	
⋮					

(1) 10行8列目に入る数を求めなさい。

(2) n行n列目に入る数をnを用いて表しなさい。

(3) n行n列目の数が780となるときのnの値を求めなさい。　　　　（東京・日本大三高）

32 〈式の利用③〉
ある正の整数Nは正の整数a, b, cを用いて，$N=6a+4b+6c$とも$N=5a+6b+5c$とも表される。
(1) Nをbだけを用いて表しなさい。
(2) Nが170以上，180以下の整数とするとき，$a+b+c$の値を求めなさい。 　(鹿児島・ラ・サール高)

33 〈式の利用④〉
百の位の数字がa，十の位の数字がb，一の位の数字がcである3桁の自然数Aがある。Aの百の位の数字と一の位の数字を入れ換えてできる自然数をBとする。次の問いに答えなさい。
(1) A, Bをそれぞれa, b, cを用いて表しなさい。
(2) このA, Bは以下の❶〜❹の条件を満たしているとする。
　❶ $B-A=297$
　❷ Aは奇数である。
　❸ Aの各位の数はすべて異なる。
　❹ Aの各位の数の和は12である。
　① $c-a$の値を求めなさい。
　② Aを求めなさい。 　(東京・成蹊高)

難 34 〈式の利用⑤〉
自然数の逆数を，2つの自然数の逆数の和で表すことを考える。
例えば，$\frac{1}{2}$は$\frac{1}{3}+\frac{1}{6}$，$\frac{1}{4}+\frac{1}{4}$の2通り，$\frac{1}{3}$は$\frac{1}{4}+\frac{1}{12}$，$\frac{1}{6}+\frac{1}{6}$の2通り，$\frac{1}{4}$は$\frac{1}{5}+\frac{1}{20}$，$\frac{1}{6}+\frac{1}{12}$，$\frac{1}{8}+\frac{1}{8}$の3通りの表し方がある。このとき，次の問いに答えなさい。
(1) 自然数nに対して，$\frac{1}{n}=\frac{1}{n+p}+\frac{1}{n+q}$を満たす$p, q$の積$pq$を$n$で表しなさい。
(2) $\frac{1}{6}$を2つの自然数の逆数の和で表すとき，そのすべての表し方を書きなさい。
(3) $\frac{1}{216}$を2つの自然数の逆数の和で表すとき，表し方は全部で何通りありますか。

(奈良・東大寺学園高)

3 1次方程式と連立方程式

▶解答→別冊 p.13

35 〈1次方程式を解く〉頻出
次の1次方程式を解きなさい。

(1) $x = \dfrac{1}{2}x - 3$　　　　　（富山県）

(2) $0.2(13x + 16) = 0.8x - 4$　　　　　（滋賀・比叡山高）

(3) $\dfrac{2x+1}{3} - \dfrac{x-2}{2} = 2$　　　　　（神奈川・桐蔭学園高）

(4) $\dfrac{3x+6}{5} - \dfrac{7-x}{3} = \dfrac{4x-1}{6} + \dfrac{5}{2}$　　　　　（東京・日本大二高）

36 〈連立方程式を解く〉頻出
次の連立方程式を解きなさい。

(1) $\begin{cases} 19x + 37y = 67 \\ 13x + 25y = 55 \end{cases}$　　　　　（鹿児島・ラ・サール高）

(2) $\begin{cases} \dfrac{3x+2}{2} - \dfrac{8y+7}{6} = 1 \\ 0.3x + 0.2(y+1) = \dfrac{1}{4} \end{cases}$　　　　　（愛知・東海高）

(3) $\begin{cases} \dfrac{3(x+2y)}{10} - \dfrac{x+y}{5} = 1 \\ \dfrac{4x-9y}{5} - y = -1 \end{cases}$　　　　　（京都・同志社高）

(4) $\begin{cases} 9x - 8y - 7 = 0 \\ 3x : 5 = (y+1) : 2 \end{cases}$　　　　　（東京・法政大高）

(5) $\begin{cases} x + \dfrac{1}{y} = 3 \\ 3x + \dfrac{2}{y} = 5 \end{cases}$　　　　　（東京・青山学院高）

(6) $\begin{cases} \dfrac{2}{x+y} + \dfrac{3}{x-y} = -2 \\ \dfrac{2}{x+y} - \dfrac{1}{x-y} = 2 \end{cases}$　　　　　（東京・中央大杉並高）

(7) $\begin{cases} \dfrac{1}{3}(x+y) + \dfrac{1}{2}(x-y) = 2x + y + \dfrac{7}{3} \\ \dfrac{1}{2}(3x-2y) - \dfrac{1}{3}(2x+y) = x - y + 2 \end{cases}$　　　　　（北海道・函館ラ・サール高）

(8) $\begin{cases} \sqrt{3}\,x + \sqrt{2}\,y = 1 \\ \sqrt{2}\,x - \sqrt{3}\,y = 1 \end{cases}$　　　　　（東京・巣鴨高）

37 〈1次方程式の解と係数〉頻出
xの方程式 $\dfrac{ax-1}{3} - \dfrac{3(x-a)}{2} = 1$ の解が2であるとき，aの値を求めなさい。　　　　　（大阪桐蔭高）

38 〈連立方程式の解と係数①〉 頻出
次の各問いに答えなさい。

(1) 次の2組の x, y の連立方程式の解が同じである。a, b の値を求めなさい。

$\begin{cases} 4x+3y=-1 \\ ax-by=13 \end{cases}$ $\begin{cases} bx-ay=7 \\ 3x-y=9 \end{cases}$

(大阪教育大附高平野)

(2) x, y についての2つの連立方程式 $\begin{cases} ax+by=8 \\ \dfrac{8}{x}+\dfrac{3}{y}=1 \end{cases}$ と $\begin{cases} bx+ay=2 \\ \dfrac{6}{x}+\dfrac{4}{y}=-1 \end{cases}$ の解が一致するとき、a, b の値を求めなさい。

(北海道・函館ラ・サール高)

(3) x と y の連立方程式 $\begin{cases} ax+by=13 \\ bx+y=9 \end{cases}$ を解くところを、$\begin{cases} bx+ay=13 \\ bx+y=9 \end{cases}$ を解いてしまったので、解は $x=\dfrac{5}{3}$, $y=4$ となってしまった。このとき、正しい解を求めなさい。

(京都・立命館高)

39 〈連立方程式の解と係数②〉
x, y についての連立方程式

$\begin{cases} 3ax+\dfrac{1}{2}y=28 \\ \dfrac{2x-3y}{24}-\dfrac{2x-y}{12}=1 \end{cases}$ について、

(1) $a=1$ のとき、この連立方程式の解は、$(x, y)=(\boxed{\text{ア}}, \boxed{\text{イ}})$ である。

(2) この連立方程式の解がともに整数となるような自然数 a の値は全部で $\boxed{}$ 個ある。 (愛知・東海高)

40 〈連立方程式の解と係数③〉
x, y についての連立方程式を解く問題がノートに書いてある。しかし、汚れていて読めない係数があるので、それを a とすると、$\begin{cases} 3x-2y=17 \\ ax-4y=45 \end{cases}$ という問題である。係数 a は整数で、解 x, y はいずれも正の整数であるというが、この問題を解くと、解は $x=\boxed{(1)}$, $y=\boxed{(2)}$ であり、読めない係数 a は $\boxed{(3)}$ だとわかる。

(神奈川・慶應高)

41 〈連立方程式の解と係数④〉

2個の x と y の連立方程式〔Ⅰ〕と〔Ⅱ〕がある。

〔Ⅰ〕 $\begin{cases} ax+by=19 \\ x+y=-3 \end{cases}$

〔Ⅱ〕 $\begin{cases} x-y=7 \\ bx-ay=c \end{cases}$

〔Ⅰ〕の解と，〔Ⅱ〕の解は一致している。

次の各問いに答えなさい。

(1) これらの連立方程式の解を求めなさい。

(2) c を a を用いて表しなさい。

(3) a, c を2けたの自然数とするとき，c の最大値を求めなさい。

(千葉・東邦大付東邦高)

難 42 〈1次方程式の応用・時計算〉

午前6時前に時計を見て自宅を出た。午後9時過ぎに帰宅して時計を見ると，長針と短針の位置がちょうど入れ替わっていた。次の問いに答えなさい。

(1) 家を出たのを午前5時 x 分とすると，帰宅した時間は午後9時 ① 分である。① を x で表しなさい。

(2) (1)の ① を用いると，x についての方程式は ① $\times \dfrac{1}{12} =$ ② である。② を x で表しなさい。

(3) x を求めなさい。

(東京・城北高)

43 〈1次方程式の応用・仕事算〉

ある工場では，毎日同じ量の仕事を機械が行っている。その仕事は機械Aだけで行うと $3a$ 時間で終わり，機械Bだけで行うと $2a$ 時間で終わる。昨日，この仕事を機械Aだけではじめの $\dfrac{9}{10}a$ 時間行い，残りを機械Bだけで行って，1日の仕事が終わった。今日は，最初から最後までをすべて機械Aと機械Bの両方で行ったところ，昨日よりも44分短い時間で1日の仕事が終わった。このとき，次の各問いに答えなさい。

(1) 昨日，機械Aが行った仕事の量は昨日の仕事全体の何%でしたか。

(2) a の値を求めなさい。

(東京・豊島岡女子学園高)

44 〈1次方程式の応用・値引き算〉

商品Aをまとめて購入すると，1個目は定価の10%引き，2個目は1個目の価格の10%引き，3個目は2個目の価格の10%引きになる。この商品Aを3個まとめて購入した。支払った代金は定価で3個買うより5610円安かった。商品Aの1個の定価を求めなさい。

(東京・筑波大附高)

45 〈連立方程式の応用・割合〉
ある店では毎日A, B2つの商品を仕入れて, 販売している。ある1日の売り上げを調べたところ, 午前中にAとBを合わせた個数の30％にあたる57個が売れ, この日1日では, Aの90％, Bの96％が売れて, 残った商品の個数はA, Bを合わせ16個だった。仕入れたAの個数を求めなさい。

(東京・豊島岡女子学園高)

難 46 〈連立方程式の応用・濃度〉
容器Aには10％の食塩水300g, 容器Bには18％の食塩水500gが入っている。Aからxg, Bからygの食塩水を取り出し, Aから取り出した食塩水をBに, Bから取り出した食塩水をAに入れると, Aの食塩水の濃度は14.5％になる。また, Aからyg, Bからxgの食塩水を取り出し, Aから取り出した食塩水をBに, Bから取り出した食塩水をAに入れると, AとBの濃度が一致した。このときのx, yの値を求めなさい。

(愛媛・愛光高)

47 〈連立方程式の応用・入館料金〉
ある科学館の入館料は1人100円であり, 科学館の中にはプラネタリウムと天文台がある。プラネタリウムと天文台の両方に入るには入館料の他に1人400円かかり, プラネタリウムだけに入るには入館料の他に1人300円かかり, 天文台だけに入るには入館料の他に1人200円かかる。

250人の団体がこの科学館に入館した。250人のうち, プラネタリウムに入った人が180人, プラネタリウムにも天文台にも入らなかった人が10人であった。この団体が支払った金額が97500円のとき, 天文台に何人入りましたか。答えのみでなく求め方も書くこと。

(東京・桐朋高)

難 48 〈連立方程式の応用・通過算〉
A駅とB駅を結ぶ鉄道があり, そのちょうど中間地点にC駅がある。A駅を出発した列車はC駅に1分間停車し, A駅を出発してから9分後にB駅に到着する。B駅を出発した列車はC駅には停車せずに, B駅を出発してから8分後にA駅に到着する。ただし, どの列車も速さは一定であり, 列車の長さは考えないものとする。このとき, 次の問いに答えなさい。

(1) A駅を8時5分に出発した列車と, B駅を8時10分に出発した列車がすれちがう時刻を求めなさい。

(2) 市川君は自転車でA駅からB駅まで線路に沿った道路を40分で走ることができる。市川君はある時刻にA駅をB駅に向かって出発し, A駅を8時5分に出発した列車にC駅とB駅の間で追い抜かれた。さらに, その100秒後にB駅を8時10分に出発した列車とすれちがった。市川君がA駅を出発した時刻を求めなさい。ただし, 市川君は一定の速さで走るものとする。

(千葉・市川高)

49 〈連立方程式の応用・周回問題〉

車Xと車Yが1周3kmのコースを44周するレースを行う。

車XはタイヤAを使用しますが，すり減ってしまうため1レースにつき最低3回の交換が必要である。車Yは1レースで交換が必要ないタイヤBを使用する。

スタート，ゴール，タイヤ交換の地点は同じであり，車Xのタイヤ交換は1回につき1分かかるものとする。

車Xと車Yにそれぞれ新品のタイヤA，Bをつけて，同時にスタートしてこのレースを行った。レース中に車XはタイヤAを3回交換し，車YはタイヤBを交換せず，両車は同時にゴールした。

車X，車Yの走行中の平均時速をそれぞれ毎時$x$km，$y$kmとして，次の問いに答えなさい。

(1) タイヤAでは最大でコースを何周走ることができますか。整数で答えなさい。

(2) xとyの関係式を求めなさい。

(3) 車XがスタートしてからタイヤAを交換せずにちょうど12周走ったとき，スタートしてからちょうど11周走った車Yに追いつきました。
このとき，x，yの値をそれぞれ求めなさい。

(千葉・東邦大付東邦高)

50 〈連立方程式の応用・流水算〉

ある川に沿って2地点A，Bがあり，AB間を船が往復していて，通常は上りが2時間，下りが1時間半である。あるとき川が増水して川の流れが毎時3km速くなったため，上りに24分余計に時間がかかった。船の静水に対する速さは一定であるとして次の各問いに答えなさい。ただし，(1)，(2)については，途中の説明，計算も書きなさい。

(1) 通常の川の流れの速さを毎時$x$km，船の静水に対する速さを毎時$y$kmとするとき，yをxの式で表しなさい。

(2) AB間の距離を求めなさい。

(3) 増水したとき，下りは何分縮まりましたか。

(鹿児島・ラ・サール高)

4 2次方程式

▶解答→別冊 p.20

51 〈2次方程式を解く①〉 頻出
次の2次方程式を解きなさい。

(1) $(x+3)^2 = 6$ （香川県）

(2) $x^2 + 4x - 9 = -x + 5$ （滋賀県）

(3) $x^2 + 7x + 2 = 0$ （広島県）

(4) $2x^2 - 5x + 1 = 0$ （埼玉県）

52 〈2次方程式を解く②〉 頻出
次の2次方程式を解きなさい。

(1) $(x-1)^2 - (x-1) - 42 = 0$ （福岡大附大濠高）

(2) $\left(3 - \dfrac{1}{2}x\right)^2 = (x-1)(x+4) + 1$ （東京・日比谷高）

(3) $0.03\left(\dfrac{1}{\sqrt{3}}x - 2\sqrt{3}\right)^2 = \dfrac{3}{50} - \dfrac{x-3}{10}$ （兵庫・関西学院高）

難(4) $x^2 + (1 - \sqrt{2} - \sqrt{3})x + \sqrt{6} - \sqrt{2} = 0$ （神奈川・慶應高）

53 〈2元2次方程式を解く〉
次の連立方程式を解きなさい。

(1) $\begin{cases} x + y = x^2 + 4 \\ x : y = 1 : 3 \end{cases}$ （東京・明治学院高）

(2) $\begin{cases} x^2 + 7x + 4y + 7 = 0 \\ x + 4y = 2 \end{cases}$ （千葉・東邦大付東邦高）

難(3) $\begin{cases} x^2 + xy + y^2 = 1 \\ \dfrac{y}{x} + \dfrac{x}{y} = 3 \end{cases}$ （千葉・渋谷教育学園幕張高）

難(4) $\begin{cases} (x+y)^2 - 4(x+y) + 4 = 0 \\ (3x - 2y)^2 + (3x - 2y) = 6 \end{cases}$ （神奈川・慶應高）

54 〈2次方程式の解と係数①〉 頻出
次の各問いに答えなさい。

(1) xについての2次方程式$x^2+kx+72=0$が2つの正の解をもち，1つの解がもう1つの解の2倍であるとき，定数kの値を求めなさい。 （東京・豊島岡女子学園高）

(2) 2次方程式$x^2=8x+84$の2つの解のうち，大きい方をa，小さい方をbとするときa^2b-ab^2の値を求めなさい。 （東京・明治学院高）

(3) $x^2-2x-1=0$の解のうち大きい方をaとする。a, a^2-2a, a^4-2a^3-a-2の値を順に求めなさい。 （福岡・久留米大附設高）

55 〈2次方程式の解と係数②〉
xについての2次方程式$ax^2+bx+c=0$ …①，$bx^2+cx+a=0$ …②，$cx^2+ax+b=0$ …③がある。①の解の1つが$x=1$，②の解の1つが$x=2$である。

(1) a, cをbの式で表しなさい。

(2) ③の解をすべて求めなさい。 （京都・洛南高）

難 56 〈2次方程式の解と係数③〉
$c>0$とする。2次方程式$2x^2+bx+c=0$の2つの解のうち，大きい方をp，小さい方をq，$cx^2+bx+2=0$の2つの解のうち，大きい方をrとすると，$p+q=2$, $r=2p$となった。このとき，$b=\boxed{(1)}$で，$p=\boxed{(2)}$である。(1), (2)にあてはまる数を求めなさい。 （東京・早稲田実業高）

難 57 〈2次方程式の解と係数④〉
xについての2つの2次方程式$x^2-(a+4)x-(a+5)=0$ …①，$x^2-ax+2b=0$ …②がある。a, bがともに負の整数のとき，次の各問いに答えなさい。

(1) 2次方程式①が，ただ1つの解をもつとき，aの値を求めなさい。

(2) 2次方程式①と②の両方を満たす共通の解が1つだけあるとき，a, bの値を求めなさい。ただし，$a>b$とする。 （東京・明治大付明治高）

58 〈2次方程式の応用・整数問題〉

自然数 A, B, C がある。これらはすべて2桁の数で，数 A については，十の位の数の2倍は一の位の数より8大きく，数 B については，十の位の数を2乗したものに一の位の数を加え，さらに16を加えるともとの数 B に等しくなる。

このとき，次の問いに答えなさい。

(1) 数 A の十の位を x, 一の位を y とする。
 ① y を x を使って表しなさい。
 ② さらに，数 A の十の位の数と一の位の数を入れかえてできる数は，もとの数 A より18小さくなる。このとき，数 A を求めなさい。

(2) 数 B の十の位の数として考えられる数を2つ求めなさい。

(3) 数 C については，一の位の数を7倍したものに50を加えると，もとの数 C の2倍になる。また，数 C に(1)で求めた数 A を加えると，3桁の数になる。このとき，数 C を求めなさい。

(大阪・清風高)

59 〈2次方程式の応用・道幅問題〉

縦30m，横60mの長方形の土地がある。右の図のように，長方形の各辺と平行になるように同じ幅の通路を，縦に3本，横に2本つくり，残りの土地に花を植えたい。花を植える土地の面積をもとの土地の面積の78%にするには，通路の幅を何mにすればいいですか。

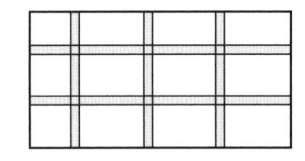

(兵庫・関西学院高)

難 60 〈2次方程式の応用・濃度〉

濃度6%の食塩水200gが容器A，濃度8%の食塩水120gが容器Bにそれぞれ入っている。このとき，次の各問いに答えなさい。

(1) 容器Aから75gの食塩水を取り出し，取り出した食塩水と同じ量の水を容器Aに加えてよく混ぜると，容器Aの食塩水の濃度は□%になる。

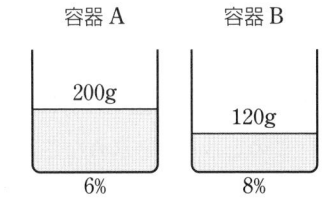

(2) 容器Aから60gの食塩水を取り出し，容器Bに加えてよく混ぜる。次に容器Bから60gの食塩水を取り出し容器Aに加えてよく混ぜると，容器Aの食塩水の濃度は□%になる。

(3) 容器Aから x g の食塩水を取り出し，容器Bに加えてよく混ぜる。次に容器Bから $\frac{1}{2}x$ g の食塩水を取り出し，$\frac{1}{2}x$ g の水とともに容器Aに加えてよく混ぜると，容器Aの食塩水の濃度は5.04%になった。このとき，$x=$ □ である。

(神奈川・桐蔭学園高)

61 〈2次方程式の応用・値引き算〉

ある品物を1個375円でx個仕入れ，6割の利益を見込んで定価をつけた。1日目は定価で売ったところ，仕入れた個数の2割だけ売れた。2日目は定価のy割引きの価格で売ったところ，売れ残っていた個数の$\frac{3}{8}$だけ売れた。3日目は2日目の売価のさらに2y割引きの価格で売ったところ，売れ残っていた75個がすべて売り切れた。このとき，次の問いに答えなさい。

(1) xの値を求めなさい。

難(2) 3日間で得た利益は4950円であった。yの値を求めなさい。

(愛媛・愛光高)

62 〈2次方程式の応用・数の性質〉

1目もりが縦，横ともに1cmの等しい間隔で線がひかれている1辺の長さが10cmの正方形の方眼紙がある。この方眼紙にかかれている1辺の長さが1cmの正方形をます目ということにする。

この方眼紙の100個のます目には，1から100までの異なる自然数が1つずつ書かれている。右の図1のように，方眼紙の一番上の横に並んだ10個のます目には，左から小さい順に1から10までの自然数が1つずつ書かれており，上から2番目の横に並んだ10個のます目には，左から小さい順に11から20までの自然数が1つずつ書かれている。上から3番目の横に並んだ10個のます目以降のます目にも，同様に自然数が1つずつ書かれており，一番下の横に並んだ10個のます目には，左から小さい順に91から100までの自然数が1つずつ書かれている。

また，図2のような，1辺の長さが3cmの正方形の枠があり，この枠で図1の方眼紙のちょうど9個のます目を囲んだとき，図3のように，そのます目に書かれている9つの数を小さい順に，a, b, c, d, e, f, g, h, iとする。

図1
1	2	3	4	5	6	7	8	9	10
11	12	13	14	15	16	17	18	19	20
21	22	23	24	25	26	27	28	29	30
31	32	33	34	35	36	37	38	39	40
41	42	43	44	45	46	47	48	49	50
51	52	53	54	55	56	57	58	59	60
61	62	63	64	65	66	67	68	69	70
71	72	73	74	75	76	77	78	79	80
81	82	83	84	85	86	87	88	89	90
91	92	93	94	95	96	97	98	99	100

図3
a	b	c
d	e	f
g	h	i

このとき，次の問いに答えなさい。

(1) 図2の枠で図1の方眼紙の9個のます目を囲んだところ，b, d, e, f, hの和が425になった。このとき，eを求めなさい。

(2) 図2の枠で図1の方眼紙の9個のます目を囲んだところ，a, iの積とc, gの積との和がeの100倍より6だけ大きくなった。このとき，eを求めなさい。

(神奈川・多摩高)

5 不 等 式

▶解答→別冊 p.26

不等式を解くことは中学校の学習内容の範囲外ですが，難関校では出題されるかもしれないので，この本ではとりあげました。自分の目標に合わせ，必要な人のみ学習してください。

★不等式の解き方
① 基本的に，方程式とほぼ同様に解く。
② 両辺に負の数をかけたり負の数でわったりするときは，不等号の向きが逆になる。

63 〈不等式を解く〉
次の不等式を解きなさい。

(1) $3(1-2x) > \dfrac{11-3x}{2}$ （京都・洛南高）

(2) $\dfrac{2x-3}{3} - \dfrac{1}{5}x \geqq 1$ （神奈川・法政大二高）

(3) $\dfrac{3x-1}{4} - \dfrac{2x-3}{5} > \dfrac{7x-7}{10} - 1$ （東京・國學院大久我山高）

(4) $\dfrac{5-3a}{2} \geqq \dfrac{1}{5}\left(a + \dfrac{3}{2}\right)$ （東京・日本大二高）

(5) $1.4\left(0.5x + \dfrac{2}{7}\right) - 0.6\left(1.5x + \dfrac{1}{3}\right) > 1$ （近畿大附和歌山高）

64 〈不等式の整数解〉
次の各問いに答えなさい。

(1) 不等式 $3(x-4) > 5x-3$ を満たすような整数 x のうち，最も大きいものを求めなさい。 （茨城・土浦日本大高）

(2) 不等式 $4x-11 < 7x-4$ を満たす解のうち，最小の整数を求めなさい。 （大阪・追手門学院高）

(3) ある素数を3倍したものから2をひいて，5で割ると2より大きく，7より小さくなった。このような素数をすべて求めなさい。 （京都・立命館宇治高）

(4) ある整数 n を16で割って，小数第1位を四捨五入すると14となる。また n を19で割って小数第1位を四捨五入すると11となるという。このような n をすべて求めなさい。 （京都・同志社国際高）

65 〈値の範囲〉
次の各問いに答えなさい。

(1) $-3 \leq a \leq 2$, $-2 \leq b \leq 4$ のとき, $a^2 + \dfrac{3}{2}b$ の値の範囲を求めなさい。 　　　　　（茨城・江戸川学園取手高）

(2) 次の不等式を同時に満たす整数 x を求めなさい。
$$\begin{cases} 2x+5 > 5(x-3)+9 \\ -\dfrac{1}{2}x + 4 < 3x - 1 \end{cases}$$
　　　　　（東京電機大高）

難 (3) $\dfrac{x}{5} + \dfrac{1}{10} \geq \dfrac{x+1}{2}$, $2x - 1 > 2a$ を同時に満たす整数 x が, ちょうど5個となるように a の範囲を定めなさい。 　　　　　（奈良・東大寺学園高）

難 66 〈不等式の応用〉
ある家族が, レンタカーを借りて旅行をした。1日目はレンタカー会社のA営業所からB市までの256kmを, 2日目はB市からC市まで, 3日目はC市からA営業所まで移動した。A営業所から満タン（ガソリンがタンクに満杯の状態）で出発し, 2日目のB市からC市への移動の途中のガソリンスタンドで52L, 3日目のA営業所到着時に, A営業所内の給油所で x L を給油し, いずれも満タンの状態にしたという。

このレンタカーは, ガソリンタンクにガソリンが60L入るとし, 1L当たり8km走行するものとする。このとき, 次の問いに答えなさい。

(1) 1日目のガソリンの消費量は何Lですか。
(2) 2日目の出発時からガソリンスタンドまでの距離を求めなさい。
(3) 3日目のガソリンの消費量が, 25L以上であったとすると, B市からC市までは, 最長で何kmあると考えられますか。

次に, このレンタカーは, 走行距離が400kmを超えると1kmごとに30円の追加料金がかかり, また, 2か所で給油したガソリンの代金は1Lあたり100円であったという。

(4) 給油したガソリン代と追加料金の総合計が, 21660円であったとき, x の値を求めなさい。
(5) (4)のとき, 走行距離は2日目が最も長く, 1日目は最も短かった。ガソリンスタンドが, C市の手前 y km の地点にあったとするとき, y の値の範囲を求めなさい。 　　　　　（大阪・清風高）

6 比例・反比例

▶解答→別冊 p.29

67 〈比例・反比例の式〉頻出
次の各問いに答えなさい。

(1) y は x に比例し，$x=2$ のとき $y=-6$ である。
$x=-3$ のときの y の値を求めなさい。 （京都府）

(2) y は x に反比例し，$x=2$ のとき $y=-4$ である。
$x=-1$ のときの y の値を求めなさい。 （奈良県）

(3) y は $x-2$ に反比例し，$x=3$ のとき $y=4$ である。
$y=\dfrac{2}{3}$ のときの x の値を求めなさい。 （神奈川・桐蔭学園高）

(4) $y+2$ は $x-2$ に比例し，$z-1$ は $y-1$ に反比例する。
また $x=3$ のとき $y=0$，$z=-2$ である。$z=4$ のときの x の値を求めなさい。 （神奈川・法政大二高）

68 〈関数の変域〉頻出
次の各問いに答えなさい。

(1) 関数 $y=\dfrac{12}{x}$ について，x の変域が $a \leqq x \leqq b$ のとき，y の変域が $2 \leqq y \leqq 4$ であるという。
このとき，a，b の値を求めなさい。 （大阪・近畿大附高）

(2) 関数 $y=\dfrac{a}{x}$ について，x の変域が $1 \leqq x \leqq 4$ のとき，y の変域が $b \leqq y \leqq 8$ である。
このとき，a，b の値を求めなさい。 （岡山朝日高）

(3) 関数 $y=-\dfrac{6}{x}$ で，y の変域が $y \geqq 3$ となるような x の変域を求めなさい。 （東京・桐朋高）

難 69 〈比例のグラフ〉

右の図のように，長方形OABCと$y=3x$，$y=\frac{1}{2}x$のグラフがある。$y=3x$のグラフと辺ABの交点をP，$y=\frac{1}{2}x$のグラフと辺BCの交点をRとする。BP＝BR＝t，点A(0，a)であるとき，次の問いに答えなさい。ただし，a，tは正の数とし，原点をOとする。

(1) 点Rの座標をaを用いて表しなさい。

(2) 直線PRとx軸，y軸の交点をそれぞれE，Fとするとき，線分FP，PR，REの長さを最も簡単な整数の比で表しなさい。

(東京・明治学院高)

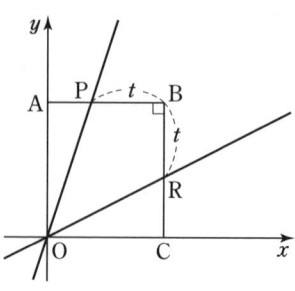

70 〈反比例のグラフ①〉

次の各問いに答えなさい。

(1) 右の図のように，点(−2，−1)を通る反比例のグラフ$y=\frac{a}{x}$上に点Pをとる。点Pからy軸に垂線をひき，y軸との交点をQとする。原点をOとするとき，三角形OPQの面積を求めなさい。

(東京・豊島岡女子学園高)

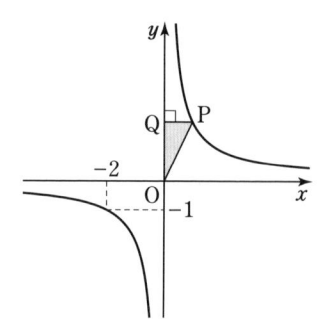

(2) 右の図のようにyがxに反比例する曲線m上に3点A，P，Bがあり，点Aのx座標は1，点Pの座標は(3，3)である。また，△APBは，PA＝PBの二等辺三角形である。
このとき，△APBの面積を求めなさい。

(奈良・西大和学園高)

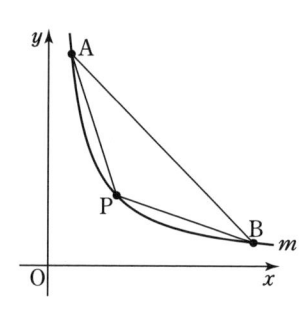

71 〈反比例のグラフ②〉

右の図のように，$y=\frac{2}{x}$のグラフ上に2点A，Bがあり，x座標をそれぞれa，bとする。Aからx軸に垂線AHを，Bからy軸に垂線BKをひき，AHとBKの交点をCとすると，四角形OHCKの面積は$\frac{1}{2}$であった。

(1) x座標の比$a:b$を，簡単な整数の比で表しなさい。

(2) Aからy軸に垂線AJをひくとき，四角形AJKCの面積を求めなさい。

(3) △CABの面積，△OABの面積をそれぞれ求めなさい。

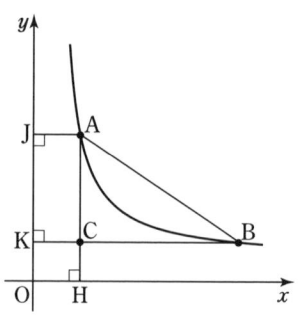

(福岡・久留米大附設高)

72 〈比例・反比例のグラフ①〉

右の図は，直線 $y=ax$ と双曲線 $y=\dfrac{b}{x}$ のグラフである。点Aは2つのグラフの交点で，その座標は$(-4, -2)$である。また，点Bのx座標は1である。次の問いに答えなさい。

(1) a，bの値をそれぞれ求めなさい。
(2) 2点A，Bを通る直線の式を求めなさい。
(3) △OABの面積を求めなさい。

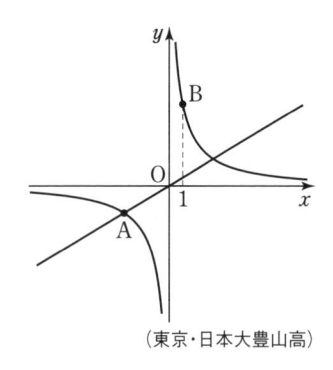

（東京・日本大豊山高）

---

73 〈比例・反比例のグラフ②〉

右の図において，①は関数 $y=x$ のグラフであり，②は関数 $y=\dfrac{m}{x}$ $(x>0)$ のグラフである。

①上に2点B，D，②上に2点A，Cをとり，辺ADとBCはx軸に平行で，辺ABとDCはy軸に平行である正方形ABCDをつくる。また，辺ABの延長とx軸との交点をE，辺CBの延長とy軸との交点をFとする。①と②の交点のx座標が2のとき，次の各問いに答えなさい。

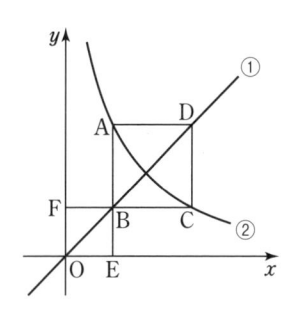

(1) mの値を求めなさい。
(2) 点Bのx座標をt $(t>0)$とする。正方形ABCDと正方形OEBFの面積が等しくなるとき，tの値を求めなさい。

（東京・明治大付明治高）

---

74 〈比例のグラフと文章題〉 頻出

1周400mのトラック（図Ⅰ）を，AさんとBさんがそれぞれ一定の速さで走る。出発してx分後までに走った距離をymとする。図ⅡはAさんとBさんそれぞれについて，xとyの関係を表したグラフの一部である。このとき，次の各問いに答えなさい。

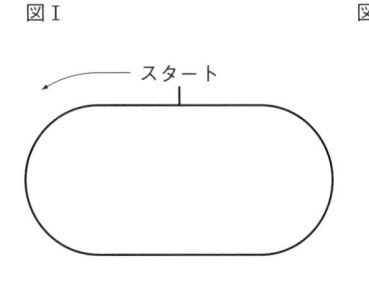

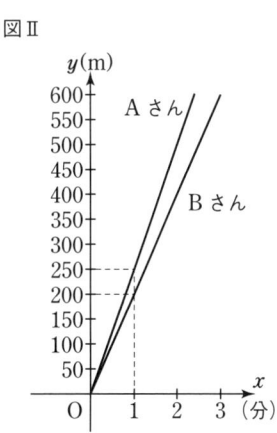

(1) Aさんのグラフについて，yをxの式で表しなさい。
(2) AさんとBさんが同時にスタート地点より出発し，矢印方向に走る。AさんとBさんが最初に並ぶのは，出発して何分後か求めなさい。
(3) Cさんがこのトラックを10周走った。はじめはAさんと同じ速さで走り，途中からBさんと同じ速さで走ったところ，全体で17分かかった。このとき，CさんがAさんと同じ速さで走ったのは何分間か求めなさい。

（沖縄県）

7　1次関数

▶解答→別冊 p.32

75 〈1次関数の式〉 頻出
次の各問いに答えなさい。

(1) y は x の1次関数であり，変化の割合が4で，そのグラフが点 $(5, 13)$ を通るとき，y を x の式で表しなさい。
(高知県)

(2) Aさんが，登山の準備として標高，気温，気圧の関係について調べると，次の①，②がわかった。
　① 気温の変化は標高の増加に比例し，標高が1000m増加するごとに気温は6℃ずつ下がる。
　② 気圧の変化は標高の増加に比例する。
　右の図は，標高が x m のときの気圧を y hPa (ヘクトパスカル) として，x と y の関係をグラフに表したものである。
M山の標高200m地点の気温が25.0℃であるとき，①，②をもとにM山の頂上の気温と気圧を計算すると，気温は18.1℃であり，気圧は □ hPa である。
(福岡県)

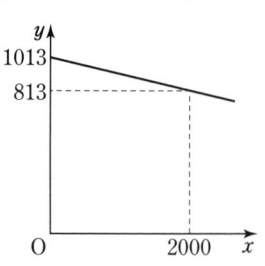

76 〈変域と交点から係数を求める〉
次の各問いに答えなさい。

(1) 関数 $y=ax+b$ について，x の変域が $-2 \leqq x \leqq 4$ のとき，y の変域が $-4 \leqq y \leqq 5$ である。(a, b) の組をすべて求めなさい。
(千葉・市川高)

(2) x の変域 $0 \leqq x \leqq 6$ において，異なる2つの1次関数 $y=mx+5$，$y=\dfrac{3}{2}x+n$ の y の変域が一致するとき，$m=$ ① ，$n=$ ② となる。
(東京・國學院大久我山高)

難(3) a，b は0でない定数とする。xy 平面上で，2直線 $x+\sqrt{6}y=9\sqrt{2}$，$\dfrac{x}{a}+\dfrac{y}{b}=1$ の交点が，2直線 $\dfrac{x}{b}+\dfrac{y}{a}=0$，$\sqrt{6}x+y=8\sqrt{3}$ の交点と一致するとき，$a=$ ① ，$b=$ ② である。
(兵庫・灘高)

77 〈傾きを求める〉頻出

右の図のように，関数 $y=x-6$ …① のグラフがある。点Oは原点とする。この図に，関数 $y=-2x+3$ …② のグラフをかき入れ，さらに，関数 $y=ax+8$ …③ のグラフをかき入れるとき，a の値によっては，①，②，③ のグラフによって囲まれる三角形ができるときと，できないときがある。

①，②，③ のグラフによって囲まれる三角形ができないときの a の値をすべて求めなさい。

（北海道）

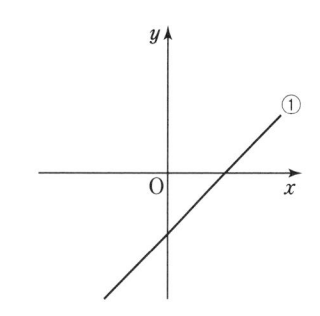

78 〈切片を求める〉

右の図で，点Pは $y=x+a$ のグラフ上の点であり，点Qは PQ=PO となる y 軸上の点である。また，点Qの y 座標は6で，点Rは $y=x+a$ の切片である。△OPRの面積が1のときの a の値を求めなさい。ただし，$0<a<3$ とする。

（東京・中央大杉並高）

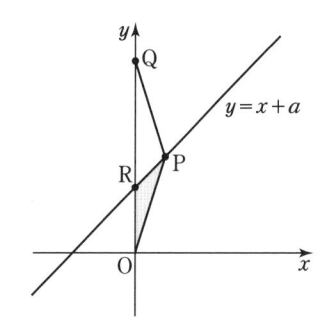

79 〈直線の式を求める〉

右の図において，直線①の式は $y=-\dfrac{1}{3}x+2$，直線②の式は $y=-2x-3$ である。点Aを直線①上の点，点Bを直線①と②の交点，点Cは直線②と y 軸の交点，点D，Eをそれぞれ直線①，②と x 軸との交点とする。

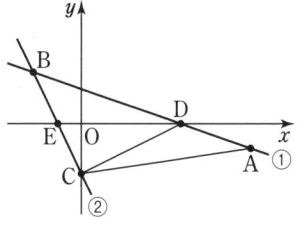

三角形DECの面積が三角形ABCの $\dfrac{1}{3}$ であるとき，直線CAの式を求めなさい。

（奈良・西大和学園高）

80 〈切片のとりうる値の範囲〉

2直線 $y=-x+2$ …①，$y=-2x+p$ …② の交点をQとし，その x 座標，y 座標はともに0以上とする。さらに①と x 軸，y 軸との交点をそれぞれA，B，②と x 軸，y 軸との交点をそれぞれC，Dとする。

(1) p のとりうる値の範囲を求めなさい。

(2) △QACと△QBDの面積が等しいとき，p の値を求めなさい。

（鹿児島・ラ・サール高）

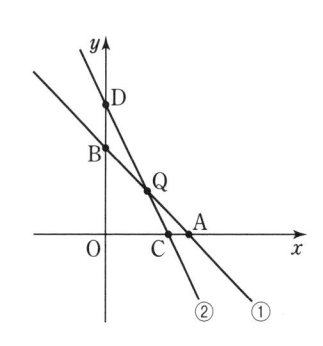

81 〈座標を文字で表す①〉 [難]

2直線 $y=2x-4$ …① と $y=-\dfrac{1}{2}x+4$ …② がある。

直線①と②の交点をA, x軸と直線①, ②の交点をそれぞれB, Cとおく。

$t>0$ とする。直線①に平行で, x軸と点$(2+t,\ 0)$で交わる直線をℓとし, 直線②に平行で, y軸と点$(0,\ 4+t)$で交わる直線をmとする。直線ℓとmの交点をP, x軸と直線ℓ, mの交点をそれぞれQ, Rとおく。

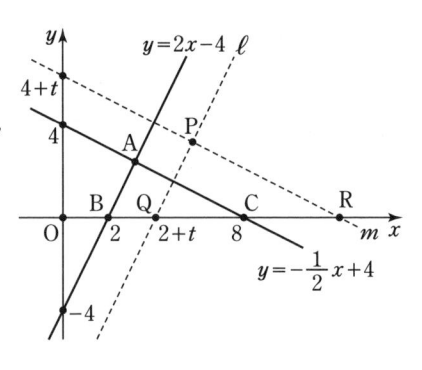

(1) 点Aの座標と△ABCの面積を求めなさい。

(2) △ABCと△PQRが重なる部分の面積が, △ABCの面積の $\dfrac{1}{4}$ に等しくなるようなtの値を求めなさい。また, そのときの△PQRの面積を求めなさい。

(3) △PQCが直角三角形となるようなtの値を求めなさい。また, そのときのPの座標を求めなさい。

(福岡・久留米大附設高)

82 〈座標を文字で表す②〉 頻出

右の図のように, 1次関数 $y=x+3$ …① と, $y=-\dfrac{1}{2}x+6$ …② のグラフがある。

①とx軸, y軸との交点をそれぞれA, Bとし, ①と②の交点をC, ②とx軸, y軸との交点をそれぞれD, Eとする。このとき, 次の問いに答えなさい。

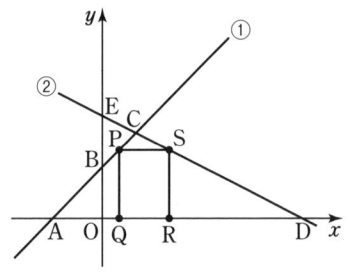

(1) 線分CE上に点Fをとる。四角形ODCBと三角形ODFの面積が等しくなるとき, 点Fの座標を求めなさい。

(2) 線分BC上に点Pをとる。点Pからx軸にひいた垂線とx軸との交点をQとする。また, 点Pを通りx軸に平行な直線と②との交点をS, さらに点Sからx軸にひいた垂線とx軸との交点をRとする。四角形PQRSの面積が $\dfrac{63}{4}$ となるときの点Pの座標を求めなさい。

(千葉・市川高)

83 〈条件から直線の式を決定する〉

直線 $\ell: y=-2x-2$ と点A$(0,\ 4)$がある。直線mについて, 右の図のように時計の針の動く方向と逆方向に点B, C, D, Eをとる。ただし, 点B, Dは直線ℓ上, 点C, Eは直線m上の点で, 線分AB, CDはx軸に平行で線分BC, DEはy軸に平行である。

(1) 点Cのx座標を求めなさい。

(2) 直線mを $y=x+b$ とするとき, 点Eのy座標は $\dfrac{4}{5}$ になった。このとき, b の値を求めなさい。ただし, $b<4$ とする。

(3) 直線mを $y=ax$ とするとき, 点Eのy座標は $-\dfrac{1}{6}$ になった。このとき, a の値を求めなさい。ただし, $a>0$ とする。

(山梨・駿台甲府高)

84 〈座標平面上の図形①〉

右の図のように，直線 n 上に点 A, P, R, B と，x 軸上に点 Q を，OA∥QP, OP∥QR となるようにとる。

点 A の座標は $(-3, 6)$，点 B の座標は $(5, 0)$，AP：PB＝3：2 である。このとき，直線 QR の式を求めなさい。

(奈良・西大和学園高)

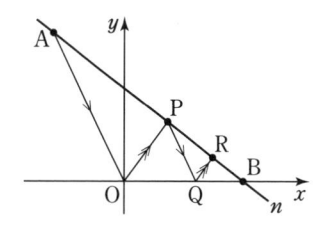

85 〈座標平面上の図形②〉

4点 A(1, 0), B(0, 2), C(-2, 0), D(0, -4) を頂点とする四角形 ABCD がある。

辺 AB, BC, CD, DA 上にそれぞれ点 P, Q, R, S を，四角形 PQRS が長方形になるようにとる。ただし，辺 PQ は x 軸に平行とする。

(1) 直線 AB の式を求めなさい。
(2) 四角形 PQRS が正方形になるとき，点 P の座標を求めなさい。
(3) (2)のときの正方形 PQRS の面積は，四角形 ABCD の面積の何倍ですか。

(東京・青山学院高)

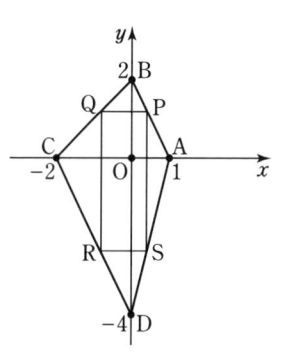

86 〈回転体の体積〉

右の図において，直線 m の式は $y=-2x-4$ であり，m と x 軸，y 軸との交点をそれぞれ A, B とする。

また，線分 OB の中点 C を通り，傾き $\dfrac{1}{3}$ の直線を n，m と n の交点を D とする。ただし，O は原点である。

次の問いに答えなさい。（結果のみを記しなさい。）

(1) 点 D の座標と，四角形 OADC の面積を求めなさい。
(2) 辺 OA 上に点 P をとり，直線 DP で四角形 OADC の面積を2等分したい。点 P の座標を求めなさい。
(3) 四角形 OADC を，y 軸を回転の軸として1回転させてできる立体の体積を求めなさい。

(大阪教育大附高平野)

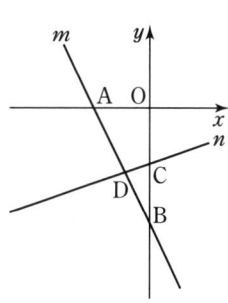

87 〈ダイヤグラム①〉頻出

姉と弟が同時に家を出発し，2100m離れた鉄塔まで歩き，すぐに折り返して家に戻った。

右の図は，姉が家を出発してからの時間をx分，家から姉までの距離をymとしたときの，xとyの関係を表したグラフである。

弟は，家から鉄塔までは姉より速く歩き，姉が鉄塔に到達した時間の5分前に鉄塔に到達し，鉄塔から家までは姉より遅く歩いた。ただし，弟の歩く速さは，家から鉄塔までと鉄塔から家までは，それぞれ一定であり，姉と弟は同じ一直線の道を歩いたものとする。

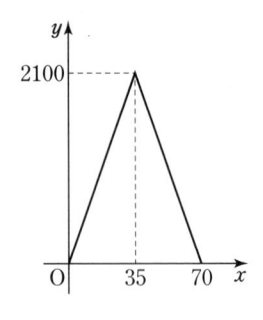

次の各問いに答えなさい。

(1) 弟が家から鉄塔まで歩いた速さは，毎分何mか求めなさい。
(2) 図で，$35 \leq x \leq 70$ のとき，yをxの式で表しなさい。
(3) 弟は，姉が家に着いた時間に姉の100m後方にいた。
  ① 弟が家に着いたのは，姉が家に着いてから何分後か求めなさい。
  ② 家から距離がamの地点を，弟が2回目に通過した1分後に，鉄塔から家に向かう姉が通過した。aの値を求めなさい。
(4) 弟が姉より早く家に着くための，鉄塔から家までの弟の歩く速さについて考えた。弟の歩く速さについてまとめた次の文の，□にあてはまる値を書きなさい。

> 弟が，鉄塔から家まで歩く速さを毎分bmとする。弟が姉より早く家に着くためには，bの値の範囲を，□$< b < 60$ としなければならない。

(長野県)

88 〈ダイヤグラム②〉

20km離れたP駅，Q駅間を結ぶ電車A，電車Bおよび特急電車Cがある。通常，電車Aは，6時0分にP駅を発車してQ駅まで走り，電車Bは，6時4分にQ駅を発車してP駅まで走る。このとき，電車Aと電車Bは6時12分に出会う。また，特急電車CはP駅からQ駅まで走る。いずれの電車も速さは一定とし，電車A，電車Bは同じ速さで，特急電車Cはその2倍の速さで走るものとする。このとき，次の問いに答えなさい。ただし，それぞれの電車の長さは考えないものとする。

(1) 電車A，電車Bの時速と，電車AがQ駅に到着する時刻を求めなさい。
(2) 特急電車CはP駅—Q駅間で，電車Aを追い越し，その4分後に電車Bに出会う。特急電車CがP駅を出発した時刻を求めなさい。
(3) ある日，特急電車Cは，P駅を2分遅れて発車したため，通常より速度を上げて，一定の速さでQ駅に向かったところ，Q駅へは通常と同時刻に到着した。このとき，電車Aを追い越してから電車Bと出会うまでの時間は何分であったか求めなさい。

(東京・お茶の水女子大附高)

89 〈動点問題①〉頻出

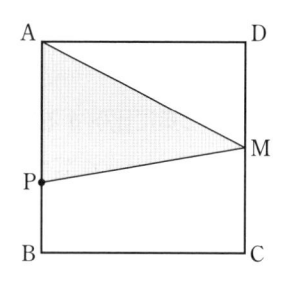

右の図のように，1辺が6cmの正方形ABCDがある。また，点Mは辺CDの中点である。点Pは毎秒2cmの速さで，正方形の辺上をA→B→Cの順に動く。点PがAを出発してx秒後の△AMPの面積を$y$cm^{2}とする。次の問いに答えなさい。

(1) 点Pが辺AB上を動くとき，yをxの式で表しなさい。
(2) 点Pが辺BC上を動くとき，PCの長さをxの式で表しなさい。
(3) 点Pが辺BC上を動くとき，yをxの式で表しなさい。
(4) $y=8$となるとき，xの値を求めなさい。

(大阪・関西大倉高)

90 〈動点問題②〉

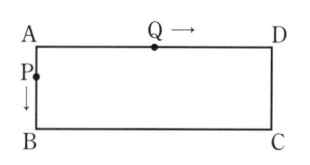

右の図のように縦4cm，横12cmの長方形ABCDがある。2点P，Qは同時に点Aを出発する。点Pは秒速0.5cmで長方形ABCDの辺上を移動し，点B，C，Dの順に通ってAに戻ってくる。点Qは秒速1cmで長方形ABCDの辺上を移動し，点D，C，Bの順に通ってAに戻ってくる。2点P，Qが同時に点Aを出発してからx秒後の三角形APQの面積を$y$cm^{2}とする。このとき，あとの問いに答えなさい。

(1) 次のそれぞれの場合について，2点P，Qがともに辺BC上にあるとき，yをxで表しなさい。またそのときのxのとりうる値の範囲を不等号を用いて書きなさい。ただし，点Pと点Qが重なった瞬間は考えないものとする。
　① 点Pと点Qが重なる前
　② 点Pと点Qが重なった後

(2) 2点P，Qがともに辺BC上にあるとき，三角形APQの面積が4cm^{2}になるのは，点Aを出発してから何秒後ですか。

(京都・立命館高)

91 〈動点問題③〉

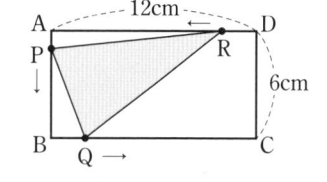

右の図のように，AD=12cm，DC=6cmの長方形ABCDがある。点PはAを出発し毎秒1cmの速さで，点QはBを出発し毎秒2cmの速さで，点RはDを出発し毎秒2cmの速さで，それぞれ長方形の辺上を反時計回りに移動する。点P，Q，Rが同時に出発してからx秒後の△PQRの面積を$y$cm^{2}として，次の問いに答えなさい。

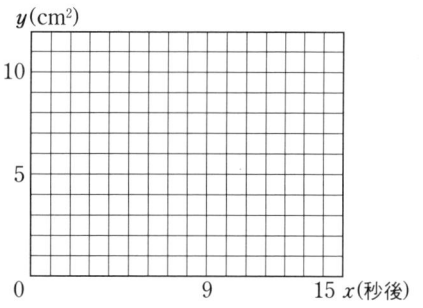

(1) 点Pが辺AB上にあるとき，△PQRの面積をxを使って表しなさい。
(2) 点PがAを出発してから8秒後の△PQRの面積を求めなさい。
(3) $9\leqq x\leqq 15$のとき，x，yの関係を右の図にグラフで表しなさい。

(広島大附高)

8 2乗に比例する関数

▶解答→別冊 p.40

92 〈2乗に比例する関数の変域〉 頻出
関数 $y=-x^2$ について，x の変域が $-2 \leqq x \leqq 3$ のとき，y の変域を求めなさい。

(福島県)

93 〈変化の割合〉 頻出
次の各問いに答えなさい。

(1) 関数 $y=-\dfrac{1}{4}x^2$ について，x の値が 2 から 6 まで増加するとき変化の割合を求めなさい。

(国立高専)

(2) 関数 $y=ax^2$ について，x の値が 2 から 4 まで増加するときの変化の割合が 3 となる。定数 a の値を求めなさい。

(東京・都立産業技術高専)

94 〈比例定数を求める①〉 頻出
右の図のように，放物線 $y=ax^2 (a>0)$ と直線 ℓ が 2 点 A, B で交わり，点 A, B の x 座標はそれぞれ -1 と 3 である。△OAB の面積が 8 であるとき，定数 a の値を求めなさい。

(兵庫・関西学院高)

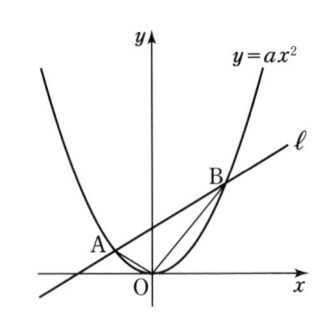

95 〈比例定数を求める②〉
右の図のように，放物線 $y=a^2x^2$ と直線 $y=ax+2$ が 2 点 A, B で交わっている。ただし，$a>0$ とする。△AOB が直角三角形になるとき，a の値をすべて求めなさい。

(埼玉・立教新座高)

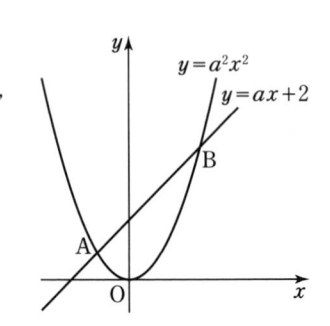

96 〈放物線と平行線①〉頻出

原点Oと，放物線 $y=\dfrac{1}{4}x^2$ 上の3つの点A，B，Cがある。

直線OA，直線BCの傾きはともに1で，直線ABの傾きは-1である。このとき，次の問いに答えなさい。

(1) 直線ABの式を求めなさい。
(2) Cの座標を求めなさい。
(3) (△OABの面積)：(△ABCの面積)を最も簡単な整数の比で表しなさい。
(4) 原点Oを通り，四角形OACBの面積を2等分する直線の式を求めなさい。

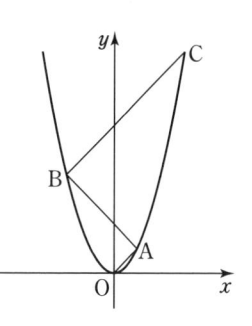

(京都・洛南高)

97 〈放物線と平行線②〉

右の図のように，関数 $y=ax^2(a>0)$ のグラフ上に3点A，B，Cがある。直線OAと直線BCは互いに平行で，OA：BC=1：3とし，点Aの x 座標を2，点Bの x 座標を p とする。

次の各問いに答えなさい。

(1) p の値を求めなさい。
(2) $a=-p$ のとき，点Cを通り，台形OACBの面積を2等分する直線の傾きを求めなさい。

(千葉・東邦大付東邦高)

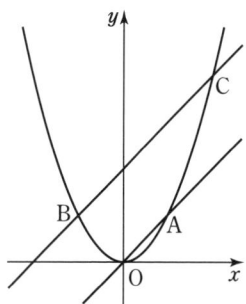

98 〈等積変形〉

a が正の定数のとき，関数 $y=ax^2$ のグラフ上に2点A，Bがある。A，Bの x 座標はそれぞれ-1，2で，直線ABの傾きは $\dfrac{1}{2}$ である。また，直線ABと y 軸との交点をCとする。

原点をOとして，次の問いに答えなさい。

(1) a の値を求めなさい。
(2) 直線OB上に点Dがあり，直線CDは△OABの面積を2等分する。Dの座標を求めなさい。
(3) $y=ax^2$ のグラフ上に点Pをとる。(2)で求めたDについて，△PBCと△DBCの面積が等しくなるようなPの x 座標をすべて求めなさい。

(東京・筑波大附駒場高)

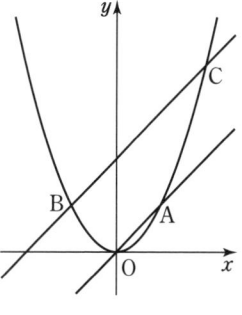

99 〈放物線と2点で交わる直線〉 頻出

右の図のように，放物線 $y=x^2$ …① と
直線 $y=mx+3(m<0)$ …② が2点A，Bで交わっている。
また，直線②と y 軸との交点をCとする。次の各問いに答えなさい。

(1) AC：CB＝3：2のとき，m の値を求めなさい。

(2) △OAB＝$3\sqrt{5}$ のとき，m の値を求めなさい。

(千葉・渋谷教育学園幕張高)

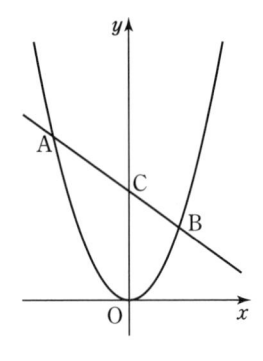

100 〈図形の面積を2等分する直線〉

右の図は，座標平面上に，放物線 $y=ax^2(a>0)$ と2つの正三角形，
△ABCと△DEFをかいたものである。A，Dは y 軸上の正の部分にある
点で，B，C，E，Fは放物線上の点である。BCとEFは x 軸に平行で，
BC：EF＝2：3である。G，HはEF上にあり，それぞれAB，ACの中点
である。座標軸の1目盛りを1cmとして，次の各問いに答えなさい。

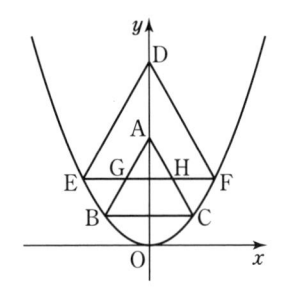

(1) BC＝2cmのとき，a の値を求めなさい。

難(2) $a=\dfrac{\sqrt{3}}{5}$ のとき，次の①，②に答えなさい。

① BCの長さを求めなさい。

② 点Cを通る直線 ℓ で，図形DEGBCHFの面積を2等分する。直線 ℓ とDEの交点をPとするとき，
点Pの x 座標を求めなさい。

(東京・早稲田実業高)

101 〈回転体の体積〉

右の図のような放物線 $y=ax^2(a<0)$ があり，この放物線上に，図
のように点A，Bをとったところ，点Aの x 座標は-2で，点Bの x 座
標は1であった。また，Oは原点であり，∠AOBは直角である。このとき，
次の問いに答えなさい。

(1) a の値を求めなさい。

(2) 直線ABの方程式を求めなさい。

(3) 直線OAを軸として，△ABOを回転してできる立体の体積を求めなさい。

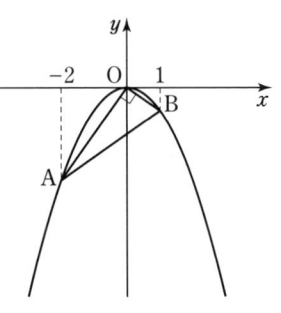

(東京・お茶の水女子大附高)

102 〈放物線と三角形①〉

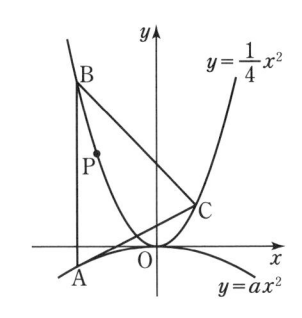

右の図のように，関数 $y=ax^2 (a<0)$ のグラフ上に x 座標が -8 の点 A があり，関数 $y=\dfrac{1}{4}x^2$ のグラフ上に x 座標がそれぞれ -8, 4 の点 B, C があり，△ABC の面積は 108 である。

また，関数 $y=\dfrac{1}{4}x^2$ のグラフ上の点 P が点 B と原点 O の間にあり，△ABC：△PBC $=9:1$ である。このとき，

(1) $a=\boxed{}$ である。

(2) 点 P の x 座標は $\boxed{}$ である。

(愛知・東海高)

---

103 〈放物線と三角形②〉

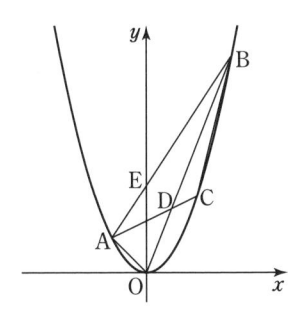

右の図のように，関数 $y=ax^2$ のグラフ上に点 A$(-4, 4)$，点 B$(10, 25)$ と点 C がある。点 D は直線 OB と直線 AC との交点で，点 E は直線 AB と y 軸との交点である。

このとき，次の問いに答えなさい。

(1) a の値を求めなさい。

(2) 直線 AB の式を求めなさい。

(3) △EOB を y 軸のまわりに 1 回転してできる立体の体積を求めなさい。ただし，円周率は π とする。

(4) △AOD と △BDC の面積が等しくなっている。△BAD と △BDC の面積の比を最も簡単な整数の比で表しなさい。

(大阪・清風高)

---

104 〈放物線と三角形③〉

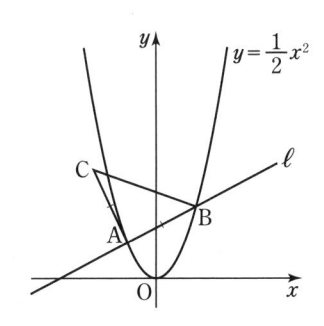

右の図のように放物線 $y=\dfrac{1}{2}x^2$ と直線 ℓ が 2 点 A, B で交わり，A, B の x 座標はそれぞれ -1, 2 である。また，AB=AC，∠BAC=$90°$ となる点 C をとる。点 C の y 座標を正とするとき，次の各問いに答えなさい。

(1) 点 C の座標を求めなさい。

(2) 直線 BC の式を求めなさい。

(3) y 軸上を動く点を D とする。△ABC=△BCD が成り立つとき，点 D の y 座標を求めなさい。

(東京・明治大付明治高)

105 〈放物線と台形〉

右の図のように，2つの放物線 $y=ax^2 (a>0)$ …①，$y=bx^2 (b<0)$ …②があり，線分ABが x 軸に平行になるように①上に2点A，Bを，線分CDが x 軸に平行になるように②上に2点C，Dをとる。線分AB，線分CDと y 軸との交点をそれぞれE，Fとし，AB：CD＝1：3，EO：OF＝1：2，∠BDC＝60°，AB＝$2\sqrt{3}$ cm とするとき，次の問いに答えなさい。ただし，座標の1目盛りを1cmとする。

(1) 線分EFの長さを求めなさい。

(2) 点Aの座標を求めなさい。

(3) a，b の値をそれぞれ求めなさい。

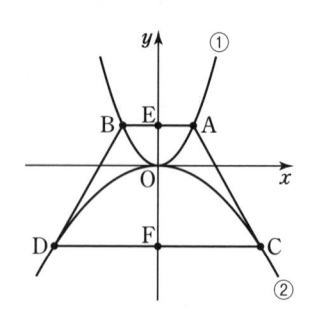

(東京・日本大三高)

106 〈放物線と正方形〉

右の図のように，関数 $y=x^2$ のグラフと正方形OABCがある。
点Cは関数 $y=x^2$ のグラフ上にあり，x 座標は -2 である。
次の問いに答えなさい。

(1) 点Bの座標を求めなさい。

(2) 点Aから x 軸にひいた垂線をAHとする。
点Hを通り正方形OABCの面積を2等分する直線の方程式を求めなさい。

(3) 正方形OABCを原点を中心に反時計回りに回転させる。頂点Bがはじめて関数 $y=x^2$ のグラフに重なったとき，頂点Bの y 座標を求めなさい。

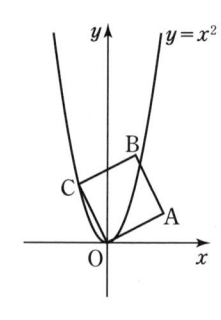

(千葉・東邦大付東邦高)

107 〈放物線と正六角形〉

右の図のように，原点Oと，1辺の長さが2の正六角形OABCDEがあり，関数 $y=ax^2$ のグラフは2点A，Eを通っている。ただし，a は正の定数である。
次の(1)では ☐ に適当な数を書き入れなさい。また，(2)，(3)では，答えだけでなく，答えを求める過程がわかるように，途中の式や計算なども書きなさい。

(1) ∠AOC＝ ① °であり，点Aの座標は ② である。
また，$a=$ ③ である。

(2) 正六角形OABCDEの面積 S を求めなさい。

(3) 原点Oを通り，正六角形OABCDEの面積を3等分する直線を ℓ，m とする。ただし，直線 ℓ の傾きは正の数である。このとき，直線 ℓ の傾きを求めなさい。

(岡山朝日高)

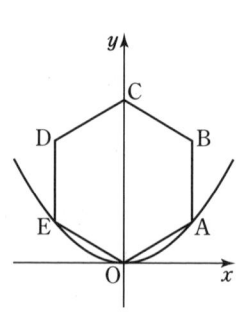

108 〈放物線と円〉

点C(0, 3)を中心とする半径$\sqrt{6}$の円が，放物線$y=\frac{1}{2}x^2$と異なる4点で交わっている。その4つの交点の中でx座標が正である2つの点のうち，原点Oに近い方をP，遠い方をQとする。また，PCを延長した直線と円の交点をRとし，円とy軸の交点のうち原点Oに近い方をSとする。点Pのy座標をaとおくとき，次の問いに答えなさい。

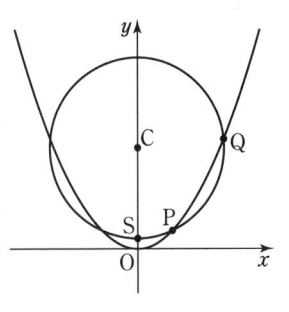

(1) 次の ① ～ ③ に最も適切な数や式を入れなさい。

点Pはこの放物線上にあるので，そのx座標をaで表すと ① であり，CP^2をaで表すと ② となる。また，点Pは点Cを中心とする半径$\sqrt{6}$の円周上にあることから，$a=$ ③ となる。

(2) おうぎ形CSQの面積を求めなさい。ただし，円周率はπとする。

(3) △PRSの面積を求めなさい。

(東京・慶應女子高)

109 〈2放物線と交わる直線〉

右の図のように，2つの放物線$y=x^2$ …①と$y=\frac{1}{6}x^2$ …②がある。放物線②上の点D(12, 24)を通り，傾きが1の直線をℓとするとき，直線ℓと2つの放物線①，②との点D以外の3つの交点を右の図のようにそれぞれ点A，B，Cとする。さらに，2直線OA，ODと放物線①との交点をそれぞれ点E，Fとする。

次の問いに答えなさい。ただし，座標の1目盛りは1cmである。

(1) 直線ℓの方程式は ___ である。

(2) 点Aの座標は ___ である。

(3) △OABと△OCDの面積比は△OAB：△OCD＝ ___ である。

(4) 線分EFとADの長さの比はEF：AD＝ ___ である。

(5) 四角形AEFDの面積は ___ cm²である。

(福岡大附大濠高)

110 〈放物線と線分比〉

右の図のように，2次関数$y=ax^2$ ($a>0$)のグラフと，A(-1, 0)を通る傾きが正の直線がB，Cで交わっており，AB：BC＝1：24である。B，Cからx軸にひいた垂線とx軸との交点をそれぞれD，Eとするとき，次の問いに答えなさい。

(1) Dのx座標を求めなさい。

(2) O，E，C，Bが1つの円周上にあるとき，aの値を求めなさい。

(奈良・東大寺学園高)

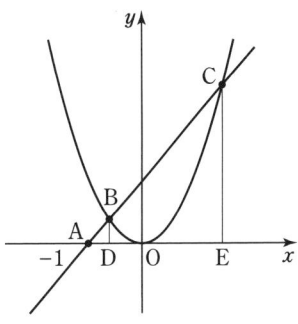

8　2乗に比例する関数

111 〈グラフが図示されていない関数問題①〉

放物線 $y=x^2$ …① 上に3点 A$(-2, 4)$, B$(1, 1)$, C$(3, 9)$ がある。また y 軸上に点 D$(0, d)$, 放物線①上に点 T(t, t^2) をとる。このとき次の各問いに答えなさい。

(1) △ABC と △ADC の面積が等しくなるとき, d の値を求めなさい。

(2) $t=4$ のとき, 直線 OT と2辺 AB, AC の交点をそれぞれ E, F とする。
　このとき △AEF と四角形 EBCF の面積比を求めなさい。

(3) 直線 BT が △ABC の面積を2等分するとき, t の値を求めなさい。

(鹿児島・ラ・サール高)

難 112 〈グラフが図示されていない関数問題②〉

座標平面上に放物線 $y=x^2$ と, A$(0, 6)$ を通り, 傾きが正の直線 ℓ がある。また, 放物線上の x 座標が -2 である点を B とする。放物線と直線 ℓ の交点で x 座標が負の点を P とし, 直線 ℓ と x 軸の交点を Q とする。点 P が AQ の中点となるとき, 次の問いに答えなさい。ただし, 原点を O とする。

(1) 直線 ℓ の方程式を求めなさい。

(2) 放物線上に x 座標が正の点 R がある。三角形 BOR の面積が15となるとき, 点 R の座標を求めなさい。

(3) (2)の点 R に対して, 直線 BR と x 軸の交点を D とする。このとき四角形 PBDQ の面積を求めなさい。

(千葉・市川高)

113 〈動点問題①〉

右の図のような1辺の長さが6cmの正方形 ABCD がある。点 P は頂点 A を出発し, 正方形の周上を毎秒1cmの速さで左回りに進む。また点 Q は頂点 A を点 P と同時に出発し, 正方形の周上を毎秒2cmの速さで右回りに進む。なお, P, Q は最初に出会うまで進み, その後停止する。最初に出会うまでの時間を a 秒として, 次の問いに答えなさい。

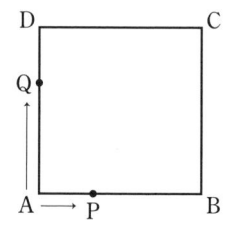

(1) a の値を求めなさい。またそのときの, PC の長さを求めなさい。

(2) 出発して x 秒後の △APQ の面積を y cm^2 とする。
　$0<x<a$ の範囲において, y を x で表し, グラフをかきなさい。

　 ⅰ) $0<x<($ ① $)$ のとき,
　　　$y=($ ② $)$

　 ⅱ) $($ ③ $)\leqq x<($ ④ $)$ のとき,
　　　$y=($ ⑤ $)$

　 ⅲ) $($ ⑥ $)\leqq x<a$ のとき,
　　　$y=($ ⑦ $)$

(3) 出発して x 秒後に, △ABQ の面積が △APQ の面積の2倍になる。x の値を求めなさい。

(大阪教育大附高池田)

難 114 〈動点問題②〉

1辺の長さが2cmで，面積が3cm²のひし形ABCDがある。2点P，Qは，このひし形の辺上を次のように動く。

- Pは秒速2cmで，Aを出発し，Dを経由し，Cまで動く。
- Qは秒速1cmで，Bを出発し，Aまで動く。

2点P，Qがそれぞれ A，Bを同時に出発してから x 秒後の，ACとPQの交点をRとし，△PRCの面積を $S\,\mathrm{cm}^2$，△QRAの面積を $T\,\mathrm{cm}^2$ とする。さらに，$U=S-T$ とおく。

次の問いに答えなさい。ただし，$0 \leqq x \leqq 2$ とする。

(1) x と U の関係を表すグラフを右の図にかきなさい。

(2) $U=\dfrac{1}{3}$ となるような x の値をすべて求めなさい。
また，そのときの S の値を求めなさい。

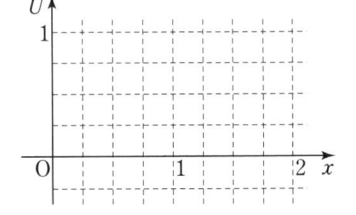

(東京・開成高)

9 場合の数

▶解答→別冊 p.51

115 〈一筆書き〉
右の図で，点Aからかき始めて「一筆がき」する方法は何通りありますか。
（東京・早稲田実業高）

116 〈対戦表〉
A，B，C，Dの4チームでリーグ戦を行う。このうち3チームの勝敗が同じになる場合は何通りありますか。ただし，必ず勝ち負けが決まるものとする。
（福岡・久留米大附設高）

117 〈順列の問題〉頻出
5個の数字0，1，2，3，4から，異なる3個を並べて3けたの自然数をつくる。
(1) 全部でいくつできますか。
(2) となり合う位の数の和がどれも5にならない数はいくつできますか。
（東京・青山学院高）

118 〈同じものを含む順列〉
Aが1個，Bが2個，Cが3個の合計6個の文字の中から3文字を選んで1列に並べる方法は何通りあるか求めなさい。
（東京・明治大付中野高）

119 〈組合せ問題①〉頻出
赤玉2個，白玉3個，青玉3個から4個を選ぶとき，選び方は全部で何通りありますか。
（大阪教育大附高池田）

120 〈組合せ問題②〉
一列に並んだ枠の中に○と×を1つずつ記入していく。ただし，左右を反転して同じになる書き方は1通りとする。例えば，

| ○ | ○ | ○ | ○ | × | × | × | と

| × | × | × | ○ | ○ | ○ | ○ | は同じであり1通りと数える。

次の各問いに答えなさい。
(1) 4つの枠に○を2つ，×を2つ記入する方法は何通りあるか答えなさい。
(2) 7つの枠に○を4つ，×を3つ記入する方法は何通りあるか答えなさい。
（千葉・渋谷教育学園幕張高）

9 場合の数

121 〈円順列の問題〉
男子4人と女子2人が円卓に着席するとき，女子2人が真向かいに座る場合の数を求めなさい。
(東京・明治学院高)

122 〈完全順列の問題〉 頻出
Aさん，Bさん，Cさん，Dさんの4人がそれぞれひとり1個ずつのプレゼント a, b, c, d を持ち寄り，パーティーを行った。これらのプレゼントを互いに交換して，全員が自分の持ってきたプレゼント以外のものを1個ずつ受け取るとき，この受け取り方は全部で何通りあるか求めなさい。
(埼玉県)

123 〈カード選び・順列型〉
[1], [2], [3], [4], [5]のカードが2枚ずつ合計10枚ある。この中から3枚を取り出して並べ，3けたの整数をつくると，全部で何個できますか。
(東京・早稲田実業高)

124 〈カード選び・組合せ型〉
[1], [2], [3], [4]のカードがそれぞれ4枚，3枚，2枚，1枚ある。これら10枚のカードから何枚かのカードを選ぶとき，選んだカードにかかれている数の合計が10となる場合は何通りありますか。
(兵庫・関西学院高)

125 〈カード2枚引き〉
1から100までの整数が1つずつ書かれた100枚のカードがある。この中から，1枚ずつ2枚のカードを選び，書かれている数を選んだ順に a, b とする。このとき，次のような a, b の選び方は何通りありますか。
(1) すべての選び方
(2) $ab \geqq 20$ となる選び方
(3) $2a = 3b$ となる選び方
(4) $a = \sqrt{8b}$ となる選び方
(京都・洛南高)

126 〈さいころ3個〉
さいころを3回ふり，出た目の数字を左から順に書いて3けたの整数をつくる。
このとき，次の問いに答えなさい。
(1) この整数のうち，偶数になるものは何個ありますか。
(2) この整数のうち，9の倍数になるものは何個ありますか。
難(3) この整数のうち，各位の数がすべて異なるものの和を求めなさい。
(愛媛・愛光高)

9 場合の数

127 〈色塗り問題〉

正三角形ABCを右の図のように4個の小さな正三角形に分ける。この小さな正三角形を赤，青，黄，緑の4色すべてを使って塗り分けるとき，次の問いに答えなさい。

(1) 色の塗り方は全部で何通りありますか。

(2) (1)で塗り分けた正三角形ABCを切り取り，色を塗った面が上になるように中心に軸を通してコマを作る。色の塗り方によって何種類のコマができますか。

(3) (1)で塗り分けた正三角形ABCを切り取り，小さな正三角形の線にそって，色を塗った面が外側になるように，折り曲げて三角すいを作る。色の塗り方によって何種類の三角すいができますか。ただし，ころがして同じになる三角すいは1種類と数える。

(大阪教育大附高池田)

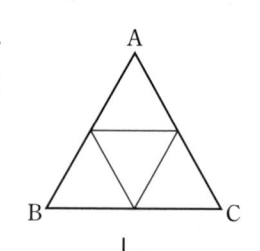

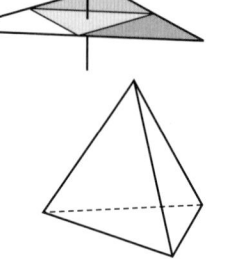

128 〈組合せで考え順列で答える〉

右の図のように，正三角形の各頂点と各辺の中点に1から6まで番号をつける。1個のさいころを投げて，出た目と同じ番号がついた点を選ぶ。このようにして，さいころを3回投げ，選んだ点を結んだ図形を考える。

例えば，1→1→1の順に出たときは点になる。また，1→1→3のときは線分になり，3→1→1のときも同じ線分になるが，さいころの目の出方が異なるので，2通りと数える。同様に1→2→6のときは三角形になり，2→6→1のときも同じ三角形になるが，さいころの目の出方が異なるので，2通りと数える。

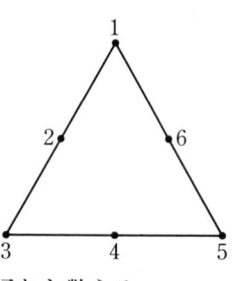

このとき，次の各問いに答えなさい。

(1) 正三角形になる場合は，全部で☐通りある。

(2) 直角三角形になる場合は，全部で☐通りある。

(3) 三角形が作れるのは，全部で☐通りある。

(神奈川・桐蔭学園高)

129 〈じゃんけんとゲーム〉 頻出

A君，B君の2人が，次の「ルール」でじゃんけんを繰り返し，先に20メートル以上移動した者を勝ちとするゲームをする。このとき，次の☐に最も適する数を答えなさい。

「ルール」
1. 「グー」で勝つと，勝った者が1メートル移動する。
2. 「チョキ」で勝つと，勝った者が2メートル移動する。
3. 「パー」で勝つと，勝った者が5メートル移動する。
4. 「あいこ」の場合はもう1回じゃんけんをする。勝負がつくまでじゃんけんをし，その回数は数える。
5. じゃんけんで負けると，負けた者はその回は移動しない。

(1) ちょうど4回のじゃんけんで勝負が決まるとき，A君とB君の手の出し方の過程は全部で☐通りである。

(2) ちょうど5回のじゃんけんでA君が20メートル進んで勝つ場合は☐通りである。

(3) ちょうど5回のじゃんけんで勝負が決まり，A君が勝つ場合は☐通りである。

(神奈川・桐蔭学園高)

10 確率

▶解答→別冊 p.55

130 〈確率の基礎〉
袋Aの中に，n本の当たりくじを含む42本のくじがあります。また，袋Bの中に$3n$本のはずれくじを含む70本のくじがあります。袋Aからくじを1本ひいたときに当たりである確率と，袋Bからくじを1本ひいたときに当たりである確率が等しいとき，nの値を求めなさい。

(東京・中央大杉並高)

131 〈順列型の確率〉 頻出
クラス対抗リレーの選手A，B，C，Dの4人が走る順番をくじびきで決めるとき，Aの次にCが走る確率を求めなさい。

(大阪・近畿大附高)

132 〈組合せ型の確率〉 頻出
男子2人，女子3人の合計5人の中から，くじびきで班長1人と副班長1人を選ぶ。このとき，男子と女子が1人ずつ選ばれる確率を求めなさい。

(群馬県)

133 〈じゃんけん〉 頻出
3人で1回だけじゃんけんをするとき，あいこ（引き分け）になる確率を求めなさい。ただし，グー，チョキ，パーの出し方は，そのどれを出すことも同様に確からしいものとする。

(国立高専)

134 〈袋から玉を取り出す〉 頻出
次の各問いに答えなさい。

(1) 赤玉2個，白玉2個，青玉1個が入った袋がある。この袋から玉を1個取り出して色を調べ，それを袋にもどしてから，また，玉を1個取り出して色を調べる。1回目と2回目に取り出した玉の色が異なる確率を求めなさい。

(愛知県)

(2) 袋の中に赤玉が4個，白玉が2個，青玉が3個入っている。この袋の中から同時に3個の玉を取り出すとき，3個の玉が赤，白，青の1個ずつである確率を求めなさい。

(神奈川・法政大女子高)

(3) 袋Aには3，6，9の番号の書かれた玉が1個ずつ計3個，袋Bには4，5，7，8の番号の書かれた玉が1個ずつ計4個入っている。
　　Aから1個，Bから2個の玉を取り出したとき，番号が最大である玉がBから取り出される確率は□である。

(東京・筑波大附高)

135 〈コイン投げ〉 頻出
コインを3回投げたとき，ちょうど2回表が出る確率を求めなさい。

(東京・専修大附高)

136 〈席順問題〉
A，B，C，D，Eの5人が1台の車に乗ってドライブに出かけます。運転できるのはA，B，Cの3人です。前の座席に2人，後ろの座席に3人座ります。
このとき，次の問いに答えなさい。
(1) 座席の座り方は，何通りありますか。
(2) BとCが隣り合って座る確率を求めなさい。

(京都・立命館高)

137 〈さいころ2個問題〉 頻出
次の各問いに答えなさい。
(1) 1から6までの目が出る大小2つのさいころを同時に1回投げ，大きいさいころの出た目の数をa，小さいさいころの出た目の数をbとする。$\sqrt{(a+1)(b-1)}$の値が正の整数になる確率を求めなさい。ただし，さいころの1から6までのどの目が出ることも同様に確からしいものとする。

(東京・国分寺高)

(2) 2個のさいころA，Bを同時に投げて，出た目の数をそれぞれa，bとする。このとき，$\sqrt{2a+b}$が整数となる確率を求めなさい。

(千葉・市川高)

(3) 大小2個のさいころを同時に投げて，大きいさいころの出た目の数をa，小さいさいころの出た目の数をbとする。$\sqrt{\dfrac{3b}{2a}}$が無理数となる確率は□である。

(愛知・東海高)

(4) 1から6までの目が出る大小1つずつのさいころを同時に1回投げる。
大きいさいころの出た目の数をa，小さいさいころの出た目の数をbとするとき，2次方程式$x^2-ab=0$の2つの解が整数となる確率を求めなさい。
ただし，大小2つのさいころはともに，1から6までのどの目が出ることも同様に確からしいものとする。

(東京・産業技術高専)

138 〈変形さいころ問題〉

各面の出方が等しく $\frac{1}{12}$ である正12面体のさいころがある。その各面には,小さい順に12個とられた素数のうち1つが書かれており,各面の数はすべて異なる。このさいころを2回ふって出た目を順に a, b とするとき,積 ab が奇数になる確率は □ であり,a^2b^3 が5の倍数になる確率は □ である。

(神奈川・慶應高)

139 〈さいころと座標問題〉

次の各問いに答えなさい。

(1) 大小の2つのさいころをふって,大きいさいころの出た目を x 座標,小さいさいころの出た目を y 座標とする点Pを考える。

右の直線①が,1次関数 $y=-\frac{3}{2}x+6$ のグラフを表すとき,この直線と x 軸,y 軸で囲まれる三角形OABの内部または周上に点Pがある確率を求めなさい。

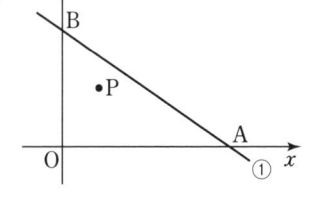

(2) 2点A(3, 2),B(5, 10)がある。1つのさいころを2回投げて,出た目の数を順に a, b とするとき,直線 $y=\frac{b}{a}x$ が線分AB(2点A,Bを含む)と交わる確率を求めなさい。

(奈良・西大和学園高)

140 〈さいころ3個①〉

次の確率を求めなさい。

(1) 大,小の2個のさいころをふったとき,出た目の数の積が6となる確率
(2) 大,中,小の3個のさいころをふったとき,出た目の数の積が10となる確率
(3) 大,中,小の3個のさいころをふったとき,出た目の数の積が24となる確率

(鹿児島・ラ・サール高)

難 141 〈さいころ3個②〉

大中小3個のさいころを投げる。投げたさいころのうち,目の数が最も小さいさいころはすべて取り除き,また,投げたさいころの目の数がすべて同じときは,さいころを取り除かないものとする。この作業をさいころが1個になるまで繰り返す。次の確率を求めなさい。

(1) さいころを1回投げて,さいころが3個から1個になる確率
(2) さいころを1回投げて,さいころが3個から2個になる確率
(3) さいころを2回投げて,さいころが1個となる確率

(埼玉・立教新座高)

142 〈カード3枚引き〉

1, 2, 3, 4, 5の数字がそれぞれ1つずつ書いてある5枚のカードがある。この中から3枚を取り出して、3つの数の和を求めるとき、次の問いに答えなさい。

(1) 数の和が3の倍数になる確率を求めなさい。
(2) 数の和が偶数になる確率を求めなさい。

(東京・明治学院高)

143 〈点の移動問題①〉

右の図のように、5点A, B, C, D, Eが円周上にある。点Pは、点Aを出発し、大小2個のさいころを同時に投げて、出た目の和に等しい区間数だけ円周上を反時計まわりに進む。例えば、出た目の和が4であるときは、点Pは、4区間進んで点Eに止まる。

(1) 点Pが点Aに止まる確率を求めなさい。
(2) 点Pが点Cに止まらない確率を求めなさい。

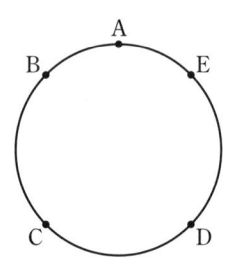

(東京・青山学院高)

144 〈点の移動問題②〉

P, Qは正六角形ABCDEFの頂点を順に移動する点であり、はじめは頂点Aにある。大小2個のさいころを1回ずつ振り、大きいさいころの出た目の数だけPを時計回りに移動させ、小さいさいころの出た目の数だけQを反時計回りに移動させる。

P, Qが移動した後について、次の確率を求めなさい。

(1) 2点P, Qが重なる確率
(2) 3点A, P, Qのどの2点も重ならない確率
(3) △APQが正三角形となる確率
(4) △APQが直角三角形となる確率

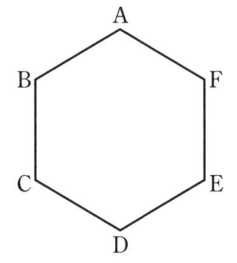

(京都・洛南高)

難 145 〈点の移動問題③〉

正四面体ABCDがあり、この正四面体の頂点を点Pが次の規則にしたがって動く。

(規則)① 最初点Pは点Aにある。
② 1秒後には、点Pは今いる頂点以外の頂点に等しい確率で移動する。

このとき、次の各確率を求めなさい。

(1) 2秒後には、点Pが点Aにいる確率
(2) 3秒後には、点Pが点Aにいる確率
(3) 4秒後には、点Pが点Aにいる確率

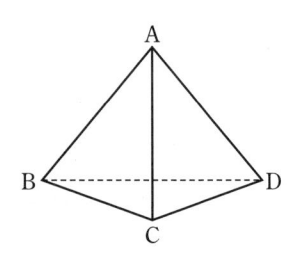

(東京・巣鴨高)

146 〈さいころと操作〉
1つのさいころを3回投げて，出た目の数に応じて次の〔規則〕にしたがい，水槽に水を入れたり，水槽から水を抜いたりする。

〔規則〕
1回目は，出た目の数をaとするとaLの水を水槽に入れる。
2回目は，1または2の目が出れば1L，3または4の目が出れば2L，5または6の目が出れば3L，それぞれ水槽から水を抜く。ただし，入っている水の量よりも抜く水の量が多いときは，水槽の水は0Lになると考えることにする。
3回目は，1回目と同様の操作を行う。

はじめ，水槽は空であり，また水槽は十分に大きく，途中で水があふれることはないとして次の問いに答えなさい。ただし，答えはそれ以上約分できない形にすること。
(1) 1回目終了時点で水槽の水が4L以上になる確率を求めなさい。
(2) 2回目終了時点で水槽の水が4Lになる確率を求めなさい。
(3) 途中で水槽が空になることなく，3回目終了時点で水槽の水が4Lになる確率を求めなさい。

(神奈川・法政大二高)

147 〈さいころとゲーム〉
右の図のように，Aをスタートとし，Gをゴールとするすごろくゲームがある。このすごろくゲームでは，さいころを投げて出た目の数だけ右に進む。ゴールするまで繰り返しさいころを投げるが，その際，以下の《ルール》にしたがわなくてはならない。

スタート　　　　　　　　　　　ゴール
Ⓐ─Ⓑ─Ⓒ─Ⓓ─Ⓔ─Ⓕ─Ⓖ

《ルール》
・Dの位置に止まった場合はさらに，右へ2つ進みFの位置に止まる。
・Eの位置に止まった場合はAの位置に戻る。
・Gの位置にちょうど止まればゴールできる。
・Gの位置にちょうど止まれず，まだ動かなければならない場合のみ，その分だけ左へ進む。

《例》
・Aの位置にいてさいころを投げ，3の目が出た場合
　A→B→C→Dと移動するが，Dの位置に止まったので《ルール》にしたがいさらに右に2つ進み，Fの位置に止まる。
・Aの位置にいてさいころを投げ，4の目が出た場合
　A→B→C→D→Eと移動するが，Eの位置に止まったので《ルール》にしたがいAの位置に戻る。
・Fの位置にいてさいころを投げ，5の目が出た場合
　F→G→F→E→D→Cと移動し，Cの位置に止まる。

このとき，次の問いに答えなさい。
(1) ちょうど1回だけさいころを投げてゴールする確率を求めなさい。
(2) ちょうど2回だけさいころを投げてゴールする確率を求めなさい。
(3) ちょうど3回だけさいころを投げてゴールする確率を求めなさい。

(東京・日本大三高)

11 資料の活用と標本調査

▶解答→別冊 p.61

148 〈代表値〉
ある学年で10点満点の数学のテストを行ったところ，得点の平均値は7.17点，中央値は8点，最頻値は8点であった。その得点を表したヒストグラムとして最も適切なものを，次のア～カのうちから1つ選び，記号で答えなさい。
(東京学芸大附高)

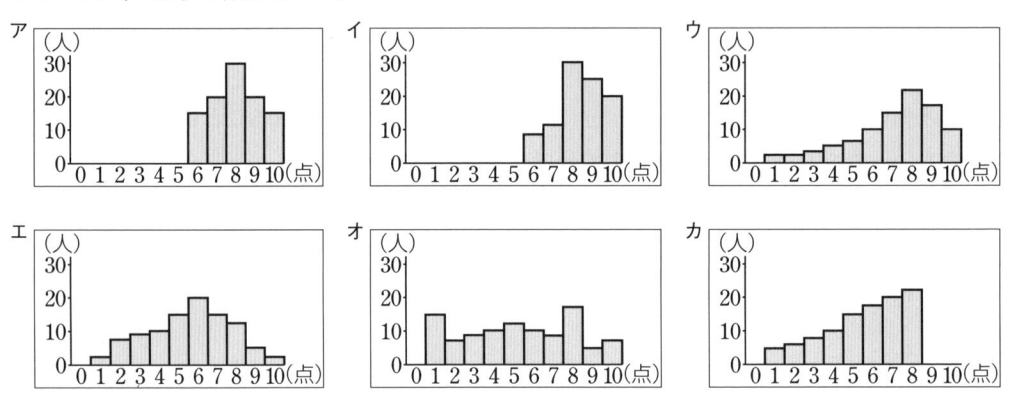

149 〈度数分布表〉 頻出
ようこさんは，自分のクラスの生徒20人に対して，自宅から学校までの通学時間を調べ，その結果について，度数分布表をノートに作成した。次は，そのときにようこさんが作成したノートの一部である。このとき，下の(1)～(4)の問いに答えなさい。

ようこさんが作成したノート
自宅から学校までの通学時間

階級(分)	度数(人)
以上　未満	
5～10	3
10～15	2
15～20	6
20～25	4
25～30	3
30～35	2
計	20

(1) ようこさんが作成した度数分布表における階級の幅を求めなさい。
(2) ようこさんが作成した度数分布表における最頻値(モード)を求めなさい。
(3) ようこさんが作成した度数分布表をもとに，ヒストグラムをつくるとき，そのヒストグラムとして正しいのはどれか。次のア～エから1つ選び，その記号を書きなさい。

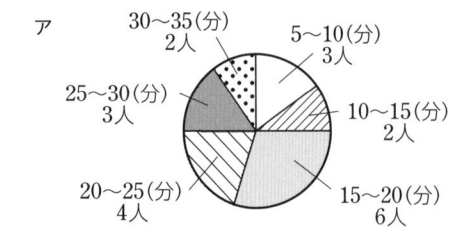

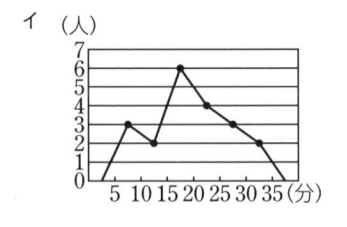

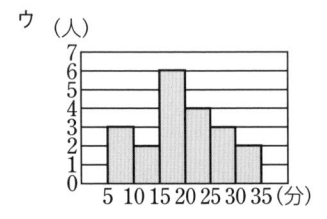

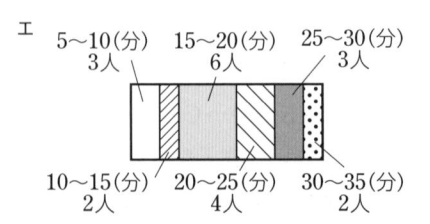

(4) ようこさんが作成した度数分布表において，調査した生徒20人をもとにした，通学時間が5分以上15分未満の生徒の人数の割合は何％ですか。
(高知県)

150 〈資料のちらばり〉 難

ある集団の生徒を対象に，1問10点で10問(100点満点)のテストを行った。次の表のように，テストの得点に応じて評価をつけ，評価A，Bを合格，評価Cを不合格とした。？となっている欄の人数は不明である。

評価	C				B				A		
得点(点)	0	10	20	30	40	50	60	70	80	90	100
人数(人)	4	2	5	?	?	?	7	?	5	4	1

次のア，イ，ウがわかっている。

ア．評価Aの生徒の平均点は，評価Cの生徒の平均点より70点高い。

イ．合格者の平均点は65点であるが，得点が30点の生徒も合格者に含めると，合格者の平均点は63点となる。

ウ．評価Bの中では，得点が60点の生徒の数が最も少ない。

このとき，次の□□□にあてはまる数を求めなさい。

(1) 得点が30点の生徒の人数は□□□人である。
(2) この集団の生徒の総数は□□□人である。
(3) 得点が70点の生徒の人数は□□□人である。

(東京・筑波大附高)

151 〈標本調査〉 頻出

次の問いに答えなさい。

(1) 次の調査の中で，標本調査をすることが適切なものをa～dの中からすべて選び，記号を書きなさい。

　a　自転車のタイヤの寿命調査
　b　国勢調査
　c　学校で行う生徒の健康診断調査
　d　あるテレビ番組の視聴率調査

(2) ある工場で大量に生産される製品の中から，80個を無作為に抽出したところ，そのうち3個が不良品であった。

このとき，①，②の問いに答えなさい。

① 10000個の製品を生産したとき，発生した不良品はおよそ何個と推測されるか，求めなさい。

② 不良品が150個発生したとき，生産した製品はおよそ何個と推測されるか，求めなさい。

(佐賀県)

152 〈比率の推定①〉

学生の人数が9,300人の大学で，無作為に450人を抽出し，ある日の午後8時にどのテレビ局の番組を見ていたかについて標本調査を行い，450人すべてから回答を得た。下の表は，その結果である。

このとき，この大学のすべての学生のうち，B局の番組を見ていたのは，およそ何人と考えられるか，十の位の数を四捨五入して答えなさい。

(富山県)

	A局	B局	C局	その他の局	見ていない	合計
学生の人数(人)	76	135	98	54	87	450

153 〈比率の推定②〉

袋の中に白い石と黒い石がたくさん入っており，石の重さはすべて同じである。Sさんは標本調査を利用して，袋の中から石を取り出し，袋の中にある白い石の個数を推定しようと考えた。

下のア～カのうち，次の文中の (1)，(2) に入れるのに適しているものをそれぞれ一つ選び，記号を書きなさい。

> 袋の中にある白い石の個数は，
>
> (1) × (袋の中にある石全部の重さ) / (2)
>
> を計算することにより推定することができる。

ア 取り出した石の個数
イ 取り出した石のうちの白い石の個数
ウ 取り出した石のうちの黒い石の個数
エ 取り出した石全部の重さ
オ 取り出した石のうちの白い石全部の重さ
カ 取り出した石のうちの黒い石全部の重さ

(大阪府)

154 〈単元融合問題〉

A，B，Cの3つの中学校では，3年生を対象に1日あたりの読書時間を調査した。

次の(1)は指示にしたがって答え，(2)は □ の中にあてはまる最も簡単な数を記入しなさい。

(1) A中学校とB中学校では，3年生全員にアンケートを実施した。右の表は，全員の回答結果を度数分布表に整理したものである。

1日あたり30分以上読書をしている3年生の割合が大きいのは，A中学校とB中学校のどちらであるかを，表をもとに，数値を使って □ の中に説明しなさい。

階級(分)	度数(人) A中学校	B中学校
以上 未満 0～15	9	12
15～30	17	21
30～45	10	12
45～60	8	8
60～75	3	4
75～90	3	3
計	50	60

(説明)

(2) C中学校では，3年生250人全員の中から無作為に抽出した40人にアンケートを実施したところ，1日あたり30分以上読書をしているのは，回答した40人のうち16人であった。

このとき，C中学校の3年生250人のうち，1日あたり30分以上読書をしている人数は，約 □ 人と推定できる。

(福岡県)

12 図形の基礎

▶解答→別冊 p.62

155 〈平行線と角〉 頻出
次の各問いに答えなさい。

(1) 右の図で，$\ell \parallel m$ のとき，$\angle x$ の大きさを求めなさい。
(栃木県)

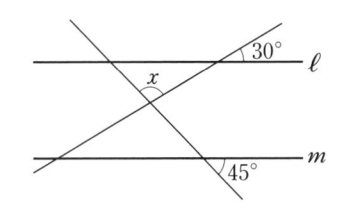

(2) 右の図のように直線 ℓ と直線 m が平行であるとき，$\angle x$ の大きさを求めなさい。
(東京・専修大附高)

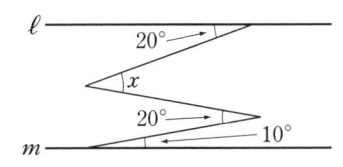

156 〈角の二等分線〉 頻出
次の各問いに答えなさい。

(1) 右の図で，四角形 ABCD は長方形である。点 P は辺 AD 上の点であり，$\angle$PBC の二等分線と辺 CD の交点を Q とする。
$\angle$APB$=a°$，$\angle$BQC$=b°$ とするとき，b を a を用いた式で表しなさい。
(秋田県)

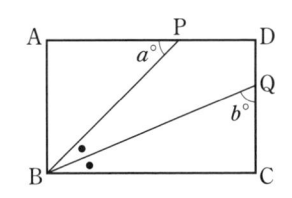

(2) 右の図において，$\angle x$ の大きさを求めなさい。
(東京電機大高)

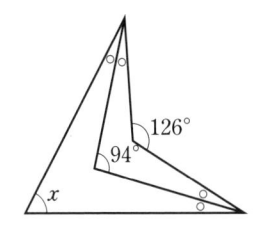

(3) 右の図のように，$\angle$A$=88°$ である△ABC において，$\angle$B および $\angle$C の外角の二等分線の交点を D とするとき，$\angle$BDC の大きさを求めなさい。
(茨城・江戸川学園取手高)

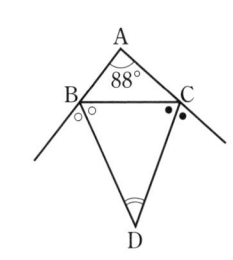

157 〈正多角形と角〉 頻出
右の図のように，正五角形の各頂点を結んで，星形の図形 ABCDEFGHIJ を作る。このとき，$\angle a = \boxed{}°$，$\angle d = \boxed{}°$ である。
(神奈川・桐蔭学園高)

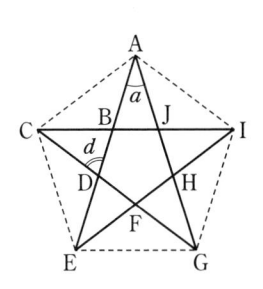

158 〈フランクリンの凧〉

右の図のように，△ABCはAB＝AC，および∠ABC＝20°の二等辺三角形である。次に，辺BAの延長線上に点Dをとり，BC＝BDとなるようにする。さらに，辺BC上に点Eをとり，∠ADE＝30°になるようにする。∠AED＝x，∠EAC＝yとするとき，次の問いに答えなさい。

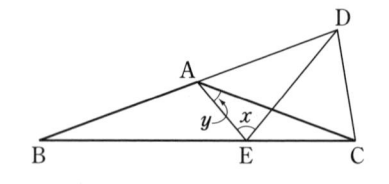

[(1)，(2)，(3)は解答のみを示しなさい。(4)は解答手順を記述しなさい。]

(1) $x+y$を求めなさい。

次に，∠DCF＝20°となるように，線分AD上に点Fをとる。

(2) ∠DEFおよび∠CAFを求めなさい。
(3) 6点A，B，C，D，E，Fを結ぶ線分のうち，線分CDと長さの等しい線分をすべて選びなさい。
(4) xおよびyをそれぞれ求めなさい。

(茨城・江戸川学園取手高)

159 〈中点連結定理〉

右の図のように，△ABCがある。辺AB，AC上にBD＝CEとなるように点D，Eをとる。また，線分BC，BE，DEの中点をそれぞれF，G，Hとする。∠ABE＝30°，∠BEC＝88°のとき，∠x＝□°である。

(千葉・日本大習志野高)

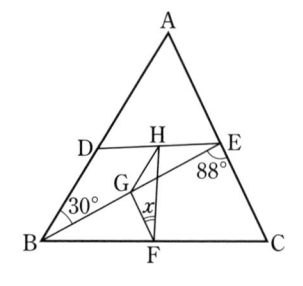

160 〈接線の作図〉

次の各問いに答えなさい。

(1) 円Oで，定規とコンパスを使って，点Aが接点となるように，この円の接線を作図しなさい。ただし，作図に用いた線は消さないでおくこと。　(島根県)

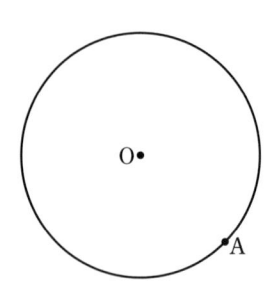

(2) 円外の点Pから円Oにひいた接線を作図しなさい。

(滋賀・比叡山高)

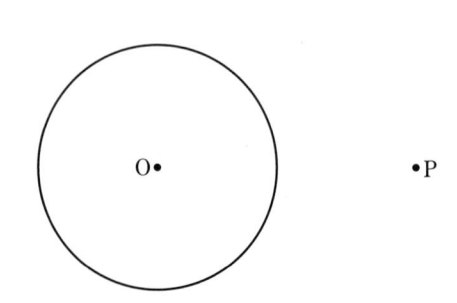

161 〈円の作図〉
次の各問いに答えなさい。

(1) 右の図において，半直線OX，OYに接し，半直線OX上の点Pを通る円を作図しなさい。ただし，作図に用いた線の跡は必ず残しておくこと。

(奈良・西大和学園高)

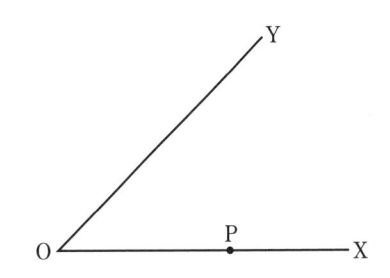

(2) 右の図において，点Aを通り，直線 ℓ 上の点Bで接する円を作図しなさい。ただし，作図に用いた線の跡は必ず残しておくこと。

(奈良・西大和学園高)

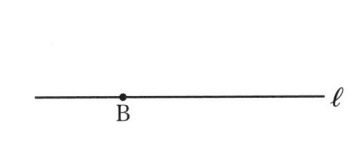

162 〈45°角の作図〉
次の各問いに答えなさい。

(1) 右の図のように，直線 ℓ 上に異なる2点A，Bがある。AB=AP，∠BAP=135°となる△PABを1つ，定規とコンパスを用いて作図しなさい。ただし，作図に用いた線は消さないこと。

(秋田県)

(2) 右の図のように，線分OAと線分OBがある。右に示した図をもとにして，線分OB上に，∠OAP=45°となる点Pを定規とコンパスを用いて作図によって求めなさい。
ただし，作図に用いた線は消さないでおくこと。

(東京・西高)

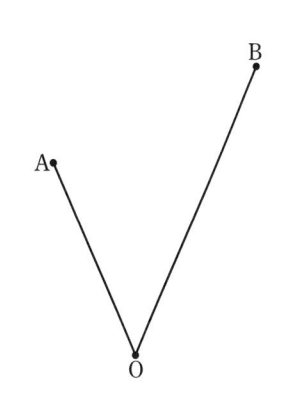

163 〈対称移動の作図〉

右の図のような円と直線ℓがある。ℓを対称軸として,この円と線対称な図形を,定規とコンパスを用いて作図しなさい。

ただし,図をかくのに用いた線は消さないこと。

(群馬県)

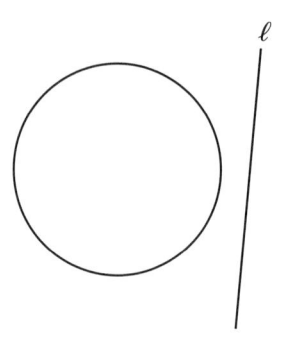

164 〈回転移動の作図〉

右の図において,線分A′B′を直径とする半円は,線分ABを直径とする半円を回転移動したものである。

このとき,回転の中心Oを,コンパスと定規を用いて作図しなさい。

ただし,図をかくのに用いた線は消さないこと。

(群馬県)

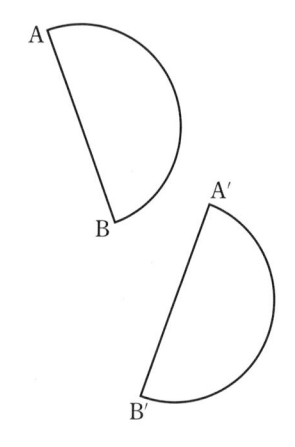

難 165 〈合同の利用と作図〉

右の図のように,円Oと円Oの周上にない2点A,Bがある。

円Oの直径PQをひいたとき,AP=BQとなる直径PQを1つ,定規とコンパスを用いて作図し,点Pおよび点Qの位置を示す文字P,Qも書きなさい。

ただし,作図に用いた線は消さないでおくこと。

(東京・戸山高)

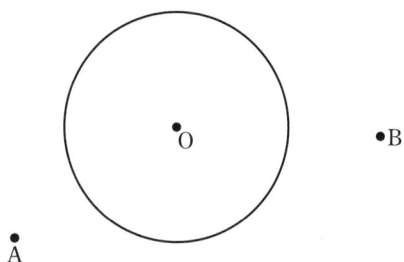

166 〈合同の証明①〉
右の図のように，正三角形ABCの辺BC上に点Dをとり，ADを1辺とする正三角形ADEを点Cと反対側に作る。このとき，AC∥EBとなることを証明しなさい。

(兵庫・関西学院高)

167 〈合同の証明②〉 頻出
右の図のように，平行四辺形ABCDがあり，対角線の交点をOとする。対角線BD上にOE＝OFとなるように異なる2点E，Fをとる。
このとき，△OAE≡△OCFであることを証明しなさい。

(岩手県)

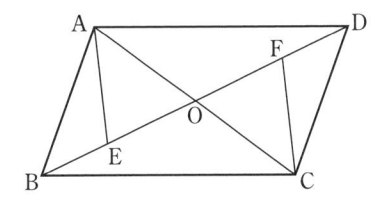

168 〈合同の証明③〉 頻出
右の図のような平行四辺形ABCDがある。点Aおよび点Cから，線分BDにひいた垂線とBDの交点をそれぞれE，Fとする。
△ABE≡△CDFを証明しなさい。 (大阪桐蔭高)

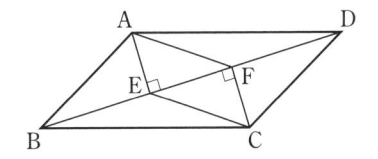

169 〈合同の証明④〉
長方形ABCDを辺AB上の点Fと頂点Dを通る線分を折り目にして折り返すと，頂点Aが辺BCの中点Eと重なる。辺ADの長さをaとして，線分AEの長さがaであることを証明しなさい。

(東京・慶應女子高)

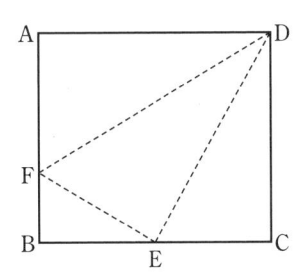

難 170 〈中点連結定理の利用と証明〉
AB＝2BCを満たす三角形ABCがある。辺ABの中点Mを通り直線CMに垂直な直線が辺ACと交わる点をNとする。このとき，AN：NC＝1：2であることを証明しなさい。

(大阪教育大附高池田)

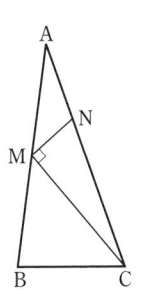

13 相似な図形

▶解答→別冊 p.67

171 〈相似の証明〉
右の図のように，辺ACが共通な2つの二等辺三角形ABCとACDがあり，AB＝AC＝ADとする。∠ACBの二等分線と辺DAの延長との交点をEとし，辺ABとCEとの交点をFとする。
次の問いに答えなさい。
(1) ∠BCF＝35°のとき，∠BACの大きさを求めなさい。
(2) ∠ACE＝∠ADCのとき，△ACE∽△BCFを証明しなさい。
(北海道)

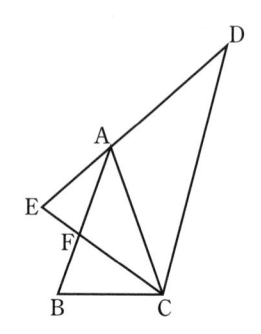

172 〈相似比①〉 頻出
右の図において，△ABC∽△DBAであるとき，辺BCの長さを求めなさい。
(東京工業大附科学技術高)

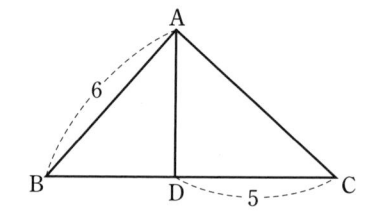

173 〈相似比②〉 頻出
右の図で，線分ABと線分CDは平行であり，線分ADと線分BCの交点をEとする。点Fは線分CD上の点であり，線分EFと線分BDは平行である。
AB＝3cm，BD＝6cm，CD＝5cmであるとき，線分EFの長さを求めなさい。
(秋田県)

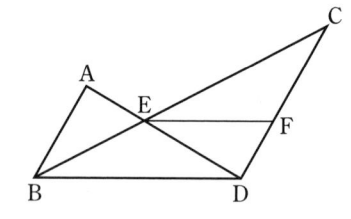

174 〈相似比③〉
△ABC，△ADEはそれぞれ正三角形である。
AB＝8cm，BD＝3cmとする。
(1) 線分EFの長さを x cmとするとき，線分AEの長さを x で表しなさい。
(2) x を求めなさい。
(東京・城北高)

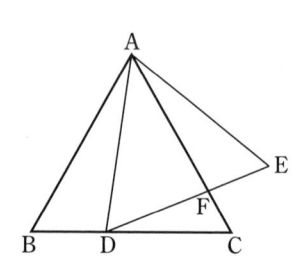

175 〈平行線と線分比①〉 頻出
右の図の△ABCにおいて，D，Fは辺AB上，Eは辺AC上の点である。AD=6cm，DB=3cm，BC∥DE，DC∥FEであるとき，線分AFの長さを求めなさい。
（山梨・駿台甲府高）

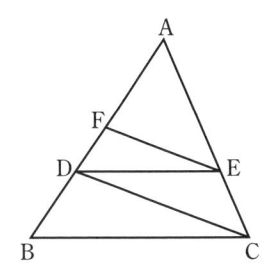

176 〈平行線と線分比②〉 頻出
次の問いに答えなさい。
　右の図において，AD=DE=EB，AF=FC，EC=4とするとき，FGの長さを求めなさい。
（東京・日本大豊山高）

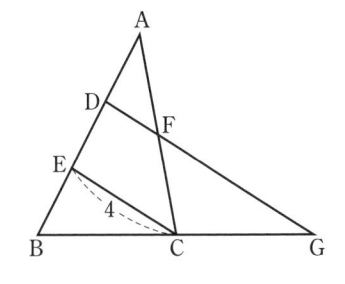

177 〈重心の性質〉
右の図のような△ABCにおいて点P，Qはそれぞれ辺AB，BCの中点，点Dは線分CP，AQの交点です。AQ⊥CP，AC=8cmのとき，線分BDの長さを求めなさい。
（東京・明治大付中野高）

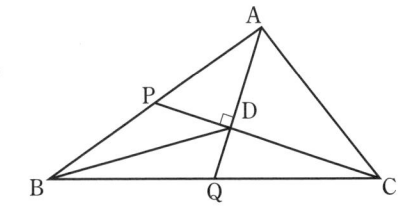

178 〈三角形の面積比①〉
右の図の△ABCで，AD:DB=1:3，AE:EC=1:2であり，BEとCDの交点をFとする。四角形ADFEの面積が17cm²であるとき，△ABCの面積は □ cm²である。
（東京・明治大付明治高）

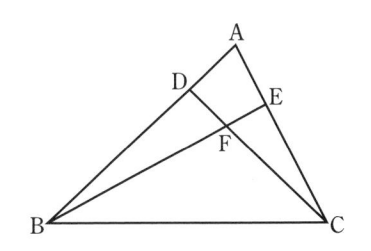

179 〈三角形の面積比②〉
△ABCの辺BC上に点D，辺AC上に点EをとリリAD とBEの交点をFとする。BD:DC=2:1，BF:FE=6:1のとき，次の問いに答えなさい。
(1) AF:FDを最も簡単な整数の比で表しなさい。
(2) △ABCの面積と四角形CEFDの面積の比を最も簡単な整数の比で表しなさい。
（東京・中央大附高）

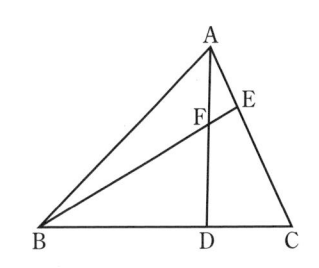

180 〈角の2等分線の性質〉 頻出
　右の図のように，∠A=90°の直角三角形ABCがある。頂点Aから辺BCに垂線ADをひき，∠Bの二等分線とAD，ACとの交点をそれぞれE，Fとする。AB=12，AC=5のとき，AE=□である。　　　　　（東京・明治大付明治高）

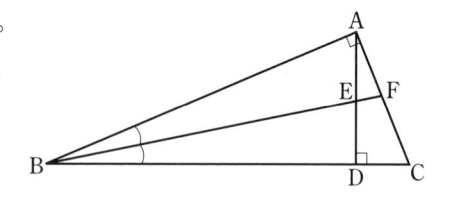

181 〈正五角形と黄金比〉 頻出
　1辺の長さが2の正五角形ABCDEにおいて，対角線AC，AD，CEをひき，ADとCEの交点をFとする。
次の問いに答えなさい。
(1) ∠ABCは何度ですか。
(2) △ACDと△AFEが相似になることを証明しなさい。
(3) AFの長さを求めなさい。
(4) ADの長さを求めなさい。　　　（東京・國學院大久我山高）

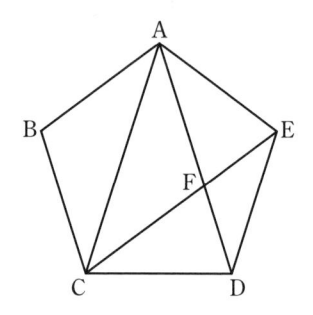

182 〈平行四辺形の面積分割計量〉 頻出
　右の図の平行四辺形ABCDにおいて，AB∥EFであり，点Gは線分EFと対角線BDの交点である。また，△BFGの面積をS_1，△DEGの面積をS_2，四角形ABGEの面積をS_3，平行四辺形ABCDの面積をS_4とします。$S_1:S_2=1:4$のとき，$S_3:S_4$を最も簡単な整数の比で答えなさい。
（東京・中央大杉並高） 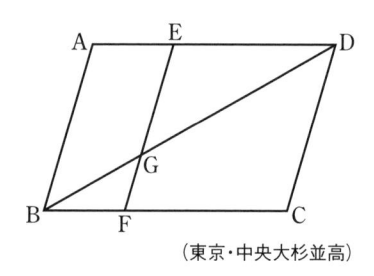

183 〈長方形と線分比・面積比①〉
　長方形ABCDがあり，辺ADの中点をE，対角線BDを3等分した点のうちBに近い方の点をF，Dに近い方の点をGとし，2点E，Fを通る直線とBCとの交点をHとする。また，Hを通りBDに平行な直線とCDとの交点をI，Iを通りBCに平行な直線とBDとの交点をJ，EI，BDの交点をKとする。
次の各問いに答えなさい。
(1) BH：EDを求めなさい。
(2) DJ：JGを求めなさい。
(3) △KDEと△EFKの面積比を求めなさい。
(4) △KJIの面積を1としたときの△EHIの面積を求めなさい。 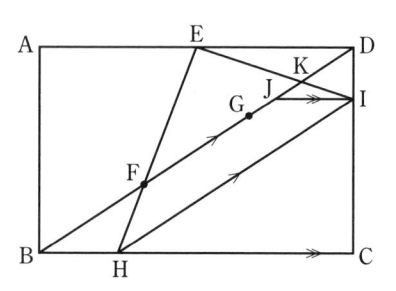
（東京・専修大附高）

184 〈長方形と線分比・面積比②〉

右の図のように，長方形ABCDにおいて，辺BCの中点をMとする。ACとDMの交点をEとし，点Eから辺ABに垂線EE′をひく。さらに，ACとDE′の交点をFとし，点Fから辺ABに垂線FF′をひく。また，ACとDF′の交点をGとする。次の各問いに答えなさい。

(1) DE：EMの比を求めなさい。
(2) DF：FE′の比を求めなさい。
(3) DG：GF′の比を求めなさい。
(4) 面積比△DGF：△EMCを求めなさい。

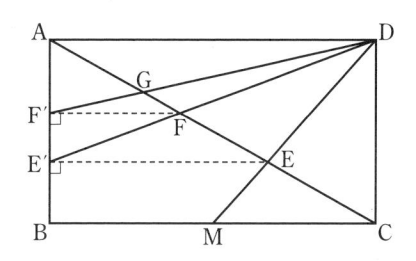

(大阪・近畿大附高)

---

185 〈平行四辺形と線分比・面積比①〉 頻出

右の図のような平行四辺形ABCDについて，辺BC，辺CDをそれぞれ3：2に分ける点をE，Fとする。また，線分AE，対角線AC，線分AFが対角線BDと交わる点をそれぞれG，H，Iとする。次の問いに答えなさい。

(1) 線分GHの長さと線分HIの長さの比を求めなさい。
(2) △BAGの面積と△BEGの面積の比を求めなさい。
(3) 四角形GECHの面積と平行四辺形ABCDの面積の比を求めなさい。

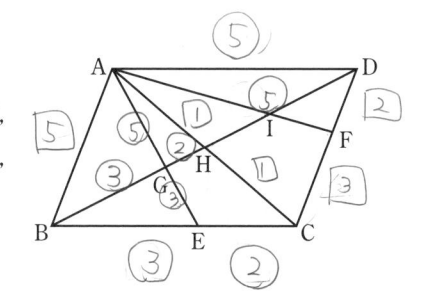

(埼玉・立教新座高)

---

186 〈平行四辺形と線分比・面積比②〉

右の図のように平行四辺形ABCDがあり，辺AB，ADの中点をそれぞれM，Nとする。また，辺AD上にAP：PD＝5：1となる点Pを，辺BC上にBQ：QC＝3：1となる点Qをそれぞれとり，MPとNQの交点をRとする。このとき，
NP：BQ＝ □ ： □ ，PR：RM＝ □ ： □ である。

(愛媛・愛光高)

187 〈台形と線分比・面積比〉

右の図のように，AD：BC＝2：3である台形ABCDがある。AB上の1点Eから底辺に平行な直線をひき，対角線BDおよびCDとの交点をそれぞれG，Fとおく。

このとき，次の問いに答えなさい。

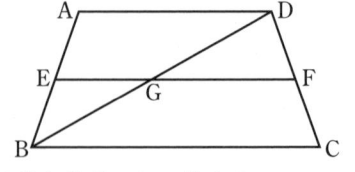

(1) AE：EB＝1：1となるように点Eを定めたとき，EG：GFを最も簡単な整数の比で答えなさい。

(2) EG：GF＝2：1となるように点Eを定めたとき，AE：EBを最も簡単な整数の比で答えなさい。

(3) (2)のとき，△BEGの面積は△DFGの面積の何倍ですか。

(東京・法政大高)

188 〈立体表面の最短経路と線分比・面積比〉

右の図のような半径2cm，高さ4cmの円柱がある。下の面の円周上に3点A，B，Cを$\stackrel{\frown}{AB}$，$\stackrel{\frown}{BC}$，$\stackrel{\frown}{CA}$の長さが等しくなるようにとる。また，上の面の円周上に2点D，Eを，線分DEが上の面の直径で，線分ADが円柱の高さとなるようにとる。

いま，円柱の側面上に沿って，

2点D，Bを下の図のように結ぶ経路の中で最短となる経路をb，

2点D，Cを下の図のように結ぶ経路の中で最短となる経路をc，

2点A，Dを下の図のように結ぶ経路の中で最短となる経路をd，

2点A，Eを下の図のように結ぶ経路の中で最短となる経路をeとする。

このとき，次の問いに答えなさい。

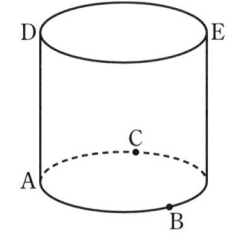

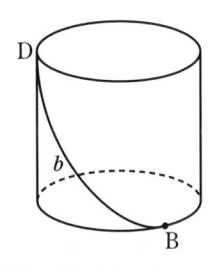

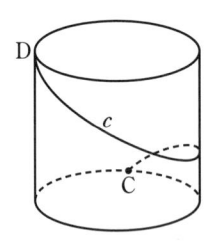

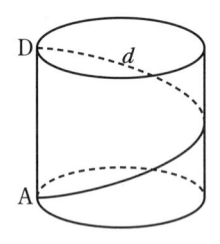

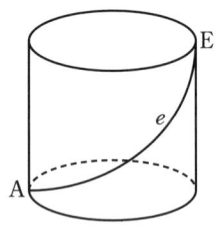

(1) 円柱の側面上において，2つの経路d，eと上の面の円周で囲まれる部分の面積を求めなさい。

(2) 円柱の側面上において，3つの経路b，d，eで囲まれる部分の面積を求めなさい。

(3) 円柱の側面上において，4つの経路b，c，d，eで囲まれる部分の面積を求めなさい。

(山梨・駿台甲府高)

14 円の性質

▶解答→別冊 p.73

189 〈円の中心角と円周角〉 頻出

次の各問いに答えなさい。

(1) 右の図中の∠x, ∠y, ∠zの大きさを求めなさい。ただし，点Oは，ODを半径とする半円の中心である。また，AB=ODとする。
（京都産大附高）

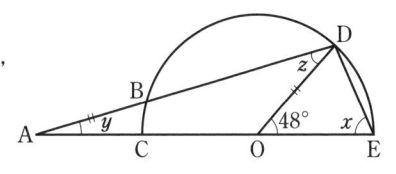

(2) 右の図において，4点A，B，C，Dは円Oの周上にある。弧ABの長さが弧BCの長さの2倍であるとき，∠BDCの大きさを求めなさい。
（東京工業大附科学技術高）

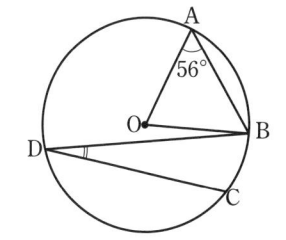

(3) 右の図の点A，B，C，Dは円周上の点で，∠AEB=31°，∠AFB=63°のとき，∠xの大きさを求めなさい。
（東京・成蹊高）

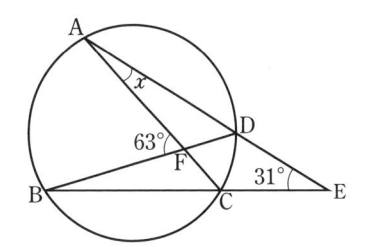

(4) 右の図の円Oで，3つの弦AB，CD，EFは平行で，∠BCD=22°，∠DEF=21°，$\overparen{CE}:\overparen{EG}=3:1$ であるとき，∠xの大きさを求めなさい。
（国立工業高専）

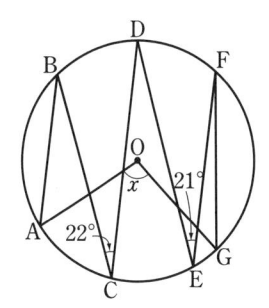

(5) 右の図の∠x, ∠yの大きさをそれぞれ求めなさい。
（奈良・西大和学園高）

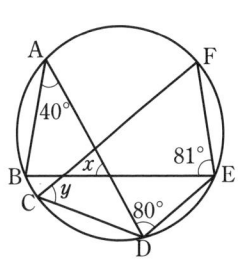

(6) 右の図のように，$\overparen{BC}=\overparen{CD}$, ∠BAC=54°となる4点A，B，C，Dを円周上にとる。また，BCの延長上に∠CDE=40°となる点Eをとるとき，∠CEDの大きさを求めなさい。
（広島大附高）

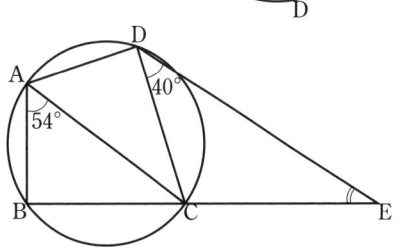

14 円の性質

190 〈円周を等分する点〉頻出
次の各問いに答えなさい。

(1) 右の図の点A～Jは，円周を10等分した点である。このとき，図の∠xの大きさを求めなさい。
（愛知・滝高）

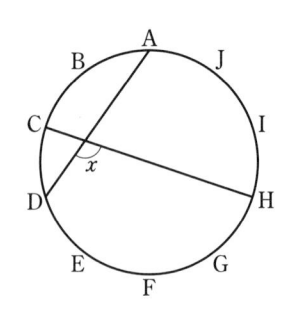

(2) 右の図は，円周を15等分したものである。このとき，∠xの大きさを求めなさい。
（東京・日本大豊山高）

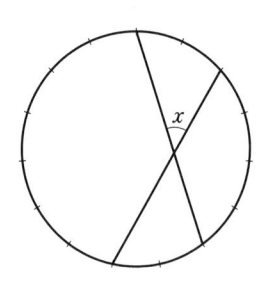

(3) 右の図のように，円周を8等分する点をA～Hとする。2直線ABとCFの交点をPとする。このとき，∠APFの大きさを求めなさい。
（東京・城北高）

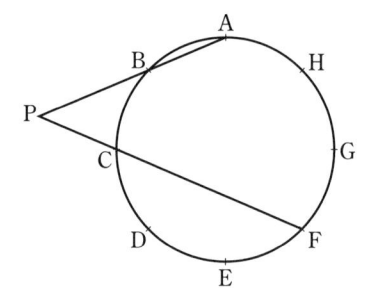

(4) 右の図で，円周上の点は円周を12等分する点である。このとき，∠x，∠yの大きさをそれぞれ求めなさい。
（奈良・西大和学園高）

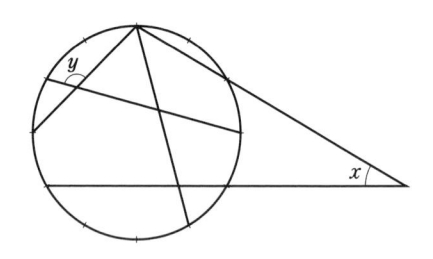

191 〈円周角を文字で表す〉
右の図において，点Oは円の中心であり，$\overarc{CD}:\overarc{DE}=m:1$，∠ADB=$x°$のとき，次の問いに答えなさい。

(1) 次の角度をmとxのうち必要なものを用いて表しなさい。
∠EBD，∠AOB，∠CAD，∠CFE，∠ACE，∠CEF

(2) △CEFがCE=CFの二等辺三角形で，mとxが正の整数であるとき，考えられるmとxの値の組をすべて答えなさい。
（東京・慶應女子高）

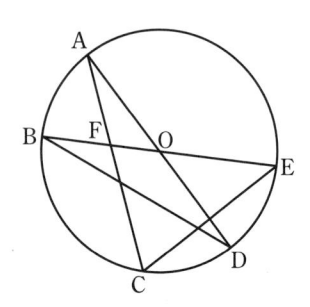

192 〈円と相似①〉

右の図のように，線分ABを直径とする円Oがあり，円Oの弧の上に
$\overparen{AP} : \overparen{PQ} = 1 : 2$
AP∥OQ
となる2点P，Qをとる。また，APの延長とBQの延長との交点をRとする。
次の各問いに答えなさい。

(1) ∠POQの大きさを求めなさい。
(2) PQ=6のとき，線分BRの長さを求めなさい。
難(3) PQ=6のとき，線分BPの長さを求めなさい。　　（千葉・渋谷教育学園幕張高）

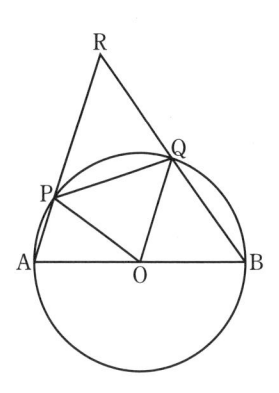

193 〈円と相似②〉

円周上に4点A，B，C，Dがある。線分AC，BDの交点をPとすると，AP=3，BP=6，CP=4であり，点Eは∠CAD＝∠BAEを満たす線分BD上の点である。このとき，次の問いに答えなさい。

(1) DPの長さを求めなさい。
(2) △ABE，△ADEと相似な三角形をそれぞれかきなさい。
(3) AB：BE＝ ア ： イ のア，イにあてはまるものを次の中から選びなさい。

　　BC，CD，DA，AC，BD，DE
(4) AB×CD＋AD×BCの値を求めなさい。　　（東京電機大高）

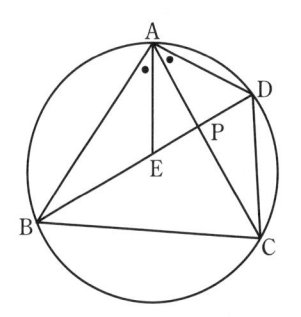

194 〈円と相似③〉

右の図のように，中心がO，半径が1の円に内接する正十角形ABCDEFGHIJがあり，1辺の長さは$\dfrac{-1+\sqrt{5}}{2}$である。直線ECと直線IBの交点をKとする。このとき，次の問いに答えなさい。

(1) ∠ABIの大きさを求めなさい。
(2) ∠EKIの大きさを求めなさい。
(3) KIの長さを求めなさい。
難(4) △EIKの面積は△OABの面積の何倍ですか。　　（京都・洛南高）

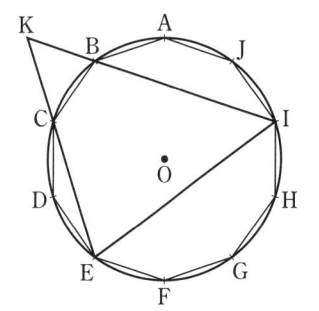

14 円の性質

195 〈方べきの定理の証明〉
次の問いに答えなさい。

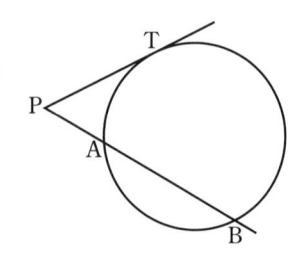

(1) 右の図のように，円の弦ABの延長と円周上の点Tにおける接線とが点Pで交わるとき
$$PA \times PB = PT^2$$
が成り立つことを証明しなさい。（注意：なるべく詳しく記述すること）

(2) (1)において，PA=4，AB=5，∠TPB=30°であるとき，△ABTの面積Sを求めなさい。

(埼玉・慶應志木高)

196 〈角度を用いた証明〉
AB=ACの二等辺三角形において，∠Cの二等分線と辺ABとの交点をDとする。さらに，△ACDの外接円を描き，これと直線BCとの交点をEとする。右の図のように点EがBCの延長上にある場合について，AD=BEであることを，∠BCD=aとおいて証明しなさい。

(福岡・久留米大附設高)

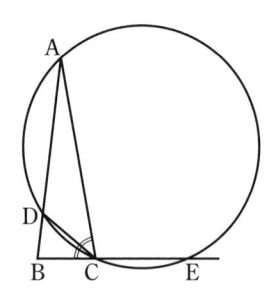

197 〈見えない円の証明〉
正方形ABCDの辺AB，AD上にAP=AQとなる点P，Qをとる。頂点Aから直線PDに垂線をひき，直線PD，BCとの交点をそれぞれH，Eとするとき，次の問いに答えなさい。

(1) 四角形QECDは長方形であることを証明しなさい。
(2) QH⊥HCであることを証明しなさい。

(大阪教育大附高池田)

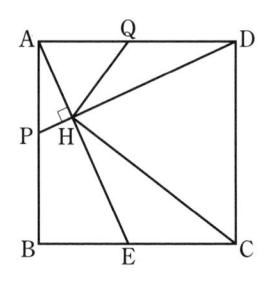

198 〈2円図形の証明①〉
AB=ACである△ABCの外接円を円Oとする。辺BC上に点Dをとり，ADの延長と円Oとの交点をEとする。また，線分DC上に点Fをとり，△DEFの外接円O'は，線分BEと点Pで交わるとする。

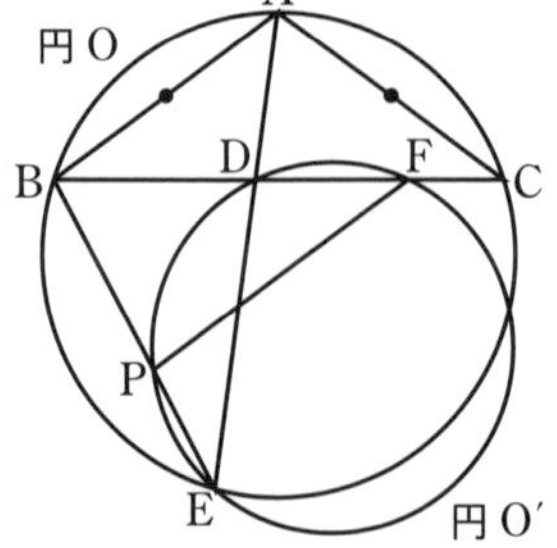

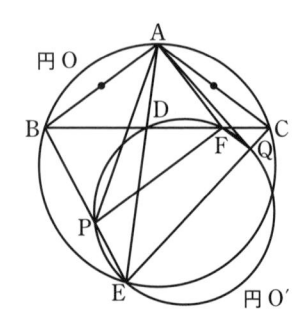

(1) AB∥FPを証明しなさい。

難(2) さらに，円O'は，線分CEと点Qで交わるとする。四角形APEQの面積Sと△BECの面積は等しいことを証明しなさい。

(福岡・久留米大附設高)

14 円の性質

199 〈2円図形の証明②〉
2点P, Qで交わる2つの円O, O'があり, 円O, O'の中心をそれぞれO, O'とする。円O'の周上に点Oがあり, 線分OAが円O'の直径となるように円O'上に点Aをとる。右の図のように, 円O'の弧PA（ただし, 点Oを含まない側で両端を除く）上に点Kをとり, 直線KPと円Oとの交点のうちPでないものをS, 直線KQと円Oとの交点のうちQでないものをT, 直線OPと円Oとの交点のうちPでないものをRとする。

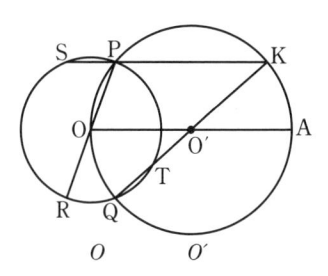

(1) PS=QTであることを証明しなさい。
(2) QR=QTのとき, 直線KQは点O'を通ることを証明しなさい。

（兵庫・灘高）

200 〈円図形の総合問題〉
長さが3の線分ABがある。点Oを中心とし, 半径の長さが1の円Oが, 線分AB上の点Pで接している。ただし, 点PはA, Bとは異なるものとする。また, 点Aを通り円Oに接する直線で, 直線ABとは異なるものをℓ, 点Bを通り円Oに接する直線で, 直線ABとは異なるものをm, 直線mと円Oとの接点をQとする。次の問いに答えなさい。

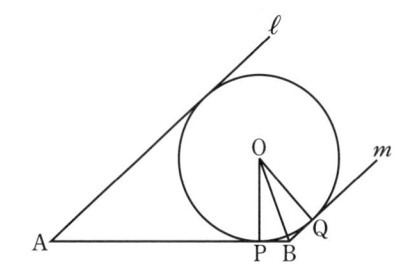

(1) △OPB≡△OQBであることを次のように証明した。空欄の①, ②に最も適する等式を, ③, ④にその等式が成り立つ理由を簡単にかきなさい。

> △OPB, △OQBにおいて
> ① （ ③ ）
> ② （ ④ ）
> 辺OBが共通
> が成り立つから, △OPB≡△OQBである。

(2) $\ell \parallel m$となる場合について考える。
① 5つの点A, B, O, P, Qから3つの点を選び, それらを頂点とする三角形を作るとき, △OPB, △OQB以外で, △OPBと相似となるものをすべてあげなさい。
② APの長さを求めなさい。

(3) 円Oを, 線分ABに接したまま動かすことを考える。直線ℓ, mと線分ABが三角形を作り, その三角形の周または内部に円Oが含まれるような線分APの長さの範囲を不等式で表しなさい。答えのみでよい。

（東京・開成高）

15 三平方の定理

▶解答→別冊 p.80

201 〈三平方の定理と計量①〉 頻出
次の各問いに答えなさい。

(1) 右の図のように，縦の長さが9cm，横の長さが25cm の長方形ABCDの中に，線分OBを半径とし，辺ADに接する半円Oと，辺AD，CD及び半円Oに接する円O′がある。円O′の半径をr cmとするとき，次の問いに答えなさい。 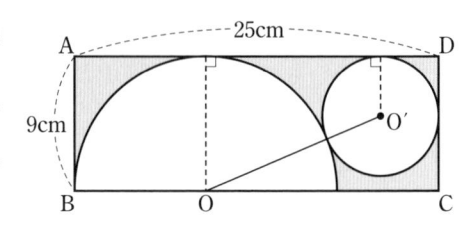
  ① rの値を求めなさい。
  ② 影の部分の面積を求めなさい。

(東京・日本大三高)

(2) 右の図のように，円Oに弦ABをAB=6になるようにとり，さらに，円周上に点CをOC⊥ABになるようにとる。ABとOCの交点をHとするとき，CH=2となった。円Oの半径を求めなさい。 (千葉・市川高)

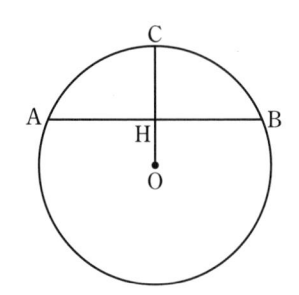

(3) AB=8cm，BC=12cmの長方形ABCDがある。右の図のように，頂点Bが辺ADの中点Mと重なるように折ったとき，折り目の線分EFの長さを求めなさい。 (東京・明治大付中野高)

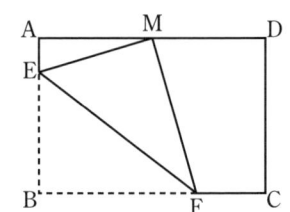

(4) 1辺が8cmの正方形ABCDの紙を，右の図のようにAP=3cm，BがAD上にくるように線分PQで折るとき，CQの長さと，重なった部分の面積をそれぞれ求めなさい。 (福岡・久留米大附設高)

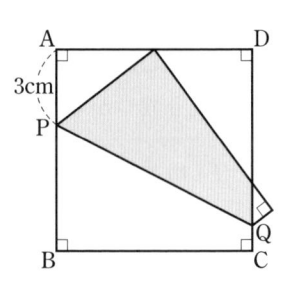

(5) 展開図が右の図のようになる円錐の体積を求めなさい。
(東京・中央大附高)

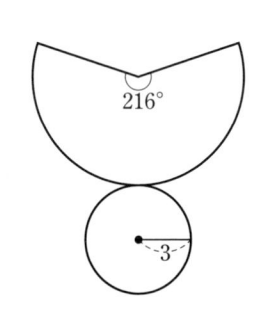

202 〈三平方の定理と計量②〉

次の各問いに答えなさい。

(1) 右の図の△ABCにおいて，次の問いに答えなさい。
① BHの長さは □√□ cmである。
② △ABCの面積は □√□ cm²である。

(東京・日本大豊山女子高)

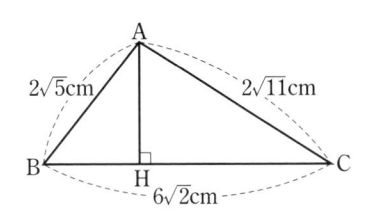

(2) 右の図で四角形ABCDは円に内接し，AD∥BC，AD=6，AB=5√2，BC=8である。影のついた部分の面積を求めなさい。

(埼玉・立教新座高)

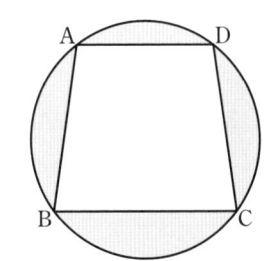

(3) AD∥BC，∠ABC=∠DCBである台形ABCDに，右の図のように点Oを中心とする円が内接している。OA=15cm，OB=20cmのとき，この台形ABCDの面積は □ cm²である。

(兵庫・灘高)

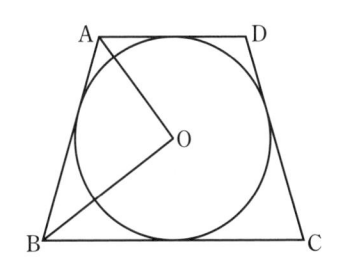

203 〈3辺の比が3:4:5の直角三角形の性質〉

次の各問いに答えなさい。

(1) 右の図のグラフにおいて，直線ℓは$y=\dfrac{4}{3}x$のグラフである。直線mが直線ℓとx軸とのなす角を2等分するとき，直線mの式を求めなさい。

(東京・中央大杉並高)

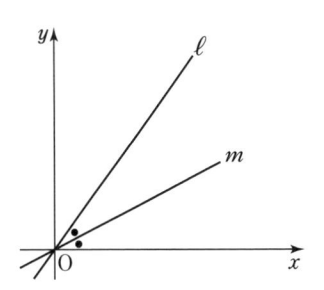

(2) 右の図のように，∠A=90°，AB=6，AC=8の直角三角形に，大きさの等しい円P，Q，Rが接している。このとき，これらの円の半径を求めなさい。

(東京・法政大高)

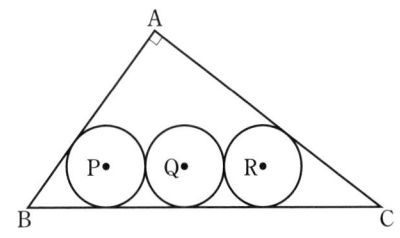

204 〈45°, 45°, 90°の三角定規型図形〉 頻出

次の各問いに答えなさい。

(1) AD=4, BC=CD=2である右の図形を, 直線 ℓ を軸に回転させたときにできる立体の体積を求めなさい。ただし, 円周率は π とする。

(東京・法政大高)

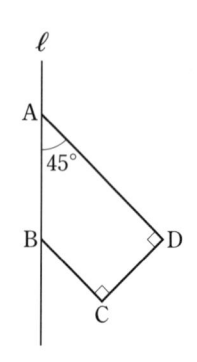

(2) 右の図において, △ABCは直角二等辺三角形で, 点Aを中心に36°回転すると△AB'C'となる。このとき, 影のついた部分の面積は ◯◯◯ cm² である。

(東京・國學院大久我山高)

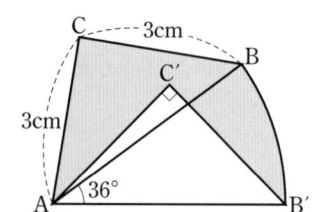

(3) 右の図のように, 半径1, 中心角45°のおうぎ形OABがある。半径OA上に点Cがあって, CAを直径とする半円がOBに接している。この半円の面積Sを求めなさい。

(埼玉・慶應志木高)

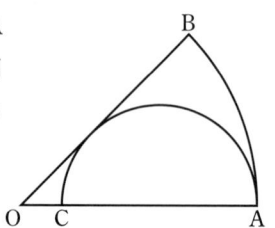

205 〈30°, 60°, 90°の三角定規型図形〉 頻出

次の各問いに答えなさい。

(1) 右の図のように, 点Oを中心としPQを直径とする半径3cmの円と, 点Pを中心としPOを半径とする円との交点をA, Bとする。このとき, 線分QA, 線分QB, 点Oを含む弧ABで囲まれた影の部分の図形の面積を求めなさい。

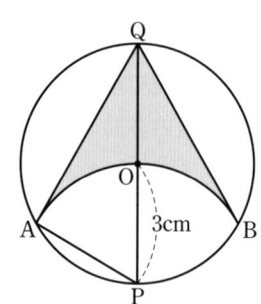

(鳥取県)

(2) 点Oを中心とし, 半径6cm, 中心角30°のおうぎ形OABがあります。線分OB上の点Cを中心とし, 点Bを通る半円が線分OAと接しています。このとき, 影の部分の面積を求めなさい。

(東京・豊島岡女子学園高)

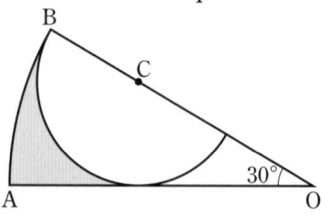

(3) 右の図のように, 1辺の長さ2の正方形と半径2, 中心角90°のおうぎ形が重なっている。影の部分の面積を求めなさい。

(鹿児島・ラ・サール高)

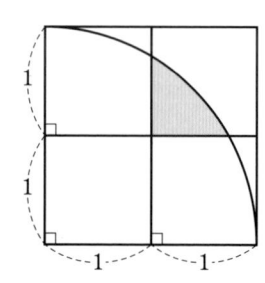

206 〈三角定規型図形の利用①〉

次の各問いに答えなさい。

(1) 中心O，半径1のおうぎ形OABについて，∠AOB=90°とする。点Pは弧AB上の点で，∠AOP=30°である。線分OA上の点Qについて，PQ+QBが最小となるとき，OQ=□ である。

(大阪星光学院高)

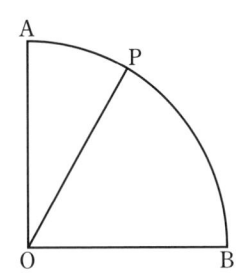

(2) 1辺の長さが1cmの正方形を紙で2枚作って重ね，そのうちの1枚を対角線の交点を中心として45°回転させたとき，2枚の正方形が重なる部分(図の影の部分)の面積は□ cm^2 である。

(神奈川・慶應高)

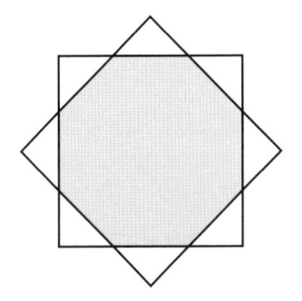

(3) 右の図は，1辺が2cmの正六角形と，6つの辺が正六角形の周上にある正十二角形である。正十二角形の1辺の長さと面積をそれぞれ求めなさい。

(埼玉・立教新座高)

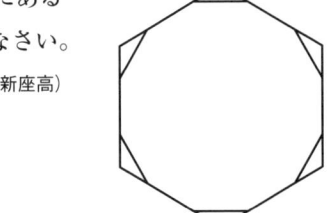

207 〈三角定規型図形の利用②〉

次の各問いに答えなさい。

(1) 右の図において，円Oと円O′が2点A，Bで交わっていて，円O′は円Oの中心を通っている。円Oにおける$\overparen{AB}$の円周角が30°のとき，円Oの半径は円O′の半径の何倍になるか答えなさい。

(東京・中央大杉並高)

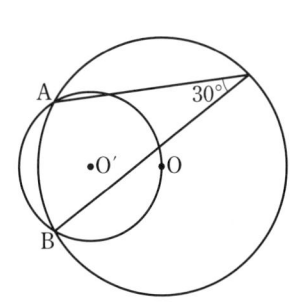

(2) 右の図のように，半径1の円Oに直角二等辺三角形ABCが内接している。∠EBC=15°のとき，次の問いに答えなさい。
  ① AFの長さを求めなさい。
  ② △AOEの面積を求めなさい。

(東京・日本大豊山高)

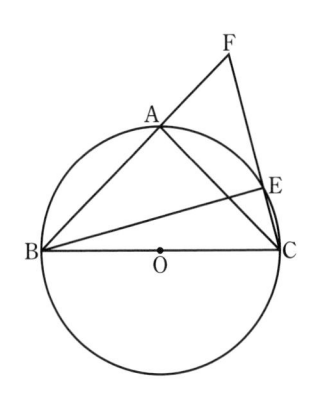

208 〈平行線の線分比と三平方の定理〉

右の図のように，長方形ABCDの辺AB上に点Eがあり，四角形AEFDは台形である。さらに円Oは，この台形の4辺すべてに接している。直線DFと辺BCとの交点をG，円Oと辺EFとの接点をHとする。

(1) 円Oの面積は □ cm²である。
(2) 直角三角形DGCの面積は □ cm²である。
(3) 線分HFの長さは □ cmである。
(4) 影の部分の周の長さは □ cmである。

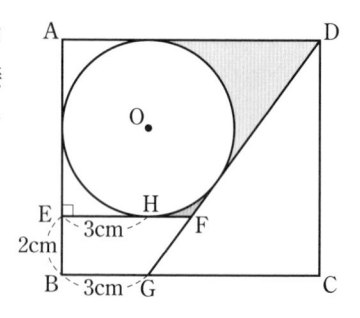

(東京・成城高)

209 〈相似と三平方の定理①〉

右の図のように，長方形ABCDに円Oは辺AB，BC，CDとそれぞれE，F，Gで接しています。また，H，Iはそれぞれ円OとAG，BGとの交点で，BC=10cm，∠HOE=60°のとき，次の問いに答えなさい。

(1) 辺ABの長さを求めなさい。
(2) △GHIの面積を求めなさい。

(東京・明治大付中野高)

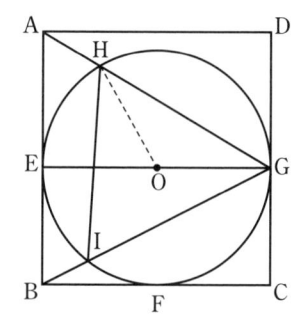

210 〈相似と三平方の定理②〉

AB=12cm，BC=10cm，CA=8cmの△ABCにおいて，辺BCの中点をD，∠Cの二等分線と辺ABとの交点をEとする。また，点Dを通り直線CEに直交する直線が，辺CA，直線CEと交わる点をそれぞれF，Gとする。このとき，次の □ にあてはまる数を求めなさい。

(1) △ABCの面積は □ cm²である。
(2) 線分DFの長さは □ cmである。
(3) △DGEの面積は □ cm²である。

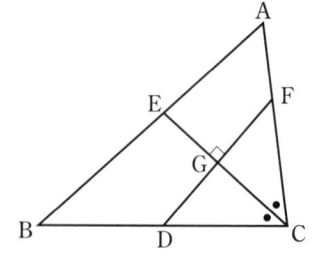

(東京・筑波大附高)

211 〈円と三平方の定理①〉

点Aを中心とする半径2の円と点Bを中心とする半径1の円があり，AB=6である。いま右の図のように点Pから2つの円に接線をひき，接点をS，Tとすると，∠APS＝∠BPTであり∠APB＝90°となった。△PABの面積を求めなさい。

(鹿児島・ラ・サール高)

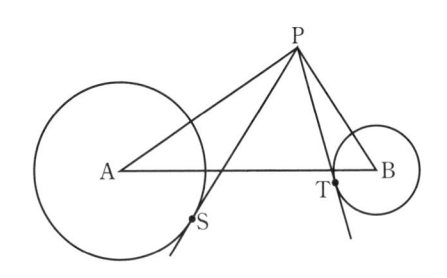

212 〈円と三平方の定理②〉

長さ9cmの線分ABがある。点Aを中心とする半径$3\sqrt{7}$ cmの円と，点Bを中心とする半径6cmの円の交点は2つあるので，それをP，Qとする。次のそれぞれの問いに答えなさい。

(1) 2円に共通する弦PQの長さを求めなさい。

(2) 3点A，B，Pを通る円の半径の長さを求めなさい。

(神奈川・慶應高)

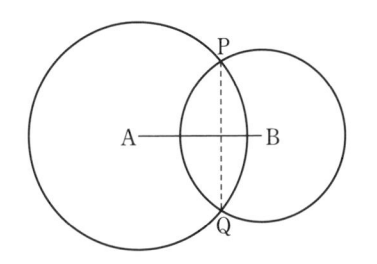

213 〈円と三平方の定理③〉

右の図のように，点Oを中心とする直径ABが4である半円を，弦CDを折り目にして折り返したら，線分ABと弧CDが線分OB上の点Pで接した。OP=1のとき，

難 (1) 弦CDの中点をMとすると，OM=□ である。

(2) 弦CDの長さは□ である。

(愛知・東海高)

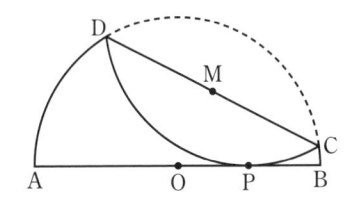

214 〈円と三平方の定理④〉

右の図において，△ABCの3辺の長さをAB=6，BC=7，CA=8とし，∠BACの二等分線と辺BC，△ABCの外接円との交点をそれぞれD，Eとする。このとき，次の問いに答えなさい。

(1) 線分BDの長さを求めなさい。

(2) AD×DEの値を求めなさい。

(3) 線分DEの長さを求めなさい。

(千葉・東邦大付東邦高)

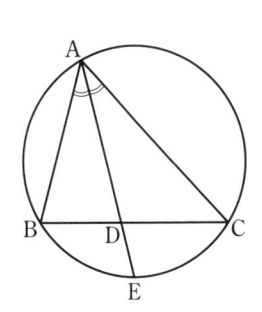

難 215 〈直線図形と三平方の定理①〉

右の図のように，OA=6，OB=4の三角形OABにおいて，∠AOBの二等分線とABとの交点をPとする。OP=$\frac{12}{5}$のとき，次の各問いに答えなさい。

(1) ∠AOBの大きさを求めなさい。
(2) APの長さを求めなさい。

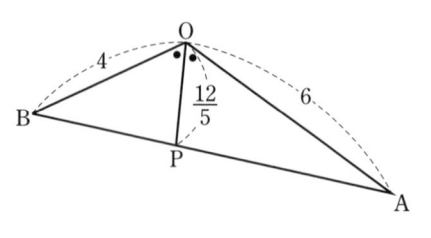

（千葉・渋谷教育学園幕張高）

難 216 〈直線図形と三平方の定理②〉

右の図のように，AB=$2\sqrt{3}$，BC=4の長方形ABCDがある。Pは半直線AD上を動く点である。また，CからBPに垂線をひき，BPとの交点をQとする。

(1) PがDに一致するとき，DQの長さを求めなさい。
(2) DQの長さが最小となるとき，APの長さを求めなさい。
(3) Pが辺AD上をAからDまで動くとき，線分DQが動いてできる図形の面積を求めなさい。

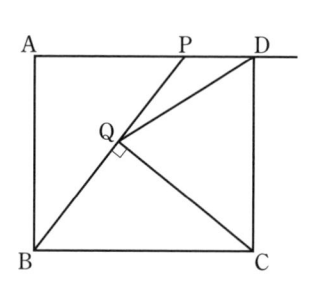

（東京・桐朋高）

難 217 〈直線図形と三平方の定理③〉

右の図1の△ABCにおいて，AB=4cm，BC=5cm，CA=3cmであり，点Mは辺BCの中点である。この△ABCにおいて，△CAMを直線AMを軸として回転させたものが図2であり，PM=CM，PA=CAである。このとき，次の各問いに答えなさい。

(1) 図1において，点Cから線分AMにひいた垂線と線分AMとの交点をDとする。線分CDの長さを求めなさい。
(2) 図2において，四面体PABMの体積が最大となるとき，その体積を求めなさい。
(3) 図2において，点Pから3点A，B，Mを含む平面にひいた垂線と平面との交点をHとし，線分PHの長さをℓcmとする。点Hが△ABMの辺上，または内部にあるとき，ℓの値の範囲を求めなさい。

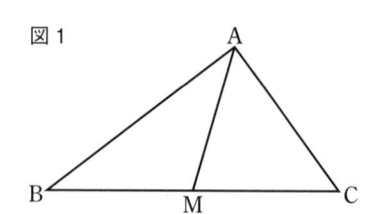

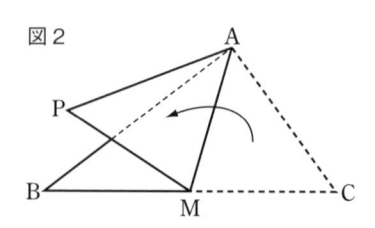

（東京学芸大附高）

218 〈座標平面上の図形①〉

難

右の図において，OA=1，OB=3とする。次の各条件を満たすように，OX上に点Pをとるとき，OPの長さを求めなさい。

(1) ∠OPA=∠APB
(2) ∠APB=30°
(3) ∠APBが最大

（東京・巣鴨高）

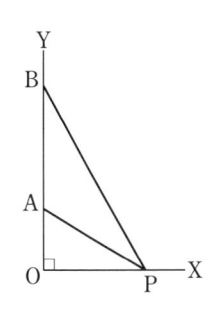

219 〈座標平面上の図形②〉

右の図のように，点A(-1, 1)を通り，傾きが2の直線を①とし，傾きが1の直線を②とする。点Aを通って中心をIとする円Iと，①，②との交点をそれぞれB，Cとし，y軸との交点をD，Eとする。また，ABは円Iの直径でAB=$4\sqrt{5}$のとき，次の各問いに答えなさい。ただし，点Iのx座標，y座標はともに正とする。

(1) 点Bの座標を求めなさい。
(2) DEの長さを求めなさい。
(3) 点Cの座標を求めなさい。

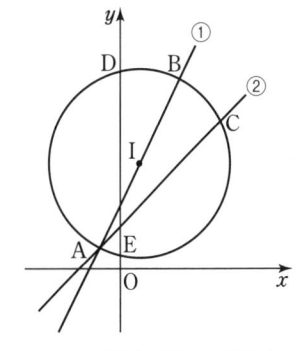

（東京・明治大付明治高）

220 〈座標平面上の図形③〉

2点A($-2\sqrt{5}$, 14)，B($\sqrt{11}$, 5)を通る円が，右の図のように放物線$y=\dfrac{1}{4}x^2$と2点P，Qで接している。

このとき，次の問いに答えなさい。

(1) 円の中心Rの座標，および円の半径を求めなさい。
(2) 点Pの座標を求めなさい。
(3) 4本の線分AP，PQ，QR，RAに囲まれた図形の面積Sを求めなさい。

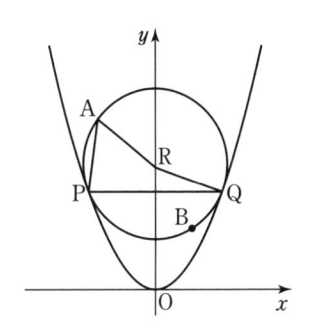

（埼玉・慶應志木高）

15 三平方の定理

221 〈空間図形と三平方の定理①〉 頻出
1辺が6の立方体を，次の3点A，B，Cを通る平面で切るとき，(1)，(2)それぞれの場合について，その切り口の図形の面積を求めなさい。

(1) A, Bは辺の中点
(2) Cは辺の中点

(奈良・西大和学園高)

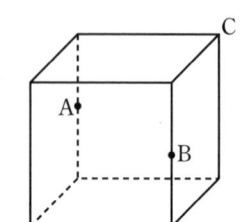

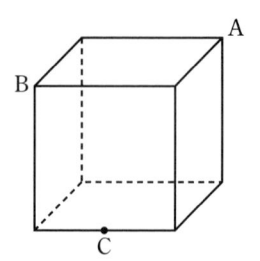

222 〈空間図形と三平方の定理②〉 頻出
右の図のように，直径8cm，高さ9cmの円柱の容器の中に，大きい球と小さい球が入っている。ただし，2つの球は互いに接し，大きい球は円柱の底面および側面に接し，小さい球は円柱の上面および側面に接している。小さい球の半径が大きい球の半径の半分であるとき，小さい球の中心と，大きい球の中心との距離 x cm を求めなさい。

(京都・同志社高)

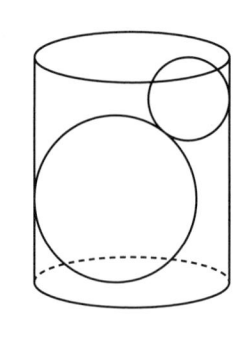

223 〈空間図形と三平方の定理③〉
右の図のような直方体を，2点A，Gと辺BF上の点Pを通る平面で切ったところ，切り口APGQはひし形になった。このとき，次の問いに答えなさい。
(1) PBの長さを求めなさい。
(2) ひし形APGQの面積を求めなさい。
(3) 点Eからひし形APGQへひいた垂線ERの長さを求めなさい。

(大阪教育大附高池田)

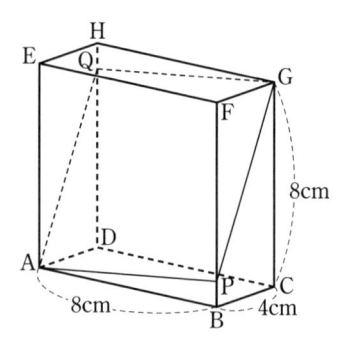

224 〈空間図形と三平方の定理④〉
右の図のように，1辺の長さが2の2つの正四面体ABCDとPQRSが互いに各辺の中点で直交している。このとき，次の問いに答えなさい。
(1) 頂点Aと平面QRSの距離 h を求めなさい。
(2) 2つの正四面体の共通部分の体積 V を求めなさい。

(埼玉・慶應志木高)

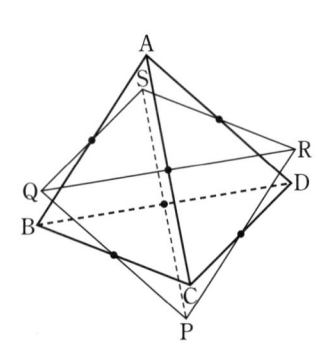

16 平面図形の総合問題

▶解答→別冊 p.94

225 〈2本の垂線がある図形〉
△ABCにおいて，頂点B，Cから対辺にそれぞれ垂線BD，CEをひく。BC=2DEであるとき，∠BACの大きさを求めなさい。

(東京・城北高)

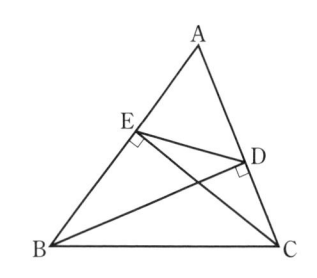

226 〈中線定理〉
右の図のように，底辺ABが共通な直角三角形ABCと二等辺三角形ABDがある。∠C=90°，AD=BD=12，CD=4とする。ABの中点をM，CDの中点をNとするとき，次の各問いに答えなさい。

(1) AB=16のとき，二等辺三角形ABDの面積を求めなさい。
(2) CM^2+DM^2の値を求めなさい。
難(3) MNの長さを求めなさい。

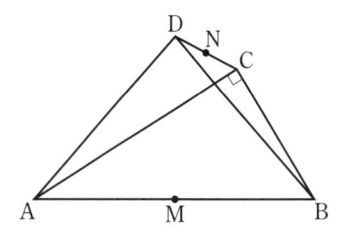

(東京・日本大二高)

227 〈複数円の問題〉
3つの円C_1，C_2，C_3と正方形と正三角形がある。これらは右の図のように，次の①から④の条件を満たしている。

① 円C_1に正方形が内接している
② 正方形に円C_2が内接している
③ 円C_2に正三角形が内接している
④ 正三角形に円C_3が内接している

円C_1の半径を1とし，円周率はπとする。
次の各問いに答えなさい。

(1) 円C_3の半径を求めなさい。
(2) 正方形の面積は，正三角形の面積の何倍であるかを求めなさい。

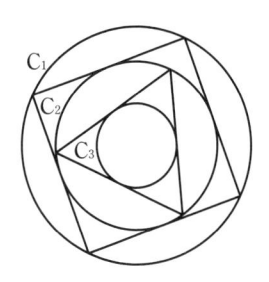

(千葉・東邦大付東邦高)

228 〈星型図形の計算〉

右の図1のように，AB=AC=$3\sqrt{2}$ cm，BC=3cmの二等辺三角形ABCがある。辺ABを3等分する点をP，Q，辺BCを3等分する点をR，S，辺CAを3等分する点をT，Uとし，直線QRとSTの交点をA′，直線STとUPの交点をB′，直線UPとQRの交点をC′とする。さらに，線分BB′とCC′の交点をOとするとき，次の問いに答えなさい。

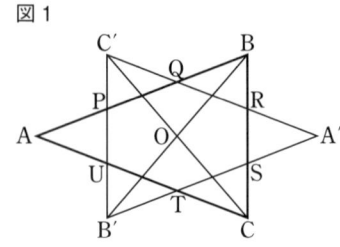

図1

(1) 線分AB′の長さを求めなさい。
(2) ∠BACの大きさをxとするとき，∠BOCの大きさをxを使って表しなさい。
(3) 右の図2における影をつけた8つの図形の面積の和を求めなさい。

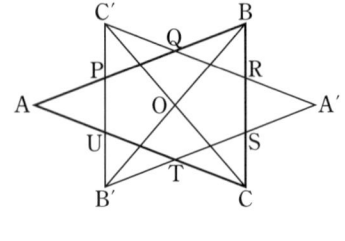

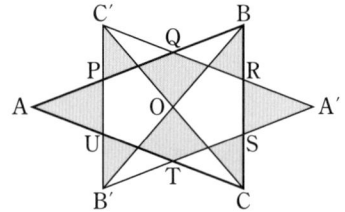

図2

(4) 右の図3のように，点Oから辺ACにひいた垂線とACとの交点をHとする。四角形OPUHを，辺OPを軸として回転させてできる立体の体積を求めなさい。

図3

(東京工業大附科学技術高)

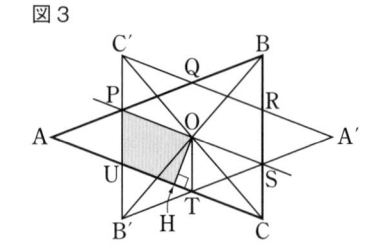

229 〈座標平面上の円図形〉

右の図のように，中心がA(1, 0)，半径が$\sqrt{2}$の円がある。円とy軸の交点のうち，y座標が正のものをBとする。直線ABに平行な円の接線のうち，y軸との交点のy座標が正のものについて，円との接点をC，y軸との交点をDとする。また，点Dを通り直線CDと異なる円の接線について，円との接点をEとすると，DC=DEである。このとき，次の各問いに答えなさい。

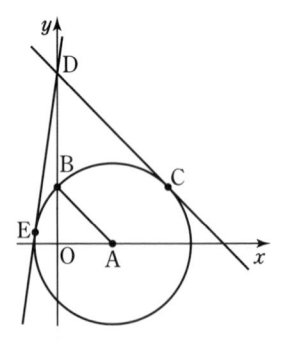

(1) 点Cの座標を求めなさい。
(2) 線分ECの中点の座標を求めなさい。
(3) 線分EC上に点Pをとる。△ABPの面積が△ACEの面積と等しくなるとき，点Pのx座標を求めなさい。

(東京学芸大附高)

16 平面図形の総合問題

230 〈影の部分の面積①〉

次の問いに答えなさい。

(1) 右の図で，影の部分の面積を求めなさい。ただし，四角形ABCDは，AB=4，BC=6の長方形で，点Mは辺CDを直径とする半円の弧の中点である。 （山梨・駿台甲府高）

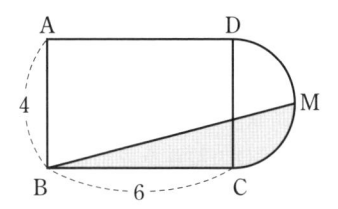

(2) 右の図のように，AB=AC=$2\sqrt{2}$ cm，BC=4cmの直角二等辺三角形ABCの外接円Oと，辺AB，ACを直径とする円を描く。影をつけた部分の面積をそれぞれP，Q，R，S，Tとするとき，影をつけた部分PとQをあわせた面積は ◯ cm²，影をつけた部分RとSとTをあわせた部分の面積は ◯ cm²である。

（福岡大附大濠高）

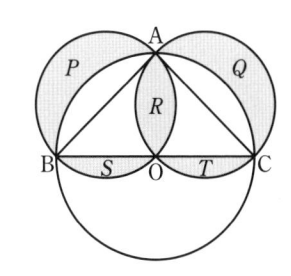

231 〈影の部分の面積②〉

右の図のように，直角二等辺三角形ABCがあり，辺ACを直径とする半円と辺ABとの交点をPとする。BC=CA=$2\sqrt{3}$ cmのとき，次の問いに答えなさい。

(1) 線分APの長さを求めなさい。
(2) △APCを，辺ACを軸として1回転させたときにできる立体の体積を求めなさい。
(3) 図のすべての影をつけた部分を，辺ACを軸として1回転させたときにできる立体の体積を求めなさい。 （千葉・日本大習志野高）

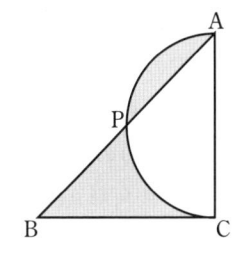

232 〈影の部分の面積③〉

1辺の長さが1の正十二角形の内部に1辺の長さが1の正三角形16個を右の図のように並べた（影の部分）。図の5つの頂点をA，B，C，D，Eとする。

(1) 2点A，B間の距離を求めなさい。
(2) 2点C，D間の距離を求めなさい。
(3) 五角形ABCDEの面積を求めなさい。 （兵庫・灘高）

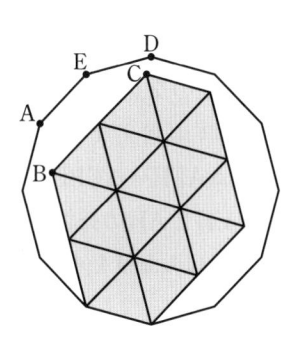

16 平面図形の総合問題

233 〈円と内接図形①〉頻出
右の図のように，BCを直径とする円Oに△ABCが内接している。∠BACの二等分線がBCと交わる点をE，円と交わる点をDとする。また，∠ACEの二等分線がADと交わる点をFとする。AB=8，AC=6のとき，次の各問いに答えなさい。ただし，点Oは円の中心である。

(1) CDの長さを求めなさい。
(2) AE：EDを最も簡単な整数の比で表しなさい。
(3) AFの長さを求めなさい。

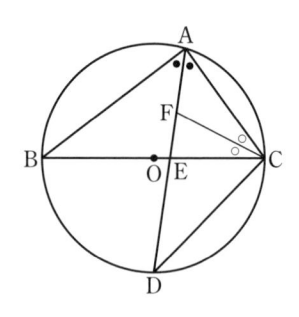

(東京・明治大付明治高)

234 〈円と内接図形②〉
右の図の四角形ABCDは円Oに内接していて，AB=AD=DC=4cm，BC=6cmである。次の各問いに答えなさい。

(1) BDの長さを求めなさい。
難(2) 円周上に，点Dと異なる点PをBD=BPとなるようにとる。BDとAPの交点をQとするとき，次の①，②，③に答えなさい。
　① APの長さを求めなさい。
　② AQの長さを求めなさい。
　③ 四角形ABPDの面積は三角形ABDの面積の何倍ですか。

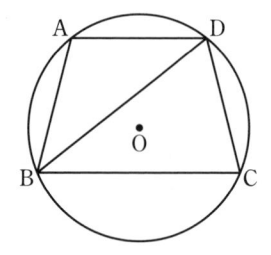

(東京・早稲田実業高)

235 〈円と内接図形③〉
右の図のように，円Oの2本の弦ABと弦CDが点Eで垂直に交わっている。また，点CからADに垂線をひき，ADとの交点をH，CHとABとの交点をFとする。AE=12cm，CE=4cm，DE=6cmのとき，次の問いに答えなさい。

(1) △AFH∽△CBEであることを証明しなさい。
(2) CHとAHの長さをそれぞれ求めなさい。
(3) 円Oの面積を求めなさい。ただし，円周率はπとする。

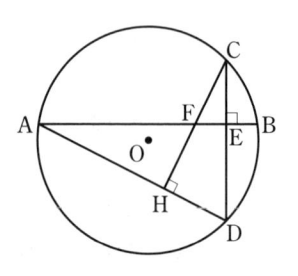

(広島大附高)

236 〈円と円外図形①〉

中心がOである円周上に4点A,B,C,Dがこの順にあり,AB=3,BC=8,AD=5,AD∥BCを満たしている。直線BAと直線CDの交点をPとし,直線ACと直線BDの交点をQとする。このとき,次の各問いに答えなさい。

(1) AB=CDであることを証明しなさい。
(2) ACの長さを求めなさい。
(3) APの長さとAQの長さをそれぞれ求めなさい。
(4) PQの長さを求めなさい。

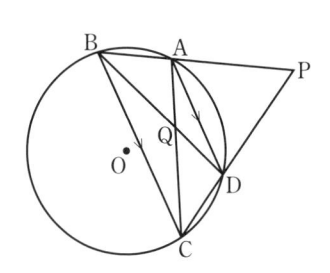

(奈良・西大和学園高)

237 〈円と円外図形②〉

AB=5,BC=8,CA=7の三角形ABCがある。右の図のように,各頂点から向かい合う辺にひいた垂線と辺との交点をP,Q,Rとし,3点P,Q,Rを通る円と,△ABCの各辺とのP,Q,R以外の交点をS,T,Uとするとき,次の問いに答えなさい。

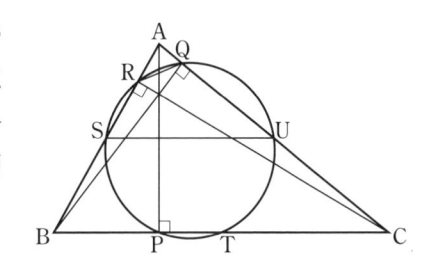

(1) ARの長さを求めなさい。
(2) ∠CQR+∠RBCの大きさを求めなさい。
(3) SU∥BCを証明しなさい。
(4) SU∥BCに加えて,UT∥AB,TS∥CAも成り立っていることを利用して,△AQRと△UTCの面積の比△AQR:△UTCを最も簡単な整数で表しなさい。

(奈良・東大寺学園高)

238 〈円と円外図形③〉

右の図のように,△ABCが円に内接し,∠CABの二等分線と辺BC,円との交点をそれぞれD,Eとする。辺ABの延長とCEの延長との交点をFとし,点Fを通りACに平行な直線とAEの延長との交点をGとする。

(1) △ABD∽△GEFを証明しなさい。
(2) AB=AC=√5,BC=2であるとき,次のものを求めなさい。
　① △ABCの面積
　② CFの長さ
　③ △GEFの面積

(東京・桐朋高)

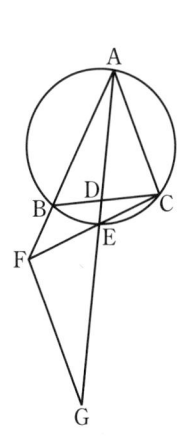

16 平面図形の総合問題

難 239 〈円と円外図形④〉
右の図において，円Oの半径は12で，直径ABをBD=4となるように延長した点がD，またAB⊥COである。CDと円との交点がEで，弧BE=弧BFである。CFとABの交点をGとするとき，次の問いに答えなさい。
(1) 線分BGの長さを求めなさい。
(2) 弦BFの長さを求めなさい。

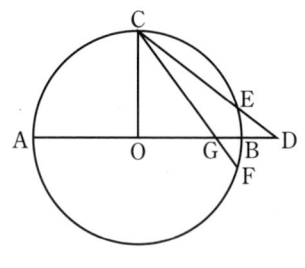

(埼玉・慶應志木高)

240 〈円と円外図形⑤〉
右の図のように，1辺の長さが6cmの正三角形ABCと，辺BCを弦とする円Oがある。円Oと△ABCの2辺AB，ACとの交点をそれぞれD，Eとする。点Eから円の中心Oを通る直線をひき，この直線と円Oとの交点をFとする。AD=2cmであるとき，次の各問いに答えなさい。
(1) 線分DEの長さを求めなさい。
(2) 線分CDの長さを求めなさい。
(3) 円Oの半径を求めなさい。
(4) △BCFの面積を求めなさい。

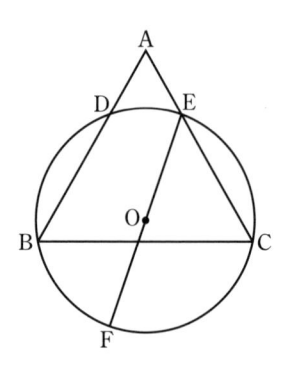

(東京学芸大附高)

241 〈円と円外図形⑥〉
右の図のように，線分ABは円の直径であり，線分CDは点Bで円に接している。線分ADと円の交点をE，線分ACと円の交点をFとし，直線EFと直線CDの交点をGとする。AB=BD=2，∠BAF=60°とするとき，
(1) ∠DGE=____°である。
(2) GD：GF=____：3である。
(3) GD=____である。

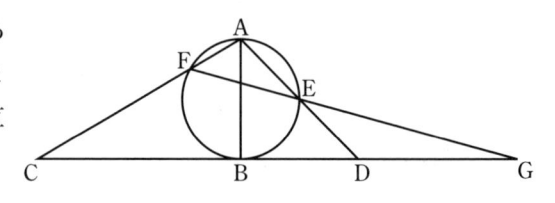

(愛知・東海高)

242 〈動点と図形の計量①〉

右の図のように，1辺の長さが12cmである正三角形ABCがある。2点P，Qはそれぞれ頂点A，Bを同時に出発して，Pは辺上を反時計回りに毎秒1cmの速さで動き，Qは辺上を反時計回りに毎秒2cmの速さでいずれも12秒間動くとする。このとき，次の問いに答えなさい。ただし，答えは分母に根号を含まず，それ以上約分できない形とすること。

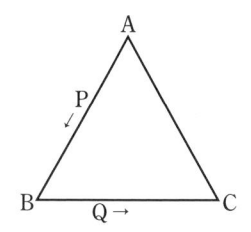

(1) P，Qが出発してから5秒後の△BPQの面積を求めなさい。

(2) P，Qが出発してから8秒後の△BPQの面積を求めなさい。

(3) P，Qが出発してから6秒以内に△BPQの面積が△ABCの面積の $\frac{5}{18}$ 倍となるのは何秒後か求めなさい。

(4) P，Qが出発してから6秒後以降に△BPQの面積が△ABCの面積の $\frac{5}{18}$ 倍となるのは何秒後か求めなさい。

(神奈川・法政大二高)

難 **243** 〈動点と図形の計量②〉

半径2cmの円Oがあり，2本の直径AB，CDは直交している。円Oの周上に点Pをとり，線分BPを斜辺とする直角二等辺三角形BPQをつくる。ただし，右の図のように，点Qはつねに直線BPの下側にとるものとする。円周上を，点PがCからAを経由してDまで動くとき，次の□にあてはまる数を求めなさい。

(1) 点Qが通過してできる図形の長さは□cmである。

(2) 直線BQと円Oとの交点のうち，Bでない方をEとする。点Qと直線ABとの距離が最大となるとき，BE：EQ＝□：1である。

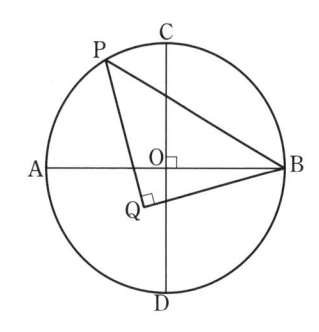

(東京・筑波大附高)

17 空間図形の総合問題

▶解答→別冊 p.105

244 〈直方体切断図形の体積〉 頻出

右の図のように，直方体ABCD-EFGHを4点P，F，Q，Rを通る平面で2つの立体に切り分けたとき，小さい方の立体の体積は □ cm³ となる。

（東京・國學院大久我山高）

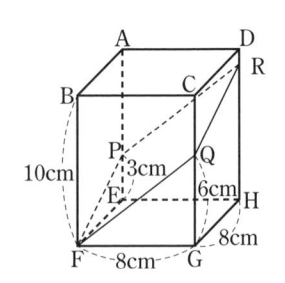

245 〈球の体積と表面積〉

右の図のように，直径6cmの球を半分に切った物体の上に，直径が球と等しい底面で高さが4cm，母線の長さが5cmの円錐をはりつけた物体がある。この物体の表面積と体積をそれぞれ求めなさい。

（滋賀・光泉高）

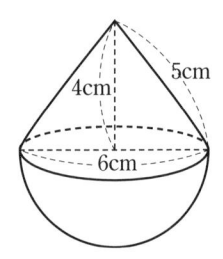

246 〈空間計量の基本問題①〉 頻出

右の図は1辺の長さが4cmの正四面体ABCDで，点Mは辺CDの中点である。

(1) △ABMの面積は □ cm² である。

(2) 点Aから平面BCDにひいた垂線の長さは □ cm である。

(3) 辺AC上に点P，辺BC上に点QがあP，AP=BQである。3点P，Q，Mを通る平面で正四面体ABCDを切ったところ，頂点Cを含む立体と，もう1つの立体の体積比は3：5であった。このとき，線分CQの長さは □ cm である。

（東京・成城高）

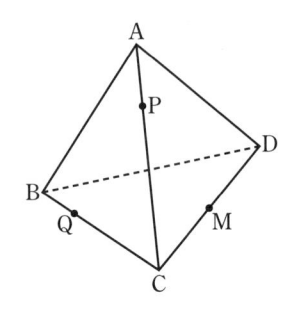

247 〈空間計量の基本問題②〉

右の図のような直方体ABCD-EFGHにおいて，AB=3，AD=AE=2とする。次の問いに答えなさい。
(1) 四面体CAFHの体積を求めなさい。
(2) 四面体CAFHの表面積を求めなさい。
(3) 点Cから平面AFHにひいた垂線の長さを求めなさい。

(東京・中央大附高)

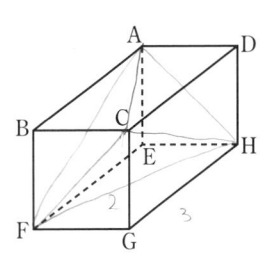

248 〈三角柱の計量①〉

右の図のような，すべての辺の長さが4の正三角柱ABC-DEFがある。点Gを，辺DF上に∠DEG=45°となるようにとる。

このとき，∠AEGの大きさを求めなさい。

(東京・巣鴨高)

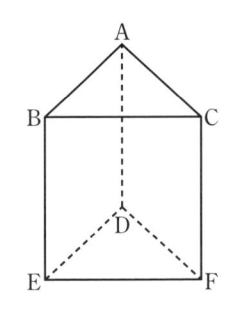

249 〈三角柱の計量②〉

右の図は，点A，B，C，D，E，Fを頂点とし，3つの側面がそれぞれ長方形である三角柱で，AC=3cm，AD=6cm，DE=3cm，EF=2cmである。点Gは辺AD上にあって，AG=4cmである。また，点Hは辺BCの中点であり，点Pは線分DH上にあって，∠GPD=90°である。

このとき，次の各問いに答えなさい。ただし，根号がつくときは，根号のついたままで答えること。
(1) 線分AHの長さを求めなさい。
(2) 線分DPの長さを求めなさい。
(3) 三角錐PEFHの体積を求めなさい。

(熊本県)

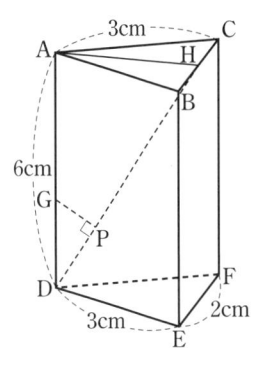

250 〈三角柱の計量③〉

右の図のように，底面が1辺の長さ2の正三角形ABCである三角柱ABC-DEFがある。三角形DEFの重心Gと頂点A，B，Cを結んだところ，三角錐GABCが正四面体になった。
(1) ADの長さは□である。
(2) さらに，三角形ABCの重心Hと頂点D，E，Fを結んで三角錐HDEFを作ったとき，2つの三角錐の共通部分の立体Vの体積は□である。
(3) (2)の立体Vに内接する球の半径は□である。

(大阪星光学院高)

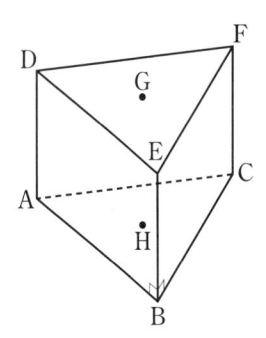

251 〈四角錐の計量①〉頻出
右の図1は，OA=OB=OC=OD=$\sqrt{10}$cm，AB=BC=CD=DA=2cmの正四角錐OABCDである。点Hは，正方形ABCDの対角線の交点である。また，図2は，△OBCが下になるように，正四角錐OABCDを平面P上に置いたようすを表している。
このとき，次の(1)～(3)の問いに答えなさい。
(1) 線分AHの長さを求めなさい。
(2) △OBCの面積を求めなさい。
(3) 図2において，点Aと平面Pとの距離を求めなさい。
(岩手県)

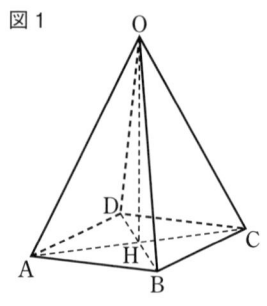

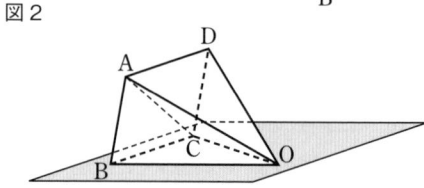

図1
図2

252 〈四角錐の計量②〉
右の図は，底面の1辺の長さが4，他のすべての辺の長さが$2\sqrt{6}$の正四角錐である。頂点Oから底面ABCDに垂線OHをひき，OHの中点をMとする。3点A, B, Mを通る平面で四角錐を切るとき，この平面と辺OC, ODとの交点をそれぞれP, Qとする。このとき，次の各問いに答えなさい。
(1) 四角形ABPQの面積を求めなさい。
(2) 四角錐O-ABPQの体積を求めなさい。
(東京・明治大付明治高)

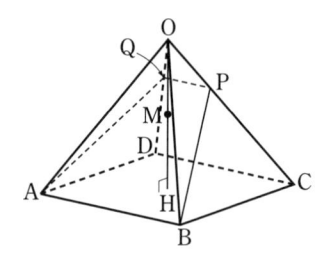

253 〈四角錐の計量③〉
右の正四角錐O-ABCDは，底面の正方形の1辺の長さが$2\sqrt{2}$cmで，OA=OB=OC=OD=4cmである。辺OC上に点PをOP=3cmとなるようにとり，OからAPにひいた垂線とAPとの交点をQとする。次の各問いに答えなさい。
(1) APの長さを求めなさい。
(2) AQ:QPを，最も簡単な整数の比で表しなさい。
(3) 3点O, B, Qを通る平面と，AC, CDとの交点をそれぞれR, Sとするとき，次の①，②に答えなさい。
 ① AR:RCを，最も簡単な整数の比で表しなさい。
 ② CSの長さを求めなさい。
(東京・早稲田実業高)

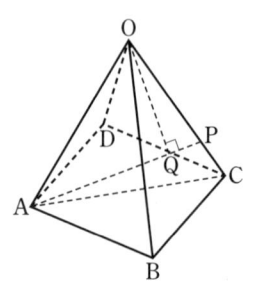

17 空間図形の総合問題

254 〈三角錐の計量①〉頻出

右の図の立体ABC-DEFは，直角二等辺三角形を底面とする，高さが6cmの三角錐O-DEFから高さが3cmの三角錐O-ABCを取り除いたものである。

AB=2cm，DE=4cmで，点M，点Nはそれぞれ辺BC，辺EFの中点である。

また，点Dから平面BEFCに垂線をひき，この平面との交点をHとする。このとき，次の問いに答えなさい。

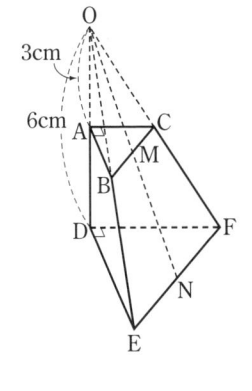

(1) この立体の体積を求めなさい。
(2) △ODNは直角三角形である。ONの長さを求めなさい。
(3) DHの長さを求めなさい。
(4) MH：HNを最も簡単な整数の比で表しなさい。
(5) DHとANの交点をKとするとき，DK：KHを最も簡単な整数の比で表しなさい。

（大阪・清風高）

255 〈三角錐の計量②〉[難]

右の図は，1辺2cmの正三角形を底面とし，OA=OB=OC=3cmの三角錐OABCで，点Pは辺OA上にあり，点Aとは異なる点である。次の問いに答えなさい。

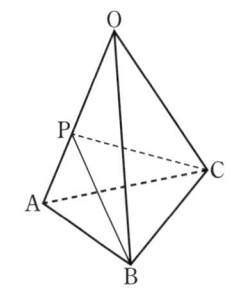

(1) 三角錐OABCの体積を求めなさい。
(2) △PBCが正三角形であるとき，立体OPBCの体積は三角錐OABCの体積の何倍ですか。
(3) △PBCの周の長さが最も短くなるとき，△PBCの周の長さを求めなさい。このとき，立体PABCの体積は三角錐OABCの体積の何倍ですか。

（埼玉・立教新座高）

256 〈三角錐の計量③〉

右の図のように，直方体ABCD-EFGHの中に1辺の長さが2である正四面体ABIJがあり，Iが辺EF上にある。このとき，次の問いに答えなさい。

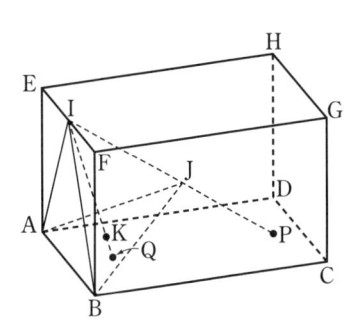

(1) IJの延長と面ABCDとの交点をPとする。
 ① IPの長さを求めなさい。
 ② Jを通り面ABCDに平行な平面で正四面体ABIJを切るとき，切り口の面積を求めなさい。
(2) Iから面ABJに垂線をひき，面ABJとの交点をK，面ABCDとの交点をQとする。
 ① IQの長さを求めなさい。
 ② Kを通り面ABCDに平行な平面で正四面体ABIJを切るとき，切り口の面積を求めなさい。

（京都・洛南高）

257 〈最短経路①〉
底面ABCが1辺$(\sqrt{6}-\sqrt{2})$cmの正三角形で，OA=OB=OC=2cmの三角錐OABCがある。このとき，次の各問いに答えなさい。

(1) この三角錐に，点Aから辺OB上の点Dを通り，点Cまで糸をかける。糸の長さが最も短くなるようにするとき，次の各問いに答えなさい。
  ① DBの長さを求めなさい。
  ② 糸の長さを求めなさい。

(2) この三角錐に，点Aから辺OB上の点Eと，辺OC上の点Fのどちらも通り，点Aまで糸をかける。糸の長さが最も短くなるようにするときの糸の長さを求めなさい。

(東京・成蹊高)

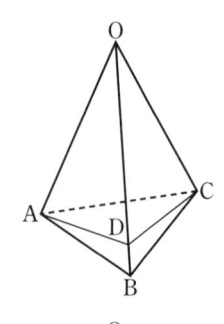

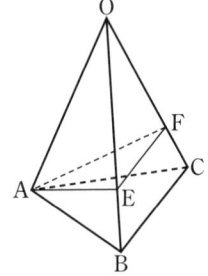

258 〈最短経路②〉 頻出
母線の長さが6，底面の半径が2の直円錐がある。母線の1つをOAとし，線分OAを3等分する点B，Cを図のようにとる。このとき，次の各問いに答えなさい。

(1) 直円錐の体積を求めなさい。

(2) 側面に沿ってBからCまで糸を1周だけ巻き，糸の長さが最短となるようにする。
  ① BからCまで巻いた糸の長さを求めなさい。
  ② 糸の中点Mから円錐の底面にひいた垂線MHの長さを求めなさい。

(3) 次に，底面の円周上に点Nをとる。そして図のように，側面に沿ってBからCまでNを通るように糸を1周だけ巻き，糸の長さが最短となるようにする。円錐の側面のうち，糸BNCと線分CBと底面の円周で囲まれる部分の面積をSとする。
  点Nが底面の円周上を動くとき，Sの最小値を求めなさい。

(鹿児島・ラ・サール高)

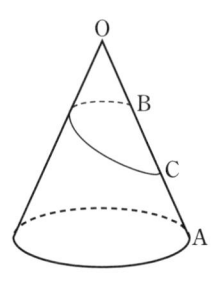

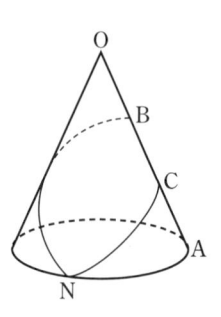

17 空間図形の総合問題

259 〈四角錐に内接する球〉
右の図のように底面が1辺2cmの正方形で、他の辺が$\sqrt{26}$cmの正四角錐O-ABCDに球が内接している。このとき、次の問いに答えなさい。
(1) 正四角錐O-ABCDの体積を求めなさい。
(2) 正四角錐O-ABCDの表面積を求めなさい。
(3) 内接している球の半径を求めなさい。

(東京電機大高)

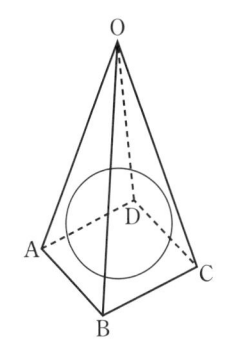

260 〈円柱に内接する球〉
右の図のように、円柱の中で、半径2cmの球3個と半径1cmの球1個が互いに接している。さらに、半径2cmの球は円柱の底面および側面と接しており、半径1cmの球は円柱の上面と接している。このとき、次の問いに答えなさい。ただし、円周率はπとする。
(1) 円柱の底面積を求めなさい。
(2) 円柱の高さを求めなさい。

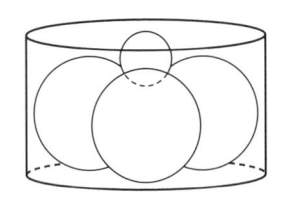

(大阪教育大附高池田)

261 〈立方体に内接する球〉
立方体K(ABCD-EFGH)について、次の各問いに答えなさい。ただし、円周率をπとする。
(1) AB=aとするとき、ACをaを用いて表しなさい。
以下、AG=$4\sqrt{3}$とする。
(2) ABの長さを求めなさい。
(3) 右の図のように、球Vが立方体Kのすべての面に接している。立方体Kから球Vを除いた立体Lの体積を求めなさい。
(4) 右の図は、上面・底面の円の半径が1、高さPQが1の円柱Tの展開図である。AEとPQを平行に保ったまま、この円柱Tを立方体K内で自由に動かすとき、円柱Tが通過できない部分の体積を求めなさい。
難(5) 半径1の球Wを立方体K内で自由に動かすとき、球Wが通過できない部分の体積を求めなさい。

(兵庫・須磨学園高)

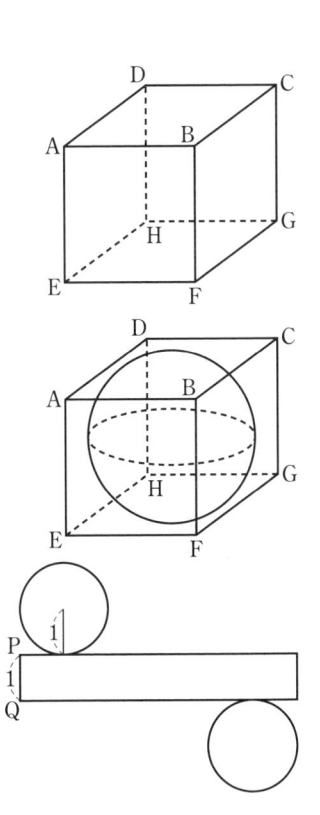

17 空間図形の総合問題

262 〈三角錐と球〉

厚紙で作った1辺の長さが1の正四面体P-ABCについて，図1のように3辺PA，PB，PCをそれぞれ3：1に分ける点D，E，Fをとり，頂点Pを含んだ上側の正四面体P-DEFを取り除く。残った立体DEF-ABCの底面ABCおよび3辺DE，EF，FDのすべてと接する中心O，半径rの球がある。

ただし，もとの頂点Pから底面ABCへひいた垂線と底面ABCとの交点は△ABCの重心Gである。球はGで底面ABCに接しており，3点P，O，Gは一直線上にある。また，もとの頂点Pと辺ABの中点Mと頂点Cを通る平面で図1の立体を切断したときの切断面が図2のようになる。次の問いに答えなさい。ただし，厚紙の厚さは考えないものとする。

(1) 線分PGの長さを求めなさい。
(2) 線分PGと平面DEFとの交点をQとするとき，線分OQの長さをrで表しなさい。
(3) 球の半径rの値を求めなさい。

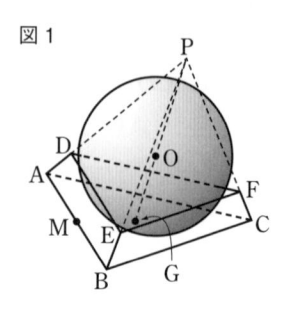

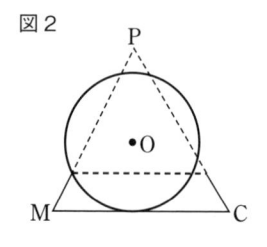

(奈良・東大寺学園高)

---

263 〈展開図①〉

右の図は1辺の長さが3cmの正八面体の展開図である。これを組み立てて立体を作るとき，次の問いに答えなさい。

(1) 立体の頂点の個数を答えなさい。
(2) 点Aと重なる点をすべて答えなさい。
(3) 組み立てた立体の辺に沿って点Bから点Gまで移動するとき，その最短距離を求めなさい。
(4) 組み立てた立体の表面上を点Bから点Gまで移動するとき，その最短距離を求めなさい。

(京都産大附高)

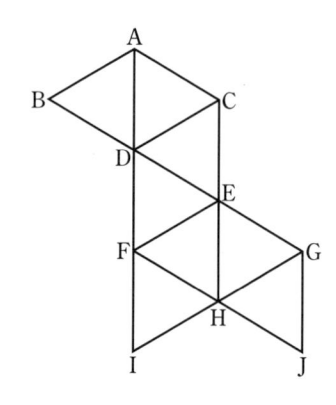

---

264 〈展開図②〉

右の図は，正四角錐の展開図であり，底面BDFHの1辺の長さは8，側面の二等辺三角形の等辺の長さは12である。この展開図を組み立ててできる正四角錐について，次の問いに答えなさい。

(1) 高さを求めなさい。
(2) 辺AB，CD，EFの中点をそれぞれP，Q，Rとするとき，四面体PQRDの体積を求めなさい。
(3) (2)の四面体PQRDにおいて，頂点Qから底面DRPにひいた垂線の長さを求めなさい。

(東京・青山学院高)

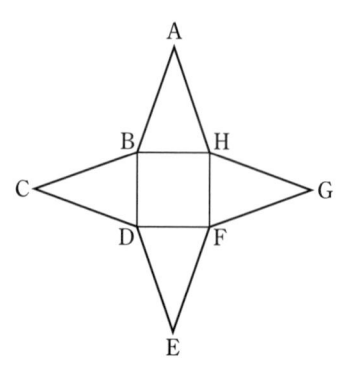

難 265 〈展開図③〉

右の図は，ある立体の展開図である。4つの六角形は1辺の長さが4cmの正六角形であり，4つの三角形は1辺の長さが4cmの正三角形である。次の各問いに答えなさい。

(1) 点Vと重なる点をすべて求めなさい。

(2) 立体の3点G，J，Mを結んでできる三角形GJMの面積を求めなさい。

(3) 立体の2点G，Lを結んだ線分GLの長さを求めなさい。

（東京・早稲田実業高）

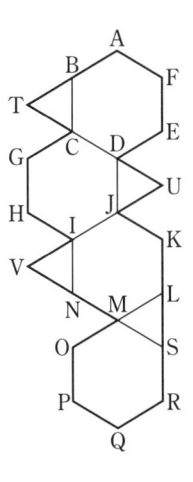

266 〈展開図④〉

図1，図2は，それぞれすべての辺の長さが等しい立体の展開図である。このとき，次の問いに答えなさい。

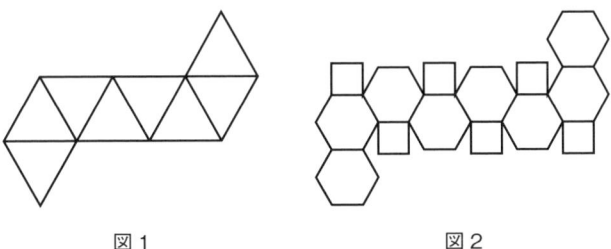

図1　　　図2

(1) 図1の各辺の長さが3であるとき，組み立てた立体の体積を求めなさい。

(2) 図2を組み立てた立体の頂点の個数を求めなさい。

(3) 図2の各辺の長さが1であるとき，組み立てた立体の体積を求めなさい。

（東京・海城高）

267 〈展開図⑤〉

右の図形は，1辺の長さが1cmの正方形と，1辺の長さが1cmの正六角形4個からなる図形である。

この図形を展開図とし，辺AEと辺AL，辺BFと辺BG，辺CHと辺CI，辺DJと辺DKをはり合わせた容器を作る。

次の問いに答えなさい。ただし，分母に根号がある形で答えてもよい。

(1) 正方形ABCDを底面としてこの容器に水を入れるとき，最大限入れることのできる水の体積を求めなさい。

(2) この容器の5つの面すべてに接する球の半径を求めなさい。

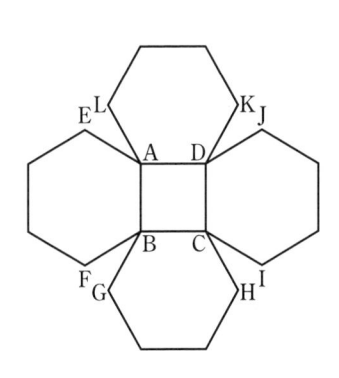

（東京・開成高）

17 空間図形の総合問題

難 268 〈投影図〉
真正面から見ても，真上から見ても，真横から見ても右の図のように見える立体がある。ただし，右の図の小さな4つの四角形はすべて，1辺が1cmの正方形である。このとき，次の各問いに答えなさい。

(1) この立体の1つの面の面積を求めなさい。
(2) この立体の表面積を求めなさい。
(3) この立体の体積を求めなさい。

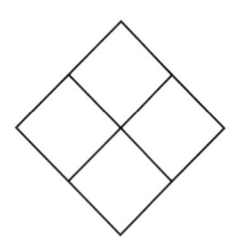

(東京・巣鴨高)

269 〈総合立体の計量〉
右の図1のように，正三角柱と正六角柱をつなげた形の容器が，水平な面の上に置かれている。このとき，次の各問いに答えなさい。

(1) この容器の体積を求めなさい。
(2) 図1のように置いた状態で容器に水を入れたところ，水面の高さが容器の底面から2cmのところになった。このときの水面の面積を求めなさい。ただし，水は正三角柱と正六角柱の間を自由に行き来できるものとする。
(3) (2)の状態からさらに水を入れたところ，水面の高さが容器の底面から5cmのところになった。
　このあと，図2のように正三角形が容器の底面となるように容器を置いた。このとき，水面の高さは容器の底面から何cmのところになりましたか。

(東京・豊島岡女子学園高)

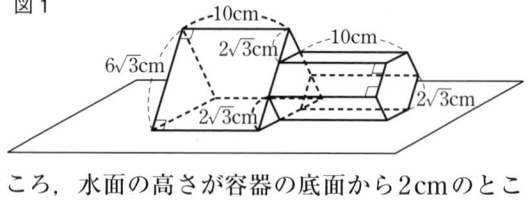

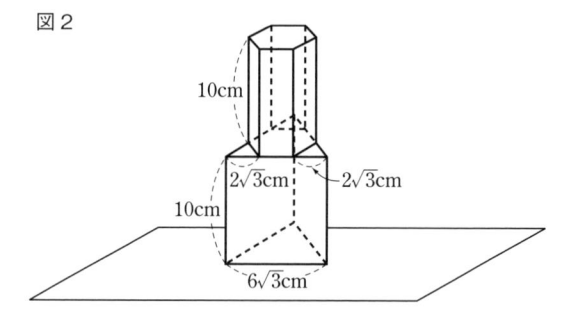

難 270 〈正20面体の計量〉

次の問いに答えなさい。

(1) 1辺の長さが2cmである正五角形の対角線の長さを求めなさい。

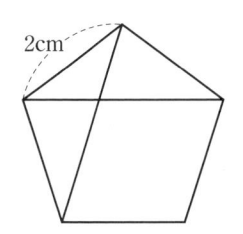

(2) 1辺の長さが2cmの正20面体について，その頂点を右の図のように，A，B，C，D，E，F，A′，B′，C′，D′，E′，F′とする。

① 線分AA′の長さをx cmとする。x^2の値を求めなさい。

② この正20面体を，1つの面を下にして，水平な平面上に置く。このとき，正20面体の高さをh cmとする。h^2の値を求めなさい。

(東京・筑波大附駒場高)

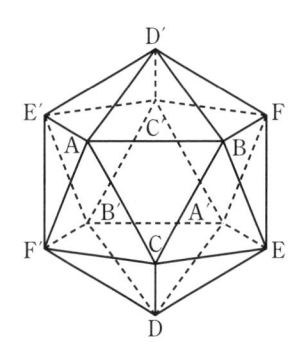

271 〈複雑な多面体の計量①〉

1辺の長さが1cmの立方体ABCD-EFGHがある。4点P，Q，R，Sをそれぞれ辺BC，CD，HE，EF上に△APQと△GRSがともに正三角形となるようにとる。

(1) 線分APの長さを求めなさい。

難(2) △APQ，△GRS，△ASP，△PSG，△PGQ，△QGR，△QRA，△ARSの8個の面で囲まれる立体の体積を求めなさい。

(兵庫・灘高)

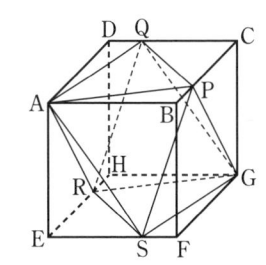

272 〈複雑な多面体の計量②〉

右の見取り図にある多面体 X は，以下の条件を満たす。

(i) 六角形ABCDEF，PQRSTUはともに1辺の長さが2の正六角形である。

(ii) 平面ABCDEFと平面PQRSTUは平行である。

(iii) 6個の点A，B，C，D，E，Fから平面PQRSTUに垂線をひき，交点をそれぞれA′，B′，C′，D′，E′，F′とするとき，12個の点P，Q，R，S，T，U，A′，B′，C′，D′，E′，F′を結んでできる十二角形A′PB′QC′RD′SE′TF′Uは正十二角形である。

(iv) 側面の三角形（△APB，△PBQ，△BQC，…）はすべて，1辺の長さが2の正三角形である。

次の問いに答えなさい。

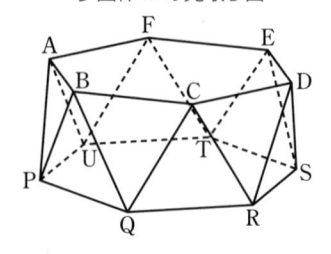

(1) 正十二角形A′PB′QC′RD′SE′TF′Uの面積を求めなさい。

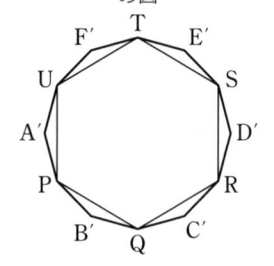

(2) △UA′Pの面積を求めなさい。

(3) ADとBEの交点をO，PSとQTの交点をO′とする。OO′の長さを h とする。

  ① h^2 の値を求めなさい。

  ② 多面体 X の体積を V とするとき，$\dfrac{V}{h}$ の値を求めなさい。

（東京・開成高）

高校入試のための総仕上げ
模擬テスト

- 実際の入試問題のつもりで，1回1回制限時間を守って，模擬テストに取り組もう。

- テストを終えたら，それぞれの点数を出し，下の基準に照らして実力診断をしよう。

80点以上	国立大附属や難関私立高入試の合格圏にはいる最高水準の実力がついている。自信をもって，仕上げにかかろう。
79〜60点	国立・難関私立高校へまずまず合格圏。まちがえた問題の内容について復習をし，弱点を補強しておこう。
59点以下	国立・私立高校へは，まだ力不足。難問が多いので悲観は無用だが，わからなかったところは復習しておこう。

第1回 模擬テスト

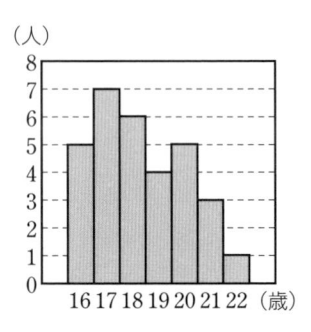

時間50分 ▶解答→別冊 p.119   得点 /100

1 次の各問いに答えなさい。　　　　　　　　　　　　　　　　　　　　　　（各5点×4＝20点）

(1) $\left\{4-6\times\dfrac{1}{2}+(-2)^2\right\}\times\dfrac{1}{2}-2^2$ を計算しなさい。

(2) $-3x^3y^2\div\left(-\dfrac{1}{3}x^2y\right)^3\times\dfrac{4}{9}x^6y\div(-2xy^3)^2$ を計算しなさい。

(3) $\dfrac{(\sqrt{2}+1)(2+\sqrt{2})(4-3\sqrt{2})}{\sqrt{2}}$ を計算しなさい。

(4) $x(y+4)^2-4xy-28x$ を因数分解しなさい。

2 次の各問いに答えなさい。　　　　　　　　　　　　　　　　　　　　　　（各5点×4＝20点）

(1) 次の連立方程式を解きなさい。
$$\begin{cases} 0.75(x-2)+1.5(y+2)=3 \\ \dfrac{x}{4}-\dfrac{y-1}{2}=2 \end{cases}$$

(2) 2次方程式 $\dfrac{(x-2)(x+4)}{4}=\dfrac{(x-1)(x+6)}{6}$ を解きなさい。

(3) x の値が $-a-1$ から0まで変化するとき，1次関数 $y=-5ax+1$ と2次関数 $y=2ax^2$ の変化の割合が等しくなった。このとき，$a=\boxed{}$ である。ただし，$a>0$ とする。

(4) 右の図は，Kさんが所属するサッカーチームの選手31人の年齢別人数を表したものである。次のア〜エのうち，選手31人の年齢の中央値と最頻値の正しい組み合わせを1つ選び，記号を書きなさい。

　ア　中央値　18　　　最頻値　17
　イ　中央値　18　　　最頻値　19
　ウ　中央値　19　　　最頻値　17
　エ　中央値　19　　　最頻値　18

3 放物線 $y=\dfrac{1}{4}x^2$ 上の x 座標が負の部分に点Pがある。点Pから x 軸, y 軸にひいた垂線と x 軸, y 軸との交点をそれぞれQ, Rとする。直線QRと放物線の交点をそれぞれS, Tとし, 線分STの中点をMとする。点Mから x 軸にひいた垂線と放物線との交点をNとする。OR＋RP＝3のとき, 次の問いに答えなさい。 (各6点×4＝24点)

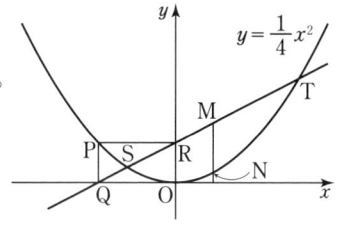

(1) 直線QRの式を求めなさい。

(2) 点Mの座標を求めなさい。

(3) △STNの面積を求めなさい。

(4) 放物線 $y=\dfrac{1}{4}x^2$ 上の x 座標が正の部分に点Nとは異なる点Uがある。△STNの面積と△STUの面積が等しいとき, 点Uの x 座標を求めなさい。

4 右の図は, 1辺の長さが9cmの正方形ABCDの紙を, 頂点Aが辺DC上にくるように折ったもので, 線分PQは折り目である。辺ABと線分QCの交点をEとする。線分DAの長さが3cmであるとき, 次の問いに答えなさい。 (各6点×3＝18点)

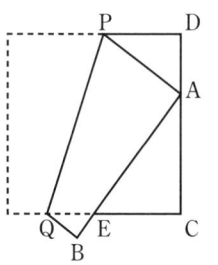

(1) 線分PDの長さを求めなさい。

(2) △QBE∽△PDAであることを証明しなさい。

(3) 線分PQの長さを求めなさい。

5 1辺の長さが6である正三角形の面を6つ用いてできる右の図のような立体ABCDEがある。 (各6点×3＝18点)

(1) 2点A, E間の距離を求めなさい。

(2) 四面体ABCEの体積を求めなさい。

(3) 辺AB, BC, CEの中点をそれぞれP, Q, Rとする。四面体ABCEを3点P, Q, Rを通る平面で切ったときにできる切り口の面積を求めなさい。

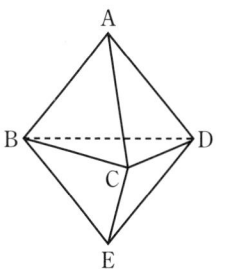

第2回 模擬テスト

時間50分　▶解答→別冊 p.122

得点　／100

1 次の各問いに答えなさい。
(各5点×4＝20点)

(1) $\dfrac{\sqrt{27}}{\sqrt{50}}\left(6-\dfrac{2\sqrt{3}}{3\sqrt{2}}\right)-\sqrt{75}(\sqrt{12}-4\sqrt{8})$ を計算しなさい。

(2) $(2x+1)(x+1)+4x(x+2)-(2x-1)(x+2)$ を因数分解しなさい。

(3) 記号◎を $a◎b=a×b-a-b$ と定めるとき，
　　$(3◎x)◎x=23$ を満たす x をすべて求めなさい。

(4) $x=\sqrt{14}+\sqrt{13}$，$y=\sqrt{14}-\sqrt{13}$ のとき，$\dfrac{1}{x^2}+\dfrac{1}{y^2}$ の値を求めなさい。

2 次の各問いに答えなさい。
((1)7点，(2)(3)各5点，計17点)

(1) 円Oに接し，線分PR，QRに同時に接する円を作図しなさい。ただし，定規は直線をひくときのみ使用し，作図に使った線は消さないこと。

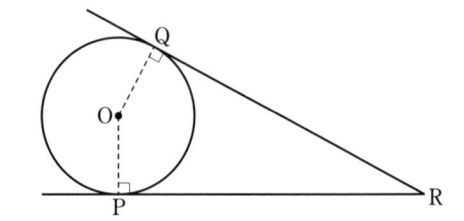

(2) 右の図のように，円Oに△ABCが内接している。辺BCと直径DEが平行であり，∠DBA＝35°，∠EDC＝21°のとき，∠xの大きさを求めなさい。

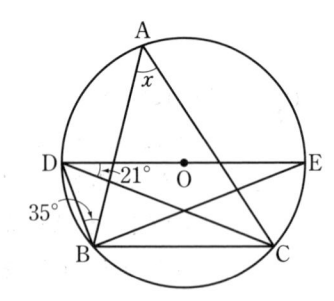

(3) 右の図のように，同じ半径の3つの円があり，それら2つずつの円がそれぞれ点A，B，Cを共有している。点Aを通る直線が2つの円とA以外の点D，Eで交わっている。同様に，点Bを通る直線が2つの円と点D，Gで交わるとし，点Cを通る直線が2つの円と点E，Fで交わるとする。∠CBG＝16°とするとき，∠BGFの大きさを求めなさい。

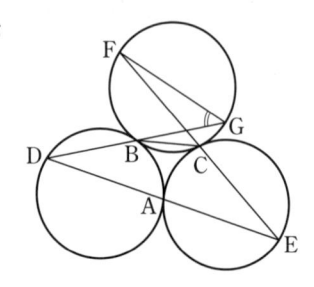

3 右の図のように，放物線 $y=ax^2(a>0)$ 上に，3点 A，B，Cがあり，それぞれの x 座標は -4，2，8である。また，直線ABの式は $y=-\dfrac{1}{2}x+b$ である。 (各7点×3＝21点)

(1) a，b の値を求めなさい。

(2) 直線BCの式を求めなさい。

(3) x 軸上に，点Dを △DBCの面積が △ABCの面積の2倍になるようにとるとき，点Dの x 座標を求めなさい。考えられるものをすべて答えなさい。

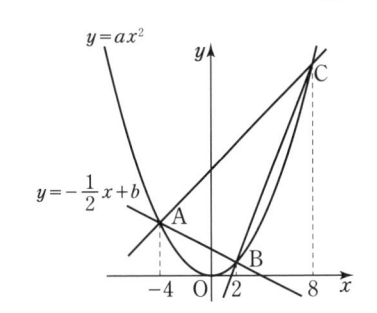

4 図1は六面体の展開図で，1辺の長さが1の正三角形が2面，1辺の長さが1で内角の1つが60°であるひし形が2面，3辺が1で1辺が2の等脚台形が2面，合計6面である。

図2は，この展開図を組み立ててできる六面体の見取り図の一部で3面だけ描いたものである。 (各7点×3＝21点)

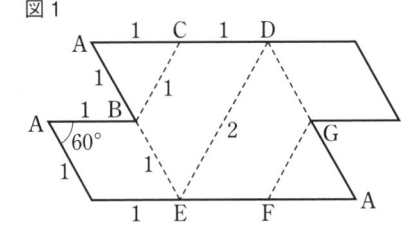

(1) 図2に残りの3面を追加して，見取り図を完成させなさい。その際，3頂点D，F，Gを書き入れること。

(2) この六面体の体積を求めなさい。

(3) 辺AC上に，$AP=\dfrac{2}{3}$ である点Pをとる。点Pを通り，図2の底面に平行な平面で，この六面体を切断するとき，上下の体積比を求めなさい。

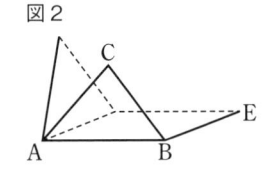

5 右の図のような1辺の長さが6cmの立方体ABCD-EFGHがあり，辺ABの中点をM，辺BCの中点をNとする。辺AB上を動く点Pは，点Aを出発して，毎秒1cmの速さで，点Mに到着するまで動き，また，辺BF上を動く点Qは，点Bを出発して毎秒2cmの速さで点Fに到着するまで動くものとする。

2点P，Qが同時に出発するとき，次の問いに答えなさい。

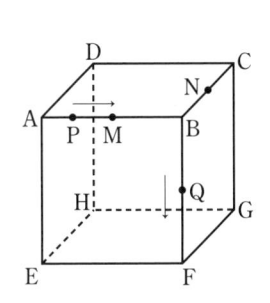

(各7点×3＝21点)

(1) △PNQが二等辺三角形となるのは，点P，Qが動きはじめてから何秒後か，すべて答えなさい。

(2) (1)で求めた二等辺三角形のうち，面積が最大のものについて考える。

① 面積 S を求めなさい。

② 四面体BPNQの頂点Bから底面PNQにひいた垂線の長さを求めなさい。

第3回 模擬テスト

時間50分　▶解答→別冊p.126　得点／100

1 次の各問いに答えなさい。　　　　　　　　　　　　　　　　　　　　　　（各5点×4＝20点）

(1) x, y に関する2組の連立方程式
$$\begin{cases} 2x+y=11 \\ 3ax+by=-6 \end{cases} \quad \begin{cases} bx+2ay=1 \\ 8x-3y=9 \end{cases}$$
が共通の解をもつとき，定数 a, b の値を求めなさい。

(2) 2次方程式 $x^2-(2a-3)x+a^2-3a-10=0$ が，$x=-1$ と3の倍数を解にもつとき，a の値を求めなさい。

(3) n も $\sqrt{2012+n^2}$ もともに正の整数となるのは，$n=\boxed{}$ のときである。

(4) a, b はともに正の整数で，$a<b$ である。a と b の積が500で，最小公倍数が100であるとき，a, b の組をすべて求めなさい。

2 次の規則にしたがって，1, 2, 3, 4, 5 の5枚のカードを左から並べる。次の問いに答えなさい。
規則「左から k 番目には k で割って1余る数のカードは置かない」　　（各5点×3＝15点）

(1) 左から3番目に置けるカードの数字をすべて求めなさい。
(2) 1のカードは左から何番目に置けますか。
(3) このような並べ方は何通りありますか。

3 同じさいころを続けて3回振るとき，次の確率を求めなさい。　　　　　　（各5点×3＝15点）

(1) 3回とも同じ目である確率
(2) 1回目より2回目，2回目より3回目の目が大きくなる確率
(3) 少なくとも1回は2の倍数が出る確率

4 次の条件を満たす自然数 a, b, c の値の組 (a, b, c) を求めなさい。　　　　（5点）
$$\begin{cases} a+bc=106 \\ ab+c=29 \\ a \leqq b \leqq c \end{cases}$$

5 右の図のような高さ20mの建物ABCDがある。屋上の端Aから水平方向に向けて弾を撃ち，目の前の上方の点Pから地上の点Qに向けて一定の速度で垂直に降りてくる的Mに当てようとしている。弾は，的MがPから動き始めた瞬間に撃ち出すものとする。BQ間の距離は60mである。

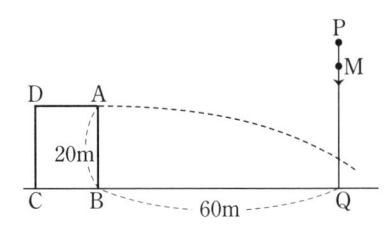

弾を撃ち出す速さを毎秒am，的Mの移動する速さを毎秒bm，点Pの地上からの高さをhmとする。撃ち出してからt秒後に，弾は水平方向にatm進み，重力により垂直方向に$5t^2$m落下するものとする。なお，弾は地面に落ちたらはねかえらないものとする。このとき，次の問いに答えなさい。

(各5点×3＝15点)

(1) 弾を点Qに着地させるには，aをいくらにすればよいですか。

(2) $h=35$，$b=20$のとき，弾を的Mに命中させるには，aをいくらにすればよいですか。

(3) $a=40$で撃ち出して弾を的Mに命中させるには，hをいくらにすればよいですか。bの式で表しなさい。

6 右の図において，①は$y=ax^2$ ($x\geq 0$)，②は$y=4$のグラフであり，2つの円の中心A，Bは①上の点である。円Aはx軸，y軸および②に接していて，円Bはy軸および②に接している。また，③は2つの円AとBに接する直線であり，y軸との交点をC，円Bとの接点をDとする。

このとき，次の問いに答えなさい。ただし，Oは原点とする。

(各5点×3＝15点)

(1) aの値を求めなさい。

(2) Bの座標を求めなさい。

(3) CDの長さを求めなさい。

7 右の図のような正四角錐O-ABCDにおいて，底面ABCDは1辺の長さが6の正方形で，OA=OB=OC=OD=6である。

また，辺OB上に点P，辺OD上に点Qがそれぞれあり，OP=OQ=4とする。さらに，3点A，P，Qを通る平面が辺OCと交わる点をRとする。

次の各問いに答えなさい。

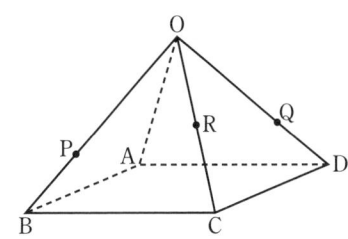

(各5点×3＝15点)

(1) 線分ORの長さを求めなさい。

(2) 立体O-APRQの体積は，立体O-ABCDの体積の何倍であるかを求めなさい。

(3) 点Oから平面APRQに垂線をひき，その垂線と平面APRQとの交点をHとする。線分OHの長さを求めなさい。

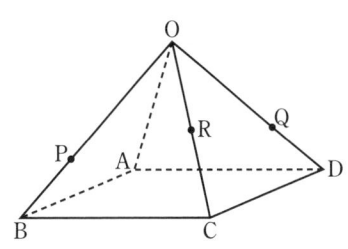

■ **執筆協力** 間宮勝己
■ **図版協力** ㈲Y-Yard
■ **デザイン** 株式会社ユニックス

シグマベスト		編　者	文英堂編集部
最高水準問題集 高校入試		発行者	益井英郎
数　学		印刷所	日本写真印刷株式会社
		発行所	株式会社 文英堂

本書の内容を無断で複写(コピー)・複製・転載することは，著作者および出版社の権利の侵害となり，著作権法違反となりますので，転載等を希望される場合は前もって小社あて許諾を求めてください。

〒601-8121　京都市南区上鳥羽大物町28
〒162-0832　東京都新宿区岩戸町17
(代表)03-3269-4231

© BUN-EIDO　2013　　Printed in Japan

●落丁・乱丁はおとりかえします。

Σ BEST シグマベスト

最高水準問題集
高校入試 数学

どんな難問でも必ず解ける

正解答と解説

- 類題にも応用できる，くわしくわかりやすい 解説 つき。
- 出題傾向の分析による 入試メモ と，少し高度だけど入試に役立つ内容 パワーアップ をプラス。

文英堂

1 数の計算

▶本冊 p.5

1 (1) $-\dfrac{2}{3}$ (2) $-\dfrac{23}{12}$

(3) 16 (4) 2012

(5) 0.16 (6) $\dfrac{16}{25}$

解説

(1) $\left(-\dfrac{2}{3}\right)^2 \times 6 \div (-10) - \dfrac{2}{5}$

$= -\dfrac{4 \times 6}{9 \times 10} - \dfrac{2}{5}$

$= -\dfrac{4}{15} - \dfrac{6}{15}$

$= -\dfrac{10}{15} = -\dfrac{2}{3}$

(2) $-2^4 \div (-3)^2 \div \dfrac{2}{3} - 3 \div (-2^2)$

$= -2^4 \div 3^2 \div \dfrac{2}{3} + 3 \div 2^2$

$= -\dfrac{2^4 \times 3}{3^2 \times 2} + \dfrac{3}{2^2}$

$= -\dfrac{2^3}{3} + \dfrac{3}{2^2}$

$= -\dfrac{8}{3} + \dfrac{3}{4}$

$= -\dfrac{32}{12} + \dfrac{9}{12}$

$= -\dfrac{23}{12}$

(3) $\{(-2)^3 - 3 \times (-4)\} \div \left(\dfrac{1}{2} - 1\right)^2$

$= (-8 + 12) \div \left(-\dfrac{1}{2}\right)^2$

$= 4 \div \dfrac{1}{4}$

$= 4 \times \dfrac{4}{1}$

$= 16$

(4) $18^2 + 18 \times 19 + 20^2 + 21 \times 22 + 22^2$

$x = 20$ とおくと

与式 $= (x-2)^2 + (x-2)(x-1) + x^2$
$\qquad + (x+1)(x+2) + (x+2)^2$

$= x^2 - 4x + 4 + x^2 - 3x + 2 + x^2 + x^2 + 3x + 2$
$\quad + x^2 + 4x + 4$

$= 5x^2 + 12$

$= 5 \times 20^2 + 12$

$= 2000 + 12$

$= 2012$

(5) $0.65^2 + (-0.25)^2 - 0.65 \times 0.25 \times 2$

$x = 0.65$, $y = 0.25$ とおくと

与式 $= x^2 + (-y)^2 - x \times y \times 2$

$= x^2 + y^2 - 2xy$

$= (x - y)^2$

$= (0.65 - 0.25)^2$

$= 0.4^2$

$= 0.16$

(6) $\dfrac{\dfrac{3}{4} + \dfrac{1}{20}}{\dfrac{7}{12} + \dfrac{1}{1 + \dfrac{1}{2}}}$

$= \dfrac{\dfrac{15}{20} + \dfrac{1}{20}}{\dfrac{7}{12} + \dfrac{1}{\dfrac{3}{2}}} = \dfrac{\dfrac{16}{20}}{\dfrac{7}{12} + \dfrac{2}{3}}$

$= \dfrac{\dfrac{4}{5}}{\dfrac{7}{12} + \dfrac{8}{12}} = \dfrac{\dfrac{4}{5}}{\dfrac{15}{12}} = \dfrac{\dfrac{4}{5}}{\dfrac{5}{4}}$

$= \dfrac{4 \times 4}{5 \times 5} = \dfrac{16}{25}$

▶本冊 p.5

2 (1) $\dfrac{14}{3}$ (2) 0

(3) $2\sqrt{3}$ (4) $\sqrt{6}$

(5) $40 - 20\sqrt{3}$ (6) 5

解説

(1) $\left(\dfrac{10}{\sqrt{5}} - \dfrac{5}{\sqrt{3}}\right)\left(\dfrac{2}{\sqrt{3}} + \dfrac{4}{\sqrt{5}}\right)$

$= \dfrac{20}{\sqrt{15}} + \dfrac{40}{5} - \dfrac{10}{3} - \dfrac{20}{\sqrt{15}}$

$= 8 - \dfrac{10}{3}$

$= \dfrac{24}{3} - \dfrac{10}{3}$

$= \dfrac{14}{3}$

(2) $\dfrac{\sqrt{27}}{2} - 3\sqrt{48} - \dfrac{\sqrt{735}}{\sqrt{20}} + 2\sqrt{147}$

$= \dfrac{3\sqrt{3}}{2} - 12\sqrt{3} - \sqrt{\dfrac{147}{4}} + 14\sqrt{3}$

$= \dfrac{3\sqrt{3}}{2} - 12\sqrt{3} - \dfrac{7\sqrt{3}}{2} + 14\sqrt{3}$

$= -\dfrac{4\sqrt{3}}{2} + 2\sqrt{3}$

$= -2\sqrt{3} + 2\sqrt{3} = 0$

(3) $(1+\sqrt{2}+\sqrt{3})(2+\sqrt{2}-\sqrt{6})-(\sqrt{3}-1)^2$
$= (1+\sqrt{2}+\sqrt{3}) \times \sqrt{2}(\sqrt{2}+1-\sqrt{3})$
$\quad -(3-2\sqrt{3}+1)$
$= \sqrt{2}(1+\sqrt{2}+\sqrt{3})(1+\sqrt{2}-\sqrt{3})-(4-2\sqrt{3})$
ここで,$1+\sqrt{2}=A$ とおくと
与式 $= \sqrt{2}(A+\sqrt{3})(A-\sqrt{3})-4+2\sqrt{3}$
$= \sqrt{2}(A^2-3)-4+2\sqrt{3}$
$= \sqrt{2}A^2-3\sqrt{2}-4+2\sqrt{3}$
$= \sqrt{2}(1+\sqrt{2})^2-3\sqrt{2}-4+2\sqrt{3}$
$= \sqrt{2}(1+2\sqrt{2}+2)-3\sqrt{2}-4+2\sqrt{3}$
$= 3\sqrt{2}+4-3\sqrt{2}-4+2\sqrt{3}$
$= 2\sqrt{3}$

(4) $\dfrac{(2\sqrt{3}+1)^2-(2\sqrt{3}-1)^2}{\sqrt{32}}$
$= \dfrac{\{2\sqrt{3}+1+(2\sqrt{3}-1)\}\{2\sqrt{3}+1-(2\sqrt{3}-1)\}}{4\sqrt{2}}$
$= \dfrac{4\sqrt{3} \times 2}{4\sqrt{2}}$
$= \dfrac{2\sqrt{3} \times \sqrt{2}}{\sqrt{2} \times \sqrt{2}} = \dfrac{2\sqrt{6}}{2} = \sqrt{6}$

(5) $(\sqrt{2}-\sqrt{3}+3-\sqrt{6})^2+(\sqrt{2}+\sqrt{3}-3-\sqrt{6})^2$
$= (\sqrt{2}-\sqrt{6}-\sqrt{3}+3)^2+(\sqrt{2}-\sqrt{6}+\sqrt{3}-3)^2$
$= \{(\sqrt{2}-\sqrt{6})-(\sqrt{3}-3)\}^2$
$\quad + \{(\sqrt{2}-\sqrt{6})+(\sqrt{3}-3)\}^2$
ここで,$\sqrt{2}-\sqrt{6}=A$,$\sqrt{3}-3=B$ とおくと
与式 $= (A-B)^2+(A+B)^2$
$= A^2-2AB+B^2+A^2+2AB+B^2$
$= 2A^2+2B^2$
$= 2(\sqrt{2}-\sqrt{6})^2+2(\sqrt{3}-3)^2$
$= 2(2-2\sqrt{12}+6)+2(3-6\sqrt{3}+9)$
$= 2(8-4\sqrt{3})+2(12-6\sqrt{3})$
$= 16-8\sqrt{3}+24-12\sqrt{3}$
$= 40-20\sqrt{3}$

(6) $-\dfrac{(\sqrt{2}-1)^2}{4\sqrt{2}}+\dfrac{(\sqrt{5}+\sqrt{3})^2}{\sqrt{15}}$
$\quad +\dfrac{(\sqrt{2}+1)^2}{4\sqrt{2}}-\dfrac{(\sqrt{5}-\sqrt{3})^2}{\sqrt{15}}$
$= -\dfrac{2-2\sqrt{2}+1}{4\sqrt{2}}+\dfrac{5+2\sqrt{15}+3}{\sqrt{15}}$
$\quad +\dfrac{2+2\sqrt{2}+1}{4\sqrt{2}}-\dfrac{5-2\sqrt{15}+3}{\sqrt{15}}$
$= -\dfrac{3-2\sqrt{2}}{4\sqrt{2}}+\dfrac{8+2\sqrt{15}}{\sqrt{15}}+\dfrac{3+2\sqrt{2}}{4\sqrt{2}}-\dfrac{8-2\sqrt{15}}{\sqrt{15}}$
$= \dfrac{-3+2\sqrt{2}+3+2\sqrt{2}}{4\sqrt{2}}+\dfrac{8+2\sqrt{15}-8+2\sqrt{15}}{\sqrt{15}}$
$= \dfrac{4\sqrt{2}}{4\sqrt{2}}+\dfrac{4\sqrt{15}}{\sqrt{15}}$
$= 1+4$
$= 5$

▶本冊 p.6

3 (1) $x = \dfrac{105}{4}$

(2) ① **2100** ② **4** (3) **48**

解説

(1) $x=\dfrac{s}{t}$ とする。s が 35,21,15 の公倍数であり,t が 128,100,56 の公約数であれば,3つの数は整数となる。
$\dfrac{s}{t}=\dfrac{(35,21,15 の最小公倍数)}{(128,100,56 の最大公約数)}$ のとき x は最小となるから $x=\dfrac{105}{4}$

(2) 2つの自然数を A,B($A>B$)とおくと,a,b を互いに素(最大公約数が1)な自然数として,$A=5a$,$B=5b$ と表せる。最小公倍数は $5ab$ であるから
$5ab=420$ よって $ab=84$
2数の積 $AB=5a \times 5b=25ab=25 \times 84=2100$ ←①
また,$ab=84$ を満たす a,b の組 (a, b) は
$(a, b)=(84, 1),(28, 3),(21, 4),(12, 7)$
よって $(A, B)=(420, 5),(140, 15),$
$(105, 20),(60, 35)$
の4組。←②

(3) 2つの正の整数 A,B の最大公約数を p とすると,a,b を互いに素な自然数として,$A=pa$,$B=pb$ と表せる。
$AB=p^2ab=1920$,$pab=240$ であるから
$240p=1920$ よって $p=8$
また,$8ab=240$ より $ab=30$
これを満たす a,b の組 (a, b) は,
$(a, b)=(30, 1),(15, 2),(10, 3),(6, 5)$
の4組。
よって $(A, B)=(240, 8),(120, 16),$
$(80, 24),(48, 40)$
A と B の和が最小となるのは,$A=48$,$B=40$ のとき。

▶本冊 p.6

4 (1) ① **97** ② **47** ③ **17, 19**
(2) **48**

解説

(1) ① 求める素因数は,100までの自然数の中で最大の素数であるから 97
② 100までの自然数の中で2×(素数)と表せる最大の自然数は94(=47×2)であるから,求める素因数は 47

③ p を素数として $5p<100<6p$ を満たせばよい
から，$\dfrac{50}{3}<p<20$ より $p=17, 19$

(2) $100\div 3=33$ 余り 1 （3個ごとに3の倍数が現れる）
$100\div 3^2=11$ 余り 1 （9個ごとに3^2の倍数が現れる）
$100\div 3^3=3$ 余り 19 （27個ごとに3^3の倍数が現れる）
$100\div 3^4=1$ 余り 19 （81個ごとに3^4の倍数が現れる）
よって，$33+11+3+1=48$ より，素因数3の指数は 48

▶本冊 p.6

5 (1) **12個** (2) **$p-1$（個）**
(3) **$pq-p-q+1$（個）**

解説
(1) $21\div 3=7$
$21\div 7=3$
$21\div 21=1$
$(7+3)-1=9$
よって
$21-9=12$（個）

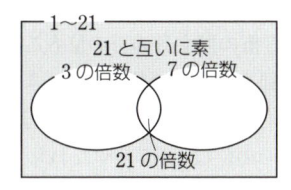

(2) p 以外の数はすべて p と互いに素であるから
$p-1$（個）

(3) $pq\div p=q$
$pq\div q=p$
$pq\div pq=1$
$(q+p)-1$
$=p+q-1$ 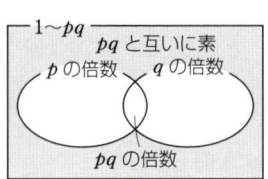
よって $pq-(p+q-1)=pq-p-q+1$（個）

▶本冊 p.7

6 (1) **5**
(2) **$(m, n)=(7, 28), (8, 32)$**

解説
(1) $N^2\leqq n<(N+1)^2$ より，自然数 n の個数は
$n=(N+1)^2-N^2=N^2+2N+1-N^2$
$=2N+1$
よって，$2N+1=11$ より $N=5$

(2) $2<\sqrt{m}<3$ より $4<m<9$
よって $m=5, 6, 7, 8$
$5<\sqrt{n}<6$ より $25<n<36$ ……①
$m=5$ のとき mn が平方数となるのは，$n=5k^2$
（k は整数）のときである。$k=1, 2, 3, \cdots$ のとき，$n=5, 20, 45, \cdots$ より，①を満たすものはない。

$m=6$ のとき mn が平方数となるのは，$n=6k^2$
（k は整数）のときである。$k=1, 2, 3, \cdots$ のとき，$n=6, 24, 54, \cdots$ より，①を満たすものはない。

$m=7$ のとき mn が平方数となるのは，$n=7k^2$
（k は整数）のときである。$k=1, 2, 3, \cdots$ のとき，$n=7, 28, 63, \cdots$ より，①を満たすものは 28

$m=8$ のとき mn が平方数となるのは，$n=2k^2$
（k は整数）のときである。$k=1, 2, 3, \cdots$ のとき，$n=2, 8, 18, 32, 50, \cdots$ より，①を満たすものは 32

以上より $(m, n)=(7, 28), (8, 32)$

▶本冊 p.7

7 (1) **$x=7$**
(2) **$n=6, 24, 294, 1176$** (3) **$n=14$**

解説
(1) $\sqrt{112x}=\sqrt{2^2\times 2^2\times 7\times x}$ $x=7a^2$（a は自然数）であれば $\sqrt{112x}$ は自然数となる。
$a=1$ のとき，x は最小となるから $x=7$

(2) $\sqrt{\dfrac{1176}{n}}=\sqrt{\dfrac{2^2\times 7^2\times 2\times 3}{n}}$ 整数となるのは
$n=2\times 3, 2\times 3\times 2^2, 2\times 3\times 7^2, 2\times 3\times 2^2\times 7^2$
のときであるから $n=6, 24, 294, 1176$

(3) $\sqrt{n^2+29}=a$（a：整数）とおく。両辺を2乗して
$n^2+29=a^2$ $a^2-n^2=29$ $(a+n)(a-n)=29$
ここで，$a+n$，$a-n$ は $a+n>a-n$，$a+n>0$ となる整数であるから，
$\begin{cases} a+n=29 \\ a-n=1 \end{cases}$ を解いて $(a, n)=(15, 14)$

▶本冊 p.7

8 (1) **29** (2) **4**
(3) ① **3** ② **$\sqrt{2}-1$** ③ **$5+2\sqrt{2}$**
(4) **$3+\sqrt{6}+\sqrt{3}+\sqrt{2}$**

解説
(1) $\sqrt{25}<\sqrt{29}<\sqrt{36}$ より $5<\sqrt{29}<6$
よって $a=5, b=\sqrt{29}-5$
$a^2+b(b+10)$ に代入して
$a^2+b(b+10)=5^2+(\sqrt{29}-5)(\sqrt{29}-5+10)$
$=25+(\sqrt{29}-5)(\sqrt{29}+5)$
$=25+29-25=29$

(2) $\sqrt{1} < \sqrt{3} < \sqrt{4}$ より $1 < \sqrt{3} < 2$
$-2 < -\sqrt{3} < -1$ であるから
$5-2 < 5-\sqrt{3} < 5-1$ よって $3 < 5-\sqrt{3} < 4$
$a=3, \ b=5-\sqrt{3}-3=2-\sqrt{3}$
$\dfrac{7a-3b^2}{2a-3b} = \dfrac{7 \times 3 - 3(2-\sqrt{3})^2}{2 \times 3 - 3(2-\sqrt{3})}$
$= \dfrac{21-3(4-4\sqrt{3}+3)}{6-6+3\sqrt{3}} = \dfrac{12\sqrt{3}}{3\sqrt{3}} = 4$

(3) ①, ② $\dfrac{2}{2-\sqrt{2}} = \dfrac{2(2+\sqrt{2})}{(2-\sqrt{2})(2+\sqrt{2})}$
$= \dfrac{2(2+\sqrt{2})}{4-2} = 2+\sqrt{2}$

$\sqrt{1} < \sqrt{2} < \sqrt{4}$ より $1 < \sqrt{2} < 2$
したがって $3 < 2+\sqrt{2} < 4$
よって $a=3, \ b=2+\sqrt{2}-3=\sqrt{2}-1$

③ $a+\dfrac{2}{b} = 3+\dfrac{2}{\sqrt{2}-1} = 3+\dfrac{2(\sqrt{2}+1)}{(\sqrt{2}-1)(\sqrt{2}+1)}$
$= 3+\dfrac{2\sqrt{2}+2}{2-1} = 3+2\sqrt{2}+2 = 5+2\sqrt{2}$

(4) $a=\sqrt{2}-1, \ b=\sqrt{3}-1, \ c=\sqrt{6}-2$ であるから
$\dfrac{(b+2)(c+4)}{a+1} = \dfrac{(\sqrt{3}-1+2)(\sqrt{6}-2+4)}{\sqrt{2}-1+1}$
$= \dfrac{(\sqrt{3}+1)(\sqrt{6}+2)}{\sqrt{2}} = \dfrac{3\sqrt{2}+2\sqrt{3}+\sqrt{6}+2}{\sqrt{2}}$
$= \dfrac{\sqrt{2}(3\sqrt{2}+2\sqrt{3}+\sqrt{6}+2)}{\sqrt{2} \times \sqrt{2}}$
$= \dfrac{6+2\sqrt{6}+2\sqrt{3}+2\sqrt{2}}{2} = 3+\sqrt{6}+\sqrt{3}+\sqrt{2}$

▶本冊 p.8

9 (1) ① 112 ② 59番目
(2) $(1, 1, 0, 1, 1)$

解説

(1) ① 0から数えはじめている
ので，1からだと14番目の
3進数が求める数である。
よって 112

$\begin{array}{r} 3\,)\,14 \\ 3\,)\,4 \cdots 2 \\ 3\,)\,1 \cdots 1 \\ 0 \cdots 1 \end{array}$

② $2011 = 3^3 \times 2 + 3^2 \times 0 + 3 \times 1 + 1 \times 1$
$= 54+0+3+1 = 58$
1から数えて58番目の3進数が2011であるから，
0からだと 59番目

(2) 0.84375
$= 0.5+0.25+0.0625+0.03125$
$= 1 \times \dfrac{1}{2} + 1 \times \dfrac{1}{2^2} + 0 \times \dfrac{1}{2^3} + 1 \times \dfrac{1}{2^4} + 1 \times \dfrac{1}{2^5}$
であるから，$0.84375 = (1, 1, 0, 1, 1)$

入試メモ 10進数の17を3進数で表すには，右のように3で割った余りを求め，余りを逆に並べる。よって，$122_{(3)}$ となる。

$\begin{array}{r} 3\,)\,17 \\ 3\,)\,5 \cdots 2 \\ 3\,)\,1 \cdots 2 \\ 0 \cdots 1 \end{array}$

3進法の122を10進法で表すには，位取りを1, $3, 3^2, 3^3, \cdots$ とし，その位の数との積の和を求める。よって，17となる。
$3^2 \times 1 + 3 \times 2 + 1 \times 2 = 9+6+2 = 17$

▶本冊 p.8

10 26

解説

回文数の一の位の数は，1から9までの自然数を2乗して調べると，1，4，5，6，9に限られる。つまり，3桁の回文数の百の位もこの5数に限られる。
回文数の百の位が9のとき
$n^2 = 9 \square 9$ で，$30^2 = 900$ より，n の十の位は3，一の位は3か7，すなわち，$n = 33, 37$ となる。
しかし，$37^2 = 1369, \ 33^2 = 1089$ となり，不適。
回文数の百の位が6のとき
$n^2 = 6 \square 6$ で，$20^2 = 400, \ 30^2 = 900$ より，n の十の位は2，一の位は4か6，すなわち，$n = 24, 26$ となる。$26^2 = 676$ は回文数であるから，最大の n は 26

▶本冊 p.8

11 8個

解説

$a = \dfrac{n}{84}$（n と84は互いに素，n は自然数）とおく。
$\dfrac{1}{6} \leq \dfrac{n}{84} \leq \dfrac{1}{2}$ $\dfrac{14}{84} \leq \dfrac{n}{84} \leq \dfrac{42}{84}$
$84 = 2^2 \times 3 \times 7$ であるから，n は，14から42の自然数のうち素因数2，3，7をもたない数である。
$n = 17, 19, 23, 25, 29, 31, 37, 41$ より，8個。

▶本冊 p.8

12 7

解説

1から30までのすべての奇数の積を N とすると
$N = 1 \times 3 \times 5 \times 7 \times 9 \times 11 \times 13 \times 15 \times 17 \times 19 \times 21 \times 23$
$ \times 25 \times 27 \times 29$

N の各因数を8で割った余りの積をつくり，M とすると
$$M = 1\times3\times5\times7\times1\times3\times5\times7\times1\times3\times5\times7\times1\times3\times5$$
$$= 105\times105\times105\times15$$
M の各因数を8で割った余りの積をつくり，L とすると
$$L = 1\times1\times1\times7 = 7$$

入試メモ　余りに関しては，一般的に，**2数の積をある数で割った余りは，2数それぞれをある数で割った余りの積をある数で割った余りに等しい。また，2数の和をある数で割った余りは，2数それぞれをある数で割った余りの和をある数で割った余りに等しい。**

▶ 本冊 p.8

13　**2**

解説

$a = 13b+10$　…①
また，b を11で割った商を c とすると
$b = 11c+7$　…②
②を①に代入して
$$a = 13(11c+7)+10$$
$$= 13\times11c + 91 + 10$$
$$= 13\times11c + 101$$
$$= 13\times11c + 9\times11 + 2$$
$$= 11(13c+9) + 2$$
よって，a を11で割ったときの商は $(13c+9)$ で，余りは　**2**

▶ 本冊 p.9

14　(1) **28**　　(2) **9050**

解説

$\dfrac{1}{7} = 0.\underbrace{142857}_{6桁}\underbrace{142857}_{6桁}\cdots$ であるから

(1) $S(7) = \underbrace{1+4+2+8+5+7}_{} + 1$
　　　　$= 27 + 1$
　　　　$= 28$

(2) $2012 \div 6 = 335$ 余り 2
よって　$(1+4+2+8+5+7)\times335 + (1+4)$
　　　　$= 27\times335 + 5$
　　　　$= 9050$

▶ 本冊 p.9

15　(1) **165**　　(2) **231**
(3) **42個**

解説

(1) 真ん中の数を x とおくと，連続する7個の正の整数は，$x-3$, $x-2$, $x-1$, x, $x+1$, $x+2$, $x+3$ と表せる。よって　$7x = 1155$　$x = 165$

(2) 連続する10個の正の整数の最小の数を a，最大の数を b とする。小さい順にたしても，大きい順にたしても和は1155であるから

$$\begin{array}{r} a + (a+1) + \cdots + (b-1) + b = 1155 \\ +)\ b + (b-1) + \cdots + (a+1) + a = 1155 \\ \hline (a+b)+(a+b)+\cdots+(a+b)+(a+b) = 2310 \end{array}$$

よって　$10(a+b) = 2310$　$a+b = 231$

(3) (2)と同様に，連続する正の整数の最小の数を a，最大の数を b，連続する正の整数の個数を n 個とすると　$n(a+b) = 2310$
よって，n と $a+b$ は2310の約数である。
$2310 = 2\times3\times5\times7\times11$
$a+b = a+(a+n-1) = n+(2a-1) > n$ を手がかりに，次の表が得られる。

n	1	2	3	5	6	7	10	11
$a+b$	2310	1155	770	462	385	330	231	210
	14	15	21	22	30	33	35	42
	165	154	110	105	77	70	66	55

$n = 42$ のとき
　$a+b = 42+(2a-1) = 55$ より　$a = 7$
これは題意を満たしている。よって，連続する正の整数の個数が最大となるのは，**42個**のとき。

▶ 本冊 p.9

16　(1) **501個**　　(2) **502個**
(3) $a = $ **8060, 8061, 8062, 8063, 8064**

解説

(1) $10 = 2\times5$ であるから，素因数2と5が1組あれば末尾に0が1つつく。素因数2は素因数5より多いから，素因数5の個数を求めて
$2012 \div 5 = 402$ 余り 2
$2012 \div 5^2 = 80$ 余り 12
$2012 \div 5^3 = 16$ 余り 12
$2012 \div 5^4 = 3$ 余り 137
$402 + 80 + 16 + 3 = 501$（個）

(2) $4024 \div 5 = 804$ 余り 4
 $4024 \div 5^2 = 160$ 余り 24
 $4024 \div 5^3 = 32$ 余り 24
 $4024 \div 5^4 = 6$ 余り 274
 $4024 \div 5^5 = 1$ 余り 899
 $804 + 160 + 32 + 6 + 1 = 1003$
 よって $1003 - 501 = 502$(個)

(3) 2012までの積ごとに500個程度増えているので，8048までの積について考えると
 $8048 \div 5 = 1609$ 余り 3
 $8048 \div 5^2 = 321$ 余り 23
 $8048 \div 5^3 = 64$ 余り 48
 $8048 \div 5^4 = 12$ 余り 548
 $8048 \div 5^5 = 2$ 余り 1798
 $1609 + 321 + 64 + 12 + 2 = 2008$(個)
 このあと，8050(5^2を因数にもつ)までの積で2010(個)，8055までで2011(個)，8060までで2012(個)，8065までで2013(個)となるので，該当するのは
 $a = 8060,\ 8061,\ 8062,\ 8063,\ 8064$

▶ 本冊 p.9

17 (1) 3　　(2) 4

解説

1つ目と2つ目の条件より，右の表のことがわかる。

m\n	1	2	3	4
1	1	2	3	4
2	2			
3	3			
4	4			

(1) $n*n = 1$ より，さらに右のことがわかる。
 3つ目と4つ目の条件より，
 $a,\ b \cdots 3$ か 4
 $b,\ c \cdots 2$ か 3
 よって　$2*4 = b = 3$

m\n	1	2	3	4
1	1	2	3	4
2	2	1	a	b
3	3	a	1	c
4	4	b	c	1

(2) $3*4 = 1$ より，さらに右のことがわかる。
 3つ目と4つ目の条件より，
 $b,\ d \cdots 2$ か 4
 $a,\ b,\ c \cdots 1$ か 3 か 4
 よって　$2*3 = b = 4$

m\n	1	2	3	4
1	1	2	3	4
2	2	a	b	c
3	3	b	d	1
4	4	c	1	e

▶ 本冊 p.10

18 (1) 順に　5 2 3 1 4　　(2) 4
(3) 6　　(4) 30

解説

(1)～(3) あみだくじを1つ終えるたびに，スタート，ゴールの縦線の番号の移動を考える。(図6参照)

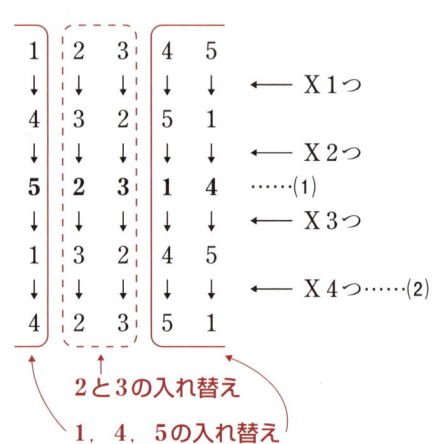

```
1  2  3  4  5
↓  ↓  ↓  ↓  ↓   ← X 1つ
4  3  2  5  1
↓  ↓  ↓  ↓  ↓   ← X 2つ
5  2  3  1  4   ……(1)
↓  ↓  ↓  ↓  ↓   ← X 3つ
1  3  2  4  5
↓  ↓  ↓  ↓  ↓   ← X 4つ……(2)
4  2  3  5  1
```

2と3の入れ替え
1, 4, 5の入れ替え

2と3はくじ**2つ**をつなげればもとに戻る。
1，4，5はくじ**3つ**をつなげればもとに戻る。
よって，(2と3の最小公倍数である) **6**つをつなげれば，くじは最初の状態に戻る。…(3)

(4) (3)と同様に考える。

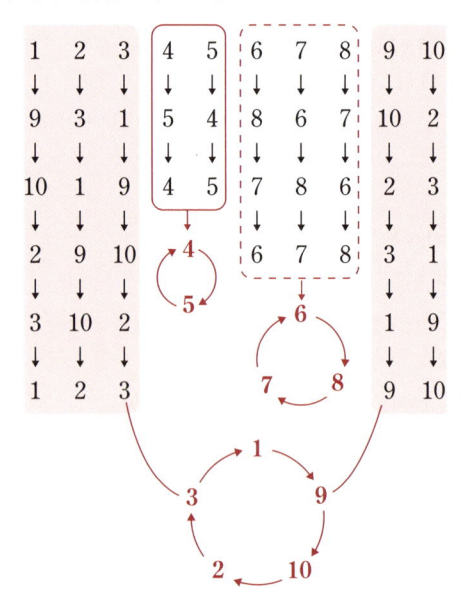

```
1  2  3  4  5  6  7  8  9  10
↓  ↓  ↓  ↓  ↓  ↓  ↓  ↓  ↓  ↓
9  3  1  5  4  8  6  7  10 2
↓  ↓  ↓  ↓  ↓  ↓  ↓  ↓  ↓  ↓
10 1  9  4  5  7  8  6  2  3
↓  ↓  ↓  ↓  ↓  ↓  ↓  ↓  ↓  ↓
2  9  10 4  5  6  7  8  3  1
↓  ↓  ↓  ↓  ↓  ↓  ↓  ↓  ↓  ↓
3  10 2  4  5  6  7  8  1  9
↓  ↓  ↓  ↓  ↓  ↓  ↓  ↓  ↓  ↓
1  2  3  4  5  6  7  8  9  10
```

4と5は**2つ**でもとに戻る。
6，7，8は**3つ**でもとに戻る。
1，9，10，2，3は**5つ**でもとに戻る。
よって，2と3と5の最小公倍数である
$2 \times 3 \times 5 = 30$(個)でもとに戻る。

2 式の計算

▶本冊 p.11

19 順に 2, 8, 1

解説

$$\left(\frac{-b^2}{ca}\right)^2\left(-\frac{a^2}{b}\right)^2(b^2c)^3$$
$$=\frac{b^4}{c^2a^2}\times\frac{a^4}{b^2}\times b^6c^3$$
$$=\frac{b^4\times a^4\times b^6c^3}{c^2a^2\times b^2}=\frac{a^4b^{10}c^3}{a^2b^2c^2}$$
$$=a^2b^8c$$

▶本冊 p.11

20 (1) y^3　　　(2) $\dfrac{8}{3}x^3y^6$

(3) $5x^2y^3$

解説

(1) $\left(\dfrac{3}{2}xy^2\right)^2\div(-3x^2y)^3\times(-12x^4y^2)$

$=\dfrac{9}{4}x^2y^4\div(-27x^6y^3)\times(-12x^4y^2)$

$=\dfrac{9x^2y^4\times 12x^4y^2}{4\times 27x^6y^3}$

$=\dfrac{x^6y^6}{x^6y^3}=y^3$

(2) $\dfrac{3}{8}x^5\times\left\{\left(\dfrac{2}{3}xy^2\right)^2\div\dfrac{1}{6}x^3y\right\}^2$

$=\dfrac{3}{8}x^5\times\left(\dfrac{4}{9}x^2y^4\div\dfrac{1}{6}x^3y\right)^2$

$=\dfrac{3}{8}x^5\times\left(\dfrac{4x^2y^4\times 6}{9\times x^3y}\right)^2$

$=\dfrac{3}{8}x^5\times\left(\dfrac{8y^3}{3x}\right)^2$

$=\dfrac{3}{8}x^5\times\dfrac{64y^6}{9x^2}$

$=\dfrac{3x^5\times 64y^6}{8\times 9x^2}$

$=\dfrac{8}{3}x^3y^6$

(3) $(-\sqrt{8}\,x^3y^2)\div\left(-\dfrac{\sqrt{72}}{5}xy\right)\times(\sqrt{3}\,y)^2$

$=(-2\sqrt{2}\,x^3y^2)\div\left(-\dfrac{6\sqrt{2}}{5}xy\right)\times 3y^2$

$=\dfrac{2\sqrt{2}\,x^3y^2\times 5\times 3y^2}{6\sqrt{2}\,xy}$

$=\dfrac{30\sqrt{2}\,x^3y^4}{6\sqrt{2}\,xy}=5x^2y^3$

▶本冊 p.11

21 (1) $\dfrac{91x-32}{20}$　　　(2) $\dfrac{3y-6z}{4}$

(3) $2x-y$

解説

(1) $\dfrac{9-7x}{10}-3(1-2x)-\dfrac{3x-2}{4}$

$=\dfrac{18-14x-60(1-2x)-5(3x-2)}{20}$

$=\dfrac{18-14x-60+120x-15x+10}{20}$

$=\dfrac{91x-32}{20}$

(2) $\dfrac{x+3y-3z}{3}-\dfrac{2x-3y}{6}-\dfrac{3y+2z}{4}$

$=\dfrac{4(x+3y-3z)-2(2x-3y)-3(3y+2z)}{12}$

$=\dfrac{4x+12y-12z-4x+6y-9y-6z}{12}$

$=\dfrac{9y-18z}{12}=\dfrac{3y-6z}{4}$

(3) $\dfrac{11x-7y}{6}-\left(\dfrac{7x-9y}{8}-\dfrac{8x-10y}{9}\right)\times 12$

$=\dfrac{11x-7y}{6}-\dfrac{3(7x-9y)}{2}+\dfrac{4(8x-10y)}{3}$

$=\dfrac{11x-7y-9(7x-9y)+8(8x-10y)}{6}$

$=\dfrac{11x-7y-63x+81y+64x-80y}{6}$

$=\dfrac{12x-6y}{6}$

$=2x-y$

▶本冊 p.11

22 (1) $-\dfrac{9x^4}{y^5}$　　　(2) $-4y^3$

(3) $-\dfrac{3b^2}{4a^6}$

解説

(1) $\left(-\dfrac{y}{x^2}\right)^3\times\left(\dfrac{x^4}{y^2}\right)^2\div\left(-\dfrac{y^2}{3x}\right)^2$

$=-\dfrac{y^3}{x^6}\times\dfrac{x^8}{y^4}\div\dfrac{y^4}{9x^2}$

$=-\dfrac{y^3\times x^8\times 9x^2}{x^6\times y^4\times y^4}=-\dfrac{9x^{10}y^3}{x^6y^8}=-\dfrac{9x^4}{y^5}$

(2) $x\left(-\dfrac{x^3}{y}\right)^5\left(\dfrac{y^2}{x^4}\right)^3\div\left(-\dfrac{x^2}{2y}\right)^2$

$=x\left(-\dfrac{x^{15}}{y^5}\right)\times\dfrac{y^6}{x^{12}}\div\dfrac{x^4}{4y^2}$

$=-\dfrac{x^{16}\times y^6\times 4y^2}{y^5\times x^{12}\times x^4}=-\dfrac{4x^{16}y^8}{x^{16}y^5}=-4y^3$

(3) $\left(-\dfrac{1.5ab^2}{c^3}\right)^3 \div (4.5a^7b^2c) \times \left(\dfrac{c^5}{ab}\right)^2$

$= \left(-\dfrac{3ab^2}{2c^3}\right)^3 \div \dfrac{9}{2}a^7b^2c \times \dfrac{c^{10}}{a^2b^2}$

$= -\dfrac{27a^3b^6}{8c^9} \div \dfrac{9}{2}a^7b^2c \times \dfrac{c^{10}}{a^2b^2}$

$= -\dfrac{27a^3b^6 \times 2 \times c^{10}}{8c^9 \times 9a^7b^2c \times a^2b^2} = -\dfrac{54a^3b^6c^{10}}{72a^9b^4c^{10}}$

$= -\dfrac{3b^2}{4a^6}$

▶本冊 p.12

23 (1) $\ell = \dfrac{S}{\pi r} - r$ (2) $b = \dfrac{ac}{a-c}$

(3) $x = \dfrac{2y-1}{3y-2}$

【解説】

(1) $S = \pi r^2 + \pi \ell r$ $\pi \ell r = S - \pi r^2$

$\ell = \dfrac{S - \pi r^2}{\pi r}$ $\ell = \dfrac{S}{\pi r} - r$

(2) $\dfrac{1}{a} + \dfrac{1}{b} = \dfrac{1}{c}$ $\dfrac{1}{b} = \dfrac{1}{c} - \dfrac{1}{a}$

$\dfrac{1}{b} = \dfrac{a-c}{ac}$ $b = \dfrac{ac}{a-c}$

(3) $y = \dfrac{2x-1}{3x-2}$ $y(3x-2) = 2x-1$

$3xy - 2y = 2x - 1$ $3xy - 2x = 2y - 1$

$x(3y-2) = 2y-1$ $x = \dfrac{2y-1}{3y-2}$

▶本冊 p.12

24 (1) $ab+a+bc+c$ (2) $8x-17$

(3) $4ac$

【解説】

(1) $(a+c)(b+1)$
$= ab+a+bc+c$

(2) $(x+4)(x-2)-(x-3)^2$
$= x^2+2x-8-(x^2-6x+9)$
$= x^2+2x-8-x^2+6x-9$
$= 8x-17$

(3) $(a+b+c)(a-b+c)-(a+b-c)(a-b-c)$
$= (a+c+b)(a+c-b)-(a-c+b)(a-c-b)$
$= \{(a+c)^2-b^2\}-\{(a-c)^2-b^2\}$
$= (a+c)^2-b^2-(a-c)^2+b^2$
$= (a+c)^2-(a-c)^2$
$= a^2+2ac+c^2-(a^2-2ac+c^2)$
$= a^2+2ac+c^2-a^2+2ac-c^2$
$= 4ac$

▶本冊 p.12

25 (1) $2x(y+4)(y-8)$

(2) $(x+4)(x-2)$

(3) $(x+1)(x-y)$

(4) $(a+b+c)(a-b-c)$

(5) $(a-2)(a+b+1)$

(6) $(x+2)(x+3)(x^2+5x-1)$

(7) $(x-2)(x+6)(x+2)^2$

(8) $(a+b)(a-b-1)$

(9) $(3a+2b+5c-3)(3a+2b-5c+3)$

(10) $(a+b)(a-b)(a-c)$

【解説】

(1) $2xy^2-8xy-64x$
$= 2x(y^2-4y-32)$
$= 2x(y+4)(y-8)$

(2) $(2x+3)(2x-3)-(x-1)(3x+1)$
$= 4x^2-9-(3x^2+x-3x-1)$
$= 4x^2-9-3x^2-x+3x+1$
$= x^2+2x-8$
$= (x+4)(x-2)$

(3) $x^2-xy-y+x$
$= x(x-y)+(x-y)$
$= (x+1)(x-y)$

(4) $a^2-b^2-c^2-2bc$
$= a^2-b^2-2bc-c^2$
$= a^2-(b^2+2bc+c^2)$
$= a^2-(b+c)^2$
$= \{a+(b+c)\}\{a-(b+c)\}$
$= (a+b+c)(a-b-c)$

(5) $ab-2b+a^2-a-2$
$= b(a-2)+(a-2)(a+1)$
$= (a-2)\{b+(a+1)\}$
$= (a-2)(a+b+1)$

(6) $(x^2+5x)^2+5(x^2+5x)-6$

$x^2+5x=A$ とおくと

(与式) $= A^2+5A-6$
$ = (A+6)(A-1)$
$ = (x^2+5x+6)(x^2+5x-1)$
$ = (x+2)(x+3)(x^2+5x-1)$

(7) $(x^2+4x+2)(x-2)(x+6)+2x^2+8x-24$
$= (x^2+4x+2)(x-2)(x+6)+2(x^2+4x-12)$
$= (x^2+4x+2)(x-2)(x+6)+2(x-2)(x+6)$
$= (x-2)(x+6)\{(x^2+4x+2)+2\}$

$= (x-2)(x+6)(x^2+4x+4)$
$= (x-2)(x+6)(x+2)^2$

(8) $(a-1)^2+a+b-(b+1)^2$
$= (a-1)^2-(b+1)^2+a+b$
$= \{(a-1)+(b+1)\}\{(a-1)-(b+1)\}+a+b$
$= (a+b)(a-b-2)+(a+b)$
$= (a+b)\{(a-b-2)+1\}$
$= (a+b)(a-b-1)$

(9) $9a^2+4b^2-25c^2+12ab+30c-9$
$= 9a^2+12ab+4b^2-25c^2+30c-9$
$= 9a^2+12ab+4b^2-(25c^2-30c+9)$
$= (3a+2b)^2-(5c-3)^2$
$= \{(3a+2b)+(5c-3)\}\{(3a+2b)-(5c-3)\}$
$= (3a+2b+5c-3)(3a+2b-5c+3)$

(10) $a^3+b^2c-a^2c-ab^2$
$= a^3-ab^2-a^2c+b^2c$
$= a(a^2-b^2)-c(a^2-b^2)$
$= (a^2-b^2)(a-c)$
$= (a+b)(a-b)(a-c)$

入試メモ 因数分解はある種のパズルである。項の組み替えや，部分的に共通因数でくくるなどの手法を用いて，うまく積の形にまとめられるまで，いろいろと試行錯誤しよう。

▶ 本冊 p.13

26 (1) $a^4+b^4+c^4+2a^2b^2-2b^2c^2-2c^2a^2$
(2) $(a+b+c)(a+b-c)(a-b+c)(a-b-c)$

解説

(1) $a^2+b^2=A$ とおくと，
$(a^2+b^2-c^2)^2=(A-c^2)^2$
$= A^2-2Ac^2+c^4$
$= (a^2+b^2)^2-2(a^2+b^2)c^2+c^4$
$= a^4+2a^2b^2+b^4-2c^2a^2-2b^2c^2+c^4$
$= a^4+b^4+c^4+2a^2b^2-2b^2c^2-2c^2a^2$

(2) $a^4+b^4+c^4-2a^2b^2-2b^2c^2-2c^2a^2$
$= a^4+b^4+c^4+2a^2b^2-2b^2c^2-2c^2a^2-4a^2b^2$
$= (a^2+b^2-c^2)^2-4a^2b^2$
$= \{(a^2+b^2-c^2)+2ab\}\{(a^2+b^2-c^2)-2ab\}$
$= (a^2+2ab+b^2-c^2)(a^2-2ab+b^2-c^2)$
$= \{(a+b)^2-c^2\}\{(a-b)^2-c^2\}$
$= \{(a+b)+c\}\{(a+b)-c\}\{(a-b)+c\}\{(a-b)-c\}$
$= (a+b+c)(a+b-c)(a-b+c)(a-b-c)$

▶ 本冊 p.13

27 (1) 4 (2) $6+5\sqrt{6}$
(3) -15 (4) -4
(5) 12 (6) 4

解説

(1) $ab+a-b-1$
$= a(b+1)-(b+1)$
$= (a-1)(b+1)$
$= (\sqrt{2}+1-1)(2\sqrt{2}-1+1)$
$= \sqrt{2}\times 2\sqrt{2}$
$= 4$

(2) $ab+\sqrt{2}a+\sqrt{3}b$
$= (3\sqrt{2}+2\sqrt{3})(3\sqrt{2}-2\sqrt{3})$
$\quad +\sqrt{2}(3\sqrt{2}+2\sqrt{3})+\sqrt{3}(3\sqrt{2}-2\sqrt{3})$
$= 18-12+6+2\sqrt{6}+3\sqrt{6}-6$
$= 6+5\sqrt{6}$

(3) $\dfrac{a^2-4ab+b^2}{a-b}$
$= \dfrac{a^2-2ab+b^2-2ab}{a-b}$
$= \dfrac{(a-b)^2-2ab}{a-b}$
$\begin{cases} a-b = 3\sqrt{2}+1-(3\sqrt{2}-1)=1+1=2 \\ ab = (3\sqrt{2}+1)(3\sqrt{2}-1)=18-1=17 \end{cases}$
与式 $= \dfrac{2^2-2\times 17}{2} = \dfrac{4-34}{2} = \dfrac{-30}{2}$
$= -15$

(4) $\begin{cases} x = \dfrac{\sqrt{3}}{\sqrt{2}}-\dfrac{\sqrt{2}}{\sqrt{3}} = \dfrac{3-2}{\sqrt{6}} = \dfrac{1}{\sqrt{6}} = \dfrac{\sqrt{6}}{6} \\ y = \sqrt{6}-\dfrac{1}{\sqrt{6}} = \sqrt{6}-\dfrac{\sqrt{6}}{6} = \dfrac{5\sqrt{6}}{6} \end{cases}$
$x^2-y^2 = \left(\dfrac{\sqrt{6}}{6}\right)^2 - \left(\dfrac{5\sqrt{6}}{6}\right)^2$
$= \dfrac{1}{6}-\dfrac{25}{6}$
$= -\dfrac{24}{6}$
$= -4$

(5) $2x^2-5xy-3y^2-(x+y)(x-4y)$
$= 2x^2-5xy-3y^2-(x^2-3xy-4y^2)$
$= 2x^2-5xy-3y^2-x^2+3xy+4y^2$
$= x^2-2xy+y^2$
$= (x-y)^2$
$= \{(\sqrt{7}+\sqrt{3})-(\sqrt{7}-\sqrt{3})\}^2$
$= (\sqrt{7}+\sqrt{3}-\sqrt{7}+\sqrt{3})^2$
$= (2\sqrt{3})^2$
$= 12$

(6) $(1+\sqrt{3})x=2$ の両辺を2乗して
$(1+\sqrt{3})^2x^2=4$　　$(1+2\sqrt{3}+3)x^2=4$
$(4+2\sqrt{3})x^2=4$　　$2(2+\sqrt{3})x^2=4$
よって　$(2+\sqrt{3})x^2=2$

$(1-\sqrt{3})y=-2$ の両辺を2乗して
$(1-\sqrt{3})^2y^2=4$　　$(1-2\sqrt{3}+3)y^2=4$
$(4-2\sqrt{3})y^2=4$　　$2(2-\sqrt{3})y^2=4$
よって　$(2-\sqrt{3})y^2=2$

$(2+\sqrt{3})x^2+(2-\sqrt{3})y^2=2+2=4$

▶ 本冊 p.13

28 (1) $a=3$, $b=1$　(2) $-\dfrac{9}{4}$

(3) $3-5\sqrt{3}$　(4) $-\dfrac{1}{2}$

(5) -6

解説

(1) $(a-2\sqrt{2})(4+3\sqrt{2})=\sqrt{2}b$
$4a+3\sqrt{2}a-8\sqrt{2}-12-\sqrt{2}b=0$
$4a-12+3\sqrt{2}a-8\sqrt{2}-\sqrt{2}b=0$
$4(a-3)+\sqrt{2}(3a-8-b)=0$

a, b が整数であることより

$\begin{cases} a-3=0 & \cdots ① \\ 3a-8-b=0 & \cdots ② \end{cases}$ が成り立つ。

①より　$a=3$

②に代入して　$9-8-b=0$　　よって　$b=1$

(2) $7x+2y=-x-5y$
$7x+x=-5y-2y$
$8x=-7y$

よって　$y=-\dfrac{8}{7}x$

ここで　$\begin{cases} x=-7t \\ y=8t \end{cases}$ $(t\neq 0)$ とおくと

$\dfrac{5x-8y}{4x+9y}=\dfrac{-35t-64t}{-28t+72t}=\dfrac{-99t}{44t}=-\dfrac{9}{4}$

(3) $3x+y+1=2x+3y+\sqrt{3}$
$3x-2x+y-3y=\sqrt{3}-1$
$x-2y=\sqrt{3}-1$
$x^2-4xy+4y^2-3x+6y-4$
$=(x-2y)^2-3(x-2y)-4$
$=\{(x-2y)-4\}\{(x-2y)+1\}$
$=\{(\sqrt{3}-1)-4\}\{(\sqrt{3}-1)+1\}$
$=(\sqrt{3}-5)\times\sqrt{3}$
$=3-5\sqrt{3}$

(4) $\begin{cases} x=\sqrt{3}y-1 \\ y=\sqrt{3}x \end{cases}$

より　$x=\sqrt{3}\times\sqrt{3}x-1$　　$x=3x-1$

よって　$x=\dfrac{1}{2}$　　したがって　$y=\dfrac{\sqrt{3}}{2}$

$(\sqrt{3}-y)^2-\dfrac{2}{\sqrt{3}}(\sqrt{3}-y)-(1-x)^2$

$=\left(\sqrt{3}-\dfrac{\sqrt{3}}{2}\right)^2-\dfrac{2}{\sqrt{3}}\left(\sqrt{3}-\dfrac{\sqrt{3}}{2}\right)-\left(1-\dfrac{1}{2}\right)^2$

$=\left(\dfrac{\sqrt{3}}{2}\right)^2-\dfrac{2}{\sqrt{3}}\times\dfrac{\sqrt{3}}{2}-\left(\dfrac{1}{2}\right)^2$

$=\dfrac{3}{4}-1-\dfrac{1}{4}$

$=\dfrac{1}{2}-1$

$=-\dfrac{1}{2}$

(5) $(n^2+1)m-(m^2+1)n$
$=mn^2+m-m^2n-n$
$=mn^2-m^2n+m-n$
$=mn(n-m)-(n-m)$
$=(mn-1)(n-m)$
$=-(mn-1)(m-n)$

ここで，$m-n=2$，$mn=4$ を代入して

与式 $=-(4-1)\times 2=-3\times 2=-6$

▶ 本冊 p.14

29 (1) $(x, y)=(67, 22)$, $(13, 2)$

(2) ① $(x-y)(x+y+2)$
② $(10, 8)$, $(6, 2)$

(3) ① 10　② $4\sqrt{3}$

解説

(1) $x^2-9y^2=133$
$(x+3y)(x-3y)=133$

x, y は自然数であるから，$x+3y>x-3y$ でともに整数である。積が133となる組合せは，
$(133, 1)$, $(19, 7)$ の2組しかない。

(i) $\begin{cases} x+3y=133 \\ x-3y=1 \end{cases}$ を解いて　$(x, y)=(67, 22)$

(ii) $\begin{cases} x+3y=19 \\ x-3y=7 \end{cases}$ を解いて　$(x, y)=(13, 2)$

(2) ① $x^2-y^2+2x-2y$
$=(x+y)(x-y)+2(x-y)$
$=(x-y)\{(x+y)+2\}$
$=(x-y)(x+y+2)$

② $x^2-y^2+2x-2y-40=0$
$x^2-y^2+2x-2y=40$
$(x-y)(x+y+2)=40$

x, y はともに正の整数であるから，$x-y < x+y+2$ で，ともに整数である。積が40となる組合せは，$(1, 40), (2, 20), (4, 10), (5, 8)$ の4組しかない。

(i) $\begin{cases} x-y=1 \\ x+y+2=40 \end{cases}$ を解いて，

$(x, y) = \left(\dfrac{39}{2}, \dfrac{37}{2}\right)$ となり不適。

(ii) $\begin{cases} x-y=2 \\ x+y+2=20 \end{cases}$ を解いて，

$(x, y) = (10, 8)$ で適する。

(iii) $\begin{cases} x-y=4 \\ x+y+2=10 \end{cases}$ を解いて，

$(x, y) = (6, 2)$ で適する。

(iv) $\begin{cases} x-y=5 \\ x+y+2=8 \end{cases}$ を解いて，

$(x, y) = \left(\dfrac{11}{2}, \dfrac{1}{2}\right)$ となり不適。

(i)〜(iv)より該当するのは
$(x, y) = (10, 8), (6, 2)$

(3) ① $a^2+b^2=28$ の両辺を2乗して
$(a^2+b^2)^2 = 28^2$
$a^4+2a^2b^2+b^4 = 28^2$
$a^4+b^4 = 28^2-2a^2b^2$
$584 = 28^2-2a^2b^2$
$2a^2b^2 = 784-584 = 200$
$a^2b^2 = 100$
$ab = \pm 10$
a, b はともに正の数より $ab=10$

② $a^2+b^2 = (a+b)^2-2ab = 28$
$(a+b)^2 = 28+2\times 10 = 48$
$a+b = \pm\sqrt{48} = \pm 4\sqrt{3}$
a, b はともに正の数より $a+b = 4\sqrt{3}$

▶本冊 p.14

30 (1) **36枚**　　(2) $\boldsymbol{n=23}$

解説

(1)
番目	1	2	3	4	…	n	…
枚数	1	4	9	16	…	n^2	…

表より，n 番目の正三角形をつくるのに必要なタイルの枚数は，n^2(枚)と表せる。
よって，$n=6$ を代入して $6^2=36$(枚)

(2) $n^2+47 = (n+1)^2$
$n^2+47 = n^2+2n+1$
$2n+1 = 47$　　$2n = 46$　　$n = 23$

▶本冊 p.14

31 (1) **400**　　(2) $\boldsymbol{4n^2+8n}$
(3) $\boldsymbol{n=13}$

解説

(1)
	1列	2列	3列	4列	…	n列
		6	8	10	12	…	$2n+4$
1行	2	12	16	20	24		
2行	4	24	32	40	48		
3行	6	36	48	60	72		
4行	8	48	64	80	96		
⋮							
n行	$2n$						$2n(2n+4)$

2, 4, 6, … と数えて，n 行目の数は $2n$，
6, 8, 10, … と数えて，n 列目の数は $2n+4$ と表せる。
10行目の数は $2\times 10 = 20$
8列目の数は $2\times 8+4 = 20$
よって，10行8列目に入る数は $20\times 20 = 400$

(2) n 行 n 列目に入る数は
$2n(2n+4) = 4n^2+8n$

(3) $4n^2+8n = 780$　　$n^2+2n = 195$
$n^2+2n-195 = 0$　　$(n+15)(n-13) = 0$
$n = -15, 13$　　n は自然数であるから $n=13$

▶本冊 p.15

32 (1) $\boldsymbol{N=16b}$　　(2) **33**

解説

(1) $N = 6a+4b+6c = 5a+6b+5c$ より
$6a-5a+6c-5c = 6b-4b$　　$a+c = 2b$
$N = 6(a+c)+4b = 6\times 2b+4b = 16b$

(2) (1)より，N は16の倍数である。
$170 \div 16 = 10$ 余り10より，170以上，180以下の16の倍数は $170+(16-10) = 176$
$N = 16b = 176$ より $b = 11$
$a+c = 2b = 22$
よって $a+b+c = 22+11 = 33$

▶ 本冊 p.15

33 (1) $A=100a+10b+c$,
$B=100c+10b+a$

(2) ① 3　② $A=417$

解説

(1) 10進法の位取りは1, 10, 10^2, …であるから,
$A=100a+10b+c$, $B=100c+10b+a$ と表せる。

(2) ① $B-A=100c+10b+a-(100a+10b+c)$
$=100c+10b+a-100a-10b-c$
$=99c-99a$
$=99(c-a)$

❶より　$99(c-a)=297$
よって　$c-a=3$

② ❷より, cは1, 3, 5, 7, 9のいずれかである。
①より$a=c-3$であるから, cは5, 7, 9のいずれかで, aは2, 4, 6のいずれかである。
❹より　$a+b+c=a+b+(a+3)=12$
$2a+b=9$
よって, aは2か4である。
(ⅰ) $a=2$のとき　$(a, b, c)=(2, 5, 5)$
これは❸より不可。
(ⅱ) $a=4$のとき　$(a, b, c)=(4, 1, 7)$
これは条件を満たす。
したがって, すべての条件を満たすのは
$A=417$

▶ 本冊 p.15

34 (1) $pq=n^2$

(2) $\dfrac{1}{7}+\dfrac{1}{42}$, $\dfrac{1}{8}+\dfrac{1}{24}$, $\dfrac{1}{9}+\dfrac{1}{18}$, $\dfrac{1}{10}+\dfrac{1}{15}$,
$\dfrac{1}{12}+\dfrac{1}{12}$　(3) 25通り

解説

(1) $\dfrac{1}{n}=\dfrac{1}{n+p}+\dfrac{1}{n+q}$

両辺に$n(n+p)(n+q)$をかけて
$(n+p)(n+q)=n(n+q)+n(n+p)$
$n^2+(p+q)n+pq=2n^2+(p+q)n$
$n^2+pq=2n^2$　よって　$pq=n^2$

(2) $\dfrac{1}{6}=\dfrac{1}{6+p}+\dfrac{1}{6+q}$　ここで　$pq=6^2=36$

よって
$\dfrac{1}{6}=\dfrac{1}{6+1}+\dfrac{1}{6+36}$
$=\dfrac{1}{6+2}+\dfrac{1}{6+18}$
$=\dfrac{1}{6+3}+\dfrac{1}{6+12}$
$=\dfrac{1}{6+4}+\dfrac{1}{6+9}$
$=\dfrac{1}{6+6}+\dfrac{1}{6+6}$

整理すると
$\dfrac{1}{6}=\dfrac{1}{7}+\dfrac{1}{42}$
$=\dfrac{1}{8}+\dfrac{1}{24}$
$=\dfrac{1}{9}+\dfrac{1}{18}$
$=\dfrac{1}{10}+\dfrac{1}{15}$
$=\dfrac{1}{12}+\dfrac{1}{12}$

(3) $216=2^3\times3^3$　　$216^2=(2^3\times3^3)^2=2^6\times3^6$
216^2の約数の個数は　$(6+1)\times(6+1)=49$
$pq=216^2$となる自然数p, qの組は$p\leqq q$として,
全部で　$\dfrac{49+1}{2}=25$(組)

よって, 25通り。

> **入試メモ**　「式の利用」では文字式の四則計算, 乗法公式などの知識の他に, 数列, 整数問題, 方程式の解法などの知識が要求される。入試問題はほとんどが単元別の出題ではなく, 単元をまたいだ融合問題である。しっかりと対策をすること。

3 1次方程式と連立方程式

▶本冊 p.16

35 (1) $x=-6$ (2) $x=-4$
(3) $x=4$ (4) $x=13$

解説

(1) $x=\dfrac{1}{2}x-3$ $x-\dfrac{1}{2}x=-3$ $\dfrac{1}{2}x=-3$
   $x=-6$

(2) $0.2(13x+16)=0.8x-4$
   $2(13x+16)=8x-40$ $26x+32=8x-40$
   $26x-8x=-40-32$ $18x=-72$
   $x=-4$

(3) $\dfrac{2x+1}{3}-\dfrac{x-2}{2}=2$ $2(2x+1)-3(x-2)=12$
   $4x+2-3x+6=12$ $4x-3x=12-8$
   $x=4$

(4) $\dfrac{3x+6}{5}-\dfrac{7-x}{3}=\dfrac{4x-1}{6}+\dfrac{5}{2}$
   $\left(\dfrac{3x+6}{5}-\dfrac{7-x}{3}\right)\times 30=\left(\dfrac{4x-1}{6}+\dfrac{5}{2}\right)\times 30$
   $6(3x+6)-10(7-x)=5(4x-1)+15\times 5$
   $18x+36-70+10x=20x-5+75$
   $18x+10x-20x=-5+75-36+70$
   $8x=104$ $x=13$

▶本冊 p.16

36 (1) $x=60,\ y=-29$

(2) $x=\dfrac{3}{7},\ y=-\dfrac{11}{28}$

(3) $x=4,\ y=\dfrac{3}{2}$

(4) $x=\dfrac{5}{3},\ y=1$

(5) $x=-1,\ y=\dfrac{1}{4}$

(6) $x=\dfrac{1}{2},\ y=\dfrac{3}{2}$

(7) $x=8,\ y=-10$

(8) $x=\dfrac{\sqrt{2}+\sqrt{3}}{5},\ y=\dfrac{\sqrt{2}-\sqrt{3}}{5}$

解説

(1) $\begin{cases} 19x+37y=67 & \cdots ① \\ 13x+25y=55 & \cdots ② \end{cases}$

①-②より $6x+12y=12$
よって $x+2y=2$ …③
①-③×19より
$\quad 19x+37y=67$
$\underline{-)\ 19x+38y=38}$
$\qquad\qquad -y=29$ よって $y=-29$
③に $y=-29$ を代入して $x-58=2$
よって $x=60$

(2) $\begin{cases} \dfrac{3x+2}{2}-\dfrac{8y+7}{6}=1 & \cdots ① \\ 0.3x+0.2(y+1)=\dfrac{1}{4} & \cdots ② \end{cases}$

①×6より $3(3x+2)-(8y+7)=6$
$\qquad 9x+6-8y-7=6$
よって $9x-8y=7$ …①′
②×20より $6x+4(y+1)=5$ $6x+4y+4=5$
よって $6x+4y=1$ …②′
①′+②′×2より
$\quad 9x-8y=7$
$\underline{+)\ 12x+8y=2}$
$\quad 21x\qquad =9$ よって $x=\dfrac{3}{7}$

$x=\dfrac{3}{7}$ を②′に代入して $\dfrac{18}{7}+4y=1$
$4y=-\dfrac{11}{7}$
よって $y=-\dfrac{11}{28}$

(3) $\begin{cases} \dfrac{3(x+2y)}{10}-\dfrac{x+y}{5}=1 & \cdots ① \\ \dfrac{4x-9y}{5}-y=-1 & \cdots ② \end{cases}$

①×10より $3(x+2y)-2(x+y)=10$
$\qquad 3x+6y-2x-2y=10$
よって $x+4y=10$ …①′
②×5より $4x-9y-5y=-5$
$4x-14y=-5$ …②′
①′×4-②′より
$\quad 4x+16y=40$
$\underline{-)\ 4x-14y=-5}$
$\qquad 30y=45$ よって $y=\dfrac{3}{2}$
$y=\dfrac{3}{2}$ を①′に代入して $x+6=10$
よって $x=4$

(4) $\begin{cases} 9x-8y-7=0 & \cdots ① \\ 3x:5=(y+1):2 & \cdots ② \end{cases}$

② より $3x \times 2 = 5(y+1)$　　$6x=5y+5$
$6x-5y=5$　$\cdots ②'$

① $\times 2 - ②' \times 3$ より
$$\begin{array}{r} 18x-16y=14 \\ -)\ 18x-15y=15 \\ \hline -y=-1 \end{array}$$
よって $y=1$

$y=1$ を ②' に代入して　$6x-5=5$　　$6x=10$

よって $x=\dfrac{5}{3}$

(5) $\begin{cases} x+\dfrac{1}{y}=3 & \cdots ① \\ 3x+\dfrac{2}{y}=5 & \cdots ② \end{cases}$

① $\times 2 - ②$ より
$$\begin{array}{r} 2x+\dfrac{2}{y}=6 \\ -)\ 3x+\dfrac{2}{y}=5 \\ \hline -x\ \ \ \ \ =1 \end{array}$$
よって $x=-1$

$x=-1$ を ① に代入して　$-1+\dfrac{1}{y}=3$

$-y+1=3y$　　$4y=1$

よって $y=\dfrac{1}{4}$

(6) $\begin{cases} \dfrac{2}{x+y}+\dfrac{3}{x-y}=-2 \\ \dfrac{2}{x+y}-\dfrac{1}{x-y}=2 \end{cases}$

$\dfrac{1}{x+y}=A$, $\dfrac{1}{x-y}=B$ とおくと，与えられた連立方程式は

$\begin{cases} 2A+3B=-2 & \cdots ① \\ 2A-B=2 & \cdots ② \end{cases}$ となる。

① $-$ ② より
$$\begin{array}{r} 2A+3B=-2 \\ -)\ 2A-\ B=2 \\ \hline 4B=-4 \end{array}$$
よって $B=-1$

$B=-1$ を ② に代入して　$2A+1=2$　　$2A=1$

よって $A=\dfrac{1}{2}$

したがって $\begin{cases} \dfrac{1}{x+y}=\dfrac{1}{2} \\ \dfrac{1}{x-y}=-1 \end{cases}$

よって $\begin{cases} x+y=2 & \cdots ③ \\ x-y=-1 & \cdots ④ \end{cases}$

③ $+$ ④ より
$$\begin{array}{r} x+y=2 \\ +)\ x-y=-1 \\ \hline 2x\ \ \ \ =1 \end{array}$$
よって $x=\dfrac{1}{2}$

$x=\dfrac{1}{2}$ を ③ に代入して　$\dfrac{1}{2}+y=2$

よって $y=\dfrac{3}{2}$

(7) $\begin{cases} \dfrac{1}{3}(x+y)+\dfrac{1}{2}(x-y)=2x+y+\dfrac{7}{3} & \cdots ① \\ \dfrac{1}{2}(3x-2y)-\dfrac{1}{3}(2x+y)=x-y+2 & \cdots ② \end{cases}$

① $\times 6$ より
$2(x+y)+3(x-y)=12x+6y+14$
$2x+2y+3x-3y=12x+6y+14$
$2x+3x-12x+2y-3y-6y=14$
$-7x-7y=14$
$x+y=-2$　$\cdots ①'$

② $\times 6$ より
$3(3x-2y)-2(2x+y)=6x-6y+12$
$9x-6y-4x-2y=6x-6y+12$
$9x-4x-6x-6y-2y+6y=12$
$-x-2y=12$　$\cdots ②'$

①' $+$ ②' より
$$\begin{array}{r} x+\ y=-2 \\ +)\ -x-2y=12 \\ \hline -y=10 \end{array}$$
よって $y=-10$

$y=-10$ を ①' に代入して　$x-10=-2$
よって $x=8$

(8) $\begin{cases} \sqrt{3}\,x+\sqrt{2}\,y=1 & \cdots ① \\ \sqrt{2}\,x-\sqrt{3}\,y=1 & \cdots ② \end{cases}$

① $\times \sqrt{3} + ② \times \sqrt{2}$ より
$$\begin{array}{r} 3x+\sqrt{6}\,y=\sqrt{3} \\ +)\ 2x-\sqrt{6}\,y=\sqrt{2} \\ \hline 5x\ \ \ \ \ =\sqrt{3}+\sqrt{2} \end{array}$$
よって $x=\dfrac{\sqrt{2}+\sqrt{3}}{5}$

① $\times \sqrt{2} - ② \times \sqrt{3}$ より
$$\begin{array}{r} \sqrt{6}\,x+2y=\sqrt{2} \\ -)\ \sqrt{6}\,x-3y=\sqrt{3} \\ \hline 5y=\sqrt{2}-\sqrt{3} \end{array}$$
よって $y=\dfrac{\sqrt{2}-\sqrt{3}}{5}$

▶ 本冊 p.16

37 $a=2$

解説

$\dfrac{ax-1}{3}-\dfrac{3(x-a)}{2}=1$ に $x=2$ を代入して

$\dfrac{2a-1}{3}-\dfrac{3(2-a)}{2}=1$

$2(2a-1)-9(2-a)=6$

$4a-2-18+9a=6$

$4a+9a=6+2+18$

$13a=26$

$a=2$

▶ 本冊 p.17

38 (1) $a=-1$, $b=5$
(2) $a=6$, $b=4$
(3) $x=2$, $y=3$

解説

(1) $\begin{cases} 4x+3y=-1 & \cdots ① \\ ax-by=13 & \cdots ② \end{cases}$ $\begin{cases} bx-ay=7 & \cdots ③ \\ 3x-y=9 & \cdots ④ \end{cases}$

①+④×3 より

$\quad 4x+3y=-1$
$+)\ 9x-3y=27$
$\quad 13x\quad =26$ よって $x=2$

$x=2$ を①に代入して $8+3y=-1$ $3y=-9$
よって $y=-3$

$\begin{cases} x=2 \\ y=-3 \end{cases}$ を②, ③に代入して

$\begin{cases} 2a+3b=13 & \cdots ②' \\ 2b+3a=7 & \cdots ③' \end{cases}$

②'×2-③'×3 より

$\quad 4a+6b=26$
$-)\ 9a+6b=21$
$\quad -5a\quad =5$ よって $a=-1$

$a=-1$ を②'に代入して $-2+3b=13$
$3b=15$ よって $b=5$

(2) $\begin{cases} ax+by=8 & \cdots ① \\ \dfrac{8}{x}+\dfrac{3}{y}=1 & \cdots ② \end{cases}$ $\begin{cases} bx+ay=2 & \cdots ③ \\ \dfrac{6}{x}+\dfrac{4}{y}=-1 & \cdots ④ \end{cases}$

$\dfrac{1}{x}=A$, $\dfrac{1}{y}=B$ とおくと, ②, ④は,

$\begin{cases} 8A+3B=1 & \cdots ②' \\ 6A+4B=-1 & \cdots ④' \end{cases}$ となる。

②'×4-④'×3 より

$\quad 32A+12B=4$
$-)\ 18A+12B=-3$
$\quad 14A\quad =7$ よって $A=\dfrac{1}{2}$

$A=\dfrac{1}{2}$ を②'に代入して $4+3B=1$

$3B=-3$ よって $B=-1$

よって, $\dfrac{1}{x}=\dfrac{1}{2}$ より $x=2$

$\dfrac{1}{y}=-1$ より $y=-1$

$\begin{cases} x=2 \\ y=-1 \end{cases}$ を①, ③に代入して

$\begin{cases} 2a-b=8 & \cdots ①' \\ 2b-a=2 & \cdots ③' \end{cases}$

①'×2-③' より

$\quad 4a-2b=16$
$+)\ -a+2b=2$
$\quad 3a\quad =18$ よって $a=6$

$a=6$ を①'に代入して $12-b=8$
よって $b=4$

(3) $\begin{cases} ax+by=13 & \cdots ① \\ bx+y=9 & \cdots ② \end{cases}$ $\begin{cases} bx+ay=13 & \cdots ③ \\ bx+y=9 & \cdots ④ \end{cases}$

$\begin{cases} x=\dfrac{5}{3} \\ y=4 \end{cases}$ を③, ④に代入して

$\begin{cases} \dfrac{5}{3}b+4a=13 & \cdots ③' \\ \dfrac{5}{3}b+4=9 & \cdots ④' \end{cases}$

④' より $\dfrac{5}{3}b=5$ $b=3$

$b=3$ を③'に代入して $5+4a=13$
$4a=8$ よって $a=2$

$\begin{cases} a=2 \\ b=3 \end{cases}$ を①, ②に代入して

$\begin{cases} 2x+3y=13 & \cdots ①' \\ 3x+y=9 & \cdots ②' \end{cases}$

②'×3-①' より

$\quad 9x+3y=27$
$-)\ 2x+3y=13$
$\quad 7x\quad =14$ よって $x=2$

$x=2$ を②'に代入して $6+y=9$ よって $y=3$

▶本冊 p.17

39 (1) (ア) **20**　(イ) **−64**　(2) **4**

▶本冊 p.17

40 (1) **11**　(2) **8**　(3) **7**

解説

(1) $\begin{cases} 3x+\dfrac{1}{2}y=28 & \cdots ① \text{ (もとの式に } a=1 \text{ を代入)} \\ \dfrac{2x-3y}{24}-\dfrac{2x-y}{12}=1 & \cdots ② \end{cases}$

②×24 より　$2x-3y-2(2x-y)=24$
$$2x-3y-4x+2y=24$$
$$-2x-y=24$$
$$2x+y=-24 \quad \cdots ②'$$

①'×2−②' より
$$\begin{array}{r}6x+y=56\\ -)\ 2x+y=-24\\ \hline 4x\quad\ =80\end{array}$$
よって　$x=20$　←(ア)

$x=20$ を②' に代入して　$40+y=-24$
よって　$y=-64$　←(イ)

(2) $\begin{cases} 3ax+\dfrac{1}{2}y=28 & \cdots ① \\ 2x+y=-24 & \cdots ② \end{cases}$

②' より $y=-2x-24$ と変形して①に代入すると
$$3ax+\dfrac{1}{2}(-2x-24)=28$$
$$3ax-x-12=28$$
$$3ax-x=40$$
$$(3a-1)x=40$$

ここで，x が整数であれば，$y=-2x-24$ も整数である。
また，$3a-1$ が自然数，x が整数であることに注目すると，この2数の積が40になる組合せは下記の8通り。このとき，a も自然数になるものが題意を満たす。

$3a-1$	1	2	4	5	8	10	20	40
x	40	20	10	8	5	4	2	1
a	$\dfrac{2}{3}$	1	$\dfrac{5}{3}$	2	3	$\dfrac{11}{3}$	7	$\dfrac{41}{3}$
		○		○	○		○	

以上より，$(a, x, y) = (1, 20, -64), (2, 8, -40),$
$(3, 5, -34), (7, 2, -28)$ のとき題意を満たす。
よって，a の値は4個。

解説

$\begin{cases} 3x-2y=17 & \cdots ① \\ ax-4y=45 & \cdots ② \end{cases}$

②−①×2 より
$$\begin{array}{r}ax-4y=45\\ -)\ 6x-4y=34\\ \hline (a-6)x=11\end{array}$$
$$x=\dfrac{11}{a-6}$$

x は正の整数，a は整数であるから，$(a-6)$ は11の約数より，$a-6=1$ または $a-6=11$ である。

(i) $a=7$，$x=11$ のとき，②に代入して
$77-4y=45$　$4y=32$
よって，$y=8$ となり題意を満たす。

(ii) $a=17$，$x=1$ のとき，②に代入して
$17-4y=45$　$4y=-28$
よって，$y=-7$ となり y は正の整数であるという条件を満たさない。

以上より　$x=11,\ y=8,\ a=7$

▶本冊 p.18

41 (1) $x=2,\ y=-5$

(2) $c=\dfrac{29a-38}{5}$　(3) $c=91$

解説

(1) $\begin{cases} ax+by=19 & \cdots ① \\ x+y=-3 & \cdots ② \end{cases}$　$\begin{cases} x-y=7 & \cdots ③ \\ bx-ay=c & \cdots ④ \end{cases}$

②+③ より
$$\begin{array}{r}x+y=-3\\ +)\ x-y=7\\ \hline 2x\quad\ =4\end{array}$$
よって　$x=2$

$x=2$ を②に代入して　$2+y=-3$
よって　$y=-5$

(2) $\begin{cases} x=2 \\ y=-5 \end{cases}$ を①，④に代入して

$\begin{cases} 2a-5b=19 & \cdots ①' \\ 2b+5a=c & \cdots ④' \end{cases}$

①'×2+④'×5 より　$4a-10b=38$
$$\begin{array}{r}+)\ 25a+10b=5c\\ \hline 29a\quad\quad\ =38+5c\end{array}$$

$29a=38+5c$ を c について解いて　$c=\dfrac{29a-38}{5}$

(3) $c = \dfrac{29a-38}{5} = \dfrac{(30a-40)-(a-2)}{5} = 6a-8-\dfrac{a-2}{5}$

よって，c が整数となるのは，$a=5n+2$（n は整数）のときである。このとき
$$c = 6(5n+2)-8-n = 29n+4$$
c が2けたで最大となるのは $n=3$ のときで
$$c = 29 \times 3 + 4 = 91$$

▶本冊 p.18

42 (1) ① $\dfrac{1}{12}x+25$ (2) ② $x-45$

(3) $x = 47\dfrac{59}{143}$

解説

文字盤の5を25分の位置，9を45分の位置，のように考える。

一方，短針の進む速さは，長針の進む速さの $\dfrac{1}{12}$

帰宅した時間を午後9時 y 分とすると

	長針の位置（分）	短針の位置（分）
5時 x 分	x	$\dfrac{1}{12}x+25$
9時 y 分	y	$\dfrac{1}{12}y+45$

(1) $y = \dfrac{1}{12}x+25$ より ① : $\dfrac{1}{12}x+25$

(2) $\begin{cases} y = \dfrac{1}{12}x+25 & \cdots[1] \\ x = \dfrac{1}{12}y+45 & \cdots[2] \end{cases}$

[1]の両辺に $\dfrac{1}{12}$ をかけると $\dfrac{1}{12}y = \dfrac{1}{12}\left(\dfrac{1}{12}x+25\right)$

これを[2]に代入すると $x = \dfrac{1}{12}\left(\dfrac{1}{12}x+25\right)+45$

よって $\dfrac{1}{12}\left(\dfrac{1}{12}x+25\right) = x-45$ ② : $x-45$

（注意）

5時 x 分の長針と9時 y 分の短針が重なることから
$$y = 12x-540 \quad \cdots ア$$
5時 x 分の短針と9時 y 分の長針が重なることから
$$y = \dfrac{1}{12}x+25 \quad \cdots イ$$
長針と短針のなす角が等しいことから
$$y = -x + \dfrac{840}{11} \quad \cdots ウ$$

したがって，①にはア，イ，ウの右辺の式を入れ，②には①に入れた式以外の式の右辺を $\dfrac{1}{12}$ 倍して入れればすべて正解となる。

(3) $\dfrac{1}{12}\left(\dfrac{1}{12}x+25\right) = x-45$

$\dfrac{1}{12}x+25 = 12x-540$

$x + 300 = 144x - 6480$ $143x = 6780$

$x = \dfrac{6780}{143} = 47\dfrac{59}{143}$

▶本冊 p.18

43 (1) 30%   (2) $a = \dfrac{2}{3}$

解説

(1) 1日の仕事量を1とすると，

機械Aの1時間あたりの仕事量は $\dfrac{1}{3a}$

機械Bの1時間あたりの仕事量は $\dfrac{1}{2a}$

昨日の機械Aの仕事量は $\dfrac{1}{3a} \times \dfrac{9a}{10} = \dfrac{3}{10}$

よって $\dfrac{3}{10} \times 100 = 30 (\%)$

(2) 昨日の機械Bの仕事時間は
$$1 - \dfrac{3}{10} = \dfrac{7}{10} \qquad \dfrac{7}{10} \div \dfrac{1}{2a} = \dfrac{7a}{5} (時間)$$
よって，昨日，1日の仕事量を終えるのにかかった時間は
$$\dfrac{9a}{10} + \dfrac{7a}{5} = \dfrac{23a}{10} (時間)$$
今日，1日の仕事を終えるのにかかった時間は
$$1 \div \left(\dfrac{1}{3a} + \dfrac{1}{2a}\right) = 1 \div \dfrac{5}{6a} = \dfrac{6a}{5} (時間)$$
よって，次の等式が成り立つ。
$$\dfrac{6a}{5} + \dfrac{44}{60} = \dfrac{23a}{10} \qquad \dfrac{6a}{5} + \dfrac{11}{15} = \dfrac{23a}{10}$$
$$36a + 22 = 69a \qquad 33a = 22$$
よって $a = \dfrac{2}{3}$

▶本冊 p.18

44 10000円

解説

定価を x 円とおくと，

1個目の価格は $0.9x$（円）
2個目の価格は $0.9 \times 0.9x = 0.81x$（円）
3個目の価格は $0.9 \times 0.81x = 0.729x$（円）

題意より，次の等式が成り立つ。
$$3x - (0.9x + 0.81x + 0.729x) = 5610$$
$$3x - 2.439x = 5610 \qquad 0.561x = 5610$$
よって $x = \dfrac{5610}{0.561} = 10000$（円）

▶ 本冊 p.19

45 140個

解説

Aをx個, Bをy個仕入れたとする。
題意より, 次の連立方程式が成り立つ。
$$\begin{cases} 0.3(x+y)=57 & \cdots ① \\ 0.1x+0.04y=16 & \cdots ② \end{cases}$$
①×10より　$3(x+y)=570$
よって　$x+y=190$　…①'
②×100より　$10x+4y=1600$
よって　$5x+2y=800$　…②'
②'−①'×2より
$$\begin{array}{r} 5x+2y=800 \\ -)\ 2x+2y=380 \\ \hline 3x\quad\quad\ =420 \end{array}$$
よって　$x=140$(個)
ちなみに, $y=50$(個)となる。

▶ 本冊 p.19

46 $x=125$, $y=225$

解説

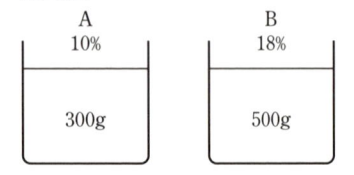

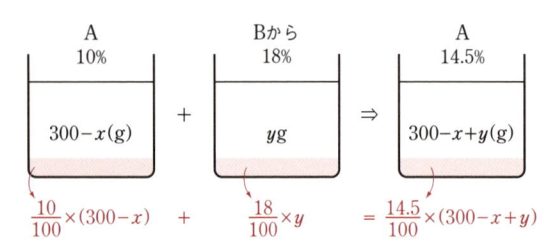

図の色の部分は溶けている食塩を表す。食塩の量で式をつくる。
$10(300-x)+18y=14.5(300-x+y)$
$3000-10x+18y=4350-14.5x+14.5y$
$4.5x+3.5y=1350$
$45x+35y=13500$
$9x+7y=2700$　…①

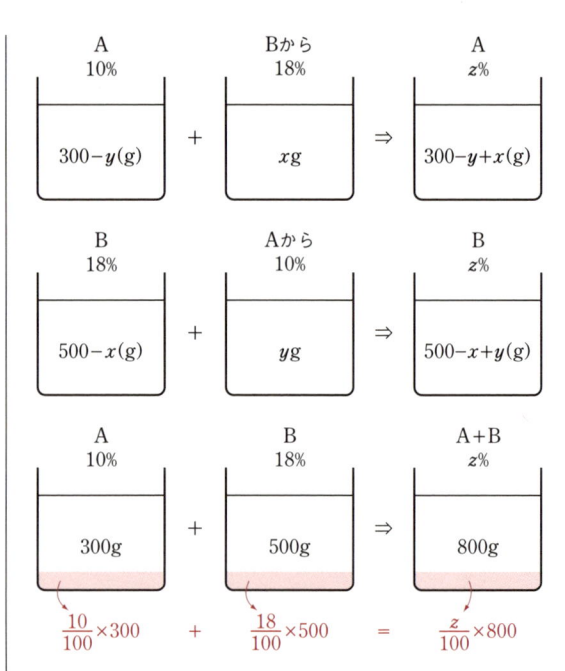

$\dfrac{10}{100}\times 300+\dfrac{18}{100}\times 500=\dfrac{z}{100}\times 800$

お互いに入れかえた2つの容器の濃度が一致するとは, この濃度が, 容器A, Bの食塩水をすべて混ぜ合わせてできる食塩水の濃度になることを意味するから, この濃度をz%とおくと
$$\dfrac{10}{100}\times 300+\dfrac{18}{100}\times 500=\dfrac{z}{100}\times 800$$
$30+90=8z$より　$z=15$(%)
Aの容器にあてはめて
$$\dfrac{10}{100}\times(300-y)+\dfrac{18}{100}\times x=\dfrac{15}{100}\times(300-y+x)$$
$10(300-y)+18x=15(300-y+x)$
$3000-10y+18x=4500-15y+15x$
$3x+5y=1500$　…②
②×3−①より
$$\begin{array}{r} 9x+15y=4500 \\ -)\ 9x+\ \ 7y=2700 \\ \hline 8y=1800 \\ y=225 \end{array}$$
$y=225$を②に代入して
$3x+1125=1500$
$3x=375$
$x=125$

▶ 本冊 p.19

47

両方に入った人 … y 人
プラネタリウムに入った人 … 180人
天文台に入った人 … x 人
入らなかった人 … 10人
$\}$ 250人

とおくと,次の連立方程式が成り立つ。

$$\begin{cases} 180+x-y+10=250 & \cdots ① \\ 250\times 100+400y+300(180-y) \\ \quad +200(x-y)=97500 & \cdots ② \end{cases}$$

①より $x-y=60$ …①′
②より
$25000+400y+54000-300y$
$\qquad +200x-200y=97500$
$200x-100y=97500-25000-54000$
$200x-100y=18500$
$2x-y=185$ …②′
②′−①′より $x=125$

答 125人

解説

x の値を②′に代入して $2\times 125-y=185$
$y=65$(人) ←両方に入った人の数

▶ 本冊 p.19

48 (1) 8時12分 (2) 7時46分

解説

(1) A駅を8時5分に出発した列車は8時9分にC駅に着き,**8時10分にC駅を出発**する。一方,8時10分にB駅を出発する列車も同じ速度でC駅に向かうから,2つの列車は2分後にC駅とB駅のちょうど中間地点ですれ違う。
よって,8時12分。

(2) 市川君はAB間を40分で進み,列車はAB間を8分で進むので,市川君の速さを分速vmとすると,列車の速さは分速$5v$mと表せる。市川君がA駅を出発したのが8時x分前,A駅発の列車に追いつかれたのが8時y分とすると,
$v(x+y)=5v(y-5-1)$ が成り立つ。
整理すると $x+y=5(y-6)$
$\qquad\qquad x+y=5y-30$
$\qquad\qquad x-4y=-30$ …①

さらに,B駅発の列車とその100秒後に出会うので,出会う時刻が8時$y+\dfrac{100}{60}$(分)であることから
$$v\left(x+y+\dfrac{100}{60}\right)+5v\left(y+\dfrac{100}{60}-10\right)=40v$$
が成り立つ。
整理すると
$x+y+\dfrac{5}{3}+5\left(y+\dfrac{5}{3}-10\right)=40$
$x+y+\dfrac{5}{3}+5y+\dfrac{25}{3}-50=40$
$\qquad\qquad x+6y=80$ …②

②−①より $\quad x+6y=80$
$\qquad\qquad\underline{-)\ x-4y=-30}$
$\qquad\qquad\qquad 10y=110$ よって $y=11$
$y=11$ を①に代入して $x-4\times 11=x-44=-30$
よって $x=14$
よって,8時14分前だから7時46分。

▶ 本冊 p.20

49 (1) 14周 (2) $\dfrac{132}{x}+\dfrac{1}{20}=\dfrac{132}{y}$

(3) $x=240$, $y=220$

解説

(1) $\dfrac{44}{3}=14\dfrac{2}{3}$(周)できると,タイヤの交換は2回でよい。最低3回は必要なので,これより小さい最大の整数を考えて,14周。

(2) $\dfrac{3\times 44}{x}+\dfrac{3}{60}=\dfrac{3\times 44}{y}$
よって $\dfrac{132}{x}+\dfrac{1}{20}=\dfrac{132}{y}$ …①

(3) $\dfrac{3\times 12}{x}=\dfrac{3\times 11}{y}$
よって $\dfrac{1}{y}=\dfrac{12}{11x}$ …②
②を①に代入して $\dfrac{132}{x}+\dfrac{1}{20}=\dfrac{132\times 12}{11x}$
$\dfrac{132}{x}-\dfrac{144}{x}=-\dfrac{1}{20}\qquad -\dfrac{12}{x}=-\dfrac{1}{20}$
よって $x=240$
②より $\dfrac{1}{y}=\dfrac{12}{11\times 240}\qquad y=11\times 20=220$

▶本冊 p.20

[50] (1) $y=7x$　　(2) 36km
　　(3) 10分

|解説|

(1) $2(y-x)=1.5(y+x)$ が成り立つ。
　　$2y-2x=1.5y+1.5x$
　　$2y-1.5y=1.5x+2x$
　　$0.5y=3.5x$
　　$y=7x$

(2) $2(y-x)=\left(2+\dfrac{24}{60}\right)\{y-(x+3)\}$ が成り立つ。
　　$2(y-x)=\dfrac{12}{5}(y-x-3)$
　　$10(y-x)=12(y-x-3)$
　　$5(y-x)=6(y-x-3)$
　　$5y-5x=6y-6x-18$
　　$5y-6y=-6x+5x-18$
　　$-y=-x-18$
　　$y=x+18$

よって，$\begin{cases} y=7x \\ y=x+18 \end{cases}$ を解いて

$7x=x+18$　$6x=18$　$x=3$
よって　$y=7\times 3=21$
AB間の距離は　$2(y-x)=2\times(21-3)=36\,(\text{km})$

(3) $36\div(21+3+3)=\dfrac{4}{3}$
　　$\dfrac{4}{3}\times 60=80$(分)　　$90-80=10$(分)

4　2次方程式

▶本冊 p.21

[51] (1) $x=-3\pm\sqrt{6}$　　(2) $x=-7,\ 2$
　　(3) $x=\dfrac{-7\pm\sqrt{41}}{2}$　　(4) $x=\dfrac{5\pm\sqrt{17}}{4}$

|解説|

(1) $(x+3)^2=6$　　$x+3=\pm\sqrt{6}$　　$x=-3\pm\sqrt{6}$

(2) $x^2+4x-9=-x+5$　　$x^2+5x-14=0$
　　$(x+7)(x-2)=0$　　$x=-7,\ 2$

(3) $x^2+7x+2=0$
　　$x=\dfrac{-7\pm\sqrt{49-4\times1\times2}}{2}=\dfrac{-7\pm\sqrt{41}}{2}$

(4) $2x^2-5x+1=0$
　　$x=\dfrac{5\pm\sqrt{25-4\times2\times1}}{2\times2}=\dfrac{5\pm\sqrt{17}}{4}$

▶本冊 p.21

[52] (1) $x=8,\ -5$　　(2) $x=-4\pm4\sqrt{2}$
　　(3) $x=0,\ 2$　　(4) $x=\sqrt{2},\ \sqrt{3}-1$

|解説|

(1) $(x-1)^2-(x-1)-42=0$　　$x-1=A$ とおく。
　　$A^2-A-42=0$　　$(A-7)(A+6)=0$
　　$A=7,\ -6$　よって，$x-1=7$ より　$x=8$
　　$x-1=-6$ より　$x=-5$

(2) $\left(3-\dfrac{1}{2}x\right)^2=(x-1)(x+4)+1$
　　$9-3x+\dfrac{1}{4}x^2=x^2+3x-4+1$
　　$\dfrac{1}{4}x^2-x^2-3x-3x+9+4-1=0$
　　$-\dfrac{3}{4}x^2-6x+12=0$
　　$-3x^2-24x+48=0$　　$x^2+8x-16=0$
　　$x=-4\pm\sqrt{16+1\times16}=-4\pm4\sqrt{2}$

(3) $0.03\left(\dfrac{1}{\sqrt{3}}x-2\sqrt{3}\right)^2=\dfrac{3}{50}-\dfrac{x-3}{10}$
　　両辺を100倍して
　　$3\left(\dfrac{1}{\sqrt{3}}x-2\sqrt{3}\right)^2=6-10(x-3)$
　　$3\left(\dfrac{1}{3}x^2-4x+12\right)=6-10x+30$
　　$x^2-12x+36=6-10x+30$
　　$x^2-12x+10x+36-36=0$
　　$x^2-2x=0$　　$x(x-2)=0$　よって　$x=0,\ 2$

(4) $x^2+(1-\sqrt{2}-\sqrt{3})x+\sqrt{6}-\sqrt{2}=0$
$x^2-(\sqrt{2}+\sqrt{3}-1)x+\sqrt{2}(\sqrt{3}-1)=0$
かけて $\sqrt{2}(\sqrt{3}-1)$,たして $-(\sqrt{2}+\sqrt{3}-1)$ となる2数は,$-\sqrt{2}$ と $-(\sqrt{3}-1)$ であるから
$(x-\sqrt{2})\{x-(\sqrt{3}-1)\}=0$
よって $x=\sqrt{2},\ \sqrt{3}-1$

パワーアップ

x の係数が偶数のときの解の公式

$ax^2+2px+q=0\ (a\neq 0)$ のとき
$$x=\frac{-p\pm\sqrt{p^2-aq}}{a}$$

▶ 本冊 p.21

53 (1) $(x,\ y)=(2,\ 6)$

(2) $(x,\ y)=\left(-3,\ \dfrac{5}{4}\right)$

(3) $(x,\ y)=\left(\dfrac{\sqrt{5}+1}{4},\ \dfrac{\sqrt{5}-1}{4}\right),$
$\left(\dfrac{\sqrt{5}-1}{4},\ \dfrac{\sqrt{5}+1}{4}\right),$
$\left(\dfrac{-\sqrt{5}+1}{4},\ \dfrac{-\sqrt{5}-1}{4}\right),$
$\left(\dfrac{-\sqrt{5}-1}{4},\ \dfrac{-\sqrt{5}+1}{4}\right)$

(4) $(x,\ y)=\left(\dfrac{1}{5},\ \dfrac{9}{5}\right),\ \left(\dfrac{6}{5},\ \dfrac{4}{5}\right)$

解説

(1) $\begin{cases} x+y=x^2+4 & \cdots ① \\ x:y=1:3 & \cdots ② \end{cases}$

② より $y=3x$ …②′
②′を①に代入して $x+3x=x^2+4$
$x^2-4x+4=0\quad (x-2)^2=0$
よって $x=2$
$x=2$ を②′に代入して $y=6$

(2) $\begin{cases} x^2+7x+4y+7=0 & \cdots ① \\ x+4y=2 & \cdots ② \end{cases}$

② より $4y=2-x$
これを①に代入して $x^2+7x+2-x+7=0$
$x^2+6x+9=0\quad (x+3)^2=0$
よって $x=-3$
$x=-3$ を②に代入して $-3+4y=2\quad y=\dfrac{5}{4}$

(3) $\begin{cases} x^2+xy+y^2=1 & \cdots ① \\ \dfrac{y}{x}+\dfrac{x}{y}=3 & \cdots ② \end{cases}$

②×xy より $y^2+x^2=3xy$ …②′
① より $x^2+y^2=1-xy$ …①′
①′,②′ より $3xy=1-xy\quad 4xy=1$
$xy=\dfrac{1}{4}$ …③
$xy=\dfrac{1}{4}$ を②′に代入して $x^2+y^2=\dfrac{3}{4}$
ここで $(x+y)^2=x^2+y^2+2xy=\dfrac{3}{4}+\dfrac{2}{4}=\dfrac{5}{4}$
よって $x+y=\pm\sqrt{\dfrac{5}{4}}=\pm\dfrac{\sqrt{5}}{2}$

(i) $x+y=\dfrac{\sqrt{5}}{2}$ のとき $y=\dfrac{\sqrt{5}}{2}-x$
これを③に代入して $x\left(\dfrac{\sqrt{5}}{2}-x\right)=\dfrac{1}{4}$
$4x\left(\dfrac{\sqrt{5}}{2}-x\right)=1\quad 2\sqrt{5}x-4x^2=1$
$4x^2-2\sqrt{5}x+1=0$
$x=\dfrac{\sqrt{5}\pm\sqrt{5-4\times 1}}{4}=\dfrac{\sqrt{5}\pm 1}{4}$

〔1〕 $x=\dfrac{\sqrt{5}+1}{4}$ のとき
$y=\dfrac{\sqrt{5}}{2}-\dfrac{\sqrt{5}+1}{4}$
$=\dfrac{2\sqrt{5}-\sqrt{5}-1}{4}=\dfrac{\sqrt{5}-1}{4}$

〔2〕 $x=\dfrac{\sqrt{5}-1}{4}$ のとき
$y=\dfrac{\sqrt{5}}{2}-\dfrac{\sqrt{5}-1}{4}$
$=\dfrac{2\sqrt{5}-\sqrt{5}+1}{4}=\dfrac{\sqrt{5}+1}{4}$

(ii) $x+y=-\dfrac{\sqrt{5}}{2}$ のとき $y=-\dfrac{\sqrt{5}}{2}-x$
これを③に代入して $x\left(-\dfrac{\sqrt{5}}{2}-x\right)=\dfrac{1}{4}$
$4x\left(-\dfrac{\sqrt{5}}{2}-x\right)=1\quad -2\sqrt{5}x-4x^2=1$
$4x^2+2\sqrt{5}x+1=0$
$x=\dfrac{-\sqrt{5}\pm\sqrt{5-4\times 1}}{4}=\dfrac{-\sqrt{5}\pm 1}{4}$

〔3〕 $x=\dfrac{-\sqrt{5}+1}{4}$ のとき
$y=-\dfrac{\sqrt{5}}{2}-\dfrac{-\sqrt{5}+1}{4}$
$=\dfrac{-2\sqrt{5}+\sqrt{5}-1}{4}=\dfrac{-\sqrt{5}-1}{4}$

〔4〕 $x=\dfrac{-\sqrt{5}-1}{4}$ のとき
$y=-\dfrac{\sqrt{5}}{2}-\dfrac{-\sqrt{5}-1}{4}$
$=\dfrac{-2\sqrt{5}+\sqrt{5}+1}{4}=\dfrac{-\sqrt{5}+1}{4}$

(4) $\begin{cases} (x+y)^2-4(x+y)+4=0 & \cdots ① \\ (3x-2y)^2+(3x-2y)=6 & \cdots ② \end{cases}$

$x+y=A$, $3x-2y=B$ とおくと，①，②は次のように書ける。

$\begin{cases} A^2-4A+4=0 & \cdots ①' \\ B^2+B=6 & \cdots ②' \end{cases}$

①'を解いて $(A-2)^2=0$

$A=2$ より $x+y=2$ $\cdots ③$

②'を解いて $B^2+B-6=0$

$(B+3)(B-2)=0$ より $B=-3, 2$

よって $3x-2y=-3$ $\cdots ④$

または $3x-2y=2$ $\cdots ⑤$

(i) $\begin{cases} x+y=2 & \cdots ③ \\ 3x-2y=-3 & \cdots ④ \end{cases}$ を解く。

③×2+④より

$\begin{array}{r} 2x+2y=4 \\ +)\ 3x-2y=-3 \\ \hline 5x=1 \end{array}$ よって $x=\dfrac{1}{5}$

$x=\dfrac{1}{5}$ を③に代入して $\dfrac{1}{5}+y=2$

よって $y=\dfrac{9}{5}$

(ii) $\begin{cases} x+y=2 & \cdots ③ \\ 3x-2y=2 & \cdots ⑤ \end{cases}$ を解く。

③×2+⑤より

$\begin{array}{r} 2x+2y=4 \\ +)\ 3x-2y=2 \\ \hline 5x=6 \end{array}$ よって $x=\dfrac{6}{5}$

$x=\dfrac{6}{5}$ を③に代入して $\dfrac{6}{5}+y=2$

よって $y=\dfrac{4}{5}$

入試メモ 2元1次の連立方程式では解 x, y は1組しかなかったが，2元2次の連立方程式になると，最大で解 x, y が4組も存在する。場合分けをして，正確に解を導くことを心がけよう。

▶本冊 p.22

54 (1) $k=-18$ (2) -1680
(3) 順に $1+\sqrt{2}$, 1, $\sqrt{2}$

解説

(1) 2つの解を $x=a$, $2a(a>0)$ と表すと，これらを解にもつ2次方程式の1つは，

$(x-a)(x-2a)=0$ と表せる。

展開すると $x^2-3ax+2a^2=0$

これは，$x^2+kx+72=0$ と等しいので

$2a^2=72$ $a^2=36$ $a=\pm 6$

$a>0$ より $a=6$

$k=-3a$ であるから $k=-3\times 6=-18$

(2) $x^2=8x+84$ より $x^2-8x-84=0$

$(x+6)(x-14)=0$ より $x=-6, 14$

よって $a=14$, $b=-6$

$a^2b-ab^2=ab(a-b)$
$=14\times(-6)\times(14+6)=-1680$

(3) $x^2-2x-1=0$ $x=1\pm\sqrt{1+1\times 1}=1\pm\sqrt{2}$

よって $a=1+\sqrt{2}$

$x=a$ をもとの2次方程式に代入して

$a^2-2a-1=0$

よって $a^2-2a=1$

$a^4-2a^3-a-2=a^2(a^2-2a-1)+a^2-a-2$
$=a^2-a-2=(a^2-2a-1)+a-1$
$=a-1$
$=(1+\sqrt{2})-1=\sqrt{2}$

パワーアップ

解と係数の関係

2次方程式 $ax^2+bx+c=0$ の解を p, q とすると

$p+q=-\dfrac{b}{a}$ $pq=\dfrac{c}{a}$

▶本冊 p.22

55 (1) $a=2b$, $c=-3b$
(2) $x=1$, $-\dfrac{1}{3}$

解説

(1) ①式に $x=1$ を代入して $a+b+c=0$ $\cdots ①'$

②式に $x=2$ を代入して $4b+2c+a=0$ $\cdots ②'$

②'−①'×2より

$\begin{array}{r} a+4b+2c=0 \\ -)\ 2a+2b+2c=0 \\ \hline -a+2b=0 \end{array}$ よって $a=2b$

②'−①'より

$\begin{array}{r} a+4b+2c=0 \\ -)\ a+b+c=0 \\ \hline 3b+c=0 \end{array}$ よって $c=-3b$

(2) ③式に $a=2b$, $c=-3b$ を代入すると
$$-3bx^2+2bx+b=0$$
題意より $b \neq 0$ だから，両辺を b でわって
$$-3x^2+2x+1=0 \quad 3x^2-2x-1=0$$
$$x=\frac{1\pm\sqrt{1+3\times 1}}{3}=\frac{1\pm 2}{3}$$
$$x=1,\ -\frac{1}{3}$$

▶本冊 p.22
56 (1) -4 (2) $\dfrac{2+\sqrt{2}}{2}$

解説

(1) 2つの解 $x=p$, $q(p>q)$ をもつ2次方程式の1つは，$(x-p)(x-q)=0$ と表せる。
展開すると $x^2-(p+q)x+pq=0$
両辺に2をかけて $2x^2-2(p+q)x+2pq=0$
これは，$2x^2+bx+c=0$ と等しいので
$$\begin{cases} b=-2(p+q) \\ c=2pq \end{cases}$$
ここで，$p+q=2$ より $b=-2\times 2=-4$

(2) $2x^2-4x+c=0$ を解いて
$$x=\frac{2\pm\sqrt{4-2\times c}}{2}=\frac{2\pm\sqrt{2(2-c)}}{2}$$
よって $p=\dfrac{2+\sqrt{2(2-c)}}{2}$, $q=\dfrac{2-\sqrt{2(2-c)}}{2}$

$cx^2-4x+2=0$ を解いて
$$x=\frac{2\pm\sqrt{4-c\times 2}}{c}=\frac{2\pm\sqrt{2(2-c)}}{c}$$
よって $r=\dfrac{2+\sqrt{2(2-c)}}{c}$

$r=2p$ より $\dfrac{2+\sqrt{2(2-c)}}{c}=2+\sqrt{2(2-c)}$

よって $c=1$

$p=\dfrac{2+\sqrt{2(2-c)}}{2}$ に $c=1$ を代入して

$p=\dfrac{2+\sqrt{2\times 1}}{2}$ よって $p=\dfrac{2+\sqrt{2}}{2}$

▶本冊 p.22
57 (1) $a=-6$
(2) $(a,\ b)=(-1,\ -10),\ (-3,\ -5)$

解説

(1) $x^2-(a+4)x-(a+5)=0$
$\{x-(a+5)\}(x+1)=0$
よって $x=a+5,\ -1$
解がただ1つになるのは，$a+5=-1$ となるときであるから $a=-6$

(2) ①の解は $x=a+5$, -1 の2つであるから
(i) 共通の解が $x=a+5$ のとき
②式に $x=a+5$ を代入して
$(a+5)^2-a(a+5)+2b=0$
$a^2+10a+25-a^2-5a+2b=0$
$5a+2b+25=0$
a について解くと $a=\dfrac{-2b-25}{5}$

a, b は負の整数であるから，該当するのは
$(a,\ b)=(-1,\ -10),\ (-3,\ -5)$

〔1〕$(a,\ b)=(-1,\ -10)$ のとき
共通の解は $x=a+5=4$
①式は $x^2-3x-4=0$
$(x-4)(x+1)=0 \quad x=4,\ -1$
②式は $x^2+x-20=0$
$(x-4)(x+5)=0 \quad x=4,\ -5$
よって，$(a,\ b)=(-1,\ -10)$ は題意を満たす。

〔2〕$(a,\ b)=(-3,\ -5)$ のとき
共通の解は $x=a+5=2$
①式は $x^2-x-2=0$
$(x-2)(x+1)=0 \quad x=2,\ -1$
②式は $x^2+3x-10=0$
$(x-2)(x+5)=0 \quad x=2,\ -5$
よって，$(a,\ b)=(-3,\ -5)$ は題意を満たす。

(ii) 共通の解が $x=-1$ のとき
②式に $x=-1$ を代入すると $1+a+2b=0$
a について解くと $a=-2b-1$
a, b は負の整数であるから，該当する a, b の組は存在しない。

▶本冊 p.23
58 (1) ① $y=2x-8$ ② 64
(2) $2,\ 8$ (3) 46

解説

(1) ① $2x=y+8$ を y について解くと $y=2x-8$
② $A=10x+y$
A の十の位の数と一の位の数を入れかえた数は $10y+x$
題意より $10y+x=10x+y-18$
よって，$9x-9y=18$ より $x-y=2$
$$\begin{cases} y=2x-8 \\ x-y=2 \end{cases}$$ を解いて
$x-(2x-8)=2 \quad x-2x+8=2 \quad -x=-6$
よって $x=6,\ y=4 \quad A=10\times 6+4=64$

(2) Bの十の位の数をp，一の位の数をqと表すと
$B=10p+q$
題意より $p^2+q+16=10p+q$
$p^2-10p+16=0$ $(p-2)(p-8)=0$
よって $p=2$, 8

(3) Cの十の位の数をm，一の位の数をnと表すと
$C=10m+n$
題意より $7n+50=2(10m+n)$
$7n+50=20m+2n$ $20m-5n=50$
$4m-n=10$
また，$10m+n+64$ は3桁の数。
$4m-n=10$ を満たす m, n の組は
$(m, n)=(3, 2)$, $(4, 6)$
このうち，$10m+n+64$ が3桁となるのは
$(m, n)=(4, 6)$ よって $C=46$

▶ 本冊 p.23
59 **2m**

解説

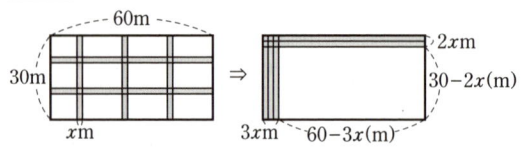

道幅を x m とすると，上の図より次の等式が成り立つ。
$(30-2x)(60-3x)=0.78\times 30\times 60$
$1800-90x-120x+6x^2=0.78\times 1800$
$6x^2-210x+1800=78\times 18$
$x^2-35x+300=78\times 3$ $x^2-35x+300=234$
$x^2-35x+66=0$ $(x-2)(x-33)=0$
$x=2$, 33
$0<x<15$ より $x=2$(m)

▶ 本冊 p.23
60 (1) **3.75** (2) **6.4**
(3) **80**

解説
(1) 溶けている食塩の量は $\dfrac{6}{100}\times 125=\dfrac{15}{2}$(g)
よって，濃度は $\dfrac{15}{2}\div 200\times 100=\dfrac{15}{4}=3.75$(%)

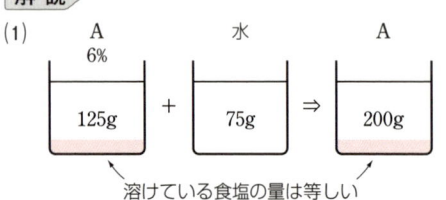

(2) Aから60g取り出しBに入れた食塩水180gに溶けている食塩の量は
$\dfrac{6}{100}\times 60+\dfrac{8}{100}\times 120=\dfrac{18}{5}+\dfrac{48}{5}=\dfrac{66}{5}$(g)

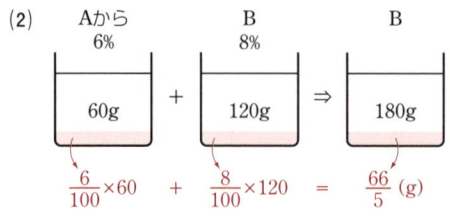

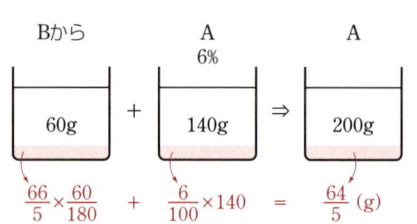

Bから60g取り出し，Aに入れた食塩水200gに溶けている食塩の量は
$\dfrac{66}{5}\times\dfrac{60}{180}+\dfrac{6}{100}\times 140=\dfrac{22}{5}+\dfrac{42}{5}=\dfrac{64}{5}$(g)

よって，Aの濃度は $\dfrac{64}{5}\div 200\times 100=\dfrac{32}{5}=6.4$(%)

(3) Aからxg取り出し，Bに入れた食塩水$120+x$(g)に溶けている食塩の量は
$\dfrac{6}{100}\times x+\dfrac{8}{100}\times 120=\dfrac{6x+960}{100}=\dfrac{3x+480}{50}$(g)

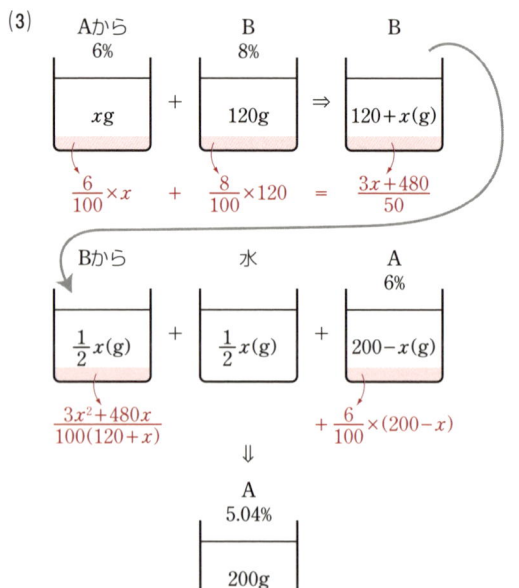

そこから取り出した$\frac{1}{2}x$(g)に溶けている食塩の量は

$$\frac{3x+480}{50} \times \frac{\frac{1}{2}x}{120+x} = \frac{(3x+480) \times x}{50 \times 2(120+x)}$$

$$= \frac{3x^2+480x}{100(120+x)}\text{(g)}$$

最後にAに溶けている食塩の量は

$$\frac{5.04}{100} \times 200 = 10.08\text{(g)}$$

よって，次の等式が成り立つ。

$$\frac{3x^2+480x}{100(120+x)} + \frac{6}{100} \times (200-x) = 10.08$$

$$\frac{3x^2+480x}{100(120+x)} + \frac{1200-6x}{100} = 10.08$$

$$\frac{3x^2+480x}{120+x} + 1200 - 6x = 1008$$

$$\frac{3x^2+480x}{120+x} = 6x - 192$$

$$3x^2 + 480x = (120+x)(6x-192)$$

$$3x^2 + 480x = 6(120+x)(x-32)$$

$$x^2 + 160x = 2(120+x)(x-32)$$

$$x^2 + 160x = 2(120x - 3840 + x^2 - 32x)$$

$$x^2 + 160x = 2(x^2 + 88x - 3840)$$

$$x^2 + 160x = 2x^2 + 176x - 7680$$

$$x^2 + 16x - 7680 = 0$$

$$(x-80)(x+96) = 0$$

$$x = 80, \ -96$$

$0 < x < 200$ より $x = 80$

▶ 本冊 p.24

61 (1) $x = 150$ (2) $y = 2$

解 説

(1) 1日目に売れた個数は $0.2x = \frac{1}{5}x$(個)

2日目に売れた個数は $0.8x \times \frac{3}{8} = \frac{3}{10}x$(個)

3日目に売れた個数は 75(個)

よって $\frac{1}{5}x + \frac{3}{10}x + 75 = x$

$$x - \frac{1}{5}x - \frac{3}{10}x = 75$$

$$\frac{1}{2}x = 75 \quad \text{よって} \quad x = 150$$

(2) 原価375円であるから，定価は

$1.6 \times 375 = 600$(円)

2日目の価格は $600\left(1-\frac{y}{10}\right)$(円)

3日目の価格は $600\left(1-\frac{y}{10}\right)\left(1-\frac{2y}{10}\right)$(円)

(1)より，1日目に売れた個数は30個，2日目に売れた個数は45個，3日目に売れた個数は75個であるから，売り上げ総額は

$$600 \times 30 + 600\left(1-\frac{y}{10}\right) \times 45$$
$$+ 600\left(1-\frac{y}{10}\right)\left(1-\frac{2y}{10}\right) \times 75$$

$$= 18000 + 27000\left(1-\frac{y}{10}\right) + 45000\left(1-\frac{y}{10}\right)\left(1-\frac{2y}{10}\right)$$

$$= 18000 + 27000 - 2700y + 45000\left(1-\frac{3y}{10}+\frac{2y^2}{100}\right)$$

$$= 45000 - 2700y + 45000 - 13500y + 900y^2$$

$$= 900y^2 - 16200y + 90000\text{(円)}$$

よって，次の等式が成り立つ。

$$900y^2 - 16200y + 90000 - 375 \times 150 = 4950$$
$$900y^2 - 16200y + 90000 - 56250 = 4950$$
$$900y^2 - 16200y + 28800 = 0$$
$$y^2 - 18y + 32 = 0$$
$$(y-2)(y-16) = 0$$
$$y = 2, \ 16$$

$0 < y < 5$ より $y = 2$

▶ 本冊 p.24

62 (1) $e = 85$ (2) $e = 52$

解 説

(1)

a	b	c
d	e	f
g	h	i

$\Rightarrow$

$x-11$	$x-10$	$x-9$
$x-1$	x	$x+1$
$x+9$	$x+10$	$x+11$

eの値をxとおくと，表のようになる。題意より

$$(x-10) + (x-1) + x + (x+1) + (x+10) = 425$$
$$5x = 425$$

よって $x = 85$（与えられた表より適する）

(2) 同じくeの値をxとおいて(1)の表を利用する。題意より

$$(x-11)(x+11) + (x-9)(x+9) = 100x + 6$$

これを解いて $x^2 - 121 + x^2 - 81 = 100x + 6$

$$2x^2 - 100x - 208 = 0$$
$$x^2 - 50x - 104 = 0$$
$$(x+2)(x-52) = 0$$
$$x = -2, \ 52$$

よって $x = 52$（与えられた表より適する）

5　不 等 式

パワーアップ

●不等式の性質

- 不等式の両辺に同じ数をたしても，両辺から同じ数をひいても，不等号の向きは変わらない。
  $a<b$ ならば　$a+c<b+c$, $a-c<b-c$

- 不等式の両辺に同じ正の数をかけても，両辺を同じ正の数でわっても，不等号の向きは変わらない。
  $a<b$, $m>0$ ならば　$ma<mb$, $\dfrac{a}{m}<\dfrac{b}{m}$

- 不等式の両辺に同じ**負の数をかけたり**，両辺を同じ**負の数でわったら，不等号の向きは変わる。**
  $a<b$, $m<0$ ならば　$ma>mb$, $\dfrac{a}{m}>\dfrac{b}{m}$

●不等式の解き方

例　$4x-3<7x+9$

①変数の項を左辺に，定数を右辺に**移項**する。
　$4x-7x<9+3$

②それぞれ計算して，**両辺とも1つの項**にする。
　$-3x<12$

③**変数の係数で両辺をわる。**
　$x>-4$

▶ 本冊 p.25

63 (1)　$x<-\dfrac{5}{9}$　　(2)　$x\geqq\dfrac{30}{7}$

(3)　$x<\dfrac{41}{7}$　　(4)　$a\leqq\dfrac{22}{17}$

(5)　$x<-4$

解説

(1)　$3(1-2x)>\dfrac{11-3x}{2}$
$$6(1-2x)>11-3x$$
$$6-12x>11-3x$$
$$-12x+3x>11-6$$
$$-9x>5$$
$$x<-\dfrac{5}{9}$$
（両辺を負の数でわったので，不等号の向きがかわる。）

(2)　$\dfrac{2x-3}{3}-\dfrac{1}{5}x\geqq 1$
$$\left(\dfrac{2x-3}{3}-\dfrac{1}{5}x\right)\times 15\geqq 1\times 15$$
$$5(2x-3)-3x\geqq 15$$
$$10x-15-3x\geqq 15$$
$$7x\geqq 30$$
$$x\geqq\dfrac{30}{7}$$

(3)　$\dfrac{3x-1}{4}-\dfrac{2x-3}{5}>\dfrac{7x-7}{10}-1$
$$\left(\dfrac{3x-1}{4}-\dfrac{2x-3}{5}\right)\times 20>\left(\dfrac{7x-7}{10}-1\right)\times 20$$
$$5(3x-1)-4(2x-3)>2(7x-7)-20$$
$$15x-5-8x+12>14x-14-20$$
$$7x+7>14x-34$$
$$7x-14x>-34-7$$
$$-7x>-41$$
$$x<\dfrac{41}{7}$$
（不等号の向き！）

(4)　$\dfrac{5-3a}{2}\geqq\dfrac{1}{5}\left(a+\dfrac{3}{2}\right)$
$$\dfrac{5-3a}{2}\times 10\geqq\left\{\dfrac{1}{5}\left(a+\dfrac{3}{2}\right)\right\}\times 10$$
$$5(5-3a)\geqq 2\left(a+\dfrac{3}{2}\right)$$
$$25-15a\geqq 2a+3$$
$$-15a-2a\geqq 3-25$$
$$-17a\geqq -22$$
$$a\leqq\dfrac{22}{17}$$
（不等号の向き！）

(5)　$1.4\left(0.5x+\dfrac{2}{7}\right)-0.6\left(1.5x+\dfrac{1}{3}\right)>1$
$$14\left(0.5x+\dfrac{2}{7}\right)-6\left(1.5x+\dfrac{1}{3}\right)>10$$
$$14\left(\dfrac{1}{2}x+\dfrac{2}{7}\right)-6\left(\dfrac{3}{2}x+\dfrac{1}{3}\right)>10$$
$$7x+4-9x-2>10$$
$$7x-9x>10-4+2$$
$$-2x>8$$
$$x<-4$$
（不等号の向き！）

本冊p.25～p.26の解答

▶本冊 p.25

64 (1) $x=-5$ (2) $x=-2$
(3) 5, 7, 11 (4) $n=216, 217, 218$

解説

(1) $3(x-4)>5x-3$
$3x-12>5x-3$
$3x-5x>-3+12$
$-2x>9$
$x<-\dfrac{9}{2}$

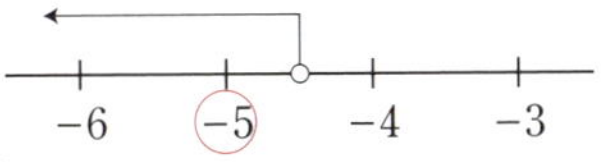

$-\dfrac{9}{2}$ より小さい数の中で最も大きい整数 x は
$x=-5$

(2) $4x-11<7x-4$
$4x-7x<-4+11$
$-3x<7$
$x>-\dfrac{7}{3}$

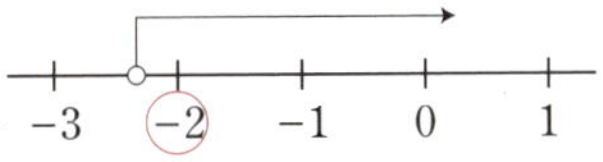

$-\dfrac{7}{3}$ より大きい数の中で最も小さい整数 x は
$x=-2$

(3) ある素数を x とすると，題意より
$2<\dfrac{3x-2}{5}<7$
$2\times 5<3x-2<7\times 5$
$10<3x-2<35$
$10+2<3x<35+2$
$12<3x<37$
$\dfrac{12}{3}<x<\dfrac{37}{3}$
$4<x<\dfrac{37}{3}$

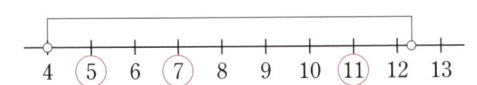

この不等式を満たす素数 x は $x=5, 7, 11$

(4) 小数第1位を四捨五入して14となる数は13.5以上14.5未満の数であるから
$13.5\leqq\dfrac{n}{16}<14.5$ …①

同じく，小数第1位を四捨五入して11となる数は，10.5以上11.5未満の数であるから
$10.5\leqq\dfrac{n}{19}<11.5$ …②

①より $13.5\times 16\leqq n<14.5\times 16$
$216\leqq n<232$ …①′

②より $10.5\times 19\leqq n<11.5\times 19$
$199.5\leqq n<218.5$ …②′

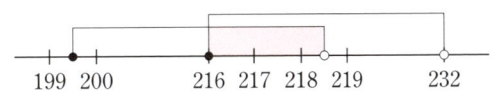

①′，②′の両方を満たす整数 n は
$n=216, 217, 218$

▶本冊 p.26

65 (1) $-3\leqq a^2+\dfrac{3}{2}b\leqq 15$ (2) $x=2, 3$
(3) $-\dfrac{15}{2}\leqq a<-\dfrac{13}{2}$

解説

(1) $-3\leqq a\leqq 2$ より $0\leqq a^2\leqq(-3)^2$
よって $0\leqq a^2\leqq 9$
$-2\leqq b\leqq 4$ より $-2\times\dfrac{3}{2}\leqq\dfrac{3}{2}b\leqq 4\times\dfrac{3}{2}$
よって $-3\leqq\dfrac{3}{2}b\leqq 6$
したがって $0-3\leqq a^2+\dfrac{3}{2}b\leqq 9+6$
$-3\leqq a^2+\dfrac{3}{2}b\leqq 15$

(2) $\begin{cases} 2x+5>5(x-3)+9 & \cdots① \\ -\dfrac{1}{2}x+4<3x-1 & \cdots② \end{cases}$

①より $2x+5>5x-15+9$
$2x-5x>-15+9-5$
$-3x>-11$
$x<\dfrac{11}{3}$

②より $\left(-\dfrac{1}{2}x+4\right)\times 2<(3x-1)\times 2$
$-x+8<6x-2$
$-x-6x<-2-8$
$-7x<-10$
$x>\dfrac{10}{7}$

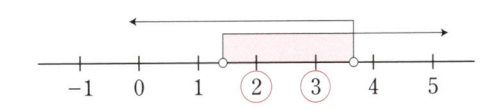

①，②の両方の式を満たす整数 x は $x=2, 3$

(3) $\dfrac{x}{5}+\dfrac{1}{10} \geqq \dfrac{x+1}{2}$

$\left(\dfrac{x}{5}+\dfrac{1}{10}\right) \times 10 \geqq \dfrac{x+1}{2} \times 10$

$2x+1 \geqq 5(x+1)$

$2x+1 \geqq 5x+5$

$2x-5x \geqq 5-1$

$-3x \geqq 4$

$x \leqq -\dfrac{4}{3}$

$2x-1 > 2a$

$2x > 2a+1$

$x > a+\dfrac{1}{2}$

ここで，$a+\dfrac{1}{2}=-7$ であれば，整数5個で適するが，$a+\dfrac{1}{2}=-6$ であれば，整数4個となって適さない。$\left(x は a+\dfrac{1}{2} を含まないことに注意する。\right)$

よって $-7 \leqq a+\dfrac{1}{2} < -6$

$-7-\dfrac{1}{2} \leqq a < -6-\dfrac{1}{2}$

$-\dfrac{15}{2} \leqq a < -\dfrac{13}{2}$

▶ 本冊 p.26

66 (1) 32L (2) 160km
(3) 440km (4) $x=47$
(5) $108 < y < 120$

解説

(1) $256 \div 8 = 32$(L)

(2) 途中で給油したガソリンの量は52Lであるから，A営業所からガソリンスタンドまでの距離は
 $8 \times 52 = 416$(km)
 よって，B市からガソリンスタンドまでの距離は
 $416 - 256 = 160$(km)

(3) C市からA営業所までの距離は，少なくとも $8 \times 25 = 200$(km)ある。B市とC市の途中にあったガソリンスタンドでガソリンは60L入っているから，ガソリンスタンドからC市までに使ったガソリンの量は最大で
 $60 - 25 = 35$(L) $8 \times 35 = 280$(km)

よって，B市からC市までの距離は最長で
 $160 + 280 = 440$(km)

(4) (3)までの条件でわかることを図にまとめると下のようになる。

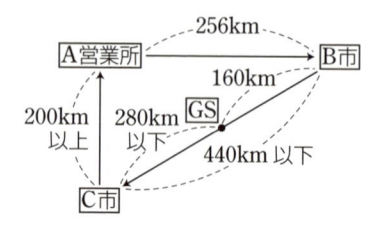

ガソリンスタンドからA営業所までに使ったガソリンの量が xL であるから，その距離は $8x$(km)

よって，追加料金とガソリンの代金の式をつくると

$30(256+160+8x-400)+100(52+x)=21660$

$30(16+8x)+5200+100x=21660$

$480+240x+5200+100x=21660$

$340x=21660-5680$

$340x=15980$

$x=47$

(5) (4)，(5)の条件より図は下のようになる。

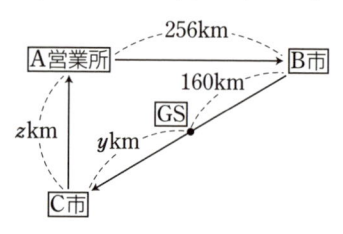

C市からA営業所まで $z$km であるとすると，題意より $y+z=8 \times 47$ $y+z=376$

よって $z=376-y$

走行距離は，短い順に1日目，3日目，2日目となるから

$256 < 376-y < y+160$

$256 < 376-y$ を解いて $y < 376-256$

よって $y < 120$ …①

$376-y < y+160$ を解いて $-y-y < 160-376$

$-2y < -216$

よって $y > 108$ …②

①，②より $108 < y < 120$

6 比例・反比例

▶本冊 p.27

67 (1) $y=9$ (2) $y=8$
(3) $x=8$ (4) $x=4$

解説
(1) y は x に比例するので $y=ax$
$x=2$, $y=-6$ を代入して $-6=2a$
$a=-3$ よって $y=-3x$
この式に $x=-3$ を代入して $y=-3\times(-3)=9$

(2) y は x に反比例するので $y=\dfrac{a}{x}$
$x=2$, $y=-4$ を代入して $-4=\dfrac{a}{2}$ $a=-8$
よって $y=-\dfrac{8}{x}$
この式に $x=-1$ を代入して $y=8$

(3) y は $x-2$ に反比例するので $y=\dfrac{a}{x-2}$
$x=3$, $y=4$ を代入して
$4=\dfrac{a}{3-2}$ $a=4$ よって $y=\dfrac{4}{x-2}$
この式に $y=\dfrac{2}{3}$ を代入して $\dfrac{2}{3}=\dfrac{4}{x-2}$
$2(x-2)=3\times 4$ $x-2=6$
よって $x=8$

(4) $y+2$ は $x-2$ に比例するので $y+2=a(x-2)$
また, $z-1$ は $y-1$ に反比例するので $z-1=\dfrac{b}{y-1}$
$x=3$, $y=0$, $z=-2$ をそれぞれの式に代入する。
$0+2=a(3-2)$ より $a=2$
よって $y+2=2(x-2)$ …①
$-2-1=\dfrac{b}{0-1}$ より $b=3$
よって $z-1=\dfrac{3}{y-1}$ …②
$z=4$ を②に代入して $4-1=\dfrac{3}{y-1}$ $3(y-1)=3$
$y-1=1$ $y=2$
これを①に代入して $2+2=2(x-2)$ $x-2=2$
よって $x=4$

▶本冊 p.27

68 (1) $a=3$, $b=6$ (2) $a=8$, $b=2$
(3) $-2\leqq x<0$

解説
(1) 関数 $y=\dfrac{12}{x}$ で, $2\leqq y\leqq 4$ のとき $x>0$ である。
このとき, x が増加すると y は減少するから,
$x=a$ のとき $y=4$ より $4=\dfrac{12}{a}$ $a=3$
$x=b$ のとき $y=2$ より $2=\dfrac{12}{b}$ $b=6$

(2) 関数 $y=\dfrac{a}{x}$ で, $1\leqq x\leqq 4$ のとき $y=8$ となることがあるから, $a>0$ である。このとき, x が増加すると y は減少するから
$x=1$ のとき $y=8$ より $8=\dfrac{a}{1}$ $a=8$
$x=4$ のとき $y=b$ より $b=\dfrac{a}{4}=\dfrac{8}{4}=2$

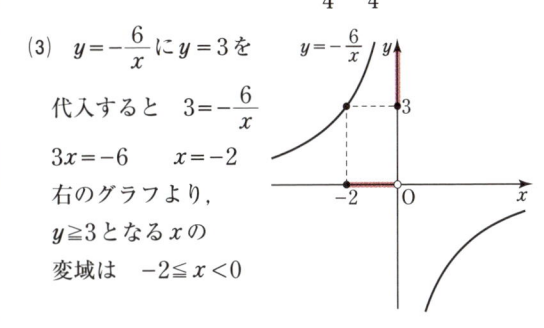

(3) $y=-\dfrac{6}{x}$ に $y=3$ を代入すると $3=-\dfrac{6}{x}$
$3x=-6$ $x=-2$
右のグラフより, $y\geqq 3$ となる x の変域は $-2\leqq x<0$

▶本冊 p.28

69 (1) $R\left(\dfrac{8}{9}a, \dfrac{4}{9}a\right)$ (2) $3:5:4$

解説
(1) $y=3x$ に $y=a$ を代入して $x=\dfrac{a}{3}$
よって $P\left(\dfrac{a}{3}, a\right)$
したがって
$B\left(\dfrac{a}{3}+t, a\right)$
$C\left(\dfrac{a}{3}+t, 0\right)$
$y=\dfrac{1}{2}x$ に $x=\dfrac{a}{3}+t$ を代入して
$y=\dfrac{1}{2}\left(\dfrac{a}{3}+t\right)=\dfrac{a}{6}+\dfrac{t}{2}$
よって $R\left(\dfrac{a}{3}+t, \dfrac{a}{6}+\dfrac{t}{2}\right)$
ここで, (R の y 座標)$=a-t$ であるから
$\dfrac{a}{6}+\dfrac{t}{2}=a-t$ $a+3t=6a-6t$ $9t=5a$
よって $t=\dfrac{5}{9}a$

したがって，R$\left(\dfrac{a}{3}+\dfrac{5}{9}a, \dfrac{a}{6}+\dfrac{5}{18}a\right)$より

R$\left(\dfrac{8}{9}a, \dfrac{4}{9}a\right)$

(2) △BPRが直角二等辺三角形であるから，△APF，△CERも直角二等辺三角形である。

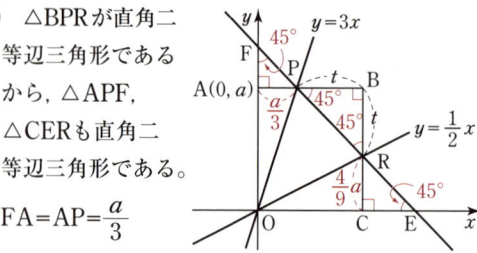

FA＝AP＝$\dfrac{a}{3}$

△APF∽△BPR∽△CER（2組の角がそれぞれ等しい）であるから

FP：PR：RE＝FA：PB：RC

＝$\dfrac{a}{3}$：t：$\dfrac{4}{9}a$

＝$\dfrac{a}{3}$：$\dfrac{5}{9}a$：$\dfrac{4}{9}a$

＝3：5：4

入試メモ 69は座標平面上の比例のグラフの問題だが，座標を文字（パラメータ）で表すことで難度が上がっている。相似の基本知識も必要だが，文字の扱いにも慣れることが最優先である。

▶本冊 p.28

70 (1) **1**　　(2) **16**

解説

(1) $y=\dfrac{a}{x}$が点$(-2, -1)$を通るから

$-1=\dfrac{a}{-2}$　よって　$a=2$

したがって，反比例のグラフの式は　$y=\dfrac{2}{x}$

P$\left(t, \dfrac{2}{t}\right)$とおくと

△OPQ＝$\dfrac{1}{2}$×PQ×OQ＝$\dfrac{1}{2}$×t×$\dfrac{2}{t}$＝1

（△OPQは比例定数aの$\dfrac{1}{2}$となる。）

(2) $y=\dfrac{a}{x}$がP(3, 3)を通るから　$3=\dfrac{a}{3}$

よって　$a=9$

反比例のグラフの式は　$y=\dfrac{9}{x}$

$y=\dfrac{9}{x}$に$x=1$を代入すると　$y=9$

よって　A(1, 9)

双曲線は，直線$y=x$に関して対称なグラフであり，直線$y=x$は点Pを通る。

PA＝PBより2点A，Bは直線$y=x$に関して対称な点であるから，B(9, 1)，H(1, 1)とすると

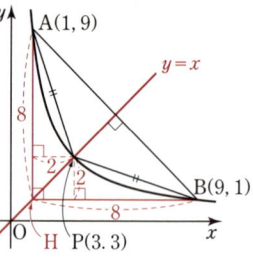

△APB＝△AHB－△AHP－△BHP

＝$\dfrac{1}{2}$×8×8－$\dfrac{1}{2}$×8×2－$\dfrac{1}{2}$×8×2

＝32－8－8＝16

▶本冊 p.28

71 (1) **1：4**　　(2) $\dfrac{3}{2}$

(3) △CAB＝$\dfrac{9}{4}$，△OAB＝$\dfrac{15}{4}$

解説

(1) OH＝a，OK＝$\dfrac{2}{b}$であるから

（四角形OHCKの面積）

＝$a\times\dfrac{2}{b}=\dfrac{1}{2}$

$\dfrac{a}{b}=\dfrac{1}{4}$

よって

$a：b=1：4$

(2) (1)より　$b=4a$

（四角形AJKCの面積）＝JK×KC

＝$\left(\dfrac{2}{a}-\dfrac{2}{b}\right)a=\left(\dfrac{2}{a}-\dfrac{2}{4a}\right)a$

＝$2-\dfrac{1}{2}=\dfrac{3}{2}$

(3) BC＝$b-a=4a-a=3a$，

AC＝$\dfrac{2}{a}-\dfrac{2}{b}=\dfrac{2}{a}-\dfrac{2}{4a}=\dfrac{3}{2a}$　であるから

△CAB＝$\dfrac{1}{2}\times 3a\times\dfrac{3}{2a}=\dfrac{9}{4}$

△OAB

＝△CAB＋△OAC＋△OBC

＝$\dfrac{9}{4}+\dfrac{1}{2}\times\dfrac{3}{2a}\times a+\dfrac{1}{2}\times 3a\times\dfrac{2}{b}$

＝$\dfrac{9}{4}+\dfrac{3}{4}+\dfrac{3a}{4a}$

＝$\dfrac{15}{4}$

▶本冊 p.29

72 (1) $a=\dfrac{1}{2}$, $b=8$ (2) $y=2x+6$
  (3) 15

解 説

(1) $y=ax$ は点 $(-4, -2)$ を通るから
  $-2=-4a$ $a=\dfrac{1}{2}$
  $y=\dfrac{b}{x}$ は点 $(-4, -2)$ を通るから
  $-2=\dfrac{b}{-4}$ $b=8$

(2) $y=\dfrac{8}{x}$ に $x=1$ を代入して $y=8$
  よって B$(1, 8)$
  (直線ABの傾き)$=\dfrac{8-(-2)}{1-(-4)}=\dfrac{10}{5}=2$
  直線AB:$y=2x+m$ とおくと,B$(1, 8)$ を通るから $8=2\times 1+m$ $m=6$
  よって 直線AB:$y=2x+6$

(3) 直線ABとy軸の交点をCとすると
  C$(0, 6)$
  △OAB
  $=$△OAC$+$△OBC
  $=\dfrac{1}{2}\times 6\times 4$
  $+\dfrac{1}{2}\times 6\times 1$
  $=15$

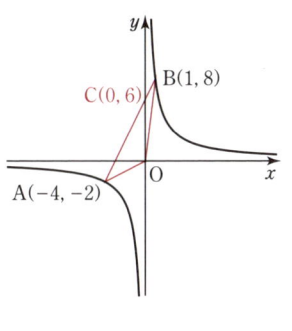

▶本冊 p.29

73 (1) $m=4$ (2) $t=\sqrt{2}$

解 説

(1) $y=x$ に $x=2$ を代入して $y=2$
  よって,①と②の交点は $(2, 2)$
  $y=\dfrac{m}{x}$ が点 $(2, 2)$ を通るから $2=\dfrac{m}{2}$
  よって $m=4$

(2) B(t, t), A$\left(t, \dfrac{4}{t}\right)$ であるから
  AB$=\dfrac{4}{t}-t$
  また OE$=t$

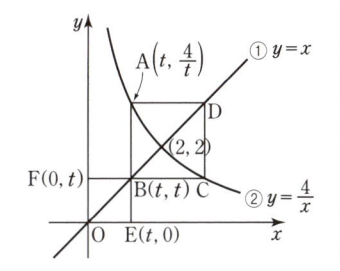

正方形ABCDの面積は正方形OEBFの面積と等しいから
  AB$=$OE よって $\dfrac{4}{t}-t=t$
両辺$\times t$ より $4-t^2=t^2$ $2t^2=4$ $t^2=2$
  $t=\pm\sqrt{2}$ $t>0$ より $t=\sqrt{2}$

▶本冊 p.29

74 (1) $y=250x$ (2) 8分後
  (3) 12分間

解 説

(1) $y=ax$ が点 $(1, 250)$ を通るから $a=250$
  よって $y=250x$

(2) AさんとBさんは1分間に $250-200=50$ (m)ずつ差がつくので,$400\div 50=8$(分)より,1周差がつくのは8分後である。

(3) Aさんの速さは 分速250m
  Bさんの速さは 分速200m
  CさんがAさんと同じ速さで走った時間を t 分とおくと
  $250t+200(17-t)=400\times 10$
  $250t+3400-200t=4000$
  $50t=600$
  $t=12$

よって,12分間。

7 1次関数

▶本冊 p.30

75 (1) $y=4x-7$ (2) **878**

解説

(1) 変化の割合が4だから，$y=4x+b$とおく。
点$(5, 13)$を通るから
$13=4\times 5+b$ $b=-7$
よって $y=4x-7$

(2) 標高xmにおける気温をz℃とすると，①より
$z=-\dfrac{6}{1000}x+b$
$x=200$のとき$z=25$であるから
$25=-\dfrac{6}{1000}\times 200+b$
$25=-\dfrac{6}{5}+b$ $b=\dfrac{131}{5}$
よって $z=-\dfrac{6}{1000}x+\dfrac{131}{5}$
これに，$z=18.1$を代入して
$18.1=-\dfrac{6}{1000}x+\dfrac{131}{5}$ $\dfrac{181}{10}=-\dfrac{3}{500}x+\dfrac{131}{5}$
$\dfrac{3}{500}x=\dfrac{262}{10}-\dfrac{181}{10}$ $\dfrac{3}{500}x=\dfrac{81}{10}$
$x=\dfrac{81\times 500}{10\times 3}=1350$
グラフより $y=-\dfrac{1013-813}{2000}x+1013$
よって $y=-\dfrac{1}{10}x+1013$
$x=1350$を代入して
$y=-\dfrac{1}{10}\times 1350+1013=-135+1013=878$ (hPa)

▶本冊 p.30

76 (1) $(a, b)=\left(\dfrac{3}{2}, -1\right), \left(-\dfrac{3}{2}, 2\right)$

(2) ① $-\dfrac{3}{2}$ ② -4

(3) ① $\sqrt{2}$ ② $-\sqrt{3}$

解説

(1) 図の①のとき
$y=ax+b$が2点$(4, 5)$，$(-2, -4)$を通るから
$\begin{cases} 5=4a+b \\ -4=-2a+b \end{cases}$
$9=6a$より $a=\dfrac{3}{2}$

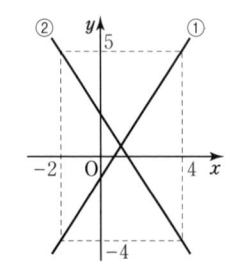

よって $b=-1$
図の②のとき
$y=ax+b$が2点$(-2, 5)$，$(4, -4)$を通るから
$\begin{cases} 5=-2a+b \\ -4=4a+b \end{cases}$
$9=-6a$より $a=-\dfrac{3}{2}$ よって $b=2$

(2) $y=mx+5$に$x=0$を代入して $y=5$
$y=mx+5$に$x=6$を代入して $y=6m+5$
$y=\dfrac{3}{2}x+n$に$x=0$を代入して $y=n$
$y=\dfrac{3}{2}x+n$に$x=6$を代入して $y=9+n$

(i) $\begin{cases} 5=n \\ 6m+5=9+n \end{cases}$ を解いて
$(m, n)=\left(\dfrac{3}{2}, 5\right)$
これは，異なる2つの1次関数という題意に矛盾する。

(ii) $\begin{cases} 5=9+n \\ 6m+5=n \end{cases}$ を解いて
$(m, n)=\left(-\dfrac{3}{2}, -4\right)$
これは題意に適する。

(3) $\begin{cases} x+\sqrt{6}\,y=9\sqrt{2} & \cdots ① \\ \dfrac{x}{a}+\dfrac{y}{b}=1 & \cdots ② \end{cases}$ の交点と，

$\begin{cases} \dfrac{x}{b}+\dfrac{y}{a}=0 & \cdots ③ \\ \sqrt{6}\,x+y=8\sqrt{3} & \cdots ④ \end{cases}$ の交点が一致するので，

$\begin{cases} x+\sqrt{6}\,y=9\sqrt{2} & \cdots ① \\ \sqrt{6}\,x+y=8\sqrt{3} & \cdots ④ \end{cases}$ を解いて

①$-$④$\times\sqrt{6}$ より
$\begin{array}{r} x+\sqrt{6}\,y=9\sqrt{2} \\ -)\ \ 6x+\sqrt{6}\,y=24\sqrt{2} \\ \hline -5x\phantom{+\sqrt{6}\,y}=-15\sqrt{2} \\ x=3\sqrt{2} \end{array}$

④に代入して $6\sqrt{3}+y=8\sqrt{3}$
$y=2\sqrt{3}$
よって，交点の座標は $(3\sqrt{2}, 2\sqrt{3})$
②，③に代入して
$\begin{cases} \dfrac{3\sqrt{2}}{a}+\dfrac{2\sqrt{3}}{b}=1 & \cdots ② \\ \dfrac{2\sqrt{3}}{a}+\dfrac{3\sqrt{2}}{b}=0 & \cdots ③ \end{cases}$
ここで，$\dfrac{1}{a}=A$，$\dfrac{1}{b}=B$とおくと
$\begin{cases} 3\sqrt{2}\,A+2\sqrt{3}\,B=1 & \cdots ②' \\ 2\sqrt{3}\,A+3\sqrt{2}\,B=0 & \cdots ③' \end{cases}$

②′×$\sqrt{3}$ －③′×$\sqrt{2}$ より

$$3\sqrt{6}A+6B=\sqrt{3}$$
$$-)\ 2\sqrt{6}A+6B=0$$
$$\overline{\sqrt{6}A\quad\quad =\sqrt{3}}$$
$$A=\frac{\sqrt{3}}{\sqrt{6}}=\frac{1}{\sqrt{2}}$$

よって，$\frac{1}{a}=\frac{1}{\sqrt{2}}$ より $a=\sqrt{2}$

②′より $3+2\sqrt{3}B=1$ $2\sqrt{3}B=-2$

$$B=-\frac{1}{\sqrt{3}}$$

よって，$\frac{1}{b}=-\frac{1}{\sqrt{3}}$ より $b=-\sqrt{3}$

▶本冊 p.31

77 $a=1,\ -2,\ -\frac{11}{3}$

解説

$\begin{cases} y=x-6 & \cdots ① \\ y=-2x+3 & \cdots ② \\ y=ax+8 & \cdots ③ \end{cases}$

(i) ①のグラフと②のグラフは平行ではないので，2本の直線が平行となって，三角形ができなくなるのは，
 ・①のグラフと③のグラフが平行となるとき
 ・②のグラフと③のグラフが平行となるとき
だから
$$a=1,\ -2$$

(ii) 3本の直線が1点で交わるときも三角形はできない。まず，交点を求める。

$\begin{cases} y=x-6 \\ y=-2x+3 \end{cases}$ を解いて

$x-6=-2x+3$ $3x=9$ $x=3$

よって $y=3-6=-3$

交点の座標は $(3,\ -3)$

$y=ax+8$ が点 $(3,\ -3)$ を通るとき

$-3=3a+8$ $3a=-11$

よって $a=-\frac{11}{3}$

▶本冊 p.31

78 $a=1,\ 2$

解説

二等辺三角形の性質より，頂角の頂点から底辺へひいた垂線は底辺を2等分するので，Pからy軸へひいた垂線とy軸との交点をMとすると，MはOQの中点である。

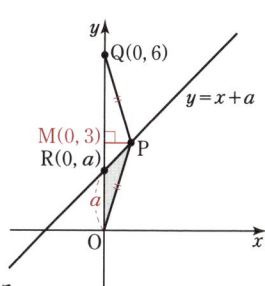

M$(0,\ 3)$ であるから（Pのy座標）=3

$y=x+a$ に $y=3$ を代入して $x=3-a$

よって PM$=3-a$

また，OR$=a$ であるから

$$\triangle \text{OPR}=\frac{1}{2}a(3-a)=1$$
$$3a-a^2=2\quad a^2-3a+2=0$$
$$(a-1)(a-2)=0$$

よって $a=1,\ 2$

（$0<a<3$ よりともに題意を満たす。）

▶本冊 p.31

79 $y=\frac{1}{7}x-3$

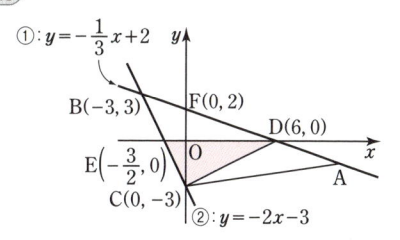

解説

$\begin{cases} y=-\frac{1}{3}x+2 \\ y=-2x-3 \end{cases}$ を解いて

$-\frac{1}{3}x+2=-2x-3$ $-\frac{1}{3}x+2x=-3-2$

$\frac{5}{3}x=-5$ $x=-3$

$y=-2\times(-3)-3=3$ よって B$(-3,\ 3)$

$y=-\frac{1}{3}x+2$ に $y=0$ を代入して $x=6$

よって D$(6,\ 0)$

$y=-2x-3$ に $y=0$ を代入して $x=-\frac{3}{2}$

よって E$\left(-\frac{3}{2},\ 0\right)$

また，$y=-2x-3$ の切片であるから C$(0, -3)$
$y=-\dfrac{1}{3}x+2$ と y 軸との交点をFとすると
　F$(0, 2)$
$\triangle$DEC$=\dfrac{1}{2}\times$DE$\times$OC$=\dfrac{1}{2}\times\left(6+\dfrac{3}{2}\right)\times 3=\dfrac{45}{4}$
よって　$\triangle$ABC$=\dfrac{45}{4}\times 3=\dfrac{135}{4}$
ここで，A$\left(p, -\dfrac{1}{3}p+2\right)$ とおくと
$\triangle$ABC$=\dfrac{1}{2}\times\{($Aのx座標$)-($Bのx座標$)\}\times$FC
　　　$=\dfrac{1}{2}(p+3)(2+3)$
　　　$=\dfrac{5}{2}(p+3)$
よって　$\dfrac{5}{2}(p+3)=\dfrac{135}{4}$
　　　　　$p+3=\dfrac{135\times 2}{4\times 5}=\dfrac{27}{2}$
　　　　　$p=\dfrac{21}{2}$
Aのy座標は　$-\dfrac{1}{3}\times\dfrac{21}{2}+2=-\dfrac{7}{2}+2=-\dfrac{3}{2}$
よって　A$\left(\dfrac{21}{2}, -\dfrac{3}{2}\right)$
直線CA：$y=ax-3$ が A$\left(\dfrac{21}{2}, -\dfrac{3}{2}\right)$ を通るから
　$-\dfrac{3}{2}=\dfrac{21}{2}a-3$　　$\dfrac{21}{2}a=\dfrac{3}{2}$
よって　$a=\dfrac{1}{7}$
直線CA：$y=\dfrac{1}{7}x-3$

▶本冊 p.31

80 (1) $2\leqq p\leqq 4$　(2) $p=2\sqrt{2}$

解説

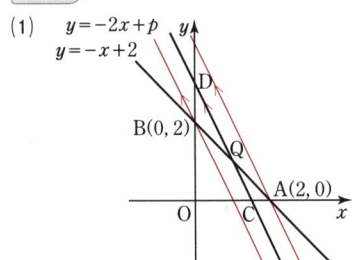

(1) $y=-2x+p$, $y=-x+2$

B$(0, 2)$, Q, A$(2, 0)$, D の図

$y=-x+2$ に $y=0$ を代入して　$x=2$
よって　A$(2, 0)$　また　B$(0, 2)$
$y=-2x+p$ が A$(2, 0)$ を通るとき　$0=-4+p$
よって　$p=4$
$y=-2x+p$ が B$(0, 2)$ を通るとき　$2=0+p$
よって　$p=2$

Qのx座標，y座標はともに0以上であるから，
$2\leqq p\leqq 4$ のとき，Qは両端を含む線分AB上にある。
(2) $\triangle$QAC$=\triangle$QBD より　$\triangle$OAB$=\triangle$OCD
よって　$\dfrac{1}{2}$OA$\times$OB$=\dfrac{1}{2}$OC$\times$OD
$y=-2x+p$ に $y=0$ を代入して　$x=\dfrac{1}{2}p$
よって　C$\left(\dfrac{1}{2}p, 0\right)$
したがって　$2\times 2=\dfrac{1}{2}p\times p$　　$p^2=8$
　　　　$p=\pm 2\sqrt{2}$　　$2\leqq p\leqq 4$ より　$p=2\sqrt{2}$

▶本冊 p.32

81 (1) A$\left(\dfrac{16}{5}, \dfrac{12}{5}\right)$, $\triangle$ABC$=\dfrac{36}{5}$

(2) $t=3$, $\triangle$PQR$=\dfrac{81}{5}$

(3) $t=4$, P$(8, 4)$

解説

(1) $\begin{cases} y=2x-4 \\ y=-\dfrac{1}{2}x+4 \end{cases}$ を解いて

　$2x-4=-\dfrac{1}{2}x+4$　　$\dfrac{5}{2}x=8$　　$x=\dfrac{16}{5}$
また　$y=2\times\dfrac{16}{5}-4=\dfrac{12}{5}$
よって　A$\left(\dfrac{16}{5}, \dfrac{12}{5}\right)$
また，B$(2, 0)$, C$(8, 0)$ であるから
　$\triangle$ABC$=\dfrac{1}{2}\times(8-2)\times\dfrac{12}{5}=\dfrac{36}{5}$

(2) 直線 ℓ と直線②の交点をSとすると，
$\triangle$ABC∽$\triangle$SQC で
$\triangle$ABC：$\triangle$SQC$=1:\dfrac{1}{4}=4:1$
辺の比は　BC：QC$=\sqrt{4}:\sqrt{1}=2:1$
　よって，Qは辺BCの中点であるから
　$2+t=\dfrac{2+8}{2}$　　よって　$t=3$
D$(0, 4)$, E$(0, 4+t)$ とすると，CD∥REより
OC：OR$=$OD：OE$=4:(4+t)=4:7$
よって　$8:$OR$=4:7$　　4OR$=56$　　OR$=14$
$\triangle$ABC∽$\triangle$PQRで，相似比は
　BC：QR$=(8-2):\{14-(2+t)\}=6:9=2:3$
面積比は　$\triangle$ABC：$\triangle$PQR$=2^2:3^2=4:9$
よって　$\triangle$PQR$=\dfrac{9}{4}\triangle$ABC$=\dfrac{9}{4}\times\dfrac{36}{5}=\dfrac{81}{5}$

本冊p.32の解答　35

(3) ∠PQCはつねに鋭角であり，
　$0<t<6$ のとき　∠QPC<∠QPR=90°
　$t>6$ のとき　∠QPC<∠QPE=90°
　よって，△PQCが直角三角形となるのは，
　∠QCP=90°のときに限る。このとき
　　（点Pのx座標）=（点Cのx座標）=8
　また，PC=ED=t であるから，P(8, t) となる。
　直線QPの傾きは2であるから
　　$\dfrac{t-0}{8-(2+t)}=2$　　$t=2(6-t)$　　$3t=12$
　よって，$t=4$，P(8, 4) となる。

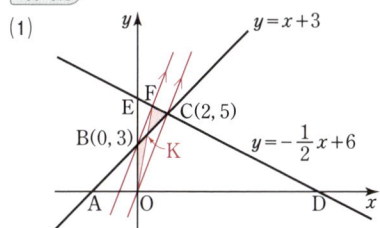

▶本冊p.32
82 (1) $F\left(1, \dfrac{11}{2}\right)$　　(2) $P\left(\dfrac{1}{2}, \dfrac{7}{2}\right)$

【解説】
(1)
$\begin{cases} y=x+3 \\ y=-\dfrac{1}{2}x+6 \end{cases}$ を解いて

　$x+3=-\dfrac{1}{2}x+6$　　$\dfrac{3}{2}x=3$　　$x=2$

また　$y=2+3=5$　　よって　C(2, 5)
$y=x+3$ と直線OFの交点をKとする。
（四角形ODCBの面積）=△ODF より
　　△OBK=△CFK
よって　OC∥BF
直線OC：$y=\dfrac{5}{2}x$ であるから
直線BF：$y=\dfrac{5}{2}x+3$

$\begin{cases} y=-\dfrac{1}{2}x+6 \\ y=\dfrac{5}{2}x+3 \end{cases}$ を解いて

　$-\dfrac{1}{2}x+6=\dfrac{5}{2}x+3$　　$-3x=-3$　　$x=1$

また　$y=\dfrac{5}{2}\times 1+3=\dfrac{11}{2}$　よって　$F\left(1, \dfrac{11}{2}\right)$

(2) P(p, $p+3$) とおくと　（Sのy座標）=$p+3$
$y=-\dfrac{1}{2}x+6$ に $y=p+3$ を代入して
　$p+3=-\dfrac{1}{2}x+6$　　$\dfrac{1}{2}x=3-p$　　$x=6-2p$
よって　S($6-2p$, $p+3$)

また，Q(p, 0) であるから　PQ=$p+3$
PS=$6-2p-p=6-3p$
（四角形PQRSの面積）=$(p+3)(6-3p)=\dfrac{63}{4}$
　$3(p+3)(2-p)=\dfrac{63}{4}$　　$(p+3)(2-p)=\dfrac{21}{4}$
　$2p-p^2+6-3p=\dfrac{21}{4}$　　$p^2+p-\dfrac{3}{4}=0$
　$\left(p-\dfrac{1}{2}\right)\left(p+\dfrac{3}{2}\right)=0$　　$p=\dfrac{1}{2}, -\dfrac{3}{2}$
$0<p<2$ より　$p=\dfrac{1}{2}$　　よって　$P\left(\dfrac{1}{2}, \dfrac{7}{2}\right)$

▶本冊p.32
83 (1) -3　　(2) $b=\dfrac{3}{5}$
　　(3) $a=\dfrac{1}{3}$

【解説】
(1) $y=-2x-2$ に $y=4$ を代入して　$4=-2x-2$
　$x=-3$　よって　B(-3, 4)
　（Cのx座標）=（Bのx座標）=-3

(2) $y=x+b$ に $x=-3$ を代入して　$y=-3+b$
　よって　C(-3, $-3+b$)
　（Cのy座標）=（Dのy座標）であるから，
　$y=-2x-2$ に $y=-3+b$ を代入して
　　$-3+b=-2x-2$　　$2x=1-b$　　$x=\dfrac{1-b}{2}$
　よって　D$\left(\dfrac{1-b}{2}, -3+b\right)$
　（Dのx座標）=（Eのx座標）であるから，$y=x+b$
　に $x=\dfrac{1-b}{2}$ を代入して　$y=\dfrac{1-b}{2}+b=\dfrac{1+b}{2}$
　よって　$\dfrac{1+b}{2}=\dfrac{4}{5}$　　$1+b=\dfrac{8}{5}$　　$b=\dfrac{3}{5}$

(3) $y=ax$ に $x=-3$ を代入して　$y=-3a$
　よって　C(-3, $-3a$)
　（Cのy座標）=（Dのy座標）であるから，
　$y=-2x-2$ に $y=-3a$ を代入して
　　$-3a=-2x-2$　　$2x=3a-2$　　$x=\dfrac{3a-2}{2}$
　よって　D$\left(\dfrac{3a-2}{2}, -3a\right)$
　（Dのx座標）=（Eのx座標）であるから，$y=ax$ に
　$x=\dfrac{3a-2}{2}$ を代入して　$y=\dfrac{3a^2-2a}{2}$
　よって　$\dfrac{3a^2-2a}{2}=-\dfrac{1}{6}$　　$3(3a^2-2a)=-1$
　　$9a^2-6a+1=0$　　$(3a-1)^2=0$　　$3a-1=0$
　$a=\dfrac{1}{3}$

▶本冊 p.33
84 $y = \dfrac{4}{3}x - 4$

解説

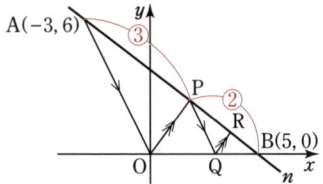

AP:PB=3:2 より

(点Pの x 座標) $= 5 - (5+3) \times \dfrac{2}{3+2} = 5 - \dfrac{16}{5} = \dfrac{9}{5}$

(点Pの y 座標) $= 6 \times \dfrac{2}{3+2} = \dfrac{12}{5}$

よって (直線OPの傾き) $= \dfrac{\dfrac{12}{5}}{\dfrac{9}{5}} = \dfrac{4}{3}$

また,OQ:QB=AP:PB=3:2 であるから

(点Qの x 座標) $= 5 \times \dfrac{3}{3+2} = 3$

QR∥OPより,直線QRの傾きは $\dfrac{4}{3}$ であるから,

$y = \dfrac{4}{3}x + b$ とおく。点Q(3, 0)を通るから

$0 = \dfrac{4}{3} \times 3 + b \quad b = -4$

よって,直線QRの式は $y = \dfrac{4}{3}x - 4$

▶本冊 p.33
85 (1) $y = -2x + 2$ (2) $P\left(\dfrac{2}{3}, \dfrac{2}{3}\right)$

(3) $\dfrac{4}{9}$ 倍

解説

(1) (直線ABの傾き)=−2 であるから
  直線AB:$y = -2x + 2$

(2) (直線BCの傾き)=1 であるから
  直線BC:$y = x + 2$
  (直線CDの傾き)=−2 であるから
  直線CD:$y = -2x - 4$
  (直線ADの傾き)=4 であるから
  直線AD:$y = 4x - 4$
  P(p, −2p+2)とおくと (Qの y 座標)=−2p+2
  $y = x + 2$ に $y = -2p + 2$ を代入して
   $-2p + 2 = x + 2 \quad x = -2p$
  よって Q(−2p, −2p+2)
  (Rの x 座標)=−2p であるから,$y = -2x - 4$ に
  $x = -2p$ を代入して

$y = -2 \times (-2p) - 4 = 4p - 4$

よって R(−2p, 4p−4)

したがって S(p, 4p−4)

正方形となるのは,PQ=PS となるときであるから

 $p - (-2p) = (-2p + 2) - (4p - 4)$

$3p = -6p + 6 \quad 9p = 6 \quad p = \dfrac{2}{3}$

$-2p + 2 = -2 \times \dfrac{2}{3} + 2 = \dfrac{2}{3}$ よって $P\left(\dfrac{2}{3}, \dfrac{2}{3}\right)$

(3) PQ $= 3 \times \dfrac{2}{3} = 2$

(正方形PQRSの面積)$= 2 \times 2 = 4$

(四角形ABCDの面積)$= \dfrac{1}{2} \times AC \times BD$

$= \dfrac{1}{2} \times 3 \times 6 = 9$

$\dfrac{(正方形PQRSの面積)}{(四角形ABCDの面積)} = \dfrac{4}{9}$ (倍)

入試メモ 1次関数を扱った入試問題は,座標を文字(パラメータ)でおき,将棋倒しの要領で,次々と座標を文字で表して,図形として処理する問題が多い。しっかり慣れておこう。

▶本冊 p.33
86 (1) $D\left(-\dfrac{6}{7}, -\dfrac{16}{7}\right)$,面積は $\dfrac{22}{7}$

(2) $P\left(-\dfrac{5}{8}, 0\right)$ (3) $\dfrac{712}{147}\pi$

解説

(1) B(0, −4) であるから C(0, −2)

よって 直線n:$y = \dfrac{1}{3}x - 2$

$\begin{cases} y = -2x - 4 \\ y = \dfrac{1}{3}x - 2 \end{cases}$ を解いて

$-2x - 4 = \dfrac{1}{3}x - 2 \quad -\dfrac{7}{3}x = 2 \quad x = -\dfrac{6}{7}$

また $y = -2 \times \left(-\dfrac{6}{7}\right) - 4 = -\dfrac{16}{7}$

よって $D\left(-\dfrac{6}{7}, -\dfrac{16}{7}\right)$

$y = -2x - 4$ に $y = 0$ を代入して $0 = -2x - 4$
 $x = -2$ よって A(−2, 0)

(四角形OADCの面積)=△OAB−△CDB

$= \dfrac{1}{2} \times 4 \times 2 - \dfrac{1}{2} \times 2 \times \dfrac{6}{7} = 4 - \dfrac{6}{7} = \dfrac{22}{7}$

本冊 p.34 の解答　37

(2) P(p, 0)とおく。題意より $-2<p<0$ である。
$\triangle \text{ADP} = \dfrac{1}{2} \times (p+2) \times \dfrac{16}{7} = \dfrac{22}{7} \times \dfrac{1}{2}$
$16(p+2) = 22$　　$16p+32=22$　　$16p=-10$
$p = -\dfrac{5}{8}$（適する）　よって　P$\left(-\dfrac{5}{8}, 0\right)$

(3) （求める回転体の体積）
$= \dfrac{1}{3} \times \pi \times 2^2 \times 4$
$\quad - \dfrac{1}{3} \times \pi \times \left(\dfrac{6}{7}\right)^2 \times 2$
$= \dfrac{16}{3}\pi - \dfrac{72}{49 \times 3}\pi$
$= \dfrac{16 \times 49 - 72}{49 \times 3}\pi$
$= \dfrac{784-72}{147}\pi = \dfrac{712}{147}\pi$

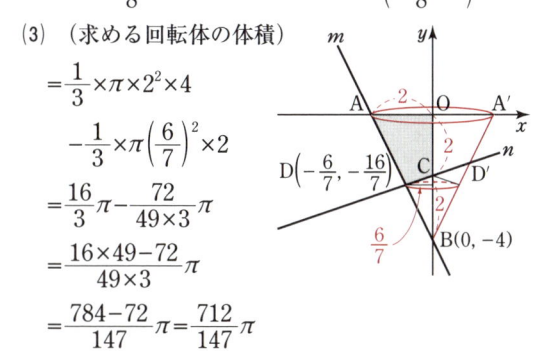

▶ 本冊 p.34
87 (1) 毎分70m　(2) $y = -60x + 4200$
(3) ① 2分後　② $a = 900$
(4) 52.5

解説
(1) 姉が鉄塔まで歩くのにかかった時間は35分であるから，弟が鉄塔まで歩くのにかかった時間は
$35 - 5 = 30$（分）
$2100 \div 30 = 70$（m/分）

(2) 2点(35, 2100)，(70, 0)を通る直線の式を求める。
（傾き）$= \dfrac{0-2100}{70-35} = -\dfrac{2100}{35} = -60$
よって　$y = -60x + b$
(70, 0)を通るから　$0 = -60 \times 70 + b$　$b = 4200$
よって　$y = -60x + 4200$

(3) ① 2点(30, 2100)，(70, 100)を通る直線の式を求める。 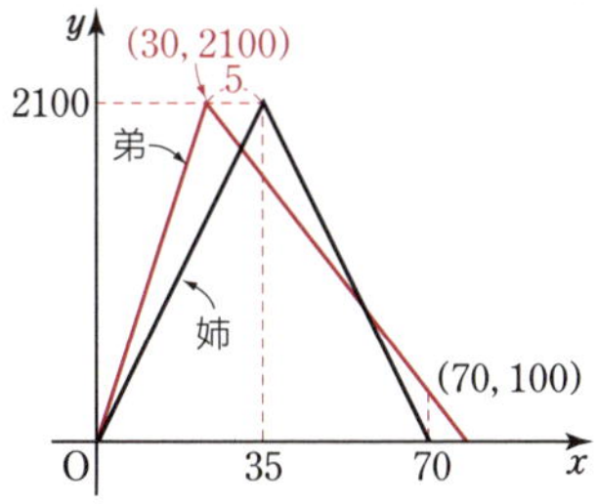
（傾き）
$= \dfrac{100-2100}{70-30}$
$= -\dfrac{2000}{40} = -50$　よって　$y = -50x + k$
(70, 100)を通るから
$100 = -50 \times 70 + k$　　$k = 3600$
よって　$y = -50x + 3600$

この式に $y=0$ を代入して　$0 = -50x + 3600$
$50x = 3600$　　$x = 72$
$72 - 70 = 2$ より　2分後

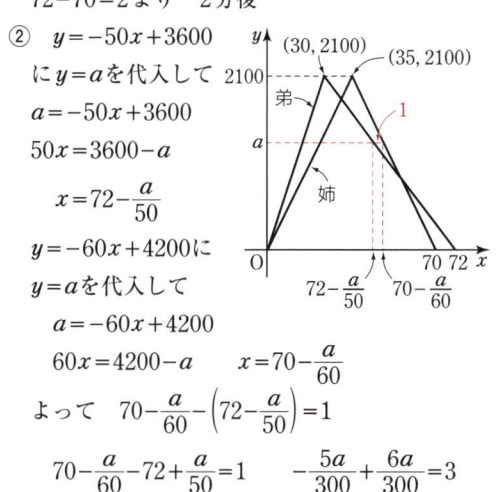

② $y = -50x + 3600$ に $y=a$ を代入して
$a = -50x + 3600$
$50x = 3600 - a$
$x = 72 - \dfrac{a}{50}$
$y = -60x + 4200$ に
$y=a$ を代入して
$a = -60x + 4200$
$60x = 4200 - a$　$x = 70 - \dfrac{a}{60}$
よって　$70 - \dfrac{a}{60} - \left(72 - \dfrac{a}{50}\right) = 1$
$70 - \dfrac{a}{60} - 72 + \dfrac{a}{50} = 1$　　$-\dfrac{5a}{300} + \dfrac{6a}{300} = 3$
$\dfrac{a}{300} = 3$　　$a = 900$

(4) 2点(30, 2100)，(70, 0)を通る直線の傾きを求めて
（傾き）$= \dfrac{0-2100}{70-30} = \dfrac{-2100}{40} = -\dfrac{105}{2} = -52.5$
ダイヤグラムの傾きは「速さ」を表し，正の数で表されるのは，基準地点から遠ざかっているとき，負の数で表されるのは，近づいているときであるから，弟が姉と同時に家に着くために必要な速さは，毎分52.5mである。
姉は毎分60mで歩いているから　$52.5 < b < 60$

▶ 本冊 p.34
88 (1) 時速60km，6時20分
(2) 6時3分　(3) $\dfrac{44}{21}$分

解説
(1) 電車Aが12分間，電車Bが8分間，同じ速さで走った距離は，合わせて20kmであるから 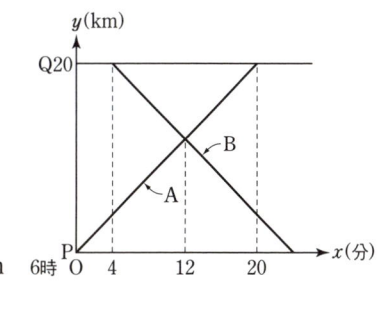
$20 \div (12+8) = 1$（km/分）
これを時速に換算して　60（km/時）
また　$20 \div 1 = 20$（分）　よって　6時20分

(2) 特急電車Cが6時a分にP駅を出発したとする。また，特急電車Cは分速2kmである。
6時x分にP駅から$y$kmの地点にそれぞれの電車がいるとする。

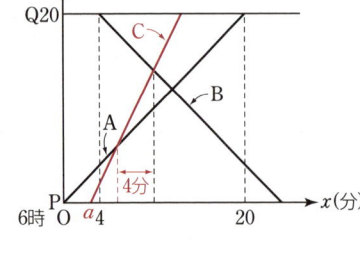

A：$y=x$
B：$y=-x+24$
C：$y=2x-2a$

$\begin{cases} y=2x-2a \\ y=x \end{cases}$ を解いて

$2x-2a=x$ $x=2a$

特急電車Cが電車Aに追いつくのは　6時$2a$分

$\begin{cases} y=2x-2a \\ y=-x+24 \end{cases}$ を解いて

$2x-2a=-x+24$　$3x=2a+24$　$x=\dfrac{2}{3}a+8$

特急電車Cが電車Bと出会うのは　6時$\dfrac{2}{3}a+8$(分)

$2a+4=\dfrac{2}{3}a+8$　$6a+12=2a+24$

$4a=12$　よって　$a=3$

特急電車CがP駅を出発したのは，6時3分。

(3) 通常の特急電車Cの式は $y=2x-2a$ に $a=3$ を代入して 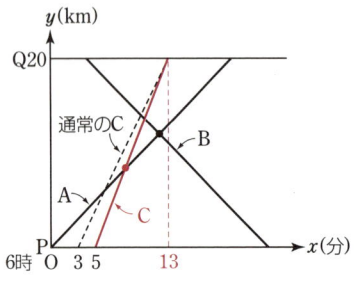
$y=2x-6$
$y=20$ を代入して
$20=2x-6$　$2x=26$　$x=13$

2点$(5, 0)$，$(13, 20)$を通る直線の式を求める。

(傾き)$=\dfrac{20-0}{13-5}=\dfrac{20}{8}=\dfrac{5}{2}$

よって，$y=\dfrac{5}{2}x+b$とおく。$(5, 0)$を通るから

$0=\dfrac{25}{2}+b$ より　$b=-\dfrac{25}{2}$

よって　$y=\dfrac{5}{2}x-\dfrac{25}{2}$

$\begin{cases} y=\dfrac{5}{2}x-\dfrac{25}{2} \\ y=x \end{cases}$ を解いて

$\dfrac{5}{2}x-\dfrac{25}{2}=x$　$5x-25=2x$

$3x=25$　$x=\dfrac{25}{3}$

$\begin{cases} y=\dfrac{5}{2}x-\dfrac{25}{2} \\ y=-x+24 \end{cases}$ を解いて

$\dfrac{5}{2}x-\dfrac{25}{2}=-x+24$　$5x-25=-2x+48$

$7x=73$　$x=\dfrac{73}{7}$

よって　$\dfrac{73}{7}-\dfrac{25}{3}=\dfrac{219}{21}-\dfrac{175}{21}=\dfrac{44}{21}$(分)

▶本冊 $p.35$

89 (1) $y=6x$　　(2) $12-2x$(cm)

(3) $y=-3x+27$　　(4) $x=\dfrac{4}{3}$

解説

(1) PがAB上にあるのは，$0<x\leqq 3$のとき。
$y=\dfrac{1}{2}\times 2x\times 6$ より
$y=6x$

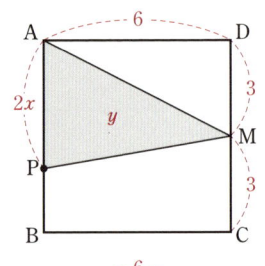

(2) PがBC上にあるのは，$3<x\leqq 6$のとき。
AB+BP=$2x$であるから
PC=AB+BC$-$(AB+BP)
$=6+6-2x$
$=12-2x$(cm)

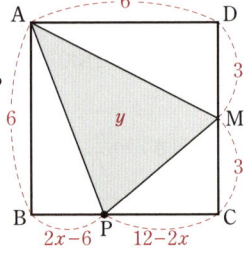

(3) BP=$2x-6$である。
△AMP=(正方形ABCDの面積)$-$(△ABP+△PCM+△ADM)
であるから
$y=6\times 6-\left\{\dfrac{6(2x-6)}{2}+\dfrac{3(12-2x)}{2}+\dfrac{6\times 3}{2}\right\}$
$y=36-(6x-18+18-3x+9)$
$y=-3x+27$

(4) $y=6x$に$y=8$を代入して　$8=6x$　$x=\dfrac{4}{3}$
変域は$0<x\leqq 3$であるから，適する。
$y=-3x+27$に$y=8$を代入して　$8=-3x+27$
$3x=19$　$x=\dfrac{19}{3}$
変域は$3<x\leqq 6$であるから不適当。
よって，$y=8$となるとき　$x=\dfrac{4}{3}$

▶本冊 p.35

90 (1) ① $y=-3x+64$, $16 \leqq x < \dfrac{64}{3}$

② $y=3x-64$, $\dfrac{64}{3} < x \leqq 28$

(2) 20秒後と $\dfrac{68}{3}$ 秒後

解説

(1) PがBに着くのは8秒後，Cに着くのは32秒後。
QがCに着くのは16秒後，Bに着くのは28秒後。
PとQが重なるのは
$(4+12+4+12) \div (0.5+1) = \dfrac{64}{3}$ (秒後)
よって，PとQが重なる前に2点がBC上にあるのは $16 \leqq x < \dfrac{64}{3}$
PとQが重なった後に2点がBC上にあるのは
$\dfrac{64}{3} < x \leqq 28$

①

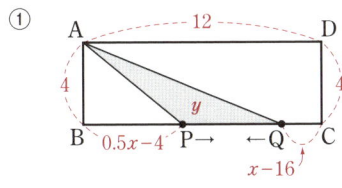

BP=0.5x−4, CQ=x−16であるから
PQ = 12−(0.5x−4)−(x−16)
  = 12−0.5x+4−x+16 = 32−1.5x
よって $y = \dfrac{1}{2} \times (32-1.5x) \times 4$
  $y = -3x+64$ $\left(16 \leqq x < \dfrac{64}{3}\right)$

②

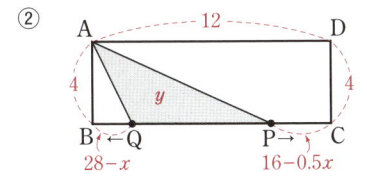

CP=16−0.5x, BQ=28−x であるから
PQ = 12−(16−0.5x)−(28−x)
  = 12−16+0.5x−28+x = 1.5x−32
よって $y = \dfrac{1}{2} \times (1.5x-32) \times 4$
  $y = 3x-64$ $\left(\dfrac{64}{3} < x \leqq 28\right)$

(2) $y=-3x+64$ に $y=4$ を代入して
  $4=-3x+64$　$3x=60$　$x=20$（適する）
$y=3x-64$ に $y=4$ を代入して
  $4=3x-64$　$3x=68$　$x=\dfrac{68}{3}$（適する）
よって，20秒後と $\dfrac{68}{3}$ 秒後。

▶本冊 p.35

91 (1) $y=2x^2-12x+36$　(2) 14cm^2

(3)

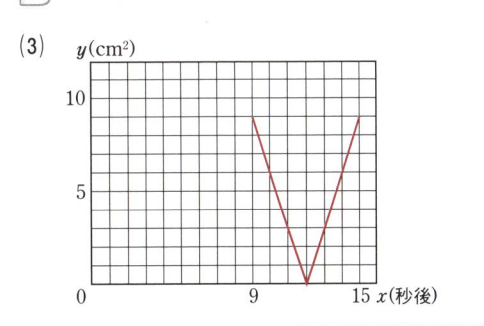

解説

(1) 点PがAB上にあるとき $0 < x \leqq 6$
（長方形ABCDの面積）
  $=6 \times 12 = 72$
（台形ABQRの面積）
  $=\dfrac{1}{2} \times 72 = 36$
△APR $= \dfrac{1}{2} \times x(12-2x) = 6x-x^2$
△BPQ $= \dfrac{1}{2} \times 2x(6-x) = 6x-x^2$
△PQR $= 36-(6x-x^2) \times 2$
よって △PQR $= 2x^2-12x+36$

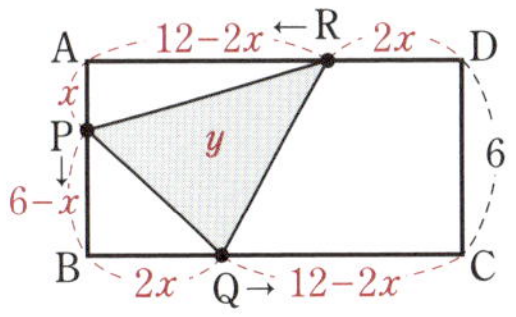

(2) $x=8$ のとき 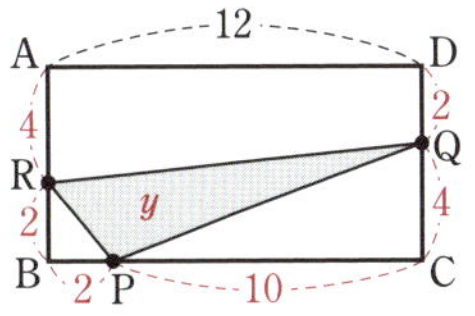
AB+BP=8 より
  BP=2
BC+CQ=16 より
  CQ=4
DA+AR=16 より AR=4
△PQR $= \dfrac{1}{2} \times (2+4) \times 12 - \dfrac{1}{2} \times 2 \times 2 - \dfrac{1}{2} \times 10 \times 4$
  $= 36-2-20 = 14 \text{(cm}^2\text{)}$

(3) $9 \leqq x \leqq 15$ のとき
点PはBC上，点QはDA上，点RはBC上にある。
点Rが点Pに追いつく前と後で変域を2つに分ける。12秒後に点Rは点Pに追いつくので

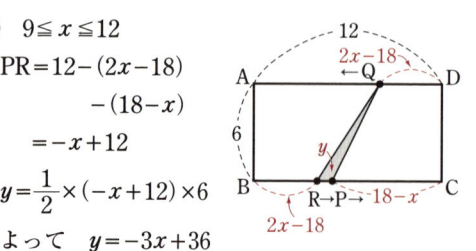

(i) $9 \leqq x \leqq 12$
 $PR = 12 - (2x-18)$
 $ -(18-x)$
 $ = -x + 12$
 $y = \dfrac{1}{2} \times (-x+12) \times 6$
 よって $y = -3x + 36$

(ii) $12 \leqq x \leqq 15$
 $PR = 12 - (x-6)$
 $ -(30-2x)$
 $ = x - 12$
 $y = \dfrac{1}{2} \times (x-12) \times 6$
 よって $y = 3x - 36$

以上より，グラフに表すと解答のようになる。

入試メモ 動点問題は，動点が動く辺を変えるところで変域を区切って処理する。1つの変域について，1つ1つ異なる式が対応することに注意しよう。

8 2乗に比例する関数

▶本冊 p.36
[92] $-9 \leqq y \leqq 0$

解説
 $y = -x^2$ に，変域の両端のうち絶対値の大きい方，$x=3$ を代入して $y = -3^2 = -9$
 $-2 \leqq x \leqq 3$ で，$x=0$ のときこの関数の最大値となるので，$y = -x^2$ に $x=0$ を代入して $y=0$
 よって $-9 \leqq y \leqq 0$

▶本冊 p.36
[93] (1) -2 (2) $a = \dfrac{1}{2}$

解説
(1) $y = -\dfrac{1}{4}x^2$ に $x=2$ を代入して $y = -1$
 $y = -\dfrac{1}{4}x^2$ に $x=6$ を代入して $y = -9$
 (変化の割合)$= \dfrac{-9-(-1)}{6-2} = \dfrac{-8}{4} = -2$

(2) $y = ax^2$ に $x=2$ を代入して $y = 4a$
 $y = ax^2$ に $x=4$ を代入して $y = 16a$
 (変化の割合)$= \dfrac{16a-4a}{4-2} = \dfrac{12a}{2} = 6a$
 よって $6a = 3$ $a = \dfrac{1}{2}$

パワーアップ

$y = ax^2$ において，x の値が p から q まで増加するときの**変化の割合**は，$a(p+q)$ と表される。
[93](1)に用いると
 (変化の割合)$= -\dfrac{1}{4} \times (2+6) = -2$

▶本冊 p.36
[94] $a = \dfrac{4}{3}$

解説
 $y = ax^2$ に $x=-1$ を代入して $y = a$
 よって $A(-1, a)$
 $y = ax^2$ に $x=3$ を代入して $y = 9a$
 よって $B(3, 9a)$
 A，B から x 軸に垂線 AA′，BB′ をひく。

△OAB＝四角形AA′B′B－(△AA′O＋△BOB′)
$=\frac{1}{2}(a+9a)\{3-(-1)\}-\left(\frac{1}{2}\times 1\times a+\frac{1}{2}\times 3\times 9a\right)$
$=20a-14a=6a$
$6a=8$ $a=\frac{4}{3}$

▶本冊 p.36

95 $a=1$, $\frac{\sqrt{2}}{2}$

解説

$\begin{cases} y=a^2x^2 \\ y=ax+2 \end{cases}$ を解いて

$a^2x^2=ax+2$ $a^2x^2-ax-2=0$
$(ax-2)(ax+1)=0$ $x=\frac{2}{a}, -\frac{1}{a}$

よって，$a>0$ より   A$\left(-\frac{1}{a}, 1\right)$, B$\left(\frac{2}{a}, 4\right)$

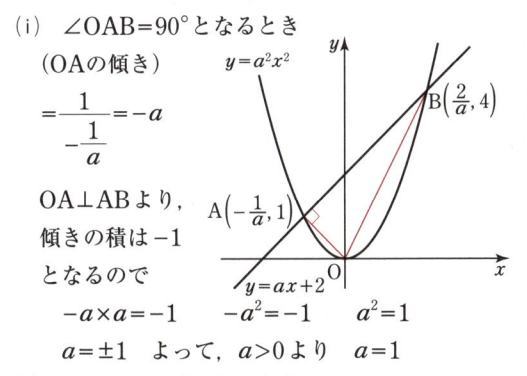

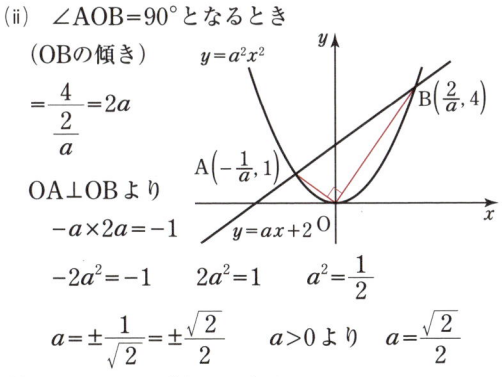

(i) ∠OAB＝90°となるとき
  (OAの傾き)
  $=\frac{1}{-\frac{1}{a}}=-a$

  OA⊥ABより，
  傾きの積は−1
  となるので
  $-a\times a=-1$ $-a^2=-1$ $a^2=1$
  $a=\pm 1$ よって，$a>0$ より $a=1$

(ii) ∠AOB＝90°となるとき
  (OBの傾き)
  $=\frac{4}{\frac{2}{a}}=2a$

  OA⊥OBより
  $-a\times 2a=-1$
  $-2a^2=-1$ $2a^2=1$ $a^2=\frac{1}{2}$
  $a=\pm\frac{1}{\sqrt{2}}=\pm\frac{\sqrt{2}}{2}$ $a>0$ より $a=\frac{\sqrt{2}}{2}$

(iii) ∠ABO＝90°となるとき
  AB⊥OBより $a\times 2a=-1$ $2a^2=-1$
  これを満たす数 a は存在しない。

▶本冊 p.37

96 (1) $y=-x+8$ (2) C(12, 36)
    (3) 1:5   (4) $y=7x$

解説

(1) 直線OA：$y=x$

  $\begin{cases} y=\frac{1}{4}x^2 \\ y=x \end{cases}$ を解いて

  $\frac{1}{4}x^2=x$
  $x^2=4x$
  $x^2-4x=0$
  $x(x-4)=0$ $x=0, 4$ よって   A(4, 4)

  直線AB：$y=-x+b$ とおく。A(4, 4)を通るから
  $4=-4+b$ $b=8$
  よって   直線AB：$y=-x+8$

(2) $\begin{cases} y=\frac{1}{4}x^2 \\ y=-x+8 \end{cases}$ を解いて

  $\frac{1}{4}x^2=-x+8$ $x^2=-4x+32$ $x^2+4x-32=0$
  $(x+8)(x-4)=0$ $x=-8, 4$
  よって   B(−8, 16)

  直線BC：$y=x+k$ とおく。B(−8, 16)を通るから
  $16=-8+k$ $k=24$
  よって   直線BC：$y=x+24$

  $\begin{cases} y=\frac{1}{4}x^2 \\ y=x+24 \end{cases}$ を解いて

  $\frac{1}{4}x^2=x+24$ $x^2=4x+96$ $x^2-4x-96=0$
  $(x+8)(x-12)=0$ $x=-8, 12$
  よって   C(12, 36)

(3) OA∥BCであるから
  △OAB：△ABC
  ＝OA：BC
  3点A, B, Cからx軸に垂線AA′, BB′, CC′をひく。
  OA：BC
  ＝OA′：B′C′＝4：(12+8)＝4：20＝1：5

(4) OAの中点をLとおくと   L(2, 2)
  BCの中点をNとおくと, N$\left(\frac{-8+12}{2}, \frac{16+36}{2}\right)$
  より   N(2, 26)
  LNの中点をMとおくと, M$\left(2, \frac{2+26}{2}\right)$ より
  M(2, 14)

求める直線はOMだから，$y=\dfrac{14}{2}x$ より $y=7x$

パワーアップ

台形は上底の中点と下底の中点を結んだ線分の中点を通り，上底と下底を通過する直線により，その面積が2等分される。

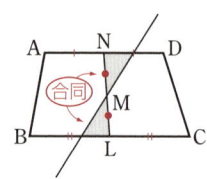

▶本冊 p.37

97 (1) $p=-2$ (2) $\dfrac{44}{7}$

▶本冊 p.37

98 (1) $a=\dfrac{1}{2}$ (2) $D\left(\dfrac{1}{2},\ \dfrac{1}{2}\right)$

(3) $\dfrac{1\pm\sqrt{3}}{2}$, $\dfrac{1\pm\sqrt{15}}{2}$

解説

(1) OA：BC=1：3
  より BC=3OA
  これより
  （Cのx座標）
  －（Bのx座標）
  ＝3×（Aのx座標）
  ＝3×2
  ＝6 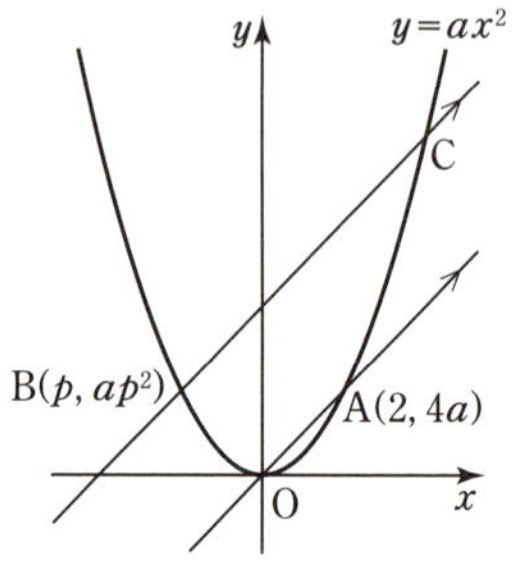
  よって （Cのx座標）＝$p+6$
  BC∥OAより，傾きは等しいから
  $\dfrac{a(p+6)^2-ap^2}{6}=\dfrac{4a}{2}$
  $a\neq 0$より $(p+6)^2-p^2=12$ $12p+36=12$
  $12p=-24$ よって $p=-2$

(2) $a=-p=2$ よって A(2, 8)，B(−2, 8)
  （Cのx座標）＝$p+6=4$ より，y座標は
  $y=2\times 4^2=32$ よって C(4, 32)
  OA∥BCであるから
   △OAC：△OBC=OA：BC=1：3
  よって，線分OBを1：2に内分する点をRとすると，直線CRは台形OACBの面積を2等分する。
  （Rのx座標）
   $=-2\times\dfrac{1}{3}=-\dfrac{2}{3}$
  （Rのy座標）
   $=8\times\dfrac{1}{3}=\dfrac{8}{3}$
  よって $R\left(-\dfrac{2}{3},\ \dfrac{8}{3}\right)$ 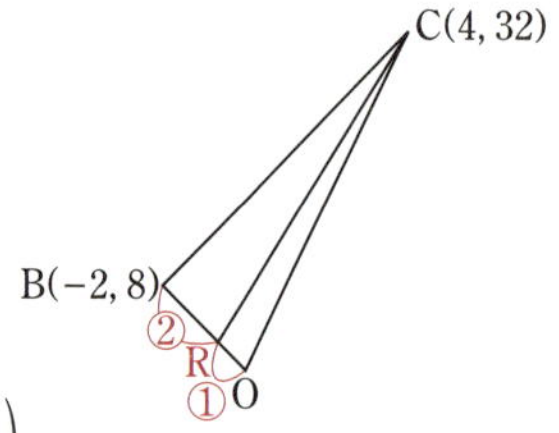
  （直線CRの傾き）＝$\dfrac{32-\dfrac{8}{3}}{4+\dfrac{2}{3}}=\dfrac{96-8}{12+2}=\dfrac{88}{14}=\dfrac{44}{7}$

解説

(1) （直線ABの傾き）
   $=\dfrac{4a-a}{2-(-1)}=\dfrac{1}{2}$
   $\dfrac{3a}{3}=\dfrac{1}{2}$
   $a=\dfrac{1}{2}$

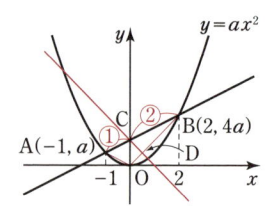

(2) BD：DO＝p：q とおくと
   $\dfrac{\triangle BCD}{\triangle OAB}=\dfrac{2}{3}\times\dfrac{p}{p+q}=\dfrac{1}{2}$ $\dfrac{p}{p+q}=\dfrac{3}{4}$
   よって，BD：BO＝p：$(p+q)$＝3：4 より
   BD：DO＝3：1
   （Dのx座標）＝$2\times\dfrac{1}{4}=\dfrac{1}{2}$
   （Dのy座標）＝$2\times\dfrac{1}{4}=\dfrac{1}{2}$
   よって $D\left(\dfrac{1}{2},\ \dfrac{1}{2}\right)$

(3) 直線AB：$y=\dfrac{1}{2}x+1$

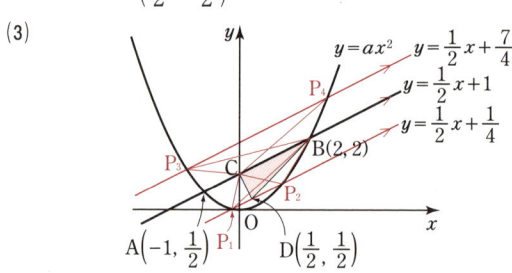

直線ABに平行で点$D\left(\dfrac{1}{2},\ \dfrac{1}{2}\right)$を通る直線の式は
$y=\dfrac{1}{2}x+\dfrac{1}{4}$

$\begin{cases} y=\dfrac{1}{2}x^2 \\ y=\dfrac{1}{2}x+\dfrac{1}{4} \end{cases}$

$\dfrac{1}{2}x^2=\dfrac{1}{2}x+\dfrac{1}{4}$ $2x^2=2x+1$

$2x^2-2x-1=0$ $x=\dfrac{1\pm\sqrt{1+2\times 1}}{2}=\dfrac{1\pm\sqrt{3}}{2}$

直線ABに平行で，切片が$1+\left(1-\dfrac{1}{4}\right)=\dfrac{7}{4}$である

直線は $y=\dfrac{1}{2}x+\dfrac{7}{4}$

$\begin{cases} y=\dfrac{1}{2}x^2 \\ y=\dfrac{1}{2}x+\dfrac{7}{4} \end{cases}$

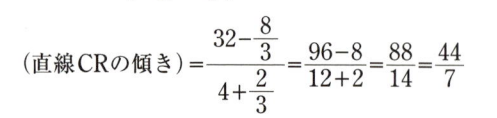

$\dfrac{1}{2}x^2 = \dfrac{1}{2}x + \dfrac{7}{4}$　　$2x^2 = 2x + 7$

$2x^2 - 2x - 7 = 0$　　$x = \dfrac{1 \pm \sqrt{1 + 2 \times 7}}{2} = \dfrac{1 \pm \sqrt{15}}{2}$

▶ 本冊 p.38

99 (1) $m = -\dfrac{\sqrt{2}}{2}$　　(2) $m = -2\sqrt{2}$

解説

(1) A の x 座標を $-3t\,(t>0)$ とおくと
B の x 座標は $2t$
C の y 座標は
$-1 \times (-3t) \times 2t$
$= 6t^2$
（**パワーアップ**参照） 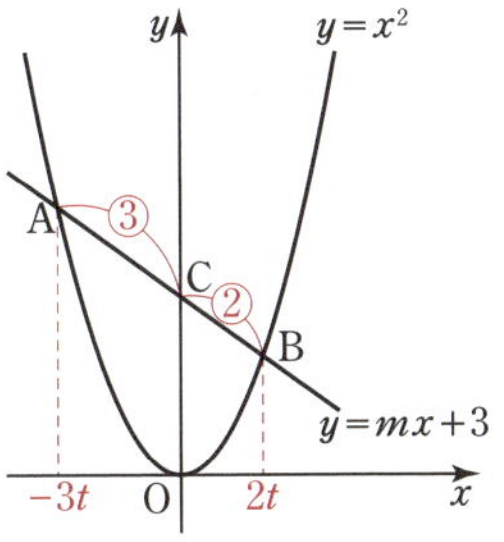
よって　$6t^2 = 3$
$t^2 = \dfrac{1}{2}$　　$t = \pm \dfrac{\sqrt{2}}{2}$　　$t > 0$ より　$t = \dfrac{\sqrt{2}}{2}$
m の値は　$1 \times (-3t + 2t) = -t$（同参照）
よって　$m = -\dfrac{\sqrt{2}}{2}$

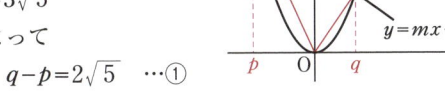

(2) A の x 座標を p, B の x 座標を q とおくと
△OAB
$= \dfrac{1}{2} \times (q-p) \times 3$
$= 3\sqrt{5}$
よって
　$q - p = 2\sqrt{5}$　…① 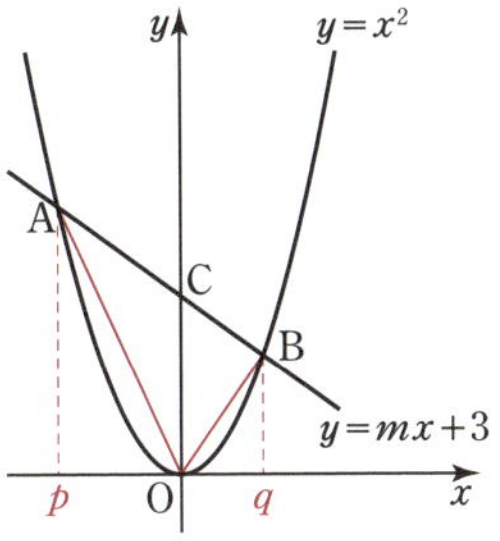
C の y 座標は　$-1 \times p \times q = 3$
よって　$pq = -3$　…②
ここで，$(q-p)^2 = (p+q)^2 - 4pq$ であるから，①，②を代入して　$(2\sqrt{5})^2 = (p+q)^2 + 4 \times 3$
$20 = (p+q)^2 + 12$　　$(p+q)^2 = 8$
$p + q = \pm 2\sqrt{2}$　　$m = 1 \times (p+q) = p+q$
$m < 0$ より　$m = -2\sqrt{2}$

・**パワーアップ**

放物線 $y = ax^2$ と 2 点 A, B で交わる直線 ℓ の式は，2 点 A, B の x 座標をそれぞれ p, q とすると，
$\ell : y = a(p+q)x - apq$
これは，a, p, q の正負に関わらず成り立つ公式で，難関校入試では必須のアイテムである。
以後 **解説** に用いる。

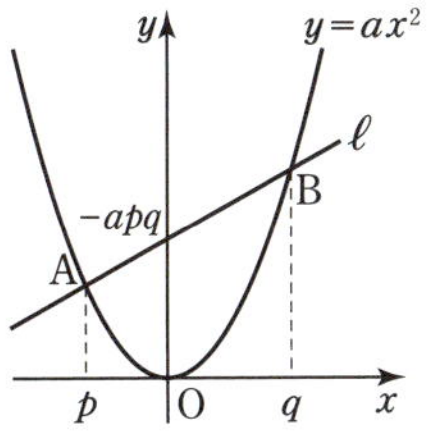

▶ 本冊 p.38

100 (1) $a = \dfrac{2\sqrt{3}}{5}$

(2) ① $4\,\mathrm{cm}$　　② $-\dfrac{4}{3}$

解説

(1) $BC = 2$ より
　$C(1, a)$
BC, EF と y 軸の交点を I, J とすると，△ABI は $30°$, $60°$, $90°$ の直角三角形であるから，3 辺の比は $1 : 2 : \sqrt{3}$ である。 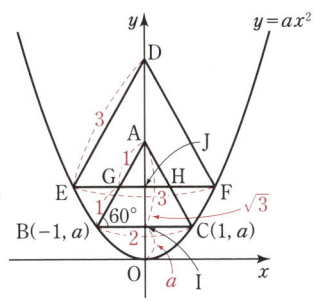
$AI = \sqrt{3}$ より　$IJ = \dfrac{\sqrt{3}}{2}$
また，$EF = 3$ より　$JF = \dfrac{3}{2}$
よって　$F\left(\dfrac{3}{2},\ a + \dfrac{\sqrt{3}}{2}\right)$
F は放物線 $y = ax^2$ 上の点であるから
$a + \dfrac{\sqrt{3}}{2} = \dfrac{9}{4}a$
$\dfrac{5}{4}a = \dfrac{\sqrt{3}}{2}$　　$a = \dfrac{\sqrt{3} \times 4}{2 \times 5} = \dfrac{2\sqrt{3}}{5}$

(2) ① $BC = 2t$, $EF = 3t\,(t>0)$ とすると
$C\left(t,\ \dfrac{\sqrt{3}}{5}t^2\right)$, $F\left(\dfrac{3}{2}t,\ \dfrac{9\sqrt{3}}{20}t^2\right)$

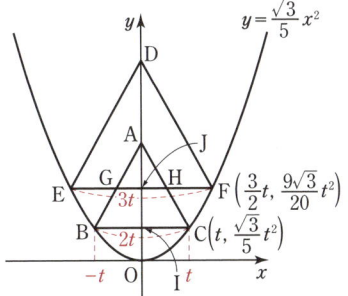

$AI = \sqrt{3}\,t$ であるから　$IJ = \dfrac{\sqrt{3}}{2}t$
よって　（J の y 座標）$= \dfrac{\sqrt{3}}{5}t^2 + \dfrac{\sqrt{3}}{2}t$
ゆえに　$\dfrac{9\sqrt{3}}{20}t^2 = \dfrac{\sqrt{3}}{5}t^2 + \dfrac{\sqrt{3}}{2}t$
$9\sqrt{3}\,t^2 = 4\sqrt{3}\,t^2 + 10\sqrt{3}\,t$
$5\sqrt{3}\,t^2 - 10\sqrt{3}\,t = 0$　　$t^2 - 2t = 0$
$t(t-2) = 0$　　$t = 0,\ 2$　　$t > 0$ より　$t = 2$
よって　$BC = 2 \times 2 = 4$

② ①より $F\left(3, \dfrac{9\sqrt{3}}{5}\right)$, $E\left(-3, \dfrac{9\sqrt{3}}{5}\right)$

ここで，
△ABC：△DEF
$=2^2:3^2=4:9$
であるから，図のように小さい正三角形に分割することができる。
頂点K，Lを図のようにとる。
(図形DEGBCHFの面積)$=12S$
とおくと，線分CPによって$6S$ずつに分かれる。
よって　△CPK$=S$
(四角形PLICの面積)$=4S$
△CKL：△CLI$=3:2$であるから
　△CKL$=3S$
よって　△CPK：△CPL$=S:2S=1:2$
したがって　KP：PL$=1:2$
また，DK：KP$=3:1$であるから
　DP：PE$=4:5$
よって　(Pのx座標)$=-3\times\dfrac{4}{9}=-\dfrac{4}{3}$

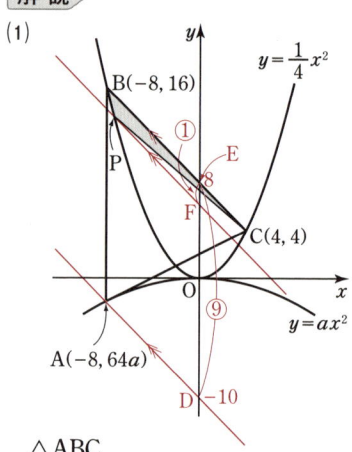

▶本冊p.38
[101] (1) $a=-\dfrac{\sqrt{2}}{2}$

(2) $y=\dfrac{\sqrt{2}}{2}x-\sqrt{2}$　　(3) $\sqrt{3}\,\pi$

解説
(1) $A(-2, 4a)$，$B(1, a)$と表せる。
　(OAの傾き)$=\dfrac{4a}{-2}=-2a$，(OBの傾き)$=\dfrac{a}{1}=a$
よって，$-2a\times a=-1$であるから　$a^2=\dfrac{1}{2}$
$a=\pm\dfrac{\sqrt{2}}{2}$　　$a<0$より　$a=-\dfrac{\sqrt{2}}{2}$

(2) 放物線と2点で交わる直線の公式にあてはめて
　$y=-\dfrac{\sqrt{2}}{2}\times(-2+1)x-\left(-\dfrac{\sqrt{2}}{2}\right)\times(-2)\times 1$
　$y=\dfrac{\sqrt{2}}{2}x-\sqrt{2}$

(3) $A(-2, -2\sqrt{2})$，$B\left(1, -\dfrac{\sqrt{2}}{2}\right)$より，三平方の定理を用いて
　$OA=\sqrt{2^2+(2\sqrt{2})^2}=\sqrt{4+8}=\sqrt{12}=2\sqrt{3}$
　$OB=\sqrt{1^2+\left(\dfrac{\sqrt{2}}{2}\right)^2}=\sqrt{1+\dfrac{2}{4}}=\sqrt{\dfrac{6}{4}}=\dfrac{\sqrt{6}}{2}$

(回転体の体積)
$=\dfrac{1}{3}\times\pi\times OB^2\times OA=\dfrac{1}{3}\times\pi\times\left(\dfrac{\sqrt{6}}{2}\right)^2\times 2\sqrt{3}$
$=\sqrt{3}\,\pi$

▶本冊p.39
[102] (1) $-\dfrac{1}{32}$　　(2) $-2-2\sqrt{7}$

解説
(1)
△ABC
$=\dfrac{1}{2}\times AB\times\{(Cの\,x\,座標)-(Bの\,x\,座標)\}$
$=\dfrac{1}{2}\times(16-64a)\times(4+8)=108$
$16-64a=18$　　$64a=-2$
よって　$a=-\dfrac{1}{32}$

(2) 直線BC：$y=\dfrac{1}{4}(-8+4)x-\dfrac{1}{4}\times(-8)\times 4$
$y=-x+8$　　…①
直線BCに平行な直線の式を$y=-x+b$とおく。
$A(-8, -2)$を通るとき
　$b=-10$
よって　直線AD：$y=-x-10$　　…②
①，②より，図のDEは18である。
△ABC：△PBC$=DE:FE=9:1$であるから，
$18\times\dfrac{1}{9}=2$より，切片$F(0, 6)$を通り①，②と平行な直線はPを通る。
$\begin{cases}y=\dfrac{1}{4}x^2\\y=-x+6\end{cases}$を解いて
　$\dfrac{1}{4}x^2=-x+6$　　$x^2=-4x+24$　　$x^2+4x-24=0$
　$x=-2\pm\sqrt{4+1\times 24}=-2\pm 2\sqrt{7}$
$-8<(pの\,x\,座標)<0$より　$x=-2-2\sqrt{7}$

本冊p.39の解答　45

▶ 本冊p.39

[103] (1) $a=\dfrac{1}{4}$　　(2) $y=\dfrac{3}{2}x+10$

(3) $\dfrac{1000}{3}\pi$　　(4) $7:3$

解説

(1) $y=ax^2$ が A$(-4, 4)$ を通るから
$$4=16a \quad a=\dfrac{1}{4}$$

(2) 直線AB : $y=\dfrac{1}{4}(-4+10)x-\dfrac{1}{4}\times(-4)\times 10$
$$y=\dfrac{3}{2}x+10$$

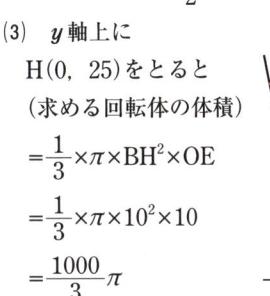

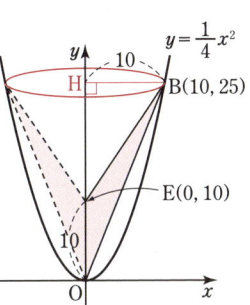

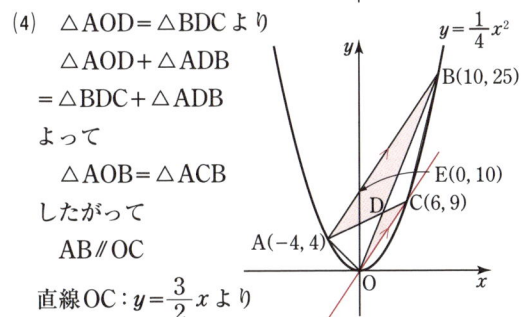

(3) y 軸上に
H$(0, 25)$ をとると
（求める回転体の体積）
$=\dfrac{1}{3}\times\pi\times BH^2\times OE$
$=\dfrac{1}{3}\times\pi\times 10^2\times 10$
$=\dfrac{1000}{3}\pi$

(4) △AOD＝△BDC より
△AOD＋△ADB
＝△BDC＋△ADB
よって
△AOB＝△ACB
したがって
AB∥OC
直線OC : $y=\dfrac{3}{2}x$ より
$\begin{cases} y=\dfrac{1}{4}x^2 \\ y=\dfrac{3}{2}x \end{cases}$ を解いて
$\dfrac{1}{4}x^2=\dfrac{3}{2}x \quad x^2=6x \quad x^2-6x=0$
$x(x-6)=0 \quad x=0, 6$
よって C$(6, 9)$
△ADB∽△CDO（2組の角がそれぞれ等しい）であるから
AB : CO ＝ $(10+4):(6-0)=14:6=7:3$
ここで　△BAD : △BDC ＝ AD : CD ＝ AB : CO
$=7:3$

▶ 本冊p.39

[104] (1) C$\left(-\dfrac{5}{2}, \dfrac{7}{2}\right)$

(2) $y=-\dfrac{1}{3}x+\dfrac{8}{3}$　　(3) $\dfrac{1}{6}$, $\dfrac{31}{6}$

解説

(1) $y=\dfrac{1}{2}x^2$ に $x=-1, 2$ を代入してA, Bの座標を求めると
A$\left(-1, \dfrac{1}{2}\right)$, B$(2, 2)$

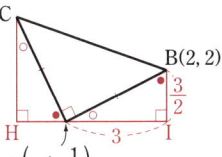

2点C, Bから y 軸に平行な直線をひき, 点Aを通り x 軸に平行な直線との交点をそれぞれH, I とおくと, △ACH≡△BAI（1組の辺とその両端の角がそれぞれ等しい）である。

AI＝$2-(-1)=3$, BI＝$2-\dfrac{1}{2}=\dfrac{3}{2}$ であるから

（Cの x 座標）＝$-1-\dfrac{3}{2}=-\dfrac{5}{2}$

（Cの y 座標）＝$\dfrac{1}{2}+3=\dfrac{7}{2}$

よって　C$\left(-\dfrac{5}{2}, \dfrac{7}{2}\right)$

(2) B$(2, 2)$, C$\left(-\dfrac{5}{2}, \dfrac{7}{2}\right)$ より

（直線BCの傾き）＝$\dfrac{2-\dfrac{7}{2}}{2+\dfrac{5}{2}}=\dfrac{-\dfrac{3}{2}}{\dfrac{9}{2}}=-\dfrac{1}{3}$

よって, 直線BC : $y=-\dfrac{1}{3}x+b$ とおく。

B$(2, 2)$ を通るから　$2=-\dfrac{2}{3}+b \quad b=\dfrac{8}{3}$

よって　直線BC : $y=-\dfrac{1}{3}x+\dfrac{8}{3}$

(3) △ABC＝△BCD より, BCに関して
DがAと同じ側にあるとき　BC∥AD
直線BCに平行で点Aを通る直線の式を
$y=-\dfrac{1}{3}x+k$ とおく。

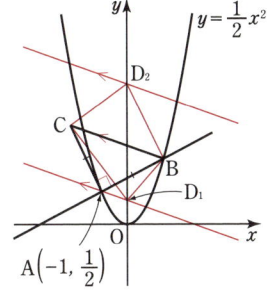

A$\left(-1, \dfrac{1}{2}\right)$ を通るから

$\dfrac{1}{2}=\dfrac{1}{3}+k \quad k=\dfrac{1}{6}$　よって　$y=-\dfrac{1}{3}x+\dfrac{1}{6}$

求める点Dの1つをD$_1$とすると　D$_1\left(0, \dfrac{1}{6}\right)$

また, $\dfrac{8}{3}-\dfrac{1}{6}=\dfrac{15}{6}=\dfrac{5}{2}$ であるから,

$y=-\dfrac{1}{3}x+\dfrac{8}{3}$ を y 軸方向に $\dfrac{5}{2}$ だけ平行移動した直線上に点Dをとっても, △ABC＝△BCDを満たす。このDをD$_2$とすると

$\dfrac{8}{3}+\dfrac{5}{2}=\dfrac{31}{6}$　よって　D$_2\left(0, \dfrac{31}{6}\right)$

▶本冊 p.40

105 (1) 6　　(2) $A(\sqrt{3}, 2)$
(3) $a = \dfrac{2}{3}$, $b = -\dfrac{4}{27}$

解説

(1) 放物線の対称性より，台形 ABDC は等脚台形である。A, B から DC に垂線 AH, BI をひく。 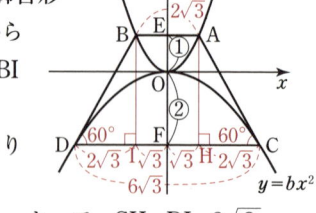
AB : CD = 1 : 3 より
　CD = $6\sqrt{3}$
AB = HI = $2\sqrt{3}$　　よって CH = DI = $2\sqrt{3}$
△BDI は 30°, 60°, 90°の直角三角形であるから，3 辺の比は 1 : 2 : $\sqrt{3}$
BI = $\sqrt{3}$ × DI = $\sqrt{3}$ × $2\sqrt{3}$ = 6　　EF = BI = 6

(2) EO : OF = 1 : 2 より　EO = 2, OF = 4
また, AE = $\sqrt{3}$ であるから　$A(\sqrt{3}, 2)$

(3) $y = ax^2$ は $A(\sqrt{3}, 2)$ を通るから
　$2 = 3a$　　よって　$a = \dfrac{2}{3}$
CF = $3\sqrt{3}$ であるから　$C(3\sqrt{3}, -4)$
$y = bx^2$ は $C(3\sqrt{3}, -4)$ を通るから
　$-4 = 27b$　　よって　$b = -\dfrac{4}{27}$

▶本冊 p.40

106 (1) $B(2, 6)$　　(2) $y = -x + 4$
(3) $\dfrac{-1 + \sqrt{161}}{2}$

解説

(1) $y = x^2$ に $x = -2$ を代入して $y = 4$
　よって $C(-2, 4)$
A から x 軸に垂線 AH, C から x 軸に垂線 CI をひく。 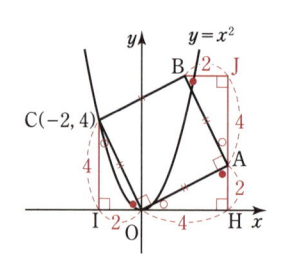
△OCI ≡ △AOH
（1 組の辺とその両端の角がそれぞれ等しい）
OH = CI = 4, AH = OI = 2 より　A(4, 2)
A を通り y 軸に平行な直線と，B を通り x 軸に平行な直線をひき，その交点を J とする。
△BAJ ≡ △AOH（1 組の辺とその両端の角がそれぞれ等しい）
AJ = OH = 4, BJ = AH = 2　　よって　B(2, 6)

(2) OB の中点を M とすると　M(1, 3)
H(4, 0) であるから　(HM の傾き) = $\dfrac{0-3}{4-1} = -1$
$y = -x + b$ とおく。H(4, 0) を通るから
　$b = 4$
よって，求める直線の式は　$y = -x + 4$

(3) B(2, 6) より
　OB = $\sqrt{2^2 + 6^2} = \sqrt{40} = 2\sqrt{10}$
求める B の y 座標を k ($k > 0$) とおくと　$k = x^2$
　$x = \pm\sqrt{k}$　　$x < 0$ より　$B(-\sqrt{k}, k)$
三平方の定理により 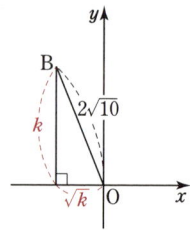
　$(\sqrt{k})^2 + k^2 = (2\sqrt{10})^2$
　$k + k^2 = 40$
　$k^2 + k - 40 = 0$
　$k = \dfrac{-1 \pm \sqrt{1 + 4 \times 40}}{2}$
　　$= \dfrac{-1 \pm \sqrt{161}}{2}$
$k > 0$ より　$k = \dfrac{-1 + \sqrt{161}}{2}$

▶本冊 p.40

107 (1) ① 60　② $(\sqrt{3}, 1)$　③ $\dfrac{1}{3}$
(2) $S = 6\sqrt{3}$　　(3) $\dfrac{7\sqrt{3}}{3}$

解説

(1) ① 正六角形の 1 つの内角の大きさは 120°
放物線と正六角形の対称性より
∠AOC = 60°

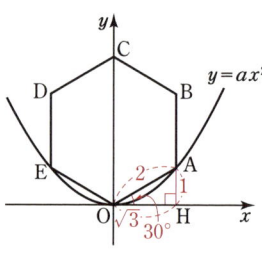

② A から x 軸に垂線 AH をひく。
∠AOH = 30° であるから，△AOH の 3 辺の比は
1 : 2 : $\sqrt{3}$
AO = 2 より　OH = $\sqrt{3}$
AH = 1 より　$A(\sqrt{3}, 1)$

③ $y = ax^2$ は $A(\sqrt{3}, 1)$ を通るから
　$1 = 3a$　　$a = \dfrac{1}{3}$

(2) 1 辺が 2 の正三角形の面積は
　$\dfrac{1}{2} \times 2 \times \sqrt{3} = \sqrt{3}$
よって　$S = 6 \times \sqrt{3} = 6\sqrt{3}$

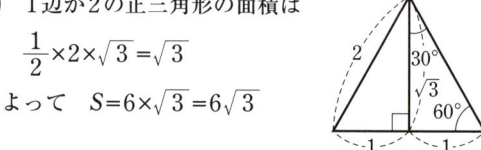

本冊p.41の解答 47

(3) 直線 ℓ と辺BC の交点をP，直線 m と辺CDの交点をQとおくと，図形の対称性より，PとQは y 軸に関して対称であるから

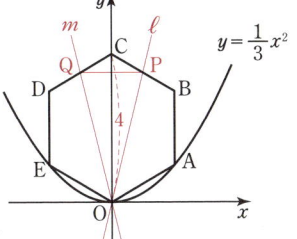

$OC \times PQ \times \dfrac{1}{2} = \dfrac{1}{3} \times 6\sqrt{3}$　　$4 \times PQ \times \dfrac{1}{2} = 2\sqrt{3}$

$2 \times PQ = 2\sqrt{3}$　　$PQ = \sqrt{3}$

よって，Pの x 座標は $\dfrac{\sqrt{3}}{2}$

直線BCは $y = -\dfrac{1}{\sqrt{3}}x + 4$

であるから，この式に

$x = \dfrac{\sqrt{3}}{2}$ を代入すると

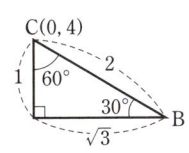

$y = -\dfrac{1}{2} + 4 = \dfrac{7}{2}$

よって　$P\left(\dfrac{\sqrt{3}}{2},\ \dfrac{7}{2}\right)$

ℓ の式は　$y = \dfrac{\frac{7}{2}}{\frac{\sqrt{3}}{2}}x$　　$y = \dfrac{7}{\sqrt{3}}x$

よって　$(\ell\text{の傾き}) = \dfrac{7\sqrt{3}}{3}$

▶本冊p.41

[108] (1) ① $\sqrt{2a}$　② $a^2 - 4a + 9$　③ 1

(2) $\dfrac{3}{2}\pi$　　(3) $2\sqrt{3}$

解説

(1) ① $y = \dfrac{1}{2}x^2$ に $y = a$ を代入して

$a = \dfrac{1}{2}x^2$

$x^2 = 2a$

$x = \pm\sqrt{2a}$

$P(\sqrt{2a},\ a)$

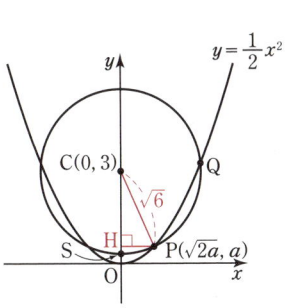

② Pから y 軸に垂線PHをひく。
三平方の定理により

$CP^2 = PH^2 + CH^2 = (\sqrt{2a})^2 + (3-a)^2$
$= 2a + 9 - 6a + a^2 = a^2 - 4a + 9$

③ $a^2 - 4a + 9 = (\sqrt{6})^2$　　$a^2 - 4a + 9 = 6$

$a^2 - 4a + 3 = 0$　　$(a-1)(a-3) = 0$　　$a = 1,\ 3$

Qの y 座標を a としても今と同様の計算ができるから，a の2つの値はPとQの y 座標を表す。

したがって　(Pの y 座標) $= a = 1$

(2) $P(\sqrt{2},\ 1)$, $Q(\sqrt{6},\ 3)$ より　$\angle SCQ = 90°$

(おうぎ形CSQの面積)

$= \pi \times (\sqrt{6})^2 \times \dfrac{90}{360} = \dfrac{3}{2}\pi$

(3) R から y 軸に垂線RTをひく。

$\triangle CPH \equiv \triangle CRT$

(直角三角形で斜辺と1つの鋭角がそれぞれ等しい)

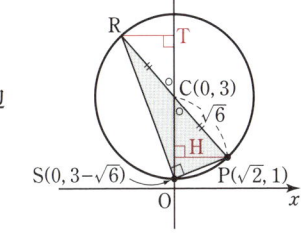

$RT = PH = \sqrt{2}$,
$TC = HC = 2$

よって　$R(-\sqrt{2},\ 5)$

また　$S(0,\ 3-\sqrt{6})$

$\triangle PRS = \dfrac{1}{2} \times CS \times \{(\text{Pの }x\text{ 座標}) - (\text{Rの }x\text{ 座標})\}$

$= \dfrac{1}{2} \times \sqrt{6} \times \{\sqrt{2} - (-\sqrt{2})\}$

$= \dfrac{1}{2} \times \sqrt{6} \times 2\sqrt{2} = \sqrt{12} = 2\sqrt{3}$

▶本冊p.41

[109] (1) $y = x + 12$　　(2) $(-6,\ 6)$

(3) $3:8$　　(4) $1:6$

(5) 105

解説

(1) $\ell : y = x + b$ とおく。

$D(12,\ 24)$ を通るから

$24 = 12 + b$　　$b = 12$

$\ell : y = x + 12$

(2) $\begin{cases} y = \dfrac{1}{6}x^2 \\ y = x + 12 \end{cases}$ を解いて

$\dfrac{1}{6}x^2 = x + 12$　　$x^2 = 6x + 72$　　$x^2 - 6x - 72 = 0$

$(x+6)(x-12) = 0$　　$x = -6,\ 12$

$y = x + 12$ に $x = -6$ を代入して　$y = 6$

よって　$A(-6,\ 6)$

(3) $\begin{cases} y = x^2 \\ y = x + 12 \end{cases}$ を解いて

$x^2 = x + 12$

$x^2 - x - 12 = 0$

$(x+3)(x-4) = 0$

$x = -3,\ 4$

よって

$B(-3,\ 9)$, $C(4,\ 16)$

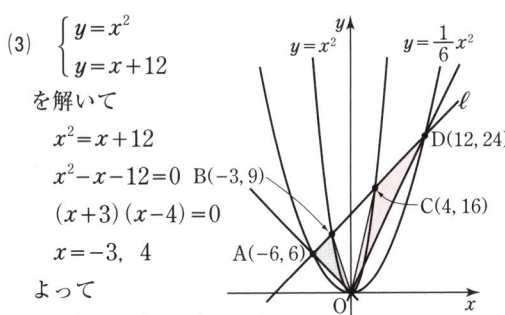

△OAB：△OCD＝AB：CD
＝(−3＋6)：(12−4)＝3：8

(4) 直線OA：$y=-x$ であるから，
$\begin{cases} y=x^2 \\ y=-x \end{cases}$ を解いて
$x^2=-x$　　$x^2+x=0$　　$x(x+1)=0$
$x=0, -1$　　よって　E$(-1, 1)$

直線OD：$y=2x$ であるから，
$\begin{cases} y=x^2 \\ y=2x \end{cases}$ を解いて
$x^2=2x$　　$x^2-2x=0$　　$x(x-2)=0$
$x=0, 2$　　よって　F$(2, 4)$

ここで，2組の辺の比と
その間の角がそれぞれ
等しいので
△OEF∽△OAD
よって
EF：AD
＝OF：OD
＝1：6

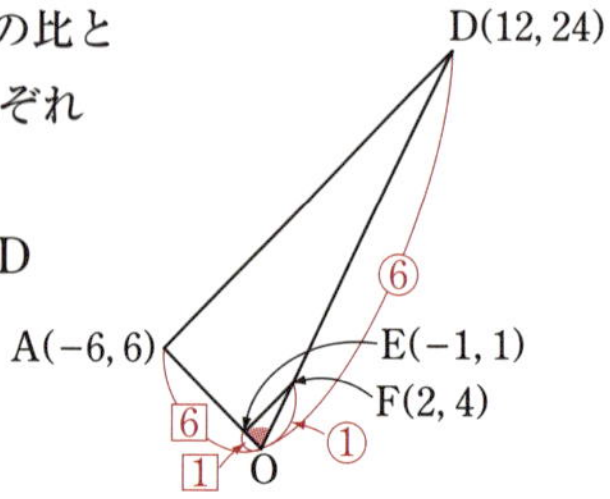

(5) △OAD
$=\frac{1}{2}\times(12+6)\times 12$
$=108$
EF：AD
$=1:6$ より
△OEF：△OAD
$=1^2:6^2=1:36$
△OEF$=\frac{1}{36}\times 108=3$
よって　(四角形AEFDの面積)$=108-3$
$=105$ (cm^2)

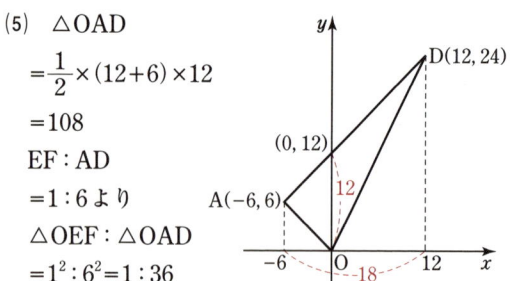

入試メモ　2次関数の基本を学んだからといって，入試問題の「2次関数」は解けない。単元的には「2次関数」に分類されても，実際の入試では，「相似」，「円」，「三平方の定理」との融合問題がほとんどである。図形を学習してから，もう一度「2次関数」の問題に取り組もう。

▶本冊 p.41
110 (1) $-\frac{4}{5}$　　(2) $a=\frac{5}{8}$

解説
(1) △ABD∽△ACE（2組の角がそれぞれ等しい）
よって　BD：CE＝AB：AC＝1：25
2次関数 $y=ax^2$ 上の点 (x, y) において，y は x の2乗に比例するので
(Dのx座標)^2：(Eのx座標)$^2=1:25$
よって　OD：OE＝1：5
また，AD：DE＝1：24 であるから
AD：DO：OE＝1：4：20　　OD$=1\times\frac{4}{5}=\frac{4}{5}$
よって　D$\left(-\frac{4}{5}, 0\right)$

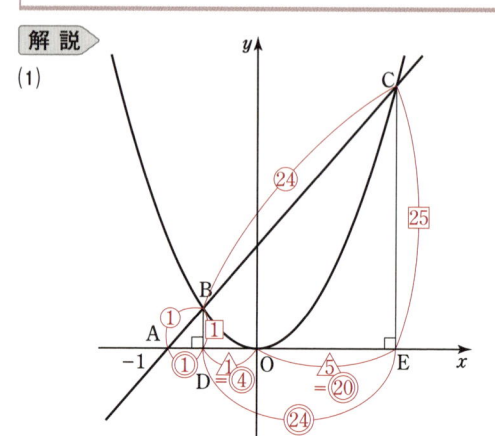

(2) 円に内接する四角形の性質により
∠OEC＋∠OBC＝180°
∠OEC＝90° より
∠OBC＝90°

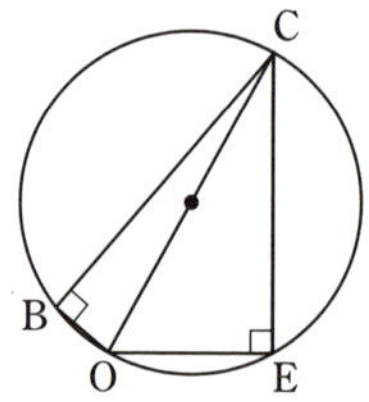

$y=ax^2$ に $x=-\frac{4}{5}$ を代入して
$y=\frac{16}{25}a$　　よって　B$\left(-\frac{4}{5}, \frac{16}{25}a\right)$

OE$=\frac{4}{5}\times 5=4$ であるから，$y=ax^2$ に $x=4$ を代入して
$y=16a$　　よって　C$(4, 16a)$

(OBの傾き)$=\dfrac{\frac{16}{25}a}{-\frac{4}{5}}=-\dfrac{16a\times 5}{25\times 4}=-\dfrac{4}{5}a$

(BCの傾き)$=\dfrac{16a-\frac{16}{25}a}{4+\frac{4}{5}}=\dfrac{\frac{384}{25}a}{\frac{24}{5}}$
$=\dfrac{384a\times 5}{25\times 24}=\dfrac{16}{5}a$

OB⊥BCより　$-\dfrac{4}{5}a\times\dfrac{16}{5}a=-1$　　$\dfrac{64}{25}a^2=1$

$a^2=\dfrac{25}{64}$　　$a=\pm\dfrac{5}{8}$　　$a>0$ より　$a=\dfrac{5}{8}$

▶ 本冊 p.42

111 (1) $d=0$, 12 (2) $16:9$
(3) $t=-12$

解説

(1) 直線AC：$y=1\times(-2+3)x-1\times(-2)\times 3$
$y=x+6$
ACに平行でB(1, 1)を通る直線は $y=x$
よって，$D_1(0, 0)$ より $d=0$
また，直線ACに関して，$y=x$ と対称な直線は
$y=x+12$
よって，$D_2(0, 12)$も題意を満たすので $d=12$

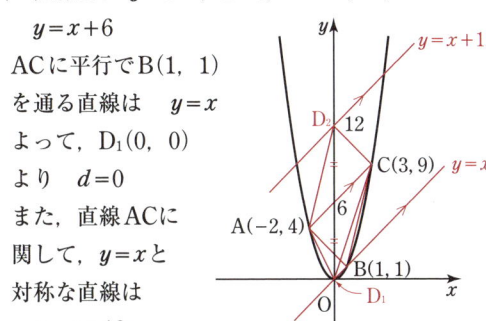

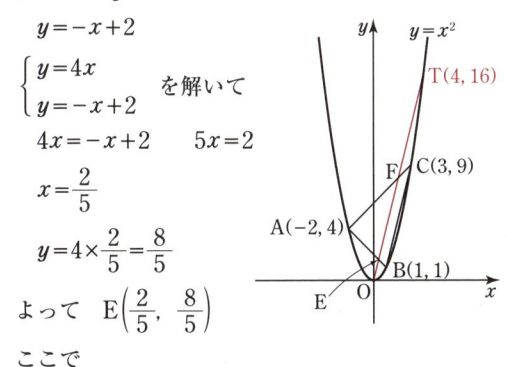

(2) 直線OT：$y=4x$
直線AB：$y=1\times(-2+1)x-1\times(-2)\times 1$
$y=-x+2$
$\begin{cases} y=4x \\ y=-x+2 \end{cases}$ を解いて
$4x=-x+2$ $5x=2$
$x=\dfrac{2}{5}$
$y=4\times\dfrac{2}{5}=\dfrac{8}{5}$
よって $E\left(\dfrac{2}{5}, \dfrac{8}{5}\right)$
ここで
(BCの傾き)$=\dfrac{9-1}{3-1}=4$ よって EF∥BC
したがって △AEF∽△ABC（2組の角がそれぞれ等しい）
相似比は
$AE:AB=\left(\dfrac{2}{5}+2\right):(1+2)=\dfrac{12}{5}:\dfrac{15}{5}=4:5$
よって △AEF：△ABC$=4^2:5^2=16:25$
したがって △AEF：(四角形EBCFの面積)
$=16:(25-16)=16:9$

(3) ACの中点をMとすると
$M\left(\dfrac{-2+3}{2}, \dfrac{4+9}{2}\right)$
より $M\left(\dfrac{1}{2}, \dfrac{13}{2}\right)$
(直線BMの傾き)
$=\dfrac{1-\dfrac{13}{2}}{1-\dfrac{1}{2}}=\dfrac{-\dfrac{11}{2}}{\dfrac{1}{2}}=-11$

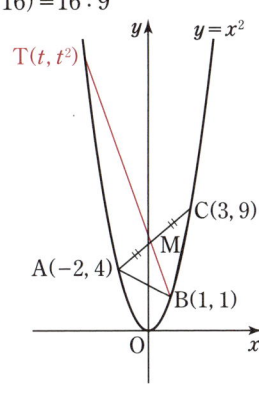

直線BM：$y=-11x+b$ とおく。B(1, 1)を通るから $b=12$
よって $y=-11x+12$
$\begin{cases} y=x^2 \\ y=-11x+12 \end{cases}$ を解いて
$x^2=-11x+12$ $x^2+11x-12=0$
$(x+12)(x-1)=0$ $x=-12$, 1 より
T$(-12, 144)$ よって $t=-12$

▶ 本冊 p.42

112 (1) $y=\sqrt{3}\,x+6$ (2) R$(3, 9)$
(3) $15-5\sqrt{3}$

解説

(1) (Pのy座標)$=3$ であるから，$y=x^2$ に $y=3$ を代入して
$x^2=3$ $x=\pm\sqrt{3}$
よって P$(-\sqrt{3}, 3)$
$\ell:y=ax+6$ とおく。
P$(-\sqrt{3}, 3)$を通るから
$3=-\sqrt{3}\,a+6$
$a=\sqrt{3}$
よって $\ell:y=\sqrt{3}\,x+6$

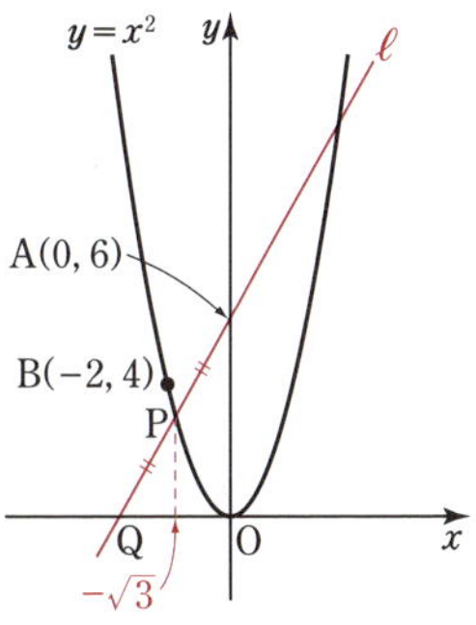

(2) R(t, t^2) $(t>0)$ とおく。
(直線BRの切片)
$=-1\times(-2)\times t=2t$
△BOR
$=\dfrac{1}{2}\times(t+2)\times 2t=15$
$t(t+2)=15$
$t^2+2t-15=0$ $(t-3)(t+5)=0$
$t=3$, -5 $t>0$ より $t=3$
よって R$(3, 9)$

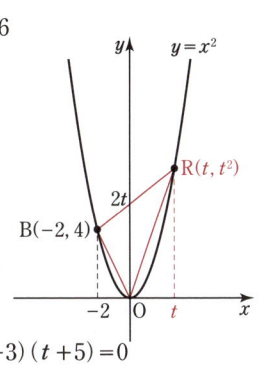

(3) 直線BRをmとする。
$\ell:y=\sqrt{3}\,x+6$
$m:y=x+6$
ℓ, m に $y=0$ を代入して
Q$(-2\sqrt{3}, 0)$,
D$(-6, 0)$
△ADQ
$=\dfrac{1}{2}\times(-2\sqrt{3}+6)\times 6$
$=18-6\sqrt{3}$

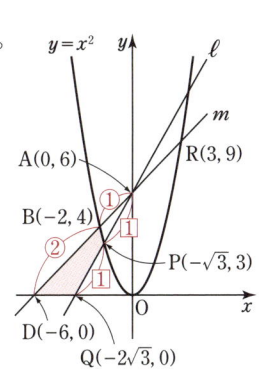

AB：AD=1：3，AP：AQ=1：2 より

$$\triangle ABP = \frac{1}{3} \times \frac{1}{2} \triangle ADQ = \frac{1}{6} \triangle ADQ$$

よって（四角形PBDQの面積）

$$= \frac{5}{6} \times (18 - 6\sqrt{3}) = 15 - 5\sqrt{3}$$

▶ 本冊 p.42

113 (1) $a=8$，PC=4cm

(2) ① 3 ② x^2
    ③ 3 ④ 6 ⑤ $3x$
    ⑥ 6 ⑦ $-9x+72$

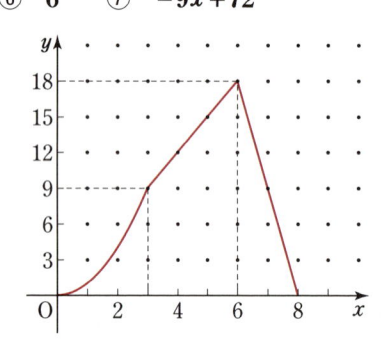

(3) $x=3, \dfrac{15}{2}$

解説

(1) P，Qが合わせて進む距離は，正方形の周の長さ24cmに等しい。
よって $a = 24 \div (1+2) = 8$
PC=12−8=4

(2) i) QがDに到着するのは3秒後であるから，$0 < x < 3$ のとき
$y = \dfrac{1}{2} \times x \times 2x$ より
$y = x^2$

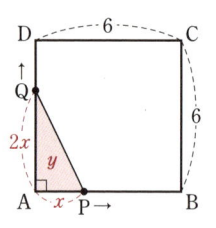

ii) PがBに，QがCに到着するのは6秒後であるから，$3 \leq x < 6$ のとき
$y = \dfrac{1}{2} \times x \times 6$ より
$y = 3x$

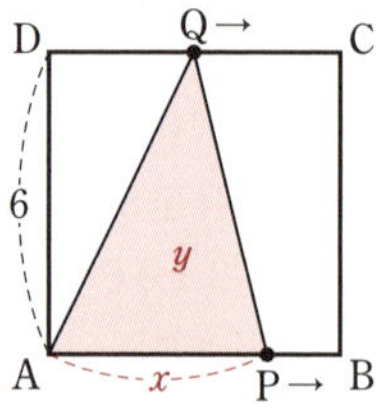

iii) PとQがBC上で出会うのは8秒後であるから，$6 \leq x < 8$ のとき
図の PB=$x-6$
CQ=$2x-12$

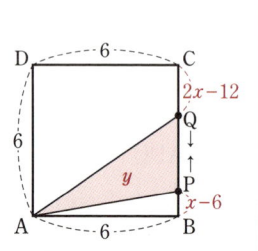

よって PQ=$6-(x-6)-(2x-12)=-3x+24$
$y = \dfrac{1}{2} \times (-3x+24) \times 6$ より $y = -9x + 72$

(3) $\triangle ABQ = 2\triangle APQ$ となるのは，次の2つの場合である。

(I) QがDに到着するとき。
$2x = 6$ より
$x = 3$

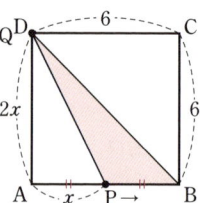

(II) P，QがともにBC上にあって，PB=PQ となるとき。
$x - 6 = -3x + 24$ より
$x = \dfrac{15}{2}$

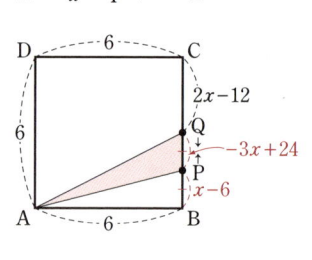

▶ 本冊 p.43

114 (1) [グラフ]

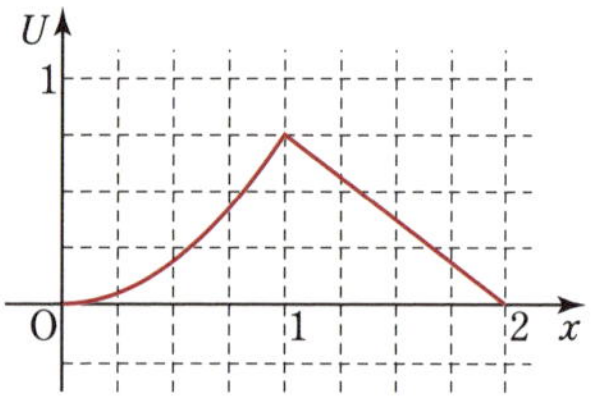

(2) $x = \dfrac{2}{3}$ のとき $S = \dfrac{2}{3}$
    $x = \dfrac{14}{9}$ のとき $S = \dfrac{4}{9}$

解説

(1) (i) PがAD上にあるとき（$0 < x \leq 1$）

$\triangle ACP = \dfrac{2x}{2} \times \triangle ACD$
$= x \times \dfrac{3}{2} = \dfrac{3}{2}x$

$\triangle AQP = \dfrac{2-x}{2} \times \dfrac{2x}{2} \times \triangle ABD$
$= \dfrac{2x(2-x)}{4} \times \dfrac{3}{2}$
$= \dfrac{3x(2-x)}{4}$

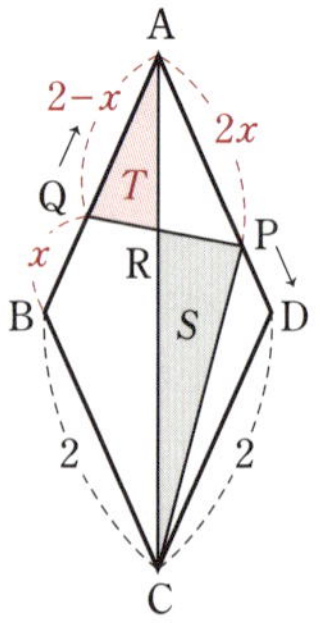

$U = S - T = (S + \triangle ARP) - (T + \triangle ARP)$
$= \triangle ACP - \triangle AQP = \dfrac{3}{2}x - \dfrac{3x(2-x)}{4}$
$= \dfrac{6x - 6x + 3x^2}{4} = \dfrac{3}{4}x^2$

(ii) PがDC上にあるとき
　　　($1<x<2$)
　　　△PRC∽△QRA
　　　（2組の角がそれぞれ等しい）
　　　PC：QA＝2(2−x)：(2−x)
　　　　　　　＝2：1
　　　よって　CR：AR＝2：1
　　$S=\dfrac{2(2-x)}{2}\times\dfrac{2}{3}\times\triangle\text{ACD}$
　　　$=(2-x)\times\dfrac{2}{3}\times\dfrac{3}{2}=2-x$
　　$S:T=2^2:1^2=4:1$　よって　$T=\dfrac{2-x}{4}$
　　$U=S-T=(2-x)-\dfrac{2-x}{4}=\dfrac{3(2-x)}{4}=\dfrac{6-3x}{4}$

(2) (i)　$U=\dfrac{3}{4}x^2$ に $U=\dfrac{1}{3}$ を代入して
　　　$\dfrac{1}{3}=\dfrac{3}{4}x^2$　　$4=9x^2$
　　　$x^2=\dfrac{4}{9}$　　$x=\pm\dfrac{2}{3}$
　　　$0<x\leqq1$ より　$x=\dfrac{2}{3}$
　　　$\triangle\text{ACP}=\dfrac{3}{2}\times\dfrac{2}{3}=1$
　　　$S=\dfrac{2}{3}\times\triangle\text{ACP}=\dfrac{2}{3}$

(ii)　$U=\dfrac{6-3x}{4}$ に $U=\dfrac{1}{3}$ を代入して
　　　$\dfrac{1}{3}=\dfrac{6-3x}{4}$　　$4=18-9x$
　　　$9x=14$　　$x=\dfrac{14}{9}$
　　　$1<x<2$ より適する。
　　　$S=2-\dfrac{14}{9}=\dfrac{4}{9}$

9　場合の数

▶ 本冊 p.44

115 384通り

解説

図のように領域B，C，D，E を決める。
例えば，ループをB→C→D →Eの順にかく場合を考えると，Bのかき方は右回り，左回りと2通りある。
C，D，Eについても同様であるから
　$2\times2\times2\times2=16$（通り）
ループをかく順は，B，C，D，Eの並べ方だけあるので　$4\times3\times2\times1=24$（通り）
よって　$16\times24=384$（通り）

パワーアップ

順　列

異なるn個のものからr個を取り出し，それをある順序に並べたものを，n個からr個を取る**順列**という。

　　n個からr個取る順列の数
　　　$=\underbrace{n(n-1)(n-2)\cdots(n-r+1)}_{r個の積}$

▶ 本冊 p.44

116 16通り

解説

全部で6試合行うから，勝ち数が6，負け数が6である。したがって，1チームが3勝し，残り3チームが1勝2敗となる場合と，1チームが3敗し，残り3チームが2勝1敗となる場合を考えればよい。

(i) 1チームが3勝し，残り3チームが1勝2敗となるとき。
　3勝するチームはA，B，C，Dの4通り。
　例えば，Aが3勝すると，残り3チームの勝敗の様子は次の2通りである。

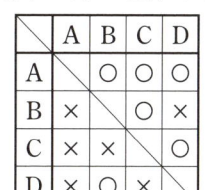

	A	B	C	D
A		○	○	○
B	×		○	×
C	×	×		○
D	×	○	×	

	A	B	C	D
A		○	○	○
B	×		×	○
C	×	○		×
D	×	×	○	

よって　4×2=8（通り）

(ii) 1チームが3敗し，残り3チームが2勝1敗となるとき。

3敗するチームはA，B，C，Dの4通り。

例えば，Aが3敗すると，残り3チームの勝敗の様子は次の2通りである。

	A	B	C	D
A	\	×	×	×
B	○	\	○	×
C	○	×	\	○
D	○	○	×	\

	A	B	C	D
A	\	×	×	×
B	○	\	×	○
C	○	○	\	×
D	○	×	○	\

よって　4×2=8（通り）

以上より，題意を満たす場合の数は
　8+8=16（通り）

（注意）
当然であるが，(i)の表と(ii)の表は，○×がすべて逆になっている。

▶ 本冊 *p.44*
117 (1) **48個**　　(2) **28個**

解説
(1) 百の位に0は使えないので，1，2，3，4の4通りである。
　十の位は，百の位に使った数字以外の4通りである。
　一の位は，百の位，十の位に使った数字以外の3通りである。
　よって　4×4×3=48（個）

(2) となり合う位の数の和が5になるのは次の8通りである。

① | 1 | 4 |　　② | | 1 | 4 |
③ | 4 | 1 |　　④ | | 4 | 1 |
⑤ | 2 | 3 |　　⑥ | | 2 | 3 |
⑦ | 3 | 2 |　　⑧ | | 3 | 2 |

このうち，①，③，⑤，⑦の一の位に入る数字はそれぞれ3通りずつあり，②，④，⑥，⑧の百の位に入る数字はそれぞれ0以外の2通りずつある。
　よって　4×3+4×2=20（個）
　したがって　48-20=28（個）

▶ 本冊 *p.44*
118 **19通り**

解説
3文字の選び方は，(ABB), (ABC), (ACC), (BBC), (BCC), (CCC)の6通り。このうち，
　(ABB), (ACC), (BBC), (BCC)の並べ方
　　…それぞれ3通り
　(ABC)の並べ方…6通り
　(CCC)の並べ方…1通り
よって　4×3+1×6+1=19（通り）

▶ 本冊 *p.44*
119 **10通り**

解説
玉4個の選び方は，次の10通りである。
　（赤赤白白），（赤赤白青），（赤赤青青），（赤白白白），
　（赤白白青），（赤白青青），（赤青青青），（白白白青），
　（白白青青），（白青青青）

・・・・・ **パワーアップ** ・・・・・

組合せ

異なるn個のものから，順序を考えに入れないでr個を取り出したものを，n個からr個を取る**組合せ**という。

$$n個からr個取る組合せ = \frac{n個からr個取る順列の数}{r個からr個取る順列の数}$$

▶ 本冊 *p.44*
120 (1) **4通り**　　(2) **19通り**

解説
(1) ○○×× | ○×○× | ○××○
　　 ‖　　　 ‖
　（××○○）（×○×○）×○○×

よって，4通り。

(2) (1)からわかるように，左右対称のときにはペアは存在しないが，左右非対称のときには反転しているペアが存在する。

7つから3つ選んで×をつける場所の選び方は
$\dfrac{7×6×5}{3×2×1}=35$（通り）　（上の **パワーアップ** 参照）

このうち，左右対称のものは，次の3通りだけ。

○○×××○○　　○×○×○×○

×○○×○○×

よって　$3+\dfrac{35-3}{2}=3+16=19$（通り）

本冊p.45の解答

▶本冊 p.45

121 24通り

解説

女子2人をA，B，男子4人をC，D，E，Fとする。女子Aを固定して，残り5人を長テーブルに座らせると考えると，Bの位置は決まるので，男子4人の並べ方の数だけ座り方はある。よって 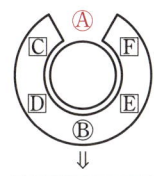 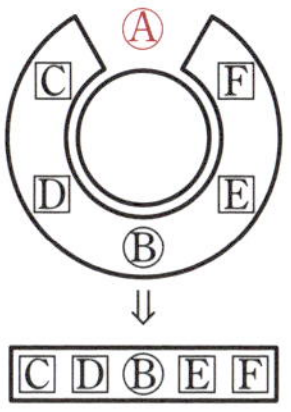
$4 \times 3 \times 2 \times 1 = 24$（通り）

▶本冊 p.45

122 9通り

解説

樹形図をかいて考える。

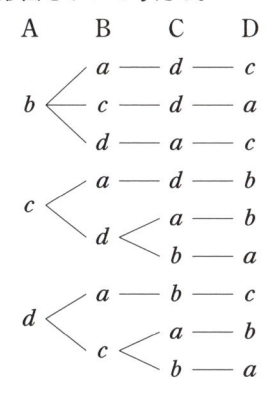

```
A    B    C    D
     a ── d ── c
 b ─ c ── d ── a
     d ── a ── c
     a ── d ── b
 c ─
     d ─ a ── b
         b ── a
     a ── b ── c
 d ─
     c ─ a ── b
         b ── a
```

以上，9通り。

▶本冊 p.45

123 120個

解説

(i) 各位の数がすべて異なる場合
5つの数から3枚を取り出して並べる並べ方の総数は
$5 \times 4 \times 3 = 60$（個）

(ii) 同じ数を2枚使う場合
例えば1を2枚使うとすると，1の位置は次の3通り。

| 1 | 1 | | | | 1 | 1 | | 1 | | 1 |

あいたところには，2，3，4，5の4通りの数が使えるから，全部で $3 \times 4 = 12$（個）
よって $5 \times 12 = 60$（個）

(i)，(ii)より $60 + 60 = 120$（個）

▶本冊 p.45

124 12通り

解説

1, 1, 1, 1, 2, 2, 2, 3, 3, 4
を用いて，和が10となる数のつくり方は
1+1+1+1+2+2+2，1+1+1+1+3+3，
1+1+1+1+2+4，1+1+1+2+2+3，
1+1+1+3+4，1+1+2+2+4，1+1+2+3+3，
1+2+2+2+3，1+2+3+4，2+2+2+4，
2+2+3+3，3+3+4 の12通り。

▶本冊 p.45

125 (1) 9900通り　(2) 9844通り
　　　(3) 33通り　(4) 6通り

解説

(1) 100枚から2枚を選んで並べる並べ方の総数は
$100 \times 99 = 9900$（通り）

(2) $ab < 20$ の場合を考える。
(i) $a = 1$ のとき $b = 2, 3, 4, 5, 6, \cdots, 19$
(ii) $a = 2$ のとき $b = 1, 3, 4, 5, 6, 7, 8, 9$
(iii) $a = 3$ のとき $b = 1, 2, 4, 5, 6$
(iv) $a = 4$ のとき $b = 1, 2, 3$
(v) $a = 5$ のとき $b = 1, 2, 3$
(vi) $a = 6$ のとき $b = 1, 2, 3$
(vii) $a = 7$ のとき $b = 1, 2$
(viii) $a = 8$ のとき $b = 1, 2$
(ix) $a = 9$ のとき $b = 1, 2$
(x) $a = 10, 11, 12, \cdots, 19$ のとき $b = 1$

以上より $18 + 8 + 5 + 3 \times 3 + 2 \times 3 + 10 = 56$（通り）
よって $9900 - 56 = 9844$（通り）

(3) $2a = 3b$ より $a : b = 3 : 2$
$(a, b) = (3, 2), (6, 4), (9, 6), \cdots, (99, 66)$
$99 = 3 \times 33$ より，33通り。

(4) $a = \sqrt{8b} = \sqrt{2^2 \times 2 \times b}$ より
$b = 2 \times n^2$（n は自然数）
よって $b = 2, 8, 18, 32, 50, 72, 98$
$(a, b) = (4, 2), (8, 8), (12, 18), (16, 32),$
　　　　$(20, 50), (24, 72), (28, 98)$
$(8, 8)$ は不適。よって，6通り。

本冊 p.45

126 (1) 108個　(2) 26個
(3) 46620

解説

(1) 1の位が2，4，6であればよいので
$6×6×3=108$（個）

(2) 各位の数の和が9か18になるときだから，3つの数の組は　①(1, 2, 6)，②(1, 3, 5)，③(1, 4, 4)，④(2, 2, 5)，⑤(2, 3, 4)，⑥(3, 3, 3)，⑦(6, 6, 6)

これらを並べかえて3桁の整数をつくると，
①，②，⑤…それぞれ6個
③，④…それぞれ3個
⑥，⑦…それぞれ1個
よって　$3×6+2×3+2×1=26$（個）

(3) 一の位が1のものは，全部で　$5×4=20$（個）
同様に，一の位が2，3，4，5，6のものもそれぞれ20個ずつあるから，一の位の和は
$(1+2+3+4+5+6)×20=21×20=420$
同様にして，十の位の和は4200，百の位の和は42000であるから，求める和は
$42000+4200+420=46620$

(別解)

(a, b, c)でできる数の総和を考える。
$(100a+10b+c)+(100a+10c+b)$
$+(100b+10c+a)+(100b+10a+c)$
$+(100c+10a+b)+(100c+10b+a)$
$=100(2a+2b+2c)+10(2a+2b+2c)$
$+(2a+2b+2c)$
$=(200+20+2)(a+b+c)$
$=222(a+b+c)$

つまり，選んだ3つの数を加えた数の222倍になる。また，1～6の中から3つの数を選ぶ選び方の総数は20通り。20通りの数の組の中には$20×3=60$（個）の数が含まれるので，$60÷6=10$（個）より，この中には1～6までの数が10個ずつ出現する。
よって，求める総和は
$222×10×(1+2+3+4+5+6)$
$=222×10×21=46620$

本冊 p.46

127 (1) 24通り　(2) 8種類
(3) 2種類

解説

(1) 頂点A，B，Cと区別がついている状態であるから，回転して同じになるかどうかは考えなくてよい。
右の図の①，②，③，④に，赤，青，黄，緑の4色を塗るのだから，順列を考えて
$4×3×2×1=24$（通り）

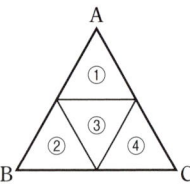

(2) ③に塗ることのできる色は4通りある。例えば赤を塗るとすると，残りの色の塗り方は，(i)と(ii)の2種類しかない。
よって　$4×2=8$（種類）

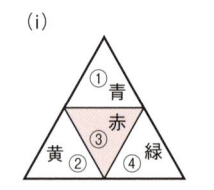

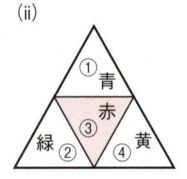

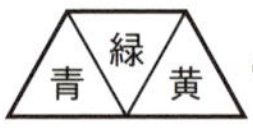

(3) 1つの底面に赤を塗り固定する。
側面の塗り方は，2種類しかない。 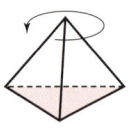
よって，2種類。

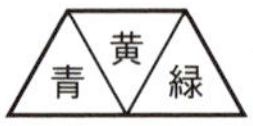

本冊 p.46

128 (1) 30　(2) 36
(3) 102

解説

(1) 正三角形となる3つの番号の選び方は，
(1, 2, 6)，(2, 3, 4)，(2, 4, 6)，(4, 5, 6)，(1, 3, 5)の5通り。
それぞれ，$3×2×1=6$（通り）の並べ方があるので
$5×6=30$（通り）

(2) 直角三角形となる3つの番号の選び方は，
(1, 3, 4)，(1, 4, 5)，(1, 2, 5)，(2, 3, 5)，(1, 3, 6)，(3, 5, 6)の6通り。
それぞれ，6通りの並べ方があるので
$6×6=36$（通り）

(3) 6つの番号から3つ選ぶ選び方の総数は
$\frac{6×5×4}{3×2×1}=20$（通り）
このうち，三角形ができないのは，(1, 2, 3)，(3, 4, 5)，(1, 5, 6)の3通り。
よって　$20-3=17$（通り）
それぞれ，6通りの並べ方があるので
$17×6=102$（通り）

▶ 本冊 p.46

129 (1) 2   (2) 24
    (3) 32

解説

(1) 4回のじゃんけんで勝負が決まるのは，A君またはB君のいずれかが，パーで4回連続で勝ち，20m進む場合だけである。
よって，2通り。

(2) 1～4回目のうち，A君が1回負けるかあいこになり，5回目にA君がパーで勝つ場合である。
  A君が負ける場合…3通り ⎫
  あいこになる場合…3通り ⎭ ＊
＊の1回は，1回目から4回目のどこで起こってもよいから，4通り。
残りはA君がパーで勝つから，1通り。
よって (3+3)×4＝24(通り)

(3) (2)の場合のほかに，1～4回目のうち，A君がパー以外の手で勝つ場合を考える。
グーで勝つ場合とチョキで勝つ場合の2通り。
これは，1回目から4回目のどこで起こってもよいから，4通り。
残りはA君がパーで勝つから，1通り。
よって 2×4＝8(通り)
(2)と合わせて 24+8＝32(通り)

10 確 率

▶ 本冊 p.47

130 $n=15$

解説

$\dfrac{n}{42}=\dfrac{70-3n}{70}$ より $70n=42(70-3n)$

$5n=3(70-3n)$ $5n=210-9n$

$14n=210$ よって $n=15$

▶ 本冊 p.47

131 $\dfrac{1}{4}$

解説

4人の走る順番は，全部で 4×3×2×1＝24(通り)
AとCを1人と考え，(AC)，B，Dの3人の走る順番を求めると 3×2×1＝6(通り)

よって $\dfrac{6}{24}=\dfrac{1}{4}$

▶ 本冊 p.47

132 $\dfrac{3}{5}$

解説

男女5人の中から2人を選ぶ(班長・副班長の区別をしない)選び方の総数は $\dfrac{5\times4}{2\times1}=10$(通り)

男子1人の選び方は2通り，女子1人の選び方は3通り。
したがって，男子1人，女子1人の選び方は
  2×3＝6(通り)

よって $\dfrac{6}{10}=\dfrac{3}{5}$

▶ 本冊 p.47

133 $\dfrac{1}{3}$

解説

あいこになるのは
  3人とも同じ手…3通り
  3人とも異なる手…3×2×1＝6(通り)
よって 3+6＝9(通り)
  手の出し方は，全部で 3×3×3＝27(通り)

$\dfrac{9}{27}=\dfrac{1}{3}$

▶ 本冊 p.47

134 (1) $\dfrac{16}{25}$ (2) $\dfrac{2}{7}$

(3) $\dfrac{11}{18}$

解説

(1) 2個の玉の取り出し方を表にすると，次のようになる。

1個目＼2個目	赤①	赤②	白①	白②	青
赤①			○	○	○
赤②			○	○	○
白①	○	○			○
白②	○	○			○
青	○	○	○	○	

2個の玉の取り出し方は全部で 5×5＝25(通り)
そのうち，玉の色が異なるのは，表より16通り。
よって $\dfrac{16}{25}$

(2) 9個の玉から3個の玉を取り出すときの取り出し方は，全部で $\dfrac{9×8×7}{3×2×1}=84$(通り)

赤玉1個の取り出し方は 4通り
白玉1個の取り出し方は 2通り
青玉1個の取り出し方は 3通り

あるから，3個の玉の色がすべて異なる取り出し方は，全部で 4×2×3＝24(通り)

よって $\dfrac{24}{84}=\dfrac{2}{7}$

(3) 表にして考える。Aから9を取り出したときは題意を満たさないのは明らかなので省ける。

A	B	該当するものに○
3	4	5	○
	4	7	○
	4	8	○
	5	7	○
	5	8	○
	7	8	○
6	4	5	
	4	7	○
	4	8	○
	5	7	○
	5	8	○
	7	8	○

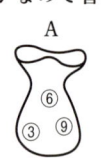

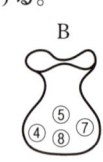

全部で3×6＝18(通り)の取り出し方がある。
題意を満たすのは，表より11通り。
よって $\dfrac{11}{18}$

▶ 本冊 p.48

135 $\dfrac{3}{8}$

解説

表を○，裏を×として樹形図をかくと右のようになる。 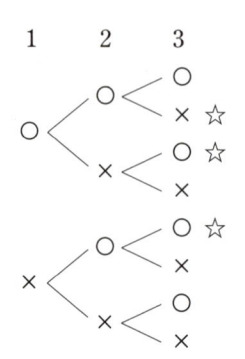
全部で 2×2×2＝8(通り)
そのうち，題意を満たすのは☆のところの3通り。
よって $\dfrac{3}{8}$

▶ 本冊 p.48

136 (1) **72通り** (2) $\dfrac{5}{18}$

解説

(1) Aが運転する場合，残り4人の座り方は4人の順列に等しいので 4×3×2×1＝24(通り)
Bが運転しても，Cが運転しても同様。
よって 3×24＝72(通り)

(2) (i) Aが運転する場合
BとCは後ろの座席に座る。2人が座る座席は，3つの席から隣り合った2つを選べばよいので，2通り。座り方はBとCの入れかわりがあるので
2×2＝4(通り)
残りの2席にDとEが座る，座り方は2通り。
よって 4×2＝8(通り)

(ii) BまたはCが運転する場合
BとCは前の席に座ればよい。座り方は2通り。
後ろの3つの席の座り方は，A，D，Eの並び方に等しいので 3×2×1＝6(通り)
よって 2×6＝12(通り)

(i)，(ii)より $\dfrac{8+12}{72}=\dfrac{20}{72}=\dfrac{5}{18}$

▶ 本冊 p.48

137 (1) $\dfrac{5}{36}$ (2) $\dfrac{1}{6}$

(3) $\dfrac{5}{6}$ (4) $\dfrac{2}{9}$

本冊p.49の解答 | 57

解説

(1) 縦に$(a+1)$,横に$(b-1)$をとり,積を書き入れると,右の表になる。
0以外の平方数になるのは5通りであるから

$$\frac{5}{6\times 6}=\frac{5}{36}$$

$a+1$ \ $b-1$	0	1	2	3	4	5
2	0	2	④	6	8	10
3	0	3	6	⑨	12	15
4	0	④	8	12	⑯	20
5	0	5	10	15	20	㉕
6	0	6	12	18	24	30
7	0	7	14	21	28	35

(2) 縦に$2a$,横にbをとり,和を書き入れると,右の表になる。平方数になるのは6通りであるから

$$\frac{6}{6\times 6}=\frac{1}{6}$$

$2a$ \ b	1	2	3	4	5	6
2	3	④	5	6	7	8
4	5	6	7	8	⑨	10
6	7	8	⑨	10	11	12
8	⑨	10	11	12	13	14
10	11	12	13	14	15	⑯
12	13	14	15	⑯	17	18

(3) 縦に$2a$,横に$3b$をとり,$\dfrac{3b}{2a}$の値を書き入れると右の表になる。有理数になるのは6通りであるから無理数になる確率は

$$1-\frac{6}{6\times 6}=1-\frac{1}{6}=\frac{5}{6}$$

$2a$ \ $3b$	3	6	9	12	15	18
2	$\frac{3}{2}$	3	$\frac{9}{2}$	6	$\frac{15}{2}$	⑨
4	$\frac{3}{4}$	$\frac{3}{2}$	$\frac{9}{4}$	3	$\frac{15}{4}$	$\frac{9}{2}$
6	$\frac{1}{2}$	①	$\frac{3}{2}$	2	$\frac{5}{2}$	3
8	$\frac{3}{8}$	$\frac{3}{4}$	$\frac{9}{8}$	$\frac{3}{2}$	$\frac{15}{8}$	$\frac{9}{4}$
10	$\frac{3}{10}$	$\frac{3}{5}$	$\frac{9}{10}$	$\frac{6}{5}$	$\frac{3}{2}$	$\frac{9}{5}$
12	$\frac{1}{4}$	$\frac{1}{2}$	$\frac{3}{4}$	①	$\frac{5}{3}$	$\frac{3}{2}$

(4) $x^2-ab=0$
$x^2=ab$
$x=\pm\sqrt{ab}$
$ab=$(平方数)のときxは整数となる。
縦にa,横にbをとり,積を書き入れると右の表になる。
平方数となるのは,8通りであるから

$$\frac{8}{6\times 6}=\frac{2}{9}$$

a \ b	1	2	3	4	5	6
1	①	2	3	④	5	6
2	2	④	6	8	10	12
3	3	6	⑨	12	15	18
4	④	8	12	⑯	20	24
5	5	10	15	20	㉕	30
6	6	12	18	24	30	㊱

▶本冊p.49

138 順に $\dfrac{121}{144}$, $\dfrac{23}{144}$

解説

12個の素数は,2, 3, 5, 7, 11, 13, 17, 19, 23, 29, 31, 37である。abが奇数になるのは,a,bがともに2でない場合であるから

$$\frac{11\times 11}{12\times 12}=\frac{121}{144}$$

a^2b^3が5の倍数になるのは,a,bの少なくとも一方が5の場合である。どちらも5でない場合の余事象だから,その確率は

$$1-\frac{11\times 11}{12\times 12}=1-\frac{121}{144}=\frac{23}{144}$$

▶本冊p.49

139 (1) $\dfrac{2}{9}$ (2) $\dfrac{5}{9}$

解説

(1) Pの座標が,
$(1, 1)$, $(1, 2)$,
$(1, 3)$, $(1, 4)$,
$(2, 1)$, $(2, 2)$,
$(2, 3)$, $(3, 1)$の
とき題意を満たす。
よって $\dfrac{8}{6\times 6}=\dfrac{2}{9}$

(2) A,Bそれぞれを通る直線の傾きは$\dfrac{2}{3}$と2であるから

$$\frac{2}{3}\leq\frac{b}{a}\leq 2$$

縦にa,横にbをとり,$\dfrac{b}{a}$の値を書き入れると,右の表になる。
これより

$$\frac{20}{6\times 6}=\frac{5}{9}$$

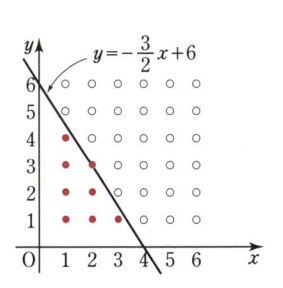

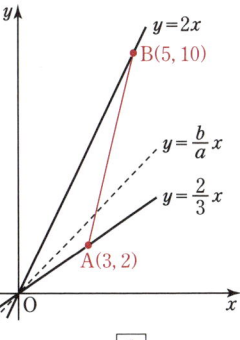

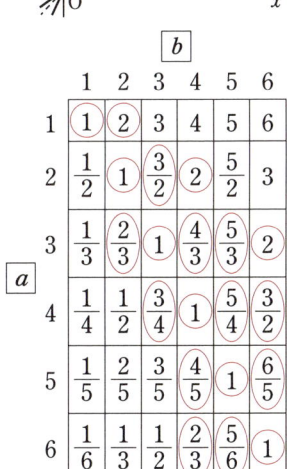

a \ b	1	2	3	4	5	6
1	①	②	3	4	5	6
2	$\frac{1}{2}$	①	$\frac{3}{2}$	②	$\frac{5}{2}$	3
3	$\frac{1}{3}$	$\frac{2}{3}$	①	$\frac{4}{3}$	$\frac{5}{3}$	②
4	$\frac{1}{4}$	$\frac{1}{2}$	$\frac{3}{4}$	①	$\frac{5}{4}$	$\frac{3}{2}$
5	$\frac{1}{5}$	$\frac{2}{5}$	$\frac{3}{5}$	$\frac{4}{5}$	①	$\frac{6}{5}$
6	$\frac{1}{6}$	$\frac{1}{3}$	$\frac{1}{2}$	$\frac{2}{3}$	$\frac{5}{6}$	①

▶ 本冊 p.49

140 (1) $\dfrac{1}{9}$ (2) $\dfrac{1}{36}$

(3) $\dfrac{5}{72}$

解説

(1) 積が6となるのは，右の表の4通り。

大	1	2	3	6
小	6	3	2	1

よって，求める確率は $\dfrac{4}{6\times 6}=\dfrac{1}{9}$

(2) 積が10となるのは，3つのさいころの目が1，2，5のときに限るから，目の出方は
$3\times 2\times 1=6$（通り）

よって，求める確率は $\dfrac{6}{6\times 6\times 6}=\dfrac{1}{36}$

(3) 1から6までの3つの整数の積が24となるのは
① $1\times 4\times 6$ ② $2\times 2\times 6$ ③ $2\times 3\times 4$
の3つの場合がある。①，③の場合は6通り，②の場合は3通りの目の出方があるから，求める確率は

$\dfrac{6\times 2+3}{6\times 6\times 6}=\dfrac{15}{216}=\dfrac{5}{72}$

▶ 本冊 p.49

141 (1) $\dfrac{5}{24}$ (2) $\dfrac{55}{72}$

(3) $\dfrac{185}{288}$

解説

(1) 組合せで考えて，該当するのは次の通りである。
 (1, 1, □) □=2, 3, 4, 5, 6
 (2, 2, □) □=3, 4, 5, 6
 (3, 3, □) □=4, 5, 6
 (4, 4, □) □=5, 6
 (5, 5, □) □=6

よって $5+4+3+2+1=15$（通り）

それぞれ3通りの並べかえがあるので
$15\times 3=45$（通り）

したがって $\dfrac{45}{6\times 6\times 6}=\dfrac{5}{24}$

(2) 3個のさいころの目がすべて同じになるのは6通りであるから，求める確率は

$1-\dfrac{45+6}{6\times 6\times 6}=1-\dfrac{51}{216}=1-\dfrac{17}{72}=\dfrac{55}{72}$

(3) 題意を満たすのは次の2つの場合である。

(ⅰ) 1回目は3個のままで，2回目で1個になる場合。
3個のさいころの目がすべて同じになるのは

6通りであるから $\dfrac{6}{216}=\dfrac{1}{36}$

よって $\dfrac{1}{36}\times \dfrac{5}{24}=\dfrac{5}{864}$

(ⅱ) 1回目で2個になり，2回目で1個になる場合。2回目はさいころが2個であるから，目が同じでなければよいので $1-\dfrac{6}{6\times 6}=\dfrac{5}{6}$

よって $\dfrac{55}{72}\times \dfrac{5}{6}=\dfrac{275}{432}$

(ⅰ)と(ⅱ)は同時に起こらないので，和の法則より

$\dfrac{5}{864}+\dfrac{275}{432}=\dfrac{555}{864}=\dfrac{185}{288}$

▶ 本冊 p.50

142 (1) $\dfrac{2}{5}$ (2) $\dfrac{3}{5}$

解説

5枚のカードから3枚を取り出す取り出し方の総数は

$\dfrac{5\times 4\times 3}{3\times 2\times 1}=10$（通り）

(1) 数の和が3の倍数となる組合せは，(1, 2, 3)，(1, 3, 5)，(2, 3, 4)，(3, 4, 5) の4通りであるから

$\dfrac{4}{10}=\dfrac{2}{5}$

(2) 3つの数の和が偶数になるには(奇，奇，偶)と(偶，偶，偶)のときであるが，偶数は2つしかないので，(偶，偶，偶)はありえない。
(奇，奇，偶)⇒(1, 3, 2)，(1, 3, 4)，(1, 5, 2)，(1, 5, 4)，(3, 5, 2)，(3, 5, 4)
の6通りであるから

$\dfrac{6}{10}=\dfrac{3}{5}$

▶ 本冊 p.50

143 (1) $\dfrac{7}{36}$ (2) $\dfrac{7}{9}$

解説

さいころ2個の目の和と，点Pが止まる位置の表をつくると次のようになる。

小
大＼小	1	2	3	4	5	6
1	2	3	4	5	6	7
2	3	4	5	6	7	8
3	4	5	6	7	8	9
4	5	6	7	8	9	10
5	6	7	8	9	10	11
6	7	8	9	10	11	12

⇒

C	D	E	A	B	C
D	E	A	B	C	D
E	A	B	C	D	E
A	B	C	D	E	A
B	C	D	E	A	B
C	D	E	A	B	C

(1) 点Pが点Aに止まるのは，表より7か所あるから　$\dfrac{7}{36}$

(2) 点Pが点Cに止まるのは，表より8か所あるから　$\dfrac{8}{36}=\dfrac{2}{9}$

点Cに止まらない確率は　$1-\dfrac{2}{9}=\dfrac{7}{9}$

▶ 本冊 p.50

144 (1) $\dfrac{1}{6}$　　(2) $\dfrac{5}{9}$

(3) $\dfrac{1}{18}$　　(4) $\dfrac{1}{3}$

解説

(1) 異なるさいころの目に対して，PがAからFの同じ点に移動することはない。Qも同様である。したがって，P，Qの移動先が何通りあるかを考えればよい。
PとQが重なるのは，AからFまでの6通りの場合があるから，求める確率は
$$\dfrac{6}{6\times 6}=\dfrac{1}{6}$$

(2) 点Pの移動先はAを除く5通りで，点Qの移動先はA，Pの2点を除く4通りある。
よって，求める確率は
$$\dfrac{5\times 4}{36}=\dfrac{5}{9}$$

(3) △APQが正三角形となるのは，PがE，QがCの場合と，PがC，QがEの場合の2通りだけである。よって，求める確率は
$$\dfrac{2}{36}=\dfrac{1}{18}$$

(4) 対角線ADとBEの交点をOとすると，正六角形ABCDEFは点Oを中心とする半径OAの円に内接するから，△APQの3辺のうちの1辺が円Oの直径であるとき，△APQは直角三角形となる。
PがBにあるとき，QはD，Eの2通り。
PがCにあるとき，QはD，Fの2通り。
PがDにあるとき，QはB，C，E，Fの4通り。
PがEにあるとき，QはB，Dの2通り。
PがFにあるとき，QはC，Dの2通り。
以上より，求める確率は
$$\dfrac{2\times 4+4}{36}=\dfrac{12}{36}=\dfrac{1}{3}$$

▶ 本冊 p.50

145 (1) $\dfrac{1}{3}$　　(2) $\dfrac{2}{9}$

(3) $\dfrac{7}{27}$

解説

点Pが点A上にあることをA，それ以外の点にあることをOと表す。

① A→Oとなる場合の数
　A→B，A→C，A→Dの3通り。

② O→Oとなる場合の数
　点B，C，Dが自身以外の2点に動くから2通り。

③ O→Aとなる場合の数
　点B，C，Dから点Aに動くから1通り。

また，Pが動くことのできる頂点は，つねに3点なので，t秒後のすべての場合の数は　3^t（通り）

(1) 0秒　　1秒後　　2秒後
　　　　①　　　　③
　A　→　O　→　A

場合の数は　$3\times 1=3$（通り）
すべての場合の数は　3^2（通り）
よって　$\dfrac{3}{3^3}=\dfrac{1}{3}$

(2) 0秒　　1秒後　　2秒後　　3秒後
　　　　①　　　　②　　　　③
　A　→　O　→　O　→　A

場合の数は　$3\times 2\times 1=6$（通り）
すべての場合の数は　3^3（通り）
よって　$\dfrac{6}{3^3}=\dfrac{2}{9}$

(3) 0秒　　1秒後　　2秒後　　3秒後　　4秒後
　　　　①　　　　②　　　　②　　　　③
　A　→　O　↗　O　↘　O　→　A
　　　　　　　③　A　①

場合の数は
　$3\times 2\times 2\times 1+3\times 1\times 3\times 1=21$（通り）
すべての場合の数は　3^4（通り）
よって　$\dfrac{21}{3^4}=\dfrac{7}{27}$

▶ 本冊 p.51

146 (1) $\dfrac{1}{2}$ (2) $\dfrac{1}{9}$

(3) $\dfrac{1}{12}$

解説

(1) さいころの目が4,5,6であればよいので
$\dfrac{3}{6}=\dfrac{1}{2}$

(2) 表にすると右のようになる。水の量が4Lになる確率は
$\dfrac{4}{36}=\dfrac{1}{9}$

(1回目) \ (2回目)	1 −1	2 −1	3 −2	4 −2	5 −3	6 −3(L)
1	0	0	0	0	0	0
2	1	1	0	0	0	0
3	2	2	1	1	0	0
4	3	3	2	2	1	1
5	④	④	3	3	2	2
6	5	5	④	④	3	3

(3) 題意を満たすとき,2回目終了時の水の量は1,2,3Lである。それぞれの場合の数は,(2)の表より6通り。このとき,3回目にそれぞれ3,2,1が出ればよい。
よって $\dfrac{6\times 3}{6\times 6\times 6}=\dfrac{1}{12}$

▶ 本冊 p.51

147 (1) $\dfrac{1}{6}$ (2) $\dfrac{5}{36}$

(3) $\dfrac{25}{216}$

解説

(1)
さいころの目	1	2	3	4	5	6
位置	B	C	D→F	E→A	F	G

1回だけさいころを投げてゴールする確率は $\dfrac{1}{6}$

(2)
(1回目) \ (2回目)	1	2	3	4	5	6
1 B	C	D→F	E→A	F	Ⓖ	F
2 C	D→F	E→A	F	Ⓖ	F	E→A
3 F	Ⓖ	F	E→A	D→F	C	B
4 A	B	C	D→F	E→A	F	Ⓖ
5 F	Ⓖ	F	E→A	D→F	C	B
6 G	/	/	/	/	/	/

ちょうど2回だけさいころを投げてゴールする確率は,表より5通り。よって $\dfrac{5}{6\times 6}=\dfrac{5}{36}$

(別解)

1回目にゴールしない確率は $\dfrac{5}{6}$ で,A～Fのどの位置にあっても,2回目にゴールする確率は $\dfrac{1}{6}$ である。これが同時に起こる確率は,積の法則により $\dfrac{5}{6}\times\dfrac{1}{6}=\dfrac{5}{36}$

(3) 2回目終了時点で,
Aにいるのは(2)の表より6通り
Bにいるのは3通り
Cにいるのは4通り
Fにいるのは12通り

それぞれの場合において,特定の目(Aにいる場合は6,Bにいる場合は5,Cにいる場合は4,Fにいる場合は1)が出ればゴールできるので,3回目でゴールできる場合の数は
$6+3+4+12=25$(通り)
よって $\dfrac{25}{6\times 6\times 6}=\dfrac{25}{216}$

(別解)

1回目,2回目にゴールできない確率はそれぞれ $\dfrac{5}{6}$ であり,3回目にゴールできる確率は $\dfrac{1}{6}$ であるから,積の法則により $\dfrac{5}{6}\times\dfrac{5}{6}\times\dfrac{1}{6}=\dfrac{25}{216}$

11 資料の活用と標本調査

▶本冊 p.52

148 ウ

解説
わかりやすいものから検討する。
最頻値が8点…エは不適(エの最頻値は6点)
中央値が8点…オ，カは不適
 (いずれの中央値も8点よりも小さい)
平均点が7.17点…ア，イは不適
 (いずれの平均点も7.17点よりも大きい)
よって，最も適切なものはウと判断できる。

▶本冊 p.52

149 (1) **5分** (2) **17.5分**
 (3) **ウ** (4) **25%**

解説
(1) 5分以上10分未満，10分以上15分未満，…であるから，階級の幅は5分である。
(2) 度数が最も高い階級は15分以上20分未満であるから，この階級の階級値を求めて，17.5分である。
(3) アは円グラフ，イは度数分布多角形（または度数折れ線），エは帯グラフ。ヒストグラムはウである。
(4) 5分以上15分未満の生徒の人数は 3+2=5(人)
 よって $5 \div 20 \times 100 = 25$ (%)

▶本冊 p.53

150 (1) **4** (2) **81**
 (3) **32**

解説
(1) 評価Aの生徒の平均点は
  $(80 \times 5 + 90 \times 4 + 100 \times 1) \div (5+4+1) = 86$(点)
 よって，評価Cの生徒の平均点は，アより
  $86 - 70 = 16$(点)
 30点の生徒の人数をx人とすると
  $(0 \times 4 + 10 \times 2 + 20 \times 5 + 30 \times x) \div (4+2+5+x) = 16$
  $(120 + 30x) \div (11+x) = 16$
  $120 + 30x = 16(11+x)$ $120 + 30x = 176 + 16x$
  $30x - 16x = 176 - 120$ $14x = 56$ $x = 4$
 よって 4人

(2) 30点の人数が4人であるから，合格者の総得点は$30 \times 4 = 120$(点)増えることになる。それで，平均がイより2点下がるのだから，評価Aと評価Bの生徒数をy人とすると
  $(65y + 120) \div (y+4) = 63$
  $65y + 120 = 63(y+4)$
  $65y + 120 = 63y + 252$ $2y = 132$ $y = 66$
 よって $4+2+5+4+66 = 81$(人)

(3) 40点，50点，70点の生徒の合計人数は
  $66 - 10 - 7 = 49$(人)
 40点，50点，70点の生徒の総得点は
  $65 \times 66 - 60 \times 7 - 86 \times 10 = 3010$(点)
 70点の生徒の人数をz人，50点の生徒の人数をw人とおくと，40点の生徒の人数は
  $49 - z - w$(人)
 よって $40(49-z-w) + 50w + 70z = 3010$
  $1960 - 40z - 40w + 50w + 70z = 3010$
  $30z + 10w = 1050$ $3z + w = 105$ $w = 105 - 3z$
 $w \geq 8$ より $105 - 3z \geq 8$ $-3z \geq -97$
 よって $z \leq \dfrac{97}{3} = 32.3\cdots$ …①
 40点の生徒の人数は
  $49 - z - w = 49 - z - (105 - 3z) = 2z - 56$
 $49 - z - w \geq 8$ より $2z - 56 \geq 8$ $2z \geq 64$
 よって $z \geq 32$ …②
 ①，②より $z = 32$(人)

▶本冊 p.53

151 (1) **a, d**
 (2) ① **およそ375個** ② **およそ4000個**

解説
(1) 国勢調査，健康診断などは全数調査の対象である。サンプルを抽出する標本調査として適切なのは，aとd。

(2) ① 不良品の割合は$\dfrac{3}{80}$と考えることができるから $10000 \times \dfrac{3}{80} = \dfrac{3000}{8} = 375$(個)
 ② ①と同様に考えて
  $150 \div \dfrac{3}{80} = \dfrac{150 \times 80}{3} = 50 \times 80 = 4000$(個)

▶本冊 p.53

152 およそ2800人

解説
B局の番組を見ていた学生は450人中135人であるから，その割合は $\dfrac{135}{450}=\dfrac{3}{10}$

よって $9300\times\dfrac{3}{10}=2790$ およそ2800(人)

▶本冊 p.54

153 (1) イ　(2) エ

解説
石の重さはすべて同じであるから，取り出した石の重さと袋の中にある石全部の重さの割合は，石の個数の比率と等しい関係にあると考えられる。

つまり $\dfrac{(袋の中にある白い石の個数)}{(取り出した石のうちの白い石の個数)}$
$=\dfrac{(袋の中にある石全部の重さ)}{(取り出した石全部の重さ)}$

よって (袋の中にある白い石の個数)
$=\underline{(取り出した石のうちの白い石の個数)}$ …イ
$\times\underline{\dfrac{(袋の中にある石全部の重さ)}{(取り出した石全部の重さ)}}$ …エ

▶本冊 p.54

154 (1) A中学校で30分以上読書している生徒の割合は $\dfrac{10+8+3+3}{50}=0.48$

B中学校で30分以上読書している生徒の割合は $\dfrac{12+8+4+3}{60}=0.45$

よって，A中学校の方が割合が大きい。

(2) 100

解説
(2) $250\times\dfrac{16}{40}=250\times\dfrac{2}{5}=100$(人)

12 図形の基礎

▶本冊 p.55

155 (1) $\angle x=105°$　(2) $\angle x=30°$

解説
(1) $\ell\,/\!/\,m\,/\!/\,n$ となる直線をひく。
平行線の同位角は等しいので，図のようになる。 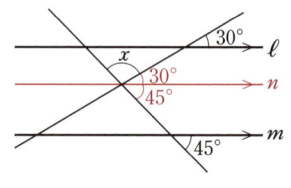
$\angle x=180°-(30°+45°)=105°$

(2) $\ell\,/\!/\,m\,/\!/\,n\,/\!/\,p$ となる直線をひく。
平行線の錯角は等しいので，図のようになる。 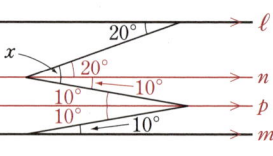
$\angle x=20°+10°=30°$

▶本冊 p.55

156 (1) $b=90-\dfrac{1}{2}a$　(2) $\angle x=62°$
(3) $\angle BDC=46°$

解説
(1) AD//BC より，錯角は等しいので
$\angle PBC=a°$
ゆえに $\angle QBC=\dfrac{1}{2}a°$ 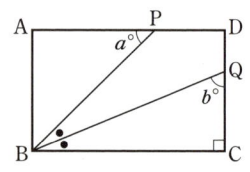
よって $b°=\angle BQC=180°-90°-\dfrac{1}{2}a°$
したがって $b=90-\dfrac{1}{2}a$

(2) 図のように，$a°$ とする。
$2a°+94°=126°$ より
$2a°=32°$
また $\angle x+2a°=94°$
$\angle x+32°=94°$
よって $\angle x=62°$

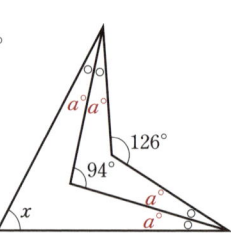

(3) 図のように，$a°$，$b°$ とする。
△ABCの内角の和は180°であるから
$88°+(180°-2a°)$
$+(180°-2b°)=180°$
$2a°+2b°=268°$

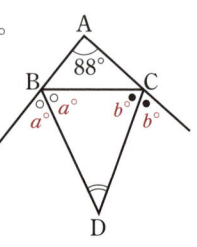

本冊 p.55～p.56の解答　63

よって　$a°+b°=134°$
△BDCの内角の和も180°であるから
　　$∠BDC=180°-(a°+b°)=180°-134°=46°$

▶本冊 p.55
157 順に　36，72

解説
正五角形の1つの内角の大きさは
$$\frac{180°×(5-2)}{5}=108°$$
△ACIは，AC=AI より頂角が108°の二等辺三角形であるから，底角は
$$\frac{180°-108°}{2}=36°$$ 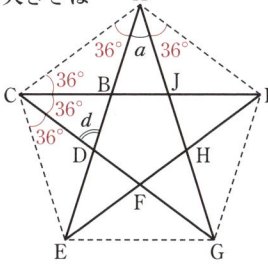
△ACI≡△CEA≡△IAG（2組の辺とその間の角がそれぞれ等しい）であるから　∠CAE=∠IAG=36°
よって　$∠a=108°-2×36°=36°$
また　∠ACE=108°
△ECG≡△ACI（2組の辺とその間の角がそれぞれ等しい）より　∠ECG=36°
よって　∠ACD=108°-36°=72°
よって　$∠d=180°-(36°+72°)=72°$

入試メモ　図形の基礎知識として，角度関係では次のものは必ず覚えておくこと。

① 平行線の同位角，錯角は等しい。

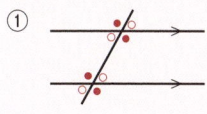

② 三角形の1つの外角はとなりにない残り2つの内角の和に等しい。

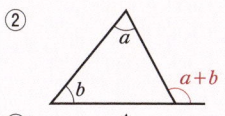

②′

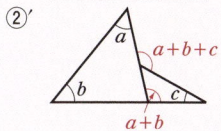

③ 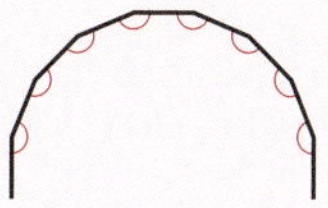 n角形の内角の和は　$180°×(n-2)$
正n角形の1つの内角の大きさは　$\frac{180°×(n-2)}{n}$

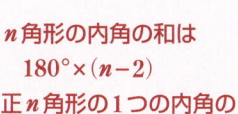

④ n角形の外角の和は　360°

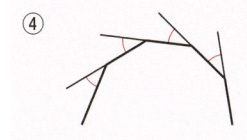

▶本冊 p.56
158 (1)　$x+y=110°$
(2)　∠DEF=10°，∠CAF=40°
(3)　CE，CF，EF，AF
(4)　FA=FEより，△FAEは二等辺三角形であるから
　　$x-10°=y+40°$　　$x-y=50°$
よって，
$$\begin{cases} x+y=110° \\ x-y=50° \end{cases}$$ を解いて
$x=80°$，$y=30°$

解説
(1)　△ABCはAB=ACの二等辺三角形であるから
　　∠ACB=∠ABC=20°
また，△BCDはBC=BDの二等辺三角形であるから
　　$∠BCD=∠BDC=(180°-20°)÷2=80°$
よって　∠EDC=80°-30°=50°
　　∠ACD=80°-20°=60°
ACとDEの交点をPとすると，対頂角は等しいから　∠APE=∠CPD
よって，∠PEA+∠PAE=∠PDC+∠PCDであるから　$x+y=50°+60°=110°$

(2)　△CDFは，頂角が20°，底角が80°の二等辺三角形であるから　CD=CF
∠CED=180°-80°-50°より，△CDEは，頂角が80°，底角が50°の二等辺三角形であるから
　CD=CE
よって，CF=CE，∠FCE=60°より，△CFEは正三角形である。
よって　∠DEF=∠FEC-∠DEC=60°-50°=10°
また，△ABCは底角が20°の二等辺三角形であるから　∠CAF=20°+20°=40°

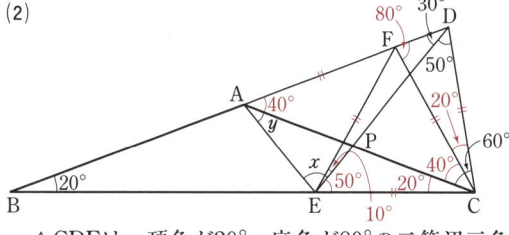

(3)　△FACにおいて，∠FAC=40°，
　　∠FCA=80°-20°-20°=40°より　FA=FC
また，CD=CFで，△CFEは正三角形であるから
　　CD=CE=CF=EF=AF

▶ 本冊 p.56

159 29

解説

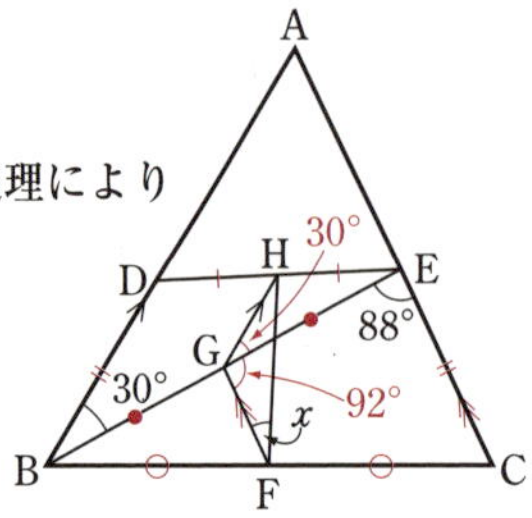

△BCE において,
　BG＝GE，BF＝FC
であるから，中点連結定理により
　GF∥EC,
　GF＝$\frac{1}{2}$EC

また，△EDB において,
　EG＝GB，EH＝HD
であるから，中点連結定理により
　HG∥DB，HG＝$\frac{1}{2}$DB

BD＝CE より，△GFH は GF＝HG の二等辺三角形である。よって　∠GFH＝∠GHF
同位角は等しいから　∠EGH＝∠EBD＝30°
同側内角の和は180°であるから
　∠FGE＝180°－88°＝92°
よって　∠FGH＝30°＋92°＝122°
　∠x＝$\frac{180°－122°}{2}$＝29°

▶ 本冊 p.56

160 (1)

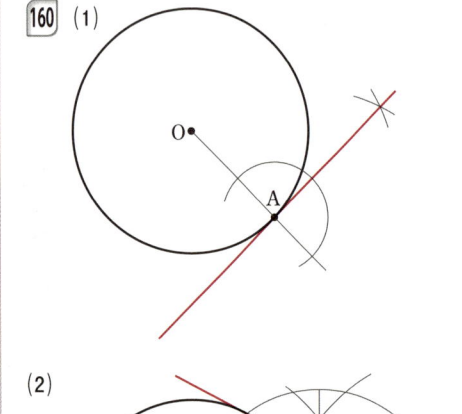

(2) OP を直径とする円をかく。接点の1つをQとすると∠OQP＝90°となる。

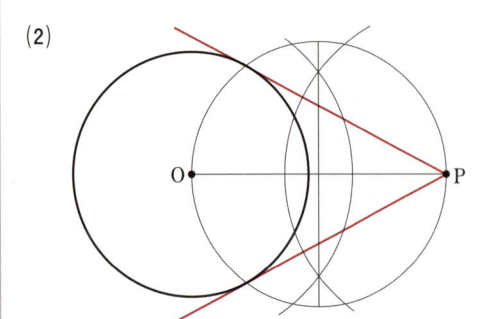

▶ 本冊 p.57

161 (1)

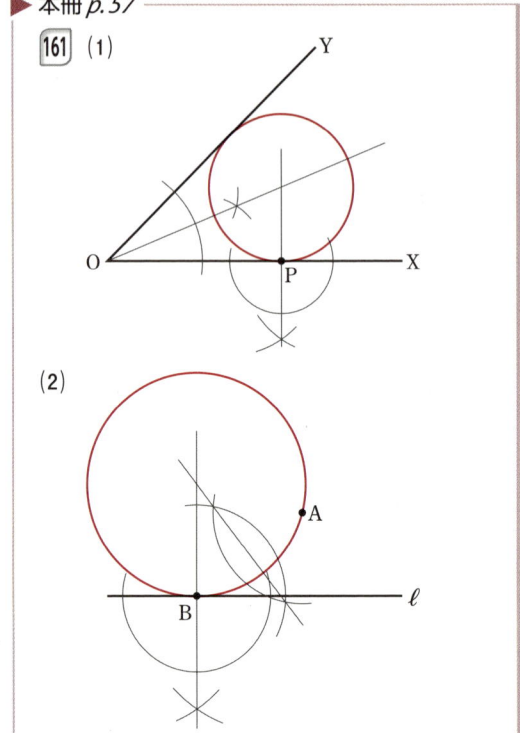

(2)

解説

(1) ∠XOY の二等分線と，P を通る OX の垂線の交点が円の中心である。

(2) B を通る直線 ℓ の垂線と線分AB の垂直二等分線の交点が円の中心である。

▶ 本冊 p.57

162 (1)

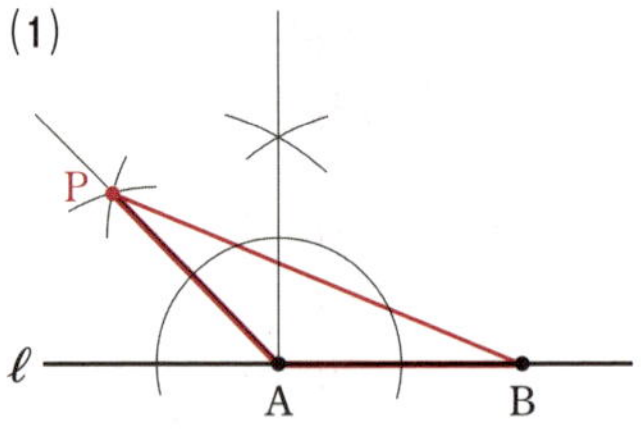

(2)

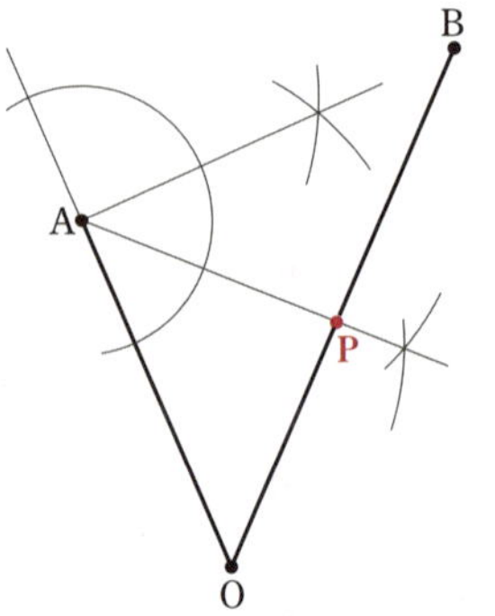

解説

(1), (2) とも垂直二等分線と角の二等分線の作図である。

本冊 p.58 〜 p.59 の解答　65

▶ 本冊 p.58

163

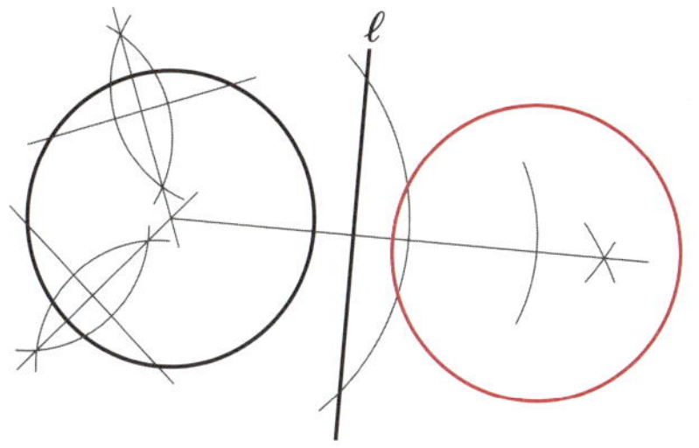

解説
円の中心Oを作図し，直線ℓに関して対称な点を求める円の中心とする。

▶ 本冊 p.58

164

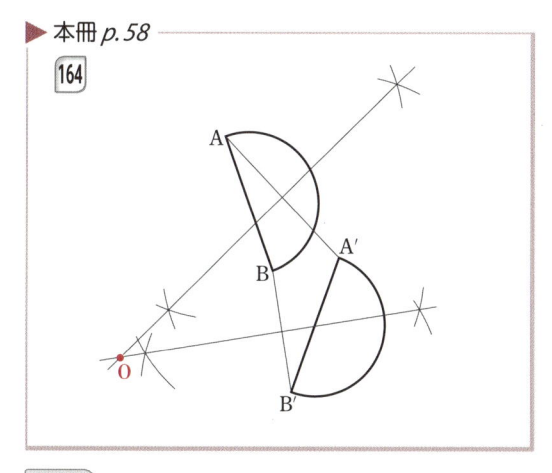

解説
AA′の垂直二等分線とBB′の垂直二等分線の交点がOである。

▶ 本冊 p.58

165

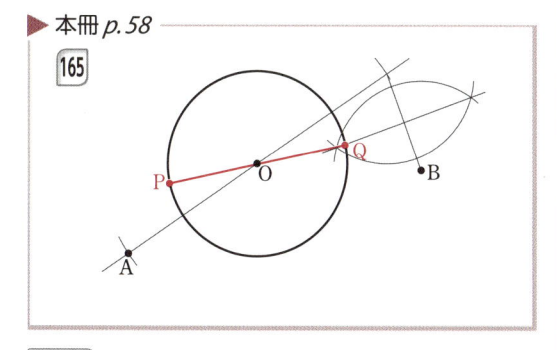

解説
中心Oに関して点Aと対称な点A′をとる。A′Bの垂直二等分線と円Oとの交点をQ，直線OQと円OのQ以外の交点をPとする。
△OAP≡△OA′Q(2組の辺とその間の角がそれぞれ等しい)であるから　AP=A′Q=BQ

▶ 本冊 p.59

166 （証明） 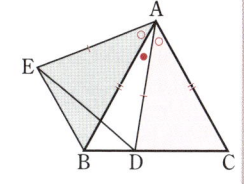
△ACDと△ABEにおいて，△ABCは正三角形なので
　AC=AB　…①
△ADEは正三角形なので
　AD=AE　…②
∠CAD=60°−∠BAD
∠BAE=60°−∠BAD
よって　∠CAD=∠BAE　…③
①〜③より，2組の辺とその間の角がそれぞれ等しいので
　△ACD≡△ABE
対応する角の大きさは等しいので
　∠ACD=∠ABE=60°
よって　∠CAB=∠ABE=60°
錯角が等しいから
　AC∥EB

▶ 本冊 p.59

167 （証明） 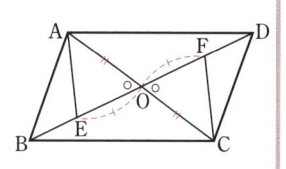
△OAEと△OCFにおいて，仮定より
　OE=OF　…①
平行四辺形の対角線はそれぞれの中点で交わるので
　OA=OC　…②
対頂角は等しいので
　∠AOE=∠COF　…③
①〜③より，2組の辺とその間の角がそれぞれ等しいので
　△OAE≡△OCF

▶ 本冊 p.59

168 （証明） 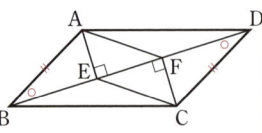
△ABEと△CDFに
おいて，仮定より
　　∠AEB＝∠CFD＝90°　…①
平行四辺形の対辺の長さは等しいので
　　AB＝CD　…②
AB∥CDより錯角は等しいので
　　∠ABE＝∠CDF　…③
①～③より，直角三角形において斜辺と1つ
の鋭角がそれぞれ等しいので
　　△ABE≡△CDF

▶ 本冊 p.59

169 （証明） 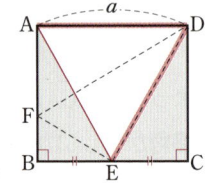
△ADFと△EDFは折り
返し図形であるから
　　AD＝ED　…①
△ABEと△DCEにおいて，
　条件より　BE＝CE　…②
　四角形ABCDは長方形であるから
　　AB＝DC　…③
　　∠ABE＝∠DCE＝90°　…④
②～④より，2組の辺とその間の角がそれぞ
れ等しいので　△ABE≡△DCE
対応する辺の長さは等しいので
　　AE＝DE　…⑤
①，⑤より　AE＝AD＝a

▶ 本冊 p.59

170 （証明） 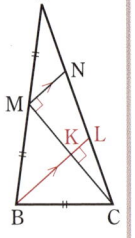
Bを通ってMNと平行な直線が
MC，ACと交わる点を，それ
ぞれK，Lとする。
平行線の同位角であるから
　　∠CKL＝∠CMN＝90°
仮定よりBC＝BMであるから，△BCMは二
等辺三角形。
二等辺三角形の頂角の頂点から底辺にひい
た垂線は底辺を2等分するので
　　CK＝KM
△CMNにおいて，CK＝KM，KL∥MNより
中点連結定理の逆が成り立つので
　　CL＝LN　…①
また，△ABLにおいて，AM＝MB，MN∥BL
より中点連結定理の逆が成り立つので
　　AN＝NL　…②
①，②より
　　AN：NC＝1：2

|解説|

（別証）
　（三平方の定理を利用する。）
　△ADFと△EDFは折り返し図形であるから
　　AD＝ED　…①
　△DECは∠C＝90°の直角三角形で，DE＝a，
EC＝$\frac{1}{2}a$だから
　　CD＝$\sqrt{a^2-\left(\frac{1}{2}a\right)^2}=\frac{\sqrt{3}}{2}a$
ここで，EC：DE：CD＝1：2：$\sqrt{3}$より
　　∠EDC＝30°
∠ADE＝60°より△AEDは正三角形となり，
AE＝AD＝aとなる。

13 相似な図形

▶本冊 p.60

[171] (1) ∠BAC=40°

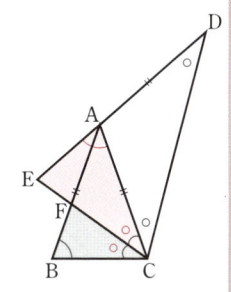

(2) （証明）
△ACEと△BCFにおいて，仮定より
∠ACE=∠BCF ……①
∠ACE=$a°$とおくと，仮定より ∠ADC=$a°$
△ACDはAC=ADの二等辺三角形であるから ∠ACD=∠ADC=$a°$
よって ∠CAE=$2a°$
また，△ABCもAB=ACの二等辺三角形であるから
∠CBF=∠ACB=2∠ACE=$2a°$
よって ∠CAE=∠CBF ……②
①，②より，2組の角がそれぞれ等しいので
△ACE∽△BCF

解説

(1) ∠BCF=35°より
∠ACB=70°
△ABCはAB=ACの二等辺三角形であるから
∠ABC=∠ACB=70°
よって
∠BAC=180°−70°×2
＝40°

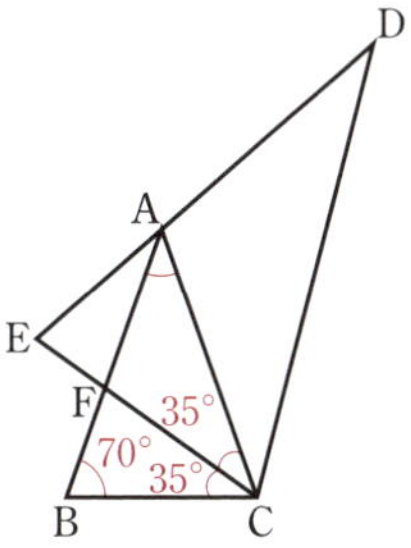

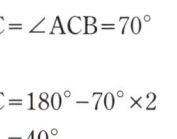

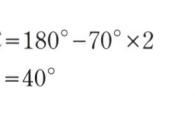

▶本冊 p.60

[172] BC=9

解説

△ABC∽△DBAであるから
AB:DB=BC:BA
BC=xとおくと
6:(x−5)=x:6
$x(x-5)=36$ $x^2-5x-36=0$
$(x-9)(x+4)=0$ $x=9, -4$
$x>5$より $x=9$ よって BC=9

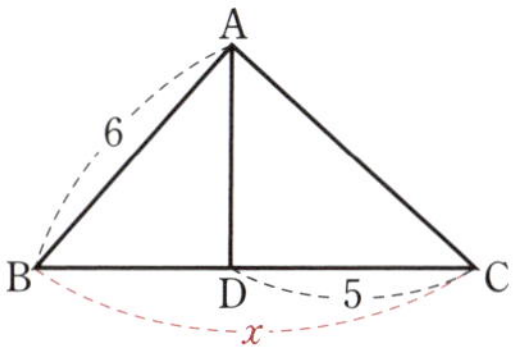

▶本冊 p.60

[173] EF=$\dfrac{15}{4}$ cm

解説

△ABE∽△DCE（2組の角がそれぞれ等しい）であるから
BE:CE=AB:DC
＝3:5 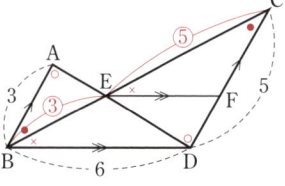
△CEF∽△CBD（2組の角がそれぞれ等しい）であるから
EF:BD=CE:CB=5:(5+3)=5:8
よって EF:6=5:8
EF=$\dfrac{6×5}{8}=\dfrac{15}{4}$(cm)

▶本冊 p.60

[174] (1) AE=$\dfrac{8}{3}x$ cm (2) $x=\dfrac{21}{8}$

解説

(1) △ABD∽△AEF（2組の角がそれぞれ等しい）であるから
AB:AE=BD:EF 8:AE=3:x
AE=$\dfrac{8}{3}x$(cm)

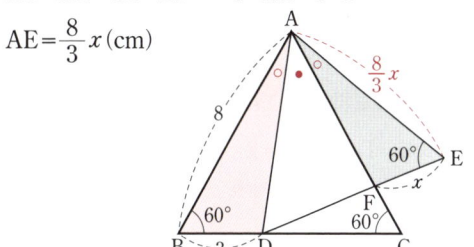

(2) △ADEは正三角形であるから AD=AE=$\dfrac{8}{3}x$
BCの中点をMとすると，△ABCは正三角形で，AB=8であるから
AM⊥BC，BM=4，AM=$4\sqrt{3}$，
DM=4−3=1
直角三角形ADMにおいて，三平方の定理により
$\left(\dfrac{8}{3}x\right)^2=1^2+(4\sqrt{3})^2$ $\dfrac{64}{9}x^2=49$
$x^2=\dfrac{49×9}{64}$ $x=\pm\sqrt{\dfrac{49×9}{64}}=\pm\dfrac{7×3}{8}=\pm\dfrac{21}{8}$
$x>0$より $x=\dfrac{21}{8}$

▶本冊 p.61

175 AF=4cm

解説

AE：EC=AD：DB
=6：3=2：1
AF：FD=AE：EC=2：1
よって AF=$\frac{2}{3}$AD
=$\frac{2}{3}$×6
=4(cm)

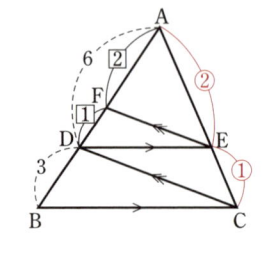

▶本冊 p.61

176 FG=6

解説

△AECにおいて，
AD=DE，AF=FC
であるから，
中点連結定理により
DF∥EC，
DF=$\frac{1}{2}$EC=$\frac{1}{2}$×4=2 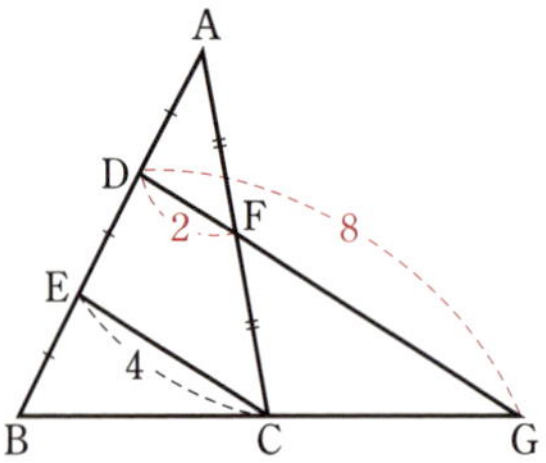
よって DF=2(cm)
△DBGにおいて，BE=ED，EC∥DGであるから，
中点連結定理の逆により EC=$\frac{1}{2}$DG
よって DG=2EC=2×4=8
FG=DG−DF=8−2=6

▶本冊 p.61

177 BD=8cm

解説

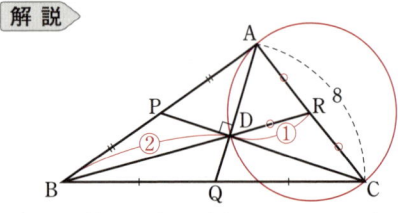

2本の中線の交点は重心であるから，点Dは△ABCの重心である。
BDの延長とACの交点をRとすると，RはACの中点である。
∠ADC=90°であるから，△ACDの外接円は点Rを中心とする半径4cmの円である。
したがって DR=4(cm)
BD：DR=2：1であるから BD=8(cm)

▶本冊 p.61

178 132

解説

Eを通ってCDに平行な直線とABとの交点をGとする。

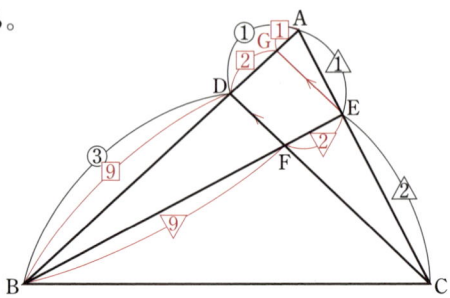

AG：GD=AE：EC=1：2
AD：DB=1：3=3：9であるから
 AG：GD：DB=1：2：9
また BF：FE=BD：DG=9：2
よって，△ABCの面積をSとおくと
△ABE=$\frac{AE}{AC}$S=$\frac{1}{3}$S
△BFD=$\frac{BF}{BE}$×$\frac{BD}{BA}$△ABE=$\frac{9}{11}$×$\frac{3}{4}$×$\frac{1}{3}$S=$\frac{9}{44}$S
△ABE=△BFD+(四角形ADFE)であるから
$\frac{1}{3}$S=$\frac{9}{44}$S+17 $\frac{17}{132}$S=17 S=132(cm²)

パワーアップ

1角を共有する三角形の面積比はその角をはさむ2辺の比によって決定できる。
右の図で

△ABC=$\frac{a}{b}$×$\frac{c}{d}$×△ADE

面積比の問題を解く場合には必須のアイテムである。
確認しておこう。

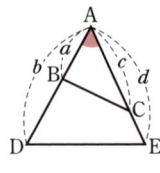

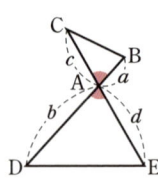

▶ 本冊 p.61

179 (1) 3:4　　(2) 7:2

解説

(1) Dを通ってBEに平行な直線とACとの交点をGとする。

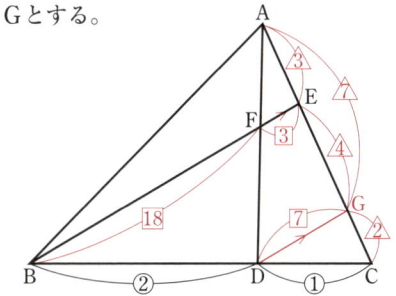

DG:BE=CD:CB=1:3
BF:FE=6:1であるから，DG=7tとすると
　BE=21t
よって　BF=18t，FE=3t
　AF:AD=FE:DG=3:7
よって　AF:FD=3:(7-3)=3:4

(2) (1)より　AE:EG=AF:FD=3:4
また　EG:GC=BD:DC=2:1=4:2
よって，AE:EG:GC=3:4:2となるから
　AE:AC=3:(3+4+2)=3:9=1:3
△ABCの面積をSとおくと
　△ADC=$\frac{DC}{BC}$S=$\frac{1}{3}$S
　△AFE=$\frac{AF}{AD}×\frac{AE}{AC}$△ADC=$\frac{3}{7}×\frac{1}{3}×\frac{1}{3}$S=$\frac{1}{21}$S
　(四角形CEFD)=△ADC－△AFE
　　　　　　　=$\frac{1}{3}$S－$\frac{1}{21}$S=$\frac{6}{21}$S=$\frac{2}{7}$S
よって　△ABC:(四角形CEFD)=S:$\frac{2}{7}$S=7:2

▶ 本冊 p.62

180 $\frac{12}{5}$

解説

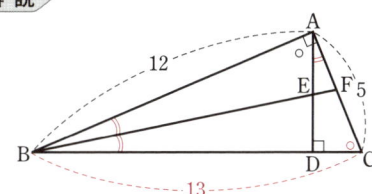

三平方の定理により
　BC=$\sqrt{12^2+5^2}=\sqrt{144+25}=\sqrt{169}$=13
△ABC∽△DAC(2組の角がそれぞれ等しい)であるから，AC:DC=BC:ACより　5:DC=13:5

よって　DC=$\frac{25}{13}$
また，AB:DA=BC:ACより　12:DA=13:5
よって　DA=$\frac{60}{13}$
　BD=BC－DC=13－$\frac{25}{13}$=$\frac{144}{13}$
角の二等分線の性質により
　AE:ED=BA:BD
　　　　=12:$\frac{144}{13}$=$\frac{12×13}{13}$:$\frac{12×12}{13}$=13:12
　AE=$\frac{13}{13+12}$×AD=$\frac{13}{25}×\frac{60}{13}$=$\frac{12}{5}$

▶ 本冊 p.62

181 (1) ∠ABC=108°

(2) (証明) 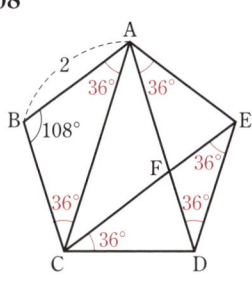
　△ABCは頂角が108°の二等辺三角形であるから，底角は36°である。
また，
△ABC≡△DEA≡△CDE(2組の辺とその間の角がそれぞれ等しい)であるから
　∠ABC=∠DEA=∠CDE=108°
また　∠BAC=∠BCA=∠EAD=∠EDA
　　　=∠DEC=∠DCE=36°
△ACDと△AFEにおいて
　∠CAD=108°－36°－36°=36°
　∠FAE=∠EAD=36°
よって　∠CAD=∠FAE　…①
　∠ADC=108°－36°=72°
　∠AEF=108°－36°=72°
よって　∠ADC=∠AEF　…②
①，②より，2組の角がそれぞれ等しいので
　△ACD∽△AFE

(3) AF=2　　(4) AD=1+$\sqrt{5}$

解説

(1) $\frac{180°×(5-2)}{5}=\frac{540°}{5}$=108°

(3) △AFEは∠AFE=∠AEFの二等辺三角形であるから　AF=AE=2

(4) △ACD∽△CDF（2組の角がそれぞれ等しい）より，
AD=xとおくと
AD:CF=CD:DF
$x:2=2:(x-2)$
$x(x-2)=4$
$x^2-2x-4=0$
$x=1\pm\sqrt{1+1\times4}=1\pm\sqrt{5}$
$x>2$より $x=AD=1+\sqrt{5}$

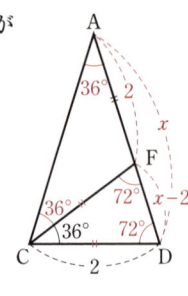

▶ 本冊 p.62

182 $5:18$

解説

△BFG∽△DEG
（2組の角がそれぞれ等しい）より，
$BF^2:DE^2=S_1:S_2$
     $=1:4$
であるから
 BF:DE=1:2 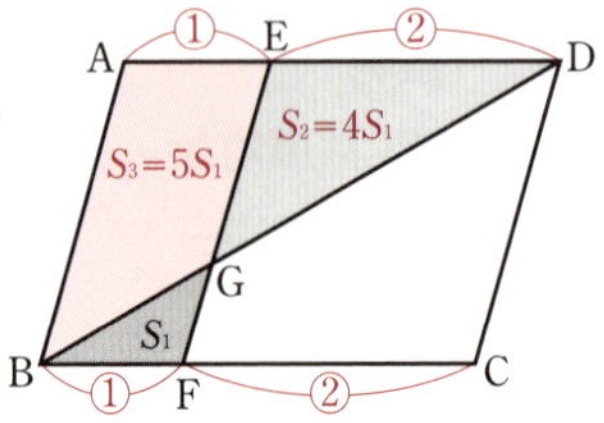
△DEG∽△DAB（2組の角がそれぞれ等しい）
であるから DE:DA=2:3
よって $S_2:(S_2+S_3)=2^2:3^2=4:9$
したがって $S_2:S_3=4:5$
よって $S_3=\frac{5}{4}S_2=\frac{5}{4}\times4S_1=5S_1$
▱ABCD=S_4=2△ABD=$2\times9S_1=18S_1$
$S_3:S_4=5S_1:18S_1=5:18$

▶ 本冊 p.62

183 (1) $1:2$ (2) $3:1$
 (3) $1:3$ (4) 27

解説

(1) △BHF∽△DEF（2組の角がそれぞれ等しい）
であるから
BH:DE
=BF:DF
=1:2

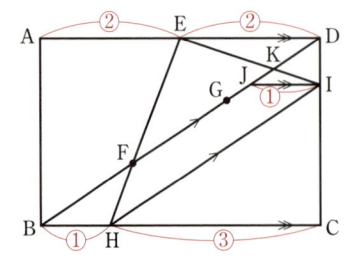

(2) 四角形BHIJは平行四辺形であるから
BH=JI
△DJI∽△DBC（2組の角がそれぞれ等しい）より，
DJ:DB=JI:BC=1:4
DG:DB=1:3
よって DJ:DB:DG
 1 : 4
     3 : 1
 3 : 12 : 4
DJ:DG=3:4であるから DJ:JG=3:1

(3) △KED∽△KIJ（2組の角がそれぞれ等しい）より，
KD:KJ=DE:JI=2:1
(2)より DJ:JG=3:1
DG=GFであるから
KD:FK=2:6=1:3
よって △KDE:△EFK=KD:FK=1:3

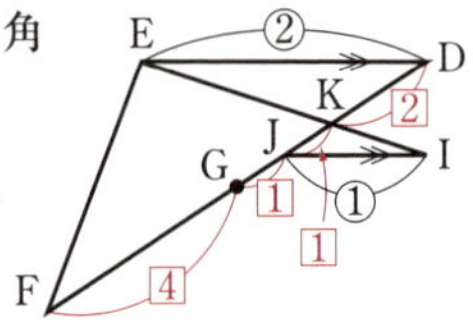

(4) △KJI:△KDE
 =$1^2:2^2=1:4$
よって
△KDE=4
(3)より
△EFK
=3△KDE
=$3\times4=12$
△EFK∽△EHI（2組の角がそれぞれ等しい）より，EF:EH=2:3であるから 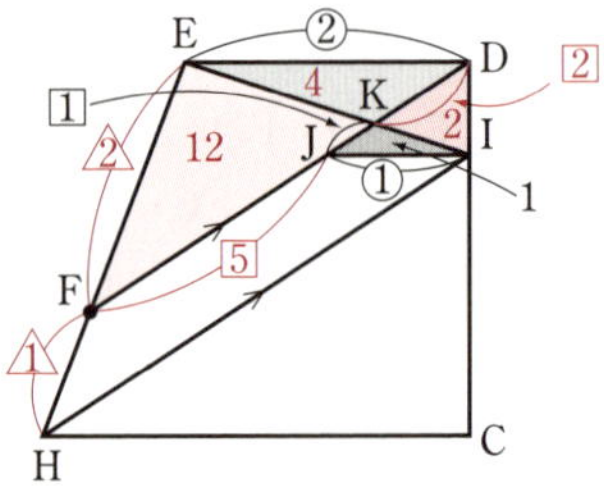
△EFK:△EHI=$2^2:3^2=4:9$
△EHI=$12\times\frac{9}{4}=27$

▶ 本冊 p.63

184 (1) $2:1$ (2) $3:2$
 (3) $5:2$ (4) $24:35$

解説

(1) AD∥MCより DE:EM=AD:MC=2:1
(2) AB∥DC，AD∥E′E∥BCより
DF:FE′=DC:AE′=AB:AE′
    =DM:DE=(2+1):2=3:2
(3) AB∥DC，AD∥F′F∥BCより
DG:GF′=DC:AF′=AB:AF′=AC:AF
    =DE′:FE′=(3+2):2=5:2

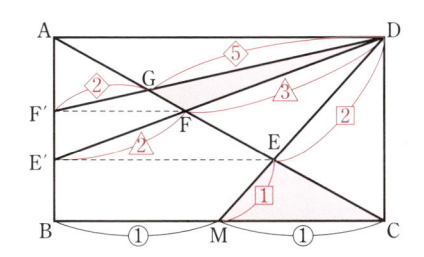

(4) (3)より　AC：AF＝5：2
また　AC：AG＝DF′：GF′＝(5＋2)：2＝7：2
よって　AC：AF：AG＝35：14：10
これより　AC：GF＝35：(14－10)＝35：4
△ACDの面積をSとする。
$$\triangle DGF = \frac{GF}{AC} \times \triangle ACD = \frac{4}{35}S$$
$$\triangle EMC = \frac{EC}{AC} \times \frac{MC}{BC} \times \triangle ABC$$
$$= \frac{EM}{DM} \times \frac{1}{2} \times \triangle ACD = \frac{1}{3} \times \frac{1}{2} \times S = \frac{1}{6}S$$
よって　$\triangle DGF : \triangle EMC = \frac{4}{35}S : \frac{1}{6}S = 24 : 35$

▶本冊 p.63
185 (1) **7：12**　　(2) **5：3**
(3) **11：80**

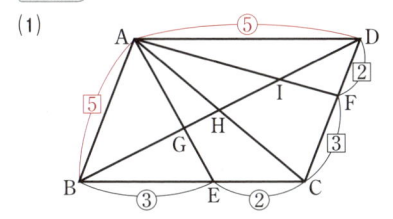

解説
(1) Hは平行四辺形の対角線の交点であるから
$$BH = HD = \frac{1}{2}BD$$
AD∥BCより　BG：GD＝BE：AD＝3：5
よって　$GH = BH - BG = \frac{1}{2}BD - \frac{3}{8}BD = \frac{1}{8}BD$
AB∥DCより　BI：ID＝AB：DF＝5：2
よって　$HI = HD - ID = \frac{1}{2}BD - \frac{2}{7}BD = \frac{3}{14}BD$
したがって　$GH : HI = \frac{1}{8}BD : \frac{3}{14}BD = 7 : 12$
(2) △BAG：△BEG＝AG：EG＝5：3

(3) $\triangle AEC = \frac{2}{5}\triangle ABC$
△AGH
$= \frac{5}{8} \times \frac{1}{2}\triangle AEC$
$= \frac{5}{16} \times \frac{2}{5}\triangle ABC$
$= \frac{1}{8}\triangle ABC$
（四角形GECHの面積）＝△AEC－△AGH
$= \frac{2}{5}\triangle ABC - \frac{1}{8}\triangle ABC$
$= \frac{11}{40}\triangle ABC$
$\triangle ABC = \frac{1}{2}\square ABCD$であるから
（四角形GECHの面積）$= \frac{11}{40} \times \frac{1}{2}\square ABCD$
$= \frac{11}{80}\square ABCD$
よって
（四角形GECHの面積）：□ABCD＝11：80

▶本冊 p.63
186 順に　**4, 9, 8, 15**

解説
$NP = ND - PD = \frac{1}{2}AD - \frac{1}{6}AD = \frac{1}{3}AD$,
$BQ = \frac{3}{4}BC = \frac{3}{4}AD$であるから
$NP : BQ = \frac{1}{3}AD : \frac{3}{4}AD = 4 : 9$
点Mを通り，辺ADに平行な直線と線分NQの交点をTとすると
$MT = \frac{1}{2}(AN + BQ) = \frac{1}{2}\left(\frac{1}{2}AD + \frac{3}{4}AD\right) = \frac{5}{8}AD$
NP∥MTより
$PR : RM = NP : MT = \frac{1}{3}AD : \frac{5}{8}AD = 8 : 15$

パワーアップ

AD∥BCである台形ABCDにおいて，辺AB，DCの中点をそれぞれM，Nとすると
$$MN = \frac{1}{2}(AD + BC)$$
これは，右の図から容易に証明できる。

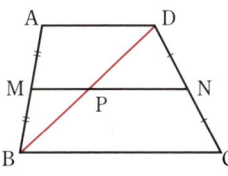

▶ 本冊 p.64

187 (1) $2:3$ (2) $1:3$
(3) **6倍**

解説

(1) 中点連結定理の逆により

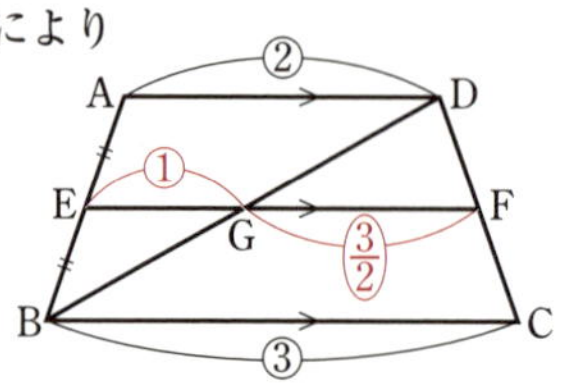

$$EG = \frac{1}{2}AD$$

$$GF = \frac{1}{2}BC$$

$AD = 2t$, $BC = 3t$ とおくと

$$EG:GF = \left(\frac{1}{2} \times 2t\right):\left(\frac{1}{2} \times 3t\right) = t:\frac{3}{2}t = 2:3$$

(2) $AE = x$, $EB = y$, $AD = 2t$, $BC = 3t$ とおくと

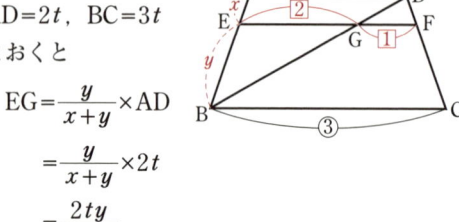

$$EG = \frac{y}{x+y} \times AD$$
$$= \frac{y}{x+y} \times 2t$$
$$= \frac{2ty}{x+y}$$

$$GF = \frac{x}{x+y} \times BC = \frac{x}{x+y} \times 3t = \frac{3tx}{x+y}$$

ところで $EG:GF = 2:1$

よって $\dfrac{2ty}{x+y} : \dfrac{3tx}{x+y} = 2:1$

$$\frac{2ty}{x+y} = \frac{6tx}{x+y} \quad y = 3x$$

$x:y = 1:3$ であるから $AE:EB = 1:3$

(3) $DG:GB = AE:EB$
$= 1:3$ 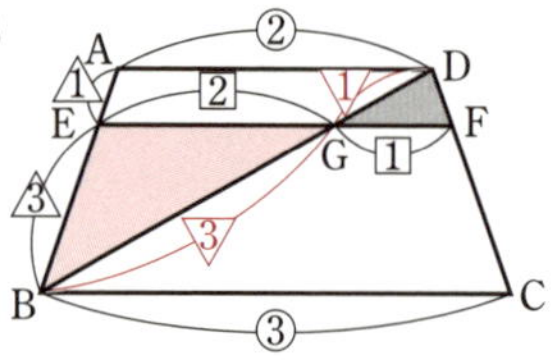
$\triangle BEG : \triangle DFG$
$= (2 \times 3):(1 \times 1)$
$= 6:1$

よって,$\triangle BEG$の面積は$\triangle DFG$の面積の6倍である。

▶ 本冊 p.64

188 (1) $4\pi \text{cm}^2$ (2) $\dfrac{2}{5}\pi \text{cm}^2$

(3) $\dfrac{18}{35}\pi \text{cm}^2$

解説

(1) 側面の展開図をかくと,たて4cm,横4πcmの長方形となる。図のように長方形をAA′D′Dとする。

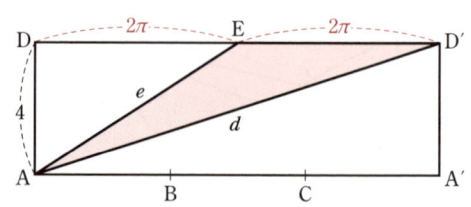

$$\triangle AD'E' = \frac{1}{2} \times 2\pi \times 4 = 4\pi \text{(cm}^2)$$

(2)

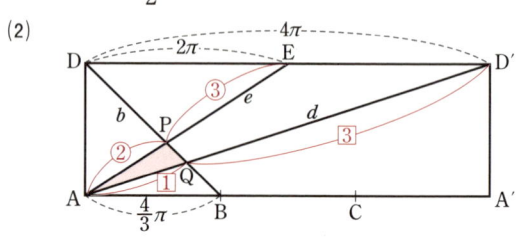

図で DD′ ∥ AA′

ゆえに $AP:PE = AB:DE = \dfrac{4}{3}\pi : 2\pi = 2:3$

同様にして $AQ:QD' = AB:DD' = \dfrac{4}{3}\pi : 4\pi = 1:3$

以上より $\triangle AQP = \dfrac{2}{2+3} \times \dfrac{1}{1+3} \times \triangle AD'E$

$$= \frac{2}{5} \times \frac{1}{4} \times 4\pi$$
$$= \frac{1}{10} \times 4\pi = \frac{2}{5}\pi \text{(cm}^2)$$

(3)

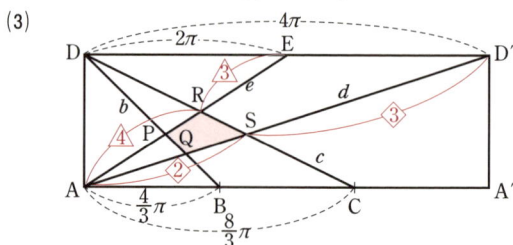

図で DD′ ∥ AA′

ゆえに $AR:RE = AC:DE = \dfrac{8}{3}\pi : 2\pi = 4:3$

同様にして $AS:SD' = AC:DD' = \dfrac{8}{3}\pi : 4\pi = 2:3$

以上より $\triangle ASR = \dfrac{4}{4+3} \times \dfrac{2}{2+3} \times \triangle AD'E$

$$= \frac{4}{7} \times \frac{2}{5} \times 4\pi$$
$$= \frac{8}{35} \times 4\pi = \frac{32}{35}\pi \text{(cm}^2)$$

よって (四角形PQSRの面積)

$$= \triangle ASR - \triangle AQP = \frac{32}{35}\pi - \frac{2}{5}\pi$$
$$= \frac{32-14}{35}\pi$$
$$= \frac{18}{35}\pi \text{(cm}^2)$$

本冊p.65の解答 73

14 円の性質

▶本冊 p.65

189 (1) $\angle x = 66°$, $\angle y = 16°$, $\angle z = 32°$
(2) $\angle BDC = 17°$ (3) $\angle x = 16°$
(4) $\angle x = 100°$
(5) $\angle x = 60°$, $\angle y = 59°$
(6) $\angle CED = 32°$

解説

(1) AB=OD=OB であるから，△BAOは BA=BO の二等辺三角形。
また，△ODB は OB=OD の，△OED も OD=OE の二等辺三角形である。

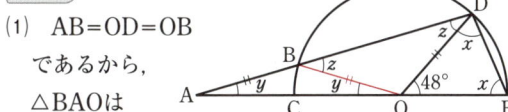

$$\angle x = \frac{180° - 48°}{2} = 66°$$

$\begin{cases} \angle y \times 2 = \angle z \\ \angle y + \angle z = 48° \end{cases}$ が成り立つので，

$\angle y \times 3 = 48°$ より $\angle y = 16°$
よって $\angle z = 32°$

(2) $\angle AOB$
$= 180° - 2 \times 56°$
$= 180° - 112°$
$= 68°$

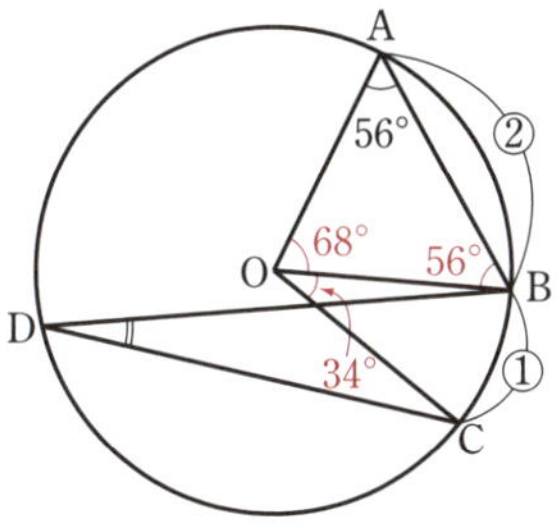

$\widehat{AB} : \widehat{BC} = 2 : 1$ より，中心角の比も 2:1 であるから
$\angle BOC = 34°$

$\widehat{BC}$ に対する円周角であるから

$$\angle BDC = \frac{1}{2} \angle BOC = 17°$$

(3) $\widehat{CD}$ に対する円周角であるから
$\angle CBD = \angle CAD = \angle x$
よって
$\angle x \times 2 + 31° = 63°$
$\angle x \times 2 = 32°$
$\angle x = 16°$

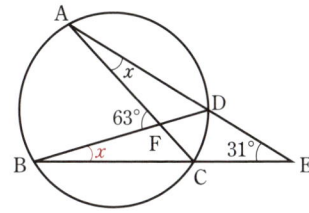

(4) AB∥CD より錯角は等しいので 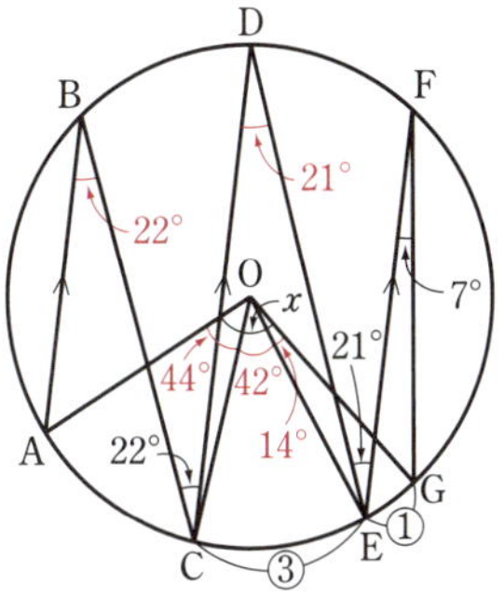
$\angle ABC$
$= \angle BCD = 22°$
CD∥EF より錯角は等しいので
$\angle CDE$
$= \angle DEF = 21°$
$\widehat{CE} : \widehat{EG} = 3 : 1$ より

$$\angle EFG = \frac{1}{3} \angle CDE = 7°$$

円周角と中心角の関係により
$\angle x = \angle AOC + \angle COE + \angle EOG$
$= 2\angle ABC + 2\angle CDE + 2\angle EFG$
$= 44° + 42° + 14° = 100°$

(5) $\widehat{AFE}$ に対する円周角であるから 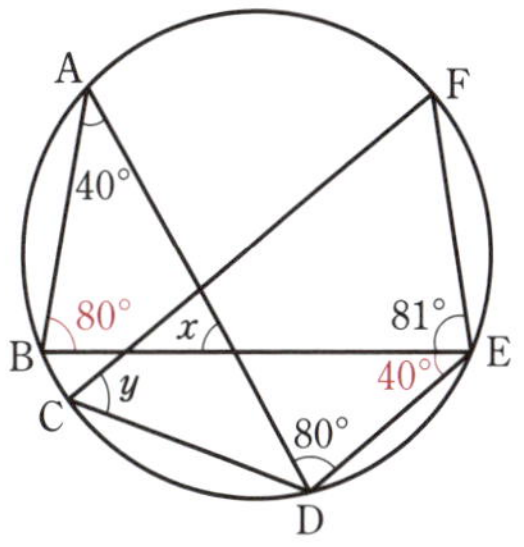
$\angle ABE$
$= \angle ADE = 80°$
よって
$\angle x$
$= 180° - (40° + 80°)$
$= 60°$

$\widehat{BCD}$ に対する円周角であるから
$\angle BED = \angle BAD = 40°$
四角形 CDEF は円に内接するから，向かい合った内角の和は180°である。
よって，$\angle y + (81° + 40°) = 180°$ より $\angle y = 59°$

(6) 長さの等しい弧に対する円周角は等しいので 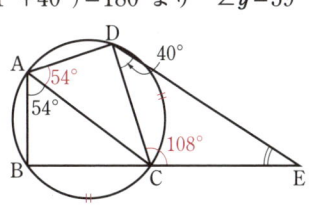
$\angle CAD$
$= \angle BAC = 54°$
四角形 ABCD は円に内接するから
$\angle DCE = \angle BAD = 108°$
よって $\angle CED = 180° - (40° + 108°) = 32°$

▶ 本冊 p.66

190 (1) $\angle x = 108°$ (2) $\angle x = 48°$
(3) $\angle APF = 45°$
(4) $\angle x = 30°$, $\angle y = 120°$

解説

(1) 円周を10等分する1つの弧の中心角は
$\dfrac{360°}{10} = 36°$
よって，円周角は18°である。
$\angle x = \angle DAH + \angle AHC$
$= 18° \times 4 + 18° \times 2$
$= 18° \times 6 = 108°$

(2) 円周を15等分する1つの弧の中心角は
$\dfrac{360°}{15} = 24°$
よって，円周角は12°である。
図のように，A, B, C, D とすると
$\angle ACD = \angle BDC = 12° \times 2 = 24°$
よって $\angle x = 24° + 24° = 48°$

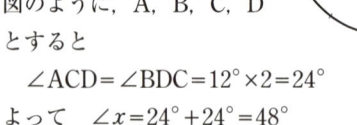

(3) 円周を8等分する1つの弧の中心角は
$\dfrac{360°}{8} = 45°$
よって，円周角は22.5°である。
$\angle BAF = 22.5° \times 4 = 90°$
$\angle AFC = 22.5° \times 2 = 45°$
よって $\angle APF = 180° - (90° + 45°) = 45°$

(4) 図のように円周を12等分する点を A, B, C, D, …, L とする。
円周を12等分する1つの弧の中心角は $\dfrac{360°}{12} = 30°$
よって，円周角は15°である。
$\angle EAK = 15° \times 6 = 90°$, $\angle AEI = 15° \times 4 = 60°$
よって $\angle x = 180° - (90° + 60°) = 30°$
$\angle AJC = 15° \times 2 = 30°$, $\angle DAJ = 15° \times 6 = 90°$
よって $\angle y = 30° + 90° = 120°$

▶ 本冊 p.66

191 (1) $\angle EBD = x°$, $\angle AOB = 2x°$,
$\angle CAD = mx°$, $\angle CFE = (m+2)x°$,
$\angle ACE = 90° - x°$,
$\angle CEF = 90° - (m+1)x°$

(2) $(m, x) = (1, 18)$, $(3, 10)$,
$(6, 6)$, $(21, 2)$

解説

(1) $\triangle OBD$ は $OB = OD$ の二等辺三角形であるから
$\angle EBD$
$= \angle ODB = x°$
$\angle AOB$
$= \angle OBD + \angle ODB$
$= 2x°$
$\overparen{CD} : \overparen{DE} = m : 1$, $\angle EBD = x°$ より
$\angle CAD = mx°$
$\angle CFE = \angle FAO + \angle AOF$
$= mx° + 2x° = (m+2)x°$
$\angle BCE = 90°$, $\angle ACB = x°$ より
$\angle ACE = 90° - x°$
$\angle CEF = 180° - \angle BCE - \angle CBE$
$= 180° - 90° - (m+1)x°$
$= 90° - (m+1)x°$

(2) $CE = CF$ より，二等辺三角形の底角は等しいので $\angle CFE = \angle CEF$
よって $(m+2)x = 90 - (m+1)x$
$(m+2)x + (m+1)x = 90$
$x\{(m+2) + (m+1)\} = 90 \qquad x(2m+3) = 90$
m が正の整数のとき，$2m+3$ は 5 以上の奇数で，90の約数である。

$2m+3$	5	9	15	45
m	1	3	6	21
x	18	10	6	2

よって
$(m, x) = (1, 18)$, $(3, 10)$, $(6, 6)$, $(21, 2)$

▶本冊 p.67

192 (1) ∠POQ=72° (2) BR=12
(3) BP=$3+3\sqrt{5}$

解説

(1) ∠AOP=∠xとおくと，
$\overset{\frown}{AP}:\overset{\frown}{PQ}=1:2$より
∠POQ=∠x×2
AP∥OQより錯角は等しいので
∠APO=∠POQ=∠x×2
△OAPはOA=OPの二等辺三角形であるから
∠PAO=∠APO=∠x×2
△OAPの内角の和は180°であるから
∠x×5=180° よって ∠x=36°
∠POQ=∠x×2=72°

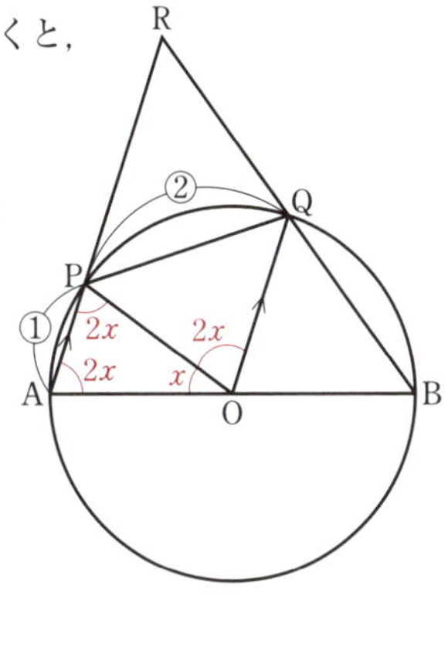

(2) 角度を求めると，右の図のようになる。
△OPQ∽△ABR(2組の角がそれぞれ等しい)より，円Oの半径をrとすると
PQ:BR=OP:AB
6:BR=$r:2r$
6:BR=1:2
BR=12

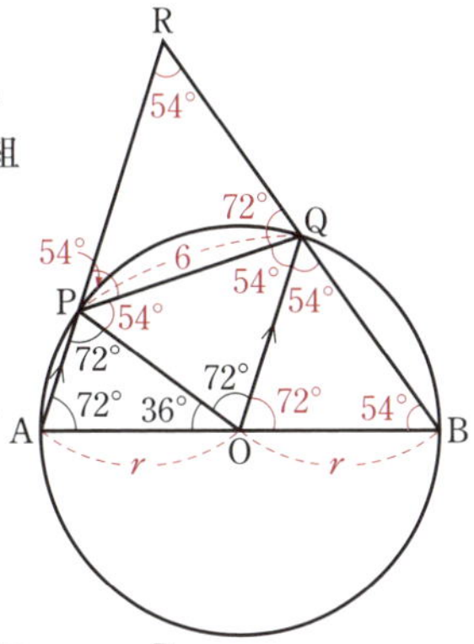

(3) ∠APBは半円の弧に対する円周角だから
∠APB=90°
∠BPQ=$\frac{1}{2}$∠BOQ=36°
∠PQB=108°であるから
∠PBQ=36°
よって，△PBQは底角が36°の二等辺三角形である。
PQの延長上に∠BTQ=72°となる点Tをとると
△PBT∽△BTQ(2組の角がそれぞれ等しい)
PB=yとおくと PB:BT=BT:TQ

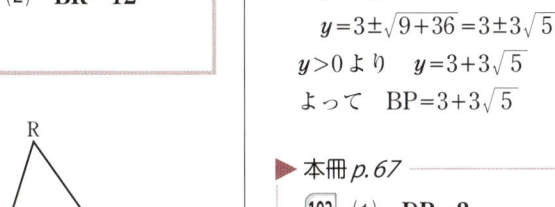

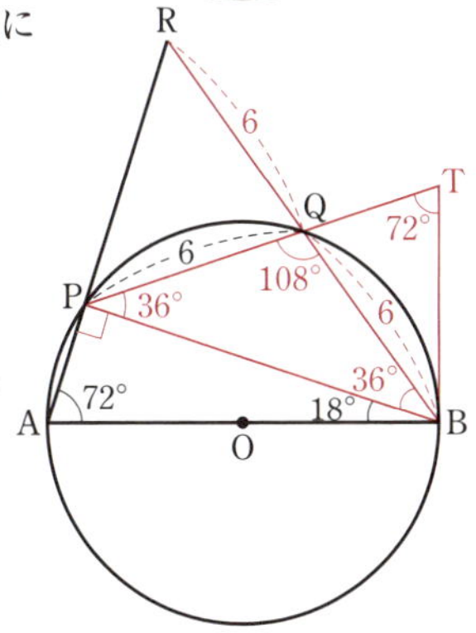

$y:6=6:(y-6)$ $y(y-6)=36$
$y^2-6y-36=0$
$y=3\pm\sqrt{9+36}=3\pm3\sqrt{5}$
$y>0$より $y=3+3\sqrt{5}$
よって BP=$3+3\sqrt{5}$

▶本冊 p.67

193 (1) DP=2
(2) △ABE∽△ACD，△ADE∽△ACB
(3) ア：AC，イ：CD   (4) 56

解説

(1) △ABP∽△DCP(2組の角がそれぞれ等しい)であるから
AP:DP=BP:CP
3:DP=6:4
DP=$\frac{12}{6}$=2

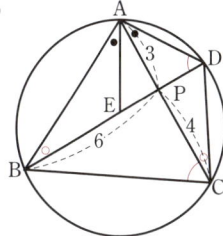

(2) △ABEと△ACDにおいて，仮定より
∠BAE=∠CAD …①
$\overset{\frown}{AD}$に対する円周角であるから
∠ABE=∠ACD …②
①，②より，2組の角がそれぞれ等しいから
△ABE∽△ACD
△ADEと△ACBにおいて，$\overset{\frown}{AB}$に対する円周角であるから
∠ADE=∠ACB …③
∠EAD=∠CAD+∠EAP
∠BAC=∠BAE+∠EAP
∠CAD=∠BAEであるから
∠EAD=∠BAC …④
③，④より2組の角がそれぞれ等しいから
△ADE∽△ACB

(3) △ABE∽△ACDであるから
AB:BE=AC:CD
       ア イ

(4) (3)より AB:BE=AC:CD
AB:BE=7:CD
AB×CD=7BE
(2)より AD:DE=AC:CB
AD:DE=7:CB
AD×CB=7DE
よって AB×CD+AD×BC
=7BE+7DE=7(BE+DE)=7(BP+PD)
=7×(6+2)=7×8=56

入試メモ

193 (4)で成立した次の等式

$$AB \times CD + AD \times BC = AC \times BD$$

は、円に内接する四角形において一般に成り立ち、「トレミーの定理」として知られている。

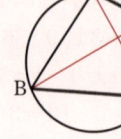

このように、有名定理の証明を誘導していく問題も多く出題されている。

▶ 本冊 p.67

194 (1) $\angle ABI = 36°$ (2) $\angle EKI = 54°$

(3) $KI = \sqrt{5}$ (4) $\dfrac{5 + 3\sqrt{5}}{2}$ 倍

解説

(1) 円周を10等分する1つの弧の中心角は

$$\dfrac{360°}{10} = 36°$$

よって、円周角は18°である。

$\angle ABI = 18° \times 2 = 36°$

(2) $\angle CEI$
$= 18° \times 4 = 72°$
$\angle BIE$
$= 18° \times 3 = 54°$
よって
$\angle EKI$
$= 180° - (72° + 54°)$
$= 180° - 126°$
$= 54°$

(3) OA, OB, OI を結び、必要な角度を記入すると右のようになる。OAとBIの交点をLとする。

△BKCはBK=BCの二等辺三角形であるから

$$KB = BC = \dfrac{-1 + \sqrt{5}}{2}$$

△BLAもBL=BAの二等辺三角形であるから

$$BL = BA = \dfrac{-1 + \sqrt{5}}{2}$$

△OAB≡△ILO(1組の辺とその両端の角がそれぞれ等しい)ので LI=OI=1

$KI = KB + BL + LI$

$= \dfrac{-1+\sqrt{5}}{2} + \dfrac{-1+\sqrt{5}}{2} + 1$

$= \dfrac{-1+\sqrt{5} - 1 + \sqrt{5} + 2}{2} = \sqrt{5}$

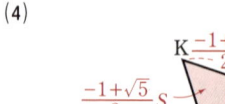

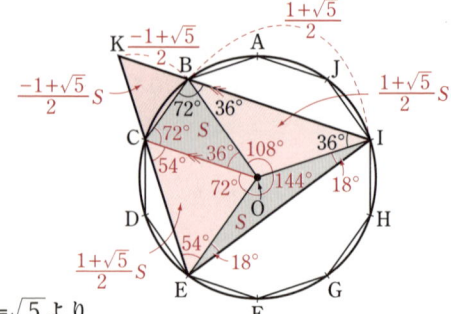

(4) $KI = \sqrt{5}$ より

$BI = \sqrt{5} - \dfrac{-1 + \sqrt{5}}{2}$

$= \dfrac{2\sqrt{5} + 1 - \sqrt{5}}{2}$

$= \dfrac{1 + \sqrt{5}}{2}$

BI∥OCであるから

$\triangle OBC : \triangle OIB = OC : IB = 1 : \dfrac{1+\sqrt{5}}{2}$

ここで、△OAB=Sとおくと △OBC=S

$\triangle OIB = \dfrac{1+\sqrt{5}}{2} S$

$\triangle BKC : \triangle OIB = BK : IB = \dfrac{-1+\sqrt{5}}{2} : \dfrac{1+\sqrt{5}}{2}$

よって $\triangle BKC = \dfrac{-1+\sqrt{5}}{1+\sqrt{5}} \times \dfrac{1+\sqrt{5}}{2} S$

$= \dfrac{-1+\sqrt{5}}{2} S$

$\angle BOC = 36°$, $\angle EOI = 144°$ で、和は180°となる。

角の和が180°となる2つの三角形の面積比は、その角をはさむ2辺の積の比に一致するから

$\triangle OEI = \triangle OBC = S$

また、同様に

$\angle BOI = 108°$, $\angle COE = 72°$

よって $\triangle OCE = \triangle OBI = \dfrac{1+\sqrt{5}}{2} S$

以上より

$\triangle EIK$
$= \triangle BKC + \triangle OBC + \triangle OCE + \triangle OEI + \triangle OIB$
$= \dfrac{-1+\sqrt{5}}{2} S + \dfrac{1+\sqrt{5}}{2} S + S + S + \dfrac{1+\sqrt{5}}{2} S$
$= \dfrac{-1+\sqrt{5} + 1 + \sqrt{5} + 2 + 2 + 1 + \sqrt{5}}{2} S$
$= \dfrac{5 + 3\sqrt{5}}{2} S$

入試メモ

角の和が180°となる2つの三角形の面積比は、その角をはさむ2辺の長さによって決定される。

右の図において

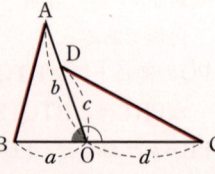

$\triangle OAB : \triangle OCD = ab : cd$

▶本冊 p.68

195 (1) (証明)

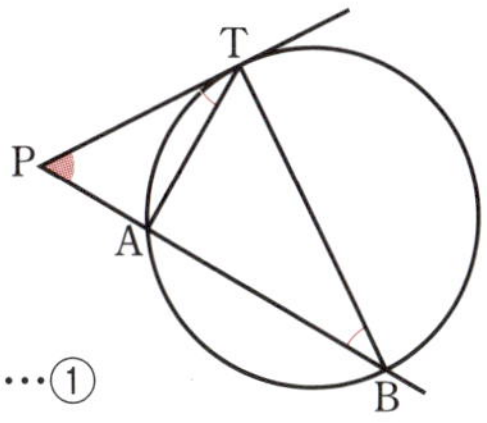

△PAT と △PTB において，共通であるから
$$\angle TPA = \angle BPT \quad \cdots ①$$
接弦定理により
$$\angle PTA = \angle PBT \quad \cdots ②$$
①，②より2組の角がそれぞれ等しいので
$$△PAT \sim △PTB$$
対応する辺の比は等しいので
$$PA : PT = PT : PB$$
よって $PA \times PB = PT^2$

(2) $S = \dfrac{15}{2}$

【解説】

(2) $PT^2 = PA \times PB$
$= 4 \times 9$
$= 36$ 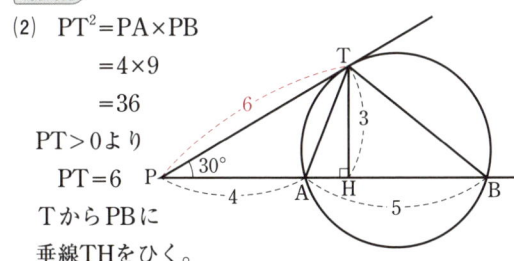
$PT > 0$ より
$PT = 6$

T から PB に垂線 TH をひく。
△TPH は 30°，60°，90° の直角三角形であるから，3辺の比は $1 : 2 : \sqrt{3}$
よって $TH = 6 \times \dfrac{1}{2} = 3$
$△ABT = S = \dfrac{1}{2} \times 5 \times 3 = \dfrac{15}{2}$

パワーアップ

接弦定理の証明

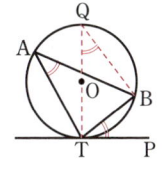

右の図のように，円周上の点Tにおける接線TPと弦TBのつくる角の内部にある弧に対する円周角を ∠TAB とおき，T を通る直径を TQ とするとき，
 ∠TBQ=90°だから ∠TQB+∠QTB=90° …①
 一方，QTは直径だから
  ∠QTB+∠BTP=90° …②
①，②より ∠TQB=∠BTP
また   ∠TQB=∠TAB（円周角）
したがって ∠TAB=∠BTP

パワーアップ

接弦定理

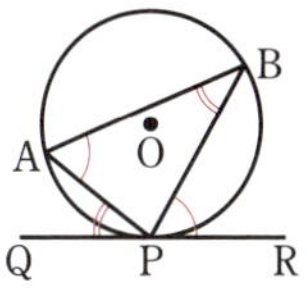

接線と接点を通る弦がつくる角は，その角の内部にある弧に対する円周角に等しい。
 ∠QPA=∠PBA
 ∠RPB=∠PAB

方べきの定理

円の2つの弦AB，CD（またはその延長）の交点をPとすると
 PA×PB=PC×PD

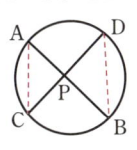

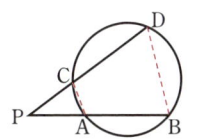

円の弦ABの延長上の点Pから円にひいた接線をPTとすると
 PA×PB=PT^2

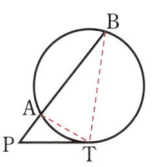

これらは難関高入試には必須の定理である。いつでも使えるようにしておくこと。

▶本冊 p.68

196 (証明)

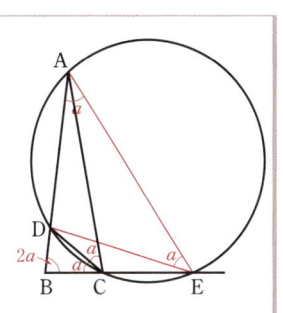

$\overset{\frown}{DA}$ に対する円周角であるから
$$\angle DEA = \angle DCA$$
CDは∠BCAの二等分線であるから
$$\angle DCA = \angle BCD = a$$
四角形ADCEは円に内接するから
$$\angle DAE = \angle BCD = a$$
よって，∠DEA=∠DAE=a となり
$AD = DE$ …①
AB=AC より ∠ABC=∠ACB=2a
$$\angle EDB = \angle DAE + \angle DEA = 2a$$
よって，∠EDB=∠EBD=2a となり
$DE = BE$ …②
①，②より $AD = BE$

▶ 本冊 p.68

197 (1) （証明）

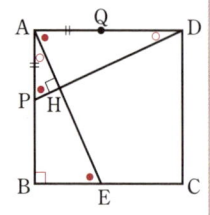

△APD と △BEA において，四角形 ABCD は正方形であるから
　　AD＝BA　…①
また　∠DAP＝∠ABE＝90°　…②
∠AHD＝90° より　∠ADP＝90°－∠DAH
∠DAB＝90° より　∠BAE＝90°－∠DAH
よって　∠ADP＝∠BAE　…③
①～③より，1辺とその両端の角がそれぞれ等しいので　△APD≡△BEA
対応する辺の長さは等しいので
　　AP＝BE
AP＝AQ であるから　AQ＝BE
よって　QD＝EC
また，QD∥EC より1組の対辺が平行で長さが等しいので，四角形 QECD は平行四辺形。
∠QDC＝∠ECD＝90° であるから
　　∠DQE＝∠CEQ＝90°
よって，四角形 QECD は長方形である。

(2) （証明）

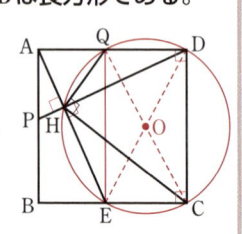

長方形 QECD の対角線の交点を O とする。
長方形の対角線の長さは等しく，それぞれの中点で交わるから，長方形 QECD は，中心 O，半径 OQ の円に内接する。
DE は直径で，∠DHE＝90° より，点 H はこの円周上の点である。
さらに，QC は直径で，点 H は円周上の点であるから　∠QHC＝90°
よって　QH⊥HC

▶ 本冊 p.68

198 (1) （証明）

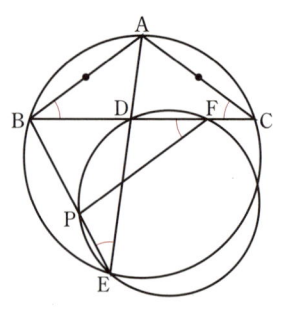

AB＝AC より　∠ABC＝∠ACB　…①
$\overparen{AB}$ に対する円周角であるから
　　∠AEB＝∠ACB
$\overparen{PD}$ に対する円周角であるから
　　∠DEP＝∠DFP
すなわち　∠AEB＝∠BFP
よって　∠ABC＝∠BFP
錯角が等しいので　AB∥FP

(2) （証明）

四角形 FDEQ は円 O′ に内接するので
　　∠DEQ＝∠CFQ
$\overparen{AC}$ に対する円周角であるから
　　∠DEC＝∠ABC
これと①より　∠DEQ＝∠ACB
よって　∠ACB＝∠CFQ
錯角が等しいので　AC∥FQ
ここで，AB∥FP より　△APF＝△BPF
また，AC∥FQ より　△AFQ＝△CFQ
S＝△APF＋△AFQ
　　　＋（四角形 FPEQ の面積）
　＝△BPF＋△CFQ
　　　＋（四角形 FPEQ の面積）
　＝△BEC
以上より，S と △BEC の面積は等しい。

▶本冊 p.69

199 (1) (証明) 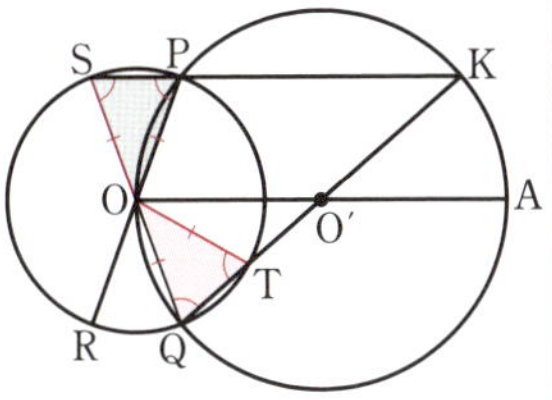
△OPS と △OQT において，円 O の半径であるから
  OP=OS=OQ=OT …①
よって
  ∠OPS=∠OSP
  ∠OQT=∠OTQ
四角形 POQK は円 O に内接しているので
  ∠OPS=∠OQT
よって
  ∠OPS=∠OSP=∠OQT=∠OTQ
2つの三角形の残りの内角を比べると
  ∠POS=∠QOT …②
①，②より，2組の辺とその間の角がそれぞれ等しいので
  △OPS≡△OQT
対応する辺の長さは等しいので
  PS=QT

(2) (証明) 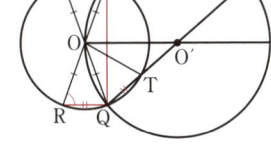 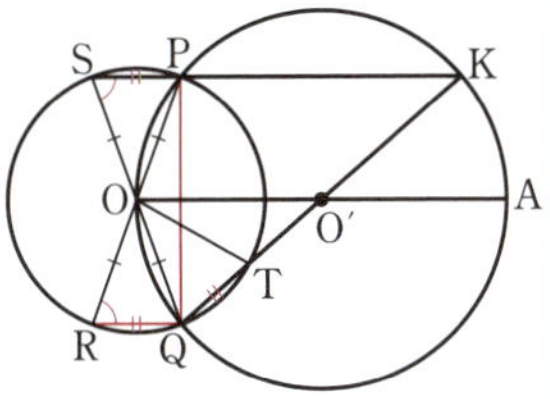
△OPS と △OQR において，円 O の半径であるから
  OP=OS=OQ=OR …①
仮定より QR=QT
(1)の証明より PS=QT
よって PS=QR …②
①，②より3組の辺がそれぞれ等しいので
  △OPS≡△ORQ
∠POS=∠ROQ と PR が円 O の直径であることより，SQ も円 O の直径であるから
  ∠SPQ=90°
よって ∠KPQ=90°
円 O' は △KPQ の外接円であるから，KQ は円 O' の直径である。
よって，直線 KQ は点 O' を通る。

▶本冊 p.69

200 (1) ① OP=OQ
② ∠OPB=∠OQB=90°
③ 円 O の半径だから
④ 円の接線は，接点を通る半径に垂直であるから。

(2) ① △AOB，△APO
② $AP=\dfrac{3\pm\sqrt{5}}{2}$

(3) $\dfrac{3-\sqrt{5}}{2}<AP<\dfrac{3+\sqrt{5}}{2}$

解説

(1) 直角三角形において斜辺(共通)と他の1辺が等しいことを言う。①，③については，
① PB=QB
③ 円の外部の1点からその円にひいた2本の接線について，その長さは等しい。…*
も考えられるが，*を定理として学習するのは高校になってからである。

(2) ① ℓ と円との接点を R とする。
∠RAP+∠QBP=180°
(平行線における同側内角) 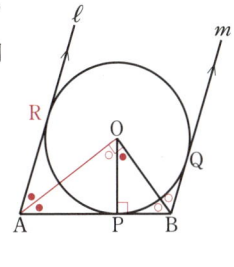
∠OAP=$\dfrac{1}{2}$∠RAP，
∠OBP=$\dfrac{1}{2}$∠QBP
より
  ∠OAB+∠OBA=90°
よって ∠AOB=90°
△OPB，△AOB，△APO において2組の角がそれぞれ等しいので
  △OPB∽△AOB∽△APO

② AP=x とおくと 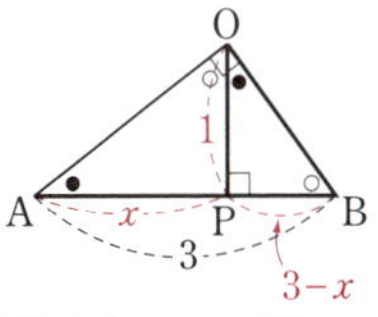
  AP:OP=OP:BP
  $x:1=1:(3-x)$
  $x(3-x)=1$
  $x^2-3x+1=0$ $x=\dfrac{3\pm\sqrt{9-4\times 1}}{2}=\dfrac{3\pm\sqrt{5}}{2}$
$0<x<3$ より，いずれも適する。AP=$\dfrac{3\pm\sqrt{5}}{2}$

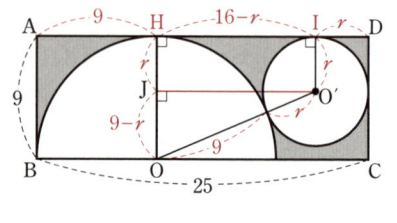

(3) ∠OAP=∠a, ∠OBP=∠b
とおくと,
$2\angle a+2\angle b<180°$ のときのみ
2直線 ℓ と m は交わる。
よって, $\angle a+\angle b<90°$
より $\angle AOB>90°$
(2)②より,
∠AOB=90°
となるのは
$AP=\dfrac{3\pm\sqrt{5}}{2}$ のとき。
$0<AP<\dfrac{3-\sqrt{5}}{2}$, $\dfrac{3+\sqrt{5}}{2}<AP<3$ のとき,
∠AOB<90° となるので, ℓ と m が交わるような
APの長さの範囲は
$\dfrac{3-\sqrt{5}}{2}<AP<\dfrac{3+\sqrt{5}}{2}$

15 三平方の定理

▶ 本冊 p.70

201 (1) ① $r=4$

② $225-\dfrac{113}{2}\pi\,(\text{cm}^2)$

(2) $\dfrac{13}{4}$ (3) $EF=\dfrac{125}{12}\,\text{cm}$

(4) $CQ=1\,\text{cm}$, 面積 $\dfrac{70}{3}\,\text{cm}^2$

(5) 12π

解説

(1) ① 半円O, 円O′ とADの接点をそれぞれH, Iとおく。
また, O′からOHに垂線O′Jをひく。
直角三角形O′JO(∠O′JO=90°)において, 三平方の定理により
$(9+r)^2=(9-r)^2+(16-r)^2$
$81+18r+r^2=81-18r+r^2+256-32r+r^2$
$r^2-68r+256=0$ $(r-4)(r-64)=0$
$r=4, 64$
$0<r<9$ より $r=4$

② (影の部分の面積)
=(長方形ABCDの面積)−(半円Oの面積)
  −(円O′の面積)
$=9\times25-\pi\times9^2\times\dfrac{1}{2}-\pi\times4^2$
$=225-\dfrac{81}{2}\pi-16\pi$
$=225-\dfrac{81+32}{2}\pi$
$=225-\dfrac{113}{2}\pi\,(\text{cm}^2)$

(2) 円の中心から弦にひいた垂線は弦を2等分するので
$AH=BH=\dfrac{1}{2}AB=3$
$OA=r$ とおくと, △AOHにおいて, 三平方の定理により
$r^2=(r-2)^2+3^2$ $r^2=r^2-4r+4+9$
$4r=13$ $r=\dfrac{13}{4}$

(3) △ABMにおいて，三平方の定理により 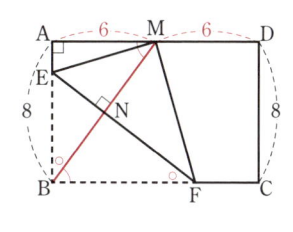
$$BM = \sqrt{8^2+6^2} = \sqrt{64+36} = \sqrt{100} = 10$$
△ABMは3辺の比が3:4:5の直角三角形であるから BM=10
BMとEFの交点をNとすると，図形の対称性より
BN=MN=5
△ABM∽△NBE∽△NFB(2組の角がそれぞれ等しい)であるから
$$EN = 5 \times \frac{3}{4} = \frac{15}{4} \quad NF = 5 \times \frac{4}{3} = \frac{20}{3}$$
$$EF = EN + NF = \frac{15}{4} + \frac{20}{3} = \frac{45}{12} + \frac{80}{12} = \frac{125}{12}$$

(4) 折り返された後のB，CをそれぞれB′，C′とし，B′C′とDCの交点をRとする。 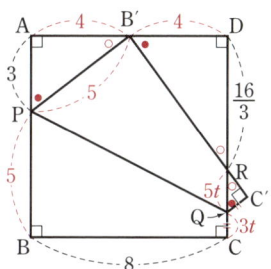
AP=3より PB=5
よって PB′=5
∠A=90°だから，三平方の定理により AB′=4
△APB′∽△DB′R∽△C′QR(2組の角がそれぞれ等しい)で，いずれも辺の比が3:4:5の直角三角形であるから
$$DR = 4 \times \frac{4}{3} = \frac{16}{3}$$
CQ=3tとおくと，C′Q=3tより RQ=5t
$$DC = \frac{16}{3} + 5t + 3t = 8 \quad 8t = \frac{8}{3} \quad t = \frac{1}{3}$$
よって $CQ = C'Q = 3 \times \frac{1}{3} = 1$ (cm)
また $RC' = \frac{4}{3}$ (cm)
(重なった部分の面積)
$$= \frac{1}{2} \times (1+5) \times 8 - \frac{1}{2} \times 1 \times \frac{4}{3}$$
$$= 24 - \frac{2}{3} = \frac{70}{3} \text{(cm}^2\text{)}$$

(5) 円錐の側面の展開図のおうぎ形の中心角の大きさは $360° \times \dfrac{半径}{母線}$ であるから，母線の長さをRとすると
$$360 \times \frac{3}{R} = 216 \quad \frac{1080}{R} = 216 \quad 216R = 1080$$
よって R=5
三平方の定理により円錐の高さは 4 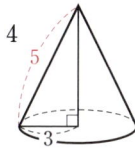
(円錐の体積)$= \dfrac{1}{3} \times \pi \times 3^2 \times 4$
$= 12\pi$

▶本冊 p.71
202 (1) ① 順に 2, 2
② 順に 6, 6
(2) $25\pi - 49$ (3) 600

解説

(1) ① BH=x cm, AH=h cm とおく。 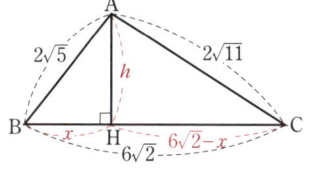
∠AHB=90°, ∠AHC=90°だから，三平方の定理により
$$AH^2 = AB^2 - BH^2 = AC^2 - HC^2$$
$$h^2 = (2\sqrt{5})^2 - x^2 = (2\sqrt{11})^2 - (6\sqrt{2}-x)^2$$
$$20 - x^2 = 44 - (72 - 12\sqrt{2}\,x + x^2)$$
$$= 44 - 72 + 12\sqrt{2}\,x - x^2$$
$$12\sqrt{2}\,x = 20 - 44 + 72 = 48$$
$$x = \frac{48}{12\sqrt{2}} = \frac{4}{\sqrt{2}} = \frac{4\sqrt{2}}{2} = 2\sqrt{2} \text{ (cm)}$$

② $h^2 = (2\sqrt{5})^2 - (2\sqrt{2})^2 = 20 - 8 = 12$
$h = \pm\sqrt{12} = \pm 2\sqrt{3}$ $h > 0$ より $h = 2\sqrt{3}$
$△ABC = \dfrac{1}{2} \times 6\sqrt{2} \times 2\sqrt{3} = 6\sqrt{6}$ (cm^2)

(2) 円に内接する台形は等脚台形であるから，図のようにA，Dから垂線AH，DIをひくと 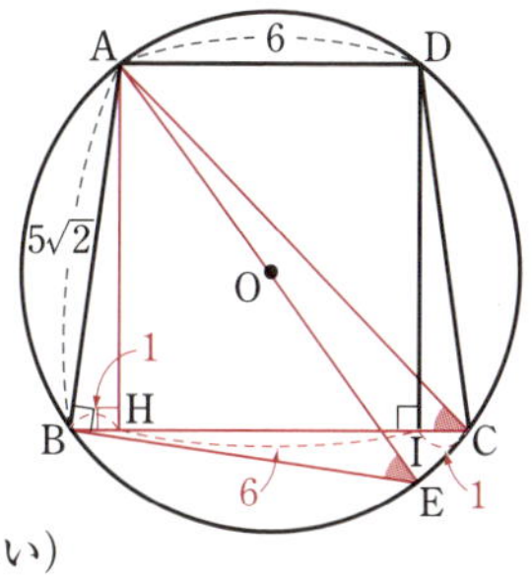
△ABH≡△DCI
(直角三角形で斜辺と1つの鋭角が等しい)
よって BH=CI=1
また，∠AHB=90°だから，三平方の定理により
$AH = \sqrt{(5\sqrt{2})^2 - 1^2} = \sqrt{50-1} = \sqrt{49} = 7$
また，HC=7より
$AC = \sqrt{7^2 + 7^2} = \sqrt{49 \times 2} = 7\sqrt{2}$
AEが円Oの直径となるようにEをとると
△ABE∽△AHC(2組の角がそれぞれ等しい)
AO=rとおくと AB:AH=AE:AC
$5\sqrt{2} : 7 = 2r : 7\sqrt{2}$ $14r = 70$ $r = 5$
よって (影のついた部分の面積)
= (円Oの面積) − (台形ABCDの面積)
$= \pi \times 5^2 - \dfrac{1}{2} \times (6+8) \times 7$
$= 25\pi - 49$

(3) 図のように円Oと台形ABCDの接点をM, N, Eとすると
△AOM≡△AOE
(3組の辺がそれぞれ等しい)

△OEB≡△ONB
(3組の辺がそれぞれ等しい)
また，同側内角の和は180°であるから
　2∠OAE+2∠OBE=180°
　　∠OAE+∠OBE=90°
よって　∠AOB=90°
三平方の定理により
　AB=$\sqrt{15^2+20^2}=\sqrt{625}=25$
△ABOは3辺の比が3:4:5の直角三角形である。
△AOM∽△OBN∽△ABO(2組の角がそれぞれ等しい)

　AM=$15×\frac{3}{5}=9$　　よって　AD=18

　MO=$15×\frac{4}{5}=12$　　よって　MN=24

　BN=$20×\frac{4}{5}=16$　　よって　BC=32

(台形ABCDの面積)=$\frac{1}{2}×(18+32)×24$
　　　　　　　　=600(cm²)

▶ 本冊 p.71

203 (1) $y=\frac{1}{2}x$ 　　(2) $\frac{10}{9}$

解説

(1) 直線ℓ上の$x>0$の範囲に任意の点Pをとり，Pからx軸に垂線PQをひく。
△POQは∠OQP=90°の直角三角形だから
　(ℓの傾き)=$\frac{PQ}{OQ}=\frac{4}{3}$
OQ=$3t$，PQ=$4t$とおくと，三平方の定理により　OP=$5t$
また，PQとmの交点をRとおくと，角の二等分線の性質により

PR:RQ=OP:OQ=5:3

RQ=PQ×$\frac{3}{5+3}=4t×\frac{3}{5+3}=\frac{3}{2}t$

よって　(mの傾き)=$\dfrac{\frac{3}{2}t}{3t}=\frac{1}{2}$

直線m：$y=\frac{1}{2}x$

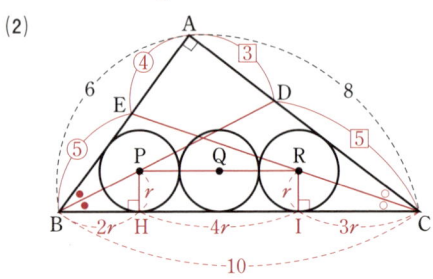

(2)
AB=6，AC=8，∠BAC=90°であるから，三平方の定理により　BC=10
BPの延長とACとの交点をD，CRの延長とABの交点をEとする。
角の二等分線の性質により　AD:DC=6:10=3:5
であるから　AD=$8×\frac{3}{3+5}=3$
また，AE:EB=8:10=4:5であるから
　AE=$6×\frac{4}{4+5}=\frac{8}{3}$
ここで，P, RからBCに垂線PH, RIをひく。
2辺に接する円の中心は2辺のなす角の二等分線上にあるから　∠ABD=∠HBP
また　∠ACE=∠ICR
よって　△PBH∽△DBA(2組の角がそれぞれ等しい)
したがって　PH:BH=DA:BA=3:6=1:2
PH=rとおくと，BH=$2r$と表せる。
また　△RIC∽△EAC(2組の角がそれぞれ等しい)
したがって　RI:IC=EA:AC=$\frac{8}{3}$:8=1:3
RI=rであるから，IC=$3r$と表せる。
BC=BH+HI+IC=$2r+4r+3r=9r$
よって，$9r=10$より　$r=\frac{10}{9}$

本冊 p.72 の解答　83

入試メモ
3辺の比が3:4:5の直角三角形は入試問題で最もよく使われる図形である。また、**大きい方の鋭角の二等分線**でつくられる直角三角形の3辺の比は
$$1:2:\sqrt{5}$$ 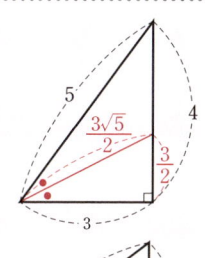
小さい方の鋭角の二等分線でつくられる直角三角形の3辺の比は
$$1:3:\sqrt{10}$$ 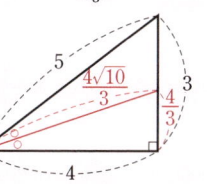
覚えておくと利用範囲は大きい。

▶ 本冊 p.72
204 (1) $\dfrac{28\sqrt{2}}{3}\pi$　　(2) $\dfrac{9}{5}\pi$

(3) $S=\dfrac{3-2\sqrt{2}}{2}\pi$

解説
(1) 直角二等辺三角形の3辺の比は、$1:1:\sqrt{2}$ であるから、AD=4 より
AB=BD$=\dfrac{4}{\sqrt{2}}=2\sqrt{2}$
CからBDに垂線CHをひくと
CH$=\dfrac{2}{\sqrt{2}}=\sqrt{2}$

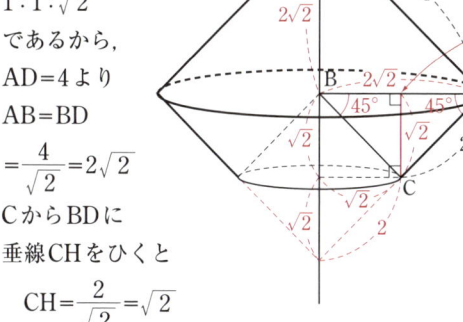

求める立体の体積は、半径$2\sqrt{2}$、高さ$2\sqrt{2}$の円錐2つから、半径$\sqrt{2}$、高さ$\sqrt{2}$の円錐2つを除いたもの。
(回転体の体積)
$=\dfrac{1}{3}\pi\times(2\sqrt{2})^2\times 2\sqrt{2}\times 2$
$-\dfrac{1}{3}\pi\times(\sqrt{2})^2\times\sqrt{2}\times 2$
$=\dfrac{32\sqrt{2}}{3}\pi-\dfrac{4\sqrt{2}}{3}\pi$
$=\dfrac{28\sqrt{2}}{3}\pi$

(2) 直角二等辺三角形の3辺の比は$1:1:\sqrt{2}$ であるから　AB$=3\sqrt{2}$
(求める図形の面積)
$=\triangle$ABC+(おうぎ形ABB′の面積)$-\triangle$AB′C′
$=$(おうぎ形ABB′の面積)
$=\pi\times(3\sqrt{2})^2\times\dfrac{36}{360}=18\pi\times\dfrac{1}{10}$
$=\dfrac{9}{5}\pi$ (cm^2)

(3) 半円の中心をO′、半円とOBの接点をPとすると
O′P⊥OB
であるから△OPO′は直角二等辺三角形である。半円の半径をrとすると　OO′$=\sqrt{2}r$ 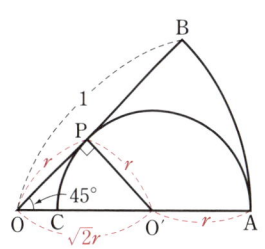
よって　OA$=\sqrt{2}r+r=1$　　$(\sqrt{2}+1)r=1$
$r=\dfrac{1}{\sqrt{2}+1}=\dfrac{1\times(\sqrt{2}-1)}{(\sqrt{2}+1)(\sqrt{2}-1)}=\dfrac{\sqrt{2}-1}{2-1}$
$=\sqrt{2}-1$
$S=\pi(\sqrt{2}-1)^2\times\dfrac{1}{2}$
$=(2-2\sqrt{2}+1)\pi\times\dfrac{1}{2}$
$=\dfrac{3-2\sqrt{2}}{2}\pi$

▶ 本冊 p.72
205 (1) $9\sqrt{3}-3\pi$ (cm^2)

(2) $\dfrac{5}{3}\pi-2\sqrt{3}$ (cm^2)

(3) $\dfrac{1}{3}\pi-\sqrt{3}+1$

解説
(1) QPは直径であるから　∠QAP=∠QBP=90°
AP=BP=3、QP=3×2=6 であるから、三平方の定理により　QA=QB$=\sqrt{6^2-3^2}=\sqrt{27}=3\sqrt{3}$
また、OA=OP=AP、OB=OP=BP より、△OAP、△OBP はともに正三角形であるから
∠APB=60°×2=120°
よって、求める面積は
$\dfrac{1}{2}\times 3\times 3\sqrt{3}\times 2-\pi\times 3^2\times\dfrac{120}{360}=9\sqrt{3}-3\pi$ (cm^2)

(2) 半円CとOAの接点をHとする。
CH⊥OAであるから，△OCHは，$30°$，$60°$，$90°$の直角三角形である。 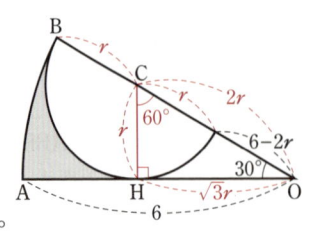
3辺の比は$1:2:\sqrt{3}$であるから，半円の半径をrとおくと $OC=2r$
したがって，$6-2r=r$より $3r=6$ $r=2$
（影の部分の面積）＝（おうぎ形OABの面積）−△OCH−（おうぎ形CBHの面積）であるから
（おうぎ形OABの面積）$=\pi \times 6^2 \times \dfrac{30}{360}=3\pi$
$OH=\sqrt{3}r=2\sqrt{3}$ であるから
$\triangle OCH=\dfrac{1}{2}\times 2\sqrt{3}\times 2=2\sqrt{3}$
（おうぎ形CBHの面積）$=\pi \times 2^2 \times \dfrac{120}{360}=\dfrac{4}{3}\pi$
（影の部分の面積）$=3\pi-2\sqrt{3}-\dfrac{4}{3}\pi$
$=\dfrac{5}{3}\pi-2\sqrt{3}$ (cm^2)

(3) 図のように，A，B，C，D，E，Fとする。△ABCは，$90°$をはさまない2辺の比が$1:2$であるから，3辺の比が$1:2:\sqrt{3}$の直角三角形。
よって $\angle BAC=60°$
また，△ADE≡△ABCであるから
$\angle DAE=60°$
よって $\angle DAC=\angle CAE=\angle BAE=30°$
おうぎ形ACEは，半径が2，中心角が$30°$である。
$CF=BC-FB=\sqrt{3}-1$
図形の対称性より $CF=EF$
（影の部分の面積）
＝（おうぎ形ACEの面積）−△AFC−△AFE
$=\pi \times 2^2 \times \dfrac{30}{360}-\dfrac{1}{2}\times(\sqrt{3}-1)\times 1\times 2$
$=\dfrac{1}{3}\pi-(\sqrt{3}-1)$
$=\dfrac{1}{3}\pi-\sqrt{3}+1$

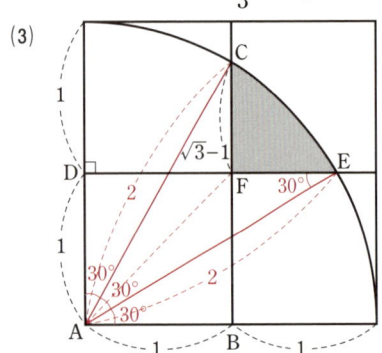

▶本冊 p.73

206 (1) $\dfrac{\sqrt{3}}{3}$ (2) $2\sqrt{2}-2$
(3) 順に $4\sqrt{3}-6$ (cm)，
$72-36\sqrt{3}$ (cm^2)

解説

(1) AOに関しておうぎ形OABを反転させた図形を，おうぎ形OAB′とする。
AOに関してPと対称な点P′を$\overparen{AB'}$上にとると，BP′とAOの交点がQであるとき，PQ+QBは最小となる。 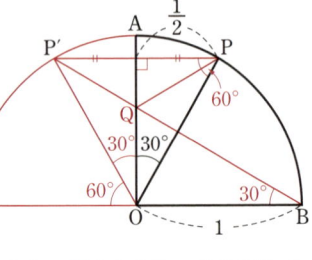
$\overparen{P'B'}$の中心角$\angle P'OB'=60°$であるから
$\angle P'BB'=30°$
△OBQは$30°$，$60°$，$90°$の直角三角形であるから
$OB:OQ=\sqrt{3}:1$ $1:OQ=\sqrt{3}:1$
よって $OQ=\dfrac{1}{\sqrt{3}}=\dfrac{\sqrt{3}}{3}$

(2) 図形の対称性より8つの白い直角二等辺三角形はすべて合同である。等辺の長さをxとおくと3辺の比が$1:1:\sqrt{2}$であることより，図のように表せる。 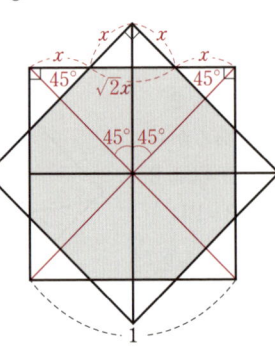
よって
$2x+\sqrt{2}x=1$ $(2+\sqrt{2})x=1$
$x=\dfrac{1}{2+\sqrt{2}}=\dfrac{1\times(2-\sqrt{2})}{(2+\sqrt{2})(2-\sqrt{2})}=\dfrac{2-\sqrt{2}}{4-2}$
$=\dfrac{2-\sqrt{2}}{2}$
（重なった部分の面積）
$=1\times 1-\dfrac{1}{2}\times\dfrac{2-\sqrt{2}}{2}\times\dfrac{2-\sqrt{2}}{2}\times 4$
$=1-\dfrac{(2-\sqrt{2})^2}{2}=1-\dfrac{4-4\sqrt{2}+2}{2}=1-\dfrac{6-4\sqrt{2}}{2}$
$=1-(3-2\sqrt{2})=1-3+2\sqrt{2}=2\sqrt{2}-2$

(3) 図のように，O，A，B，P，Q，Rとする。
△OABは正三角形，
△APQは $30°$，$60°$，$90°$の直角三角形である。

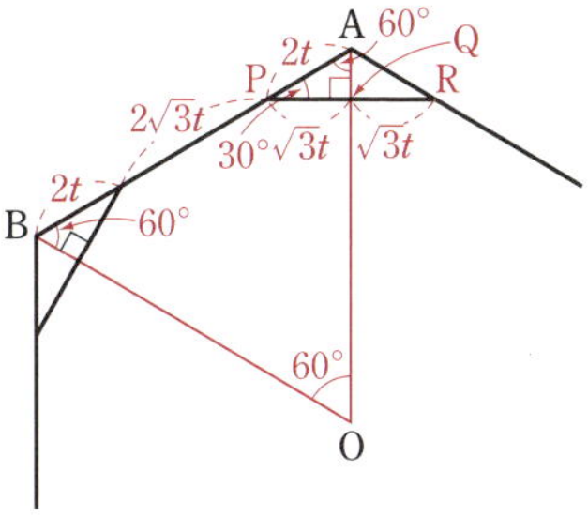

AQ：AP：PQ＝$1:2:\sqrt{3}$ であるから，AQ＝t とおくと
　AP＝$2t$，PQ＝$\sqrt{3}t$，PR＝$2\sqrt{3}t$
よって　$4t+2\sqrt{3}t=2$　　$2t+\sqrt{3}t=1$
　　　　$(2+\sqrt{3})t=1$
$$t=\frac{1}{2+\sqrt{3}}=\frac{2-\sqrt{3}}{(2+\sqrt{3})(2-\sqrt{3})}=\frac{2-\sqrt{3}}{4-3}$$
$$=2-\sqrt{3}$$

（正十二角形の1辺の長さ）
＝$2\sqrt{3}(2-\sqrt{3})=4\sqrt{3}-6$（cm）

ここで，1辺の長さがaの正三角形の面積をSとすると 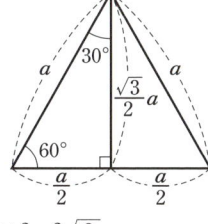
$$S=\frac{1}{2}\times a \times \frac{\sqrt{3}}{2}a=\frac{\sqrt{3}}{4}a^2$$

よって
（正六角形の面積）＝$\frac{\sqrt{3}}{4}\times 2^2 \times 6=6\sqrt{3}$

（正十二角形の面積）
＝（正六角形の面積）－△APR×6
＝$6\sqrt{3}-\frac{1}{2}\times(4\sqrt{3}-6)(2-\sqrt{3})\times 6$
＝$6\sqrt{3}-3(4\sqrt{3}-6)(2-\sqrt{3})$
＝$6\sqrt{3}-3(8\sqrt{3}-12-12+6\sqrt{3})$
＝$6\sqrt{3}-3(14\sqrt{3}-24)$
＝$6\sqrt{3}-42\sqrt{3}+72$
＝$72-36\sqrt{3}$（cm²）

▶本冊 p.73

207 (1) $\sqrt{3}$ 倍

(2) ① AF＝$\frac{\sqrt{6}}{3}$　② △AOE＝$\frac{\sqrt{3}}{4}$

解説

(1) $\widehat{AB}$に対する円周角が$30°$であるから
　∠AOB＝$60°$
OA＝OBより，△OABは正三角形である。
また，円O′における$\widehat{AB}$に対する円周角が$60°$であるから
　∠AO′B＝$120°$
O′からABに垂線O′Hをひくと　AH＝BH
また，△O′AHは$30°$，$60°$，$90°$の直角三角形である。
O′H＝tとおくと
　AO′＝$2t$，AH＝$\sqrt{3}t$，AB＝$2\sqrt{3}t$
$$\frac{円Oの半径}{円O′の半径}=\frac{AB}{AO′}=\frac{2\sqrt{3}t}{2t}=\sqrt{3}（倍）$$

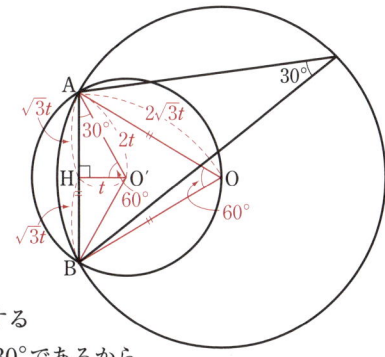

(2) ① ∠ACEは$\widehat{AE}$に対する円周角であるから
　∠ACF＝∠ABE＝$30°$
よって，△ACFは$30°$，$60°$，$90°$の直角三角形である。

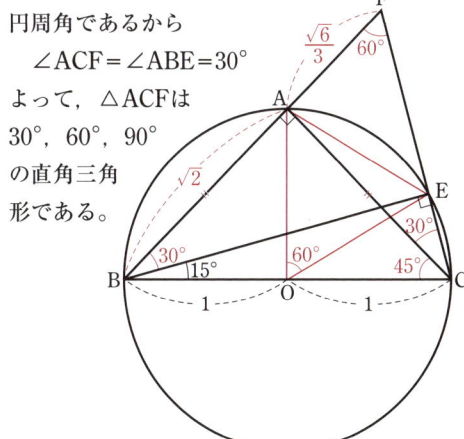

AF：AC＝$1:\sqrt{3}$で，AC＝$\sqrt{2}$であるから
　AF：$\sqrt{2}$＝$1:\sqrt{3}$　　$\sqrt{3}$AF＝$\sqrt{2}$
　AF＝$\frac{\sqrt{2}}{\sqrt{3}}=\frac{\sqrt{6}}{3}$

② $\widehat{AE}$ の中心角であるから ∠AOE=60°
よって, △AOE は1辺の長さが1の正三角形である。
1辺の長さが a の正三角形の面積 S を求める公式は
$$S=\frac{\sqrt{3}}{4}a^2 \quad (\boxed{206}(3)参照)$$
であるから
$$△AOE=\frac{\sqrt{3}}{4}×1^2=\frac{\sqrt{3}}{4}$$

▶ 本冊 p.74

$\boxed{208}$ (1) 9π (2) 24
(3) $\dfrac{3}{2}$ (4) $15+3\pi$

(4) AD と円 O の接点を K とする。
(影の部分の周の長さ)
$= HF+FJ+KD+JD+\widehat{HJK}$
ここで, 円外の1点から円にひいた2本の接線の1点から接点までの距離は等しいので
$$HF=FJ=\frac{3}{2}, \quad JD=KD=8×\frac{3}{4}=6$$
(影の部分の周の長さ)
$$=\frac{3}{2}+\frac{3}{2}+6+6+2×\pi×3×\frac{1}{2}$$
$$=15+3\pi \text{(cm)}$$

▶ 本冊 p.74

$\boxed{209}$ (1) $\dfrac{10\sqrt{3}}{3}+5$ (2) $10\sqrt{3}+15$

解説

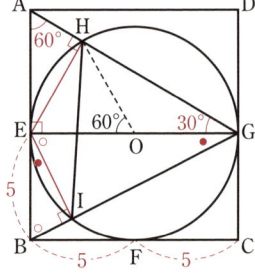

(1) AE と円 O の接点を I とすると, 四角形 OIEH は正方形であるから, 円 O の半径は 3 cm
よって (円 O の面積)$=\pi×3^2=9\pi \text{(cm}^2)$

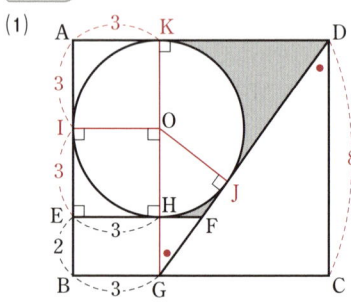

(2) DG と円 O の接点を J とする。
OG=3+2=5(cm), OJ=3(cm) より, △OGJ は3辺の比が 3:4:5 の直角三角形。
よって GJ=4(cm)
したがって △OGJ$=\dfrac{1}{2}×4×3=6 \text{(cm}^2)$
また △GOJ∽△DGC(2組の角がそれぞれ等しい)
△GOJ:△DGC=GJ:DC=4:8=1:2
よって (△GOJ の面積):(△DGC の面積)
$=1^2:2^2=1:4$
よって △GCD$=6×4=24 \text{(cm}^2)$

(3) △GFH∽△GOJ (2組の角がそれぞれ等しい) より
HF:JO=GH:GJ=2:4=1:2
HF:3=1:2 2HF=3
よって HF$=\dfrac{3}{2}$(cm)

解説

(1) $\widehat{EH}$ に対する円周角であるから
$∠EGH$
$=\dfrac{1}{2}∠HOE=30°$
また ∠OEA=90°
したがって
∠EAH=60°
△OEH は正三角形であるから EH=OH=5
よって AE$=EH×\dfrac{2}{\sqrt{3}}=\dfrac{10}{\sqrt{3}}=\dfrac{10\sqrt{3}}{3}$
AB=AE+EB$=\dfrac{10\sqrt{3}}{3}+5$

(2) △BEG は 90° をはさむ2辺の比が 1:2 であるから, 三平方の定理により3辺の比が $1:2:\sqrt{5}$ の直角三角形である。
△BIE∽△EIG∽△BEG(2組の角がそれぞれ等しい)より, BI=t とおくと EI=$2t$
よって IG=$4t$
よって BG:GI=$(t+4t):4t=5:4$
また, AH=p とおくと
AE=$2p$, AG=$2p×2=4p$
よって AG:GH=$4p:(4p-p)=4:3$
$△GHI=\dfrac{GI}{BG}×\dfrac{GH}{AG}×△ABG$
$=\dfrac{4}{5}×\dfrac{3}{4}×\dfrac{1}{2}×\left(\dfrac{10\sqrt{3}}{3}+5\right)×10$
$=3\left(\dfrac{10\sqrt{3}}{3}+5\right)$
$=10\sqrt{3}+15$

本冊p.74～p.75の解答

▶本冊 p.74

210 (1) $15\sqrt{7}$ (2) $\dfrac{5\sqrt{7}}{2}$

(3) $\dfrac{175\sqrt{7}}{96}$

解説

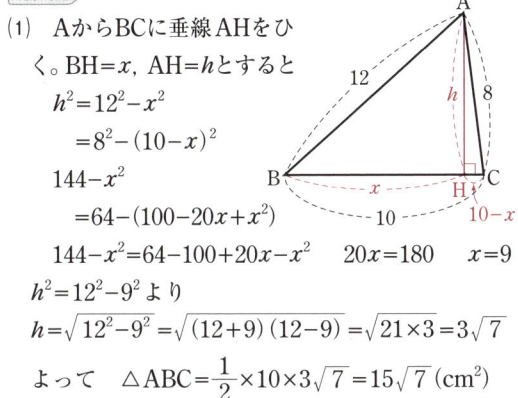

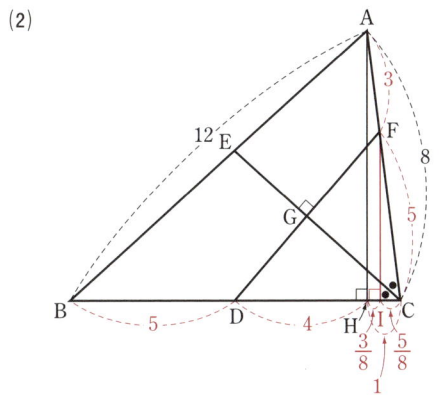

(1) AからBCに垂線AHをひく。BH＝x, AH＝hとすると
$h^2 = 12^2 - x^2$
$= 8^2 - (10-x)^2$
$144 - x^2$
$= 64 - (100 - 20x + x^2)$
$144 - x^2 = 64 - 100 + 20x - x^2$　　$20x = 180$　　$x = 9$
$h^2 = 12^2 - 9^2$ より
$h = \sqrt{12^2 - 9^2} = \sqrt{(12+9)(12-9)} = \sqrt{21 \times 3} = 3\sqrt{7}$
よって　$\triangle ABC = \dfrac{1}{2} \times 10 \times 3\sqrt{7} = 15\sqrt{7}$ (cm²)

(2) ∠DCG＝∠FCGとDF⊥CGより，頂角の二等分線が垂線に一致するので，△CFDはCD＝CFの二等辺三角形である。
よって　CD＝CF＝5　　よって　FA＝3
FからBCに垂線FIをひくと
△CAHにおいて　FI∥AE
よって　FI : AH＝FC : AC＝5 : 8
　　　　FI : $3\sqrt{7}$ ＝ 5 : 8
　　　　FI ＝ $\dfrac{15\sqrt{7}}{8}$
また，BH＝9より　DH＝4　　HI＝$1 \times \dfrac{3}{8} = \dfrac{3}{8}$
よって　DI＝$4 + \dfrac{3}{8} = \dfrac{35}{8}$
△FDI（∠DIF＝90°）において，三平方の定理により
DF ＝ $\sqrt{\left(\dfrac{15\sqrt{7}}{8}\right)^2 + \left(\dfrac{35}{8}\right)^2}$
$= \sqrt{\dfrac{15^2 \times 7}{64} + \dfrac{5^2 \times 7^2}{64}} = \sqrt{\dfrac{5^2 \times 7 \times (3^2 + 7)}{64}}$
$= \sqrt{\dfrac{5^2 \times 7 \times 16}{64}} = \dfrac{5 \times 4\sqrt{7}}{8} = \dfrac{5\sqrt{7}}{2}$ (cm)

(3) DG＝GF＝$\dfrac{5\sqrt{7}}{4}$

△GDC（∠CGD＝90°）において，三平方の定理により
CG ＝ $\sqrt{5^2 - \left(\dfrac{5\sqrt{7}}{4}\right)^2}$
$= \sqrt{25 - \dfrac{25 \times 7}{16}}$
$= \sqrt{\dfrac{25 \times 16 - 25 \times 7}{16}}$
$= \sqrt{\dfrac{25 \times 9}{16}} = \dfrac{5 \times 3}{4} = \dfrac{15}{4}$

よって　$\triangle GDC = \dfrac{1}{2} \times \dfrac{5\sqrt{7}}{4} \times \dfrac{15}{4} = \dfrac{75\sqrt{7}}{32}$

ここで，角の二等分線の性質により
AE : EB＝AC : BC＝8 : 10＝4 : 5
よって　$\triangle BCE = \dfrac{5}{9} \times \triangle ABC$
$\triangle EDC = \dfrac{1}{2}\triangle BCE = \dfrac{1}{2} \times \dfrac{5}{9} \times 15\sqrt{7} = \dfrac{25\sqrt{7}}{6}$
$\triangle DGE = \triangle EDC - \triangle GDC$
$= \dfrac{25\sqrt{7}}{6} - \dfrac{75\sqrt{7}}{32} = \dfrac{400\sqrt{7} - 225\sqrt{7}}{96}$
$= \dfrac{175\sqrt{7}}{96}$ (cm²)

▶本冊 p.75

211 $\dfrac{36}{5}$

解説

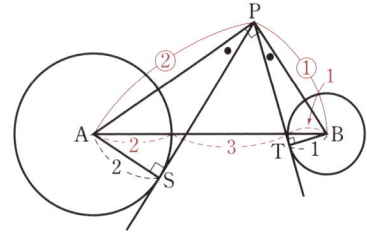

△PAS∽△PBT（2組の角がそれぞれ等しい）であるから
PA : PB＝AS : BT＝2 : 1
PB＝t, PA＝$2t$ ($t > 0$) とおく。
△PABにおいて，三平方の定理により
PA² ＋ PB² ＝ AB²　　$(2t)^2 + t^2 = 6^2$
$5t^2 = 36$　　$t^2 = \dfrac{36}{5}$
$t > 0$ より　$t = \dfrac{6}{\sqrt{5}} = \dfrac{6\sqrt{5}}{5}$
よって，PB＝$\dfrac{6\sqrt{5}}{5}$, PA＝$\dfrac{12\sqrt{5}}{5}$ であるから
$\triangle PAB = \dfrac{1}{2} \times \dfrac{6\sqrt{5}}{5} \times \dfrac{12\sqrt{5}}{5} = \dfrac{36}{5}$

▶ 本冊 p.75

212 (1) $PQ=6\sqrt{3}$ cm (2) $\sqrt{21}$ cm

解説

(1) PからABに垂線PHをひく。
$AH=x$, $PH=h$ とおくと 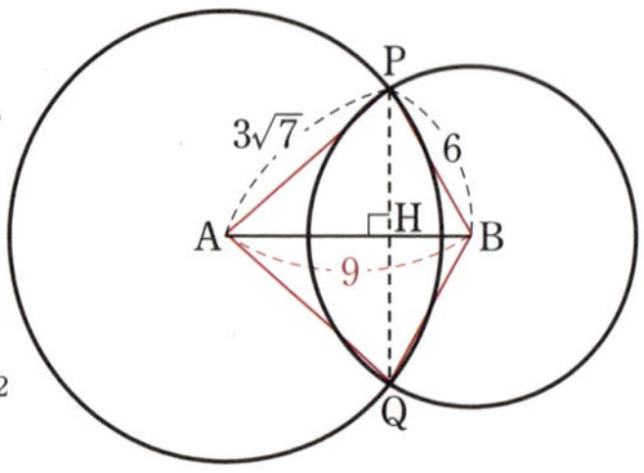
$h^2=(3\sqrt{7})^2-x^2$
$\quad =6^2-(9-x)^2$
$63-x^2=36-(81-18x+x^2)$
$63-x^2=36-81+18x-x^2$
$18x=108 \quad x=6$ 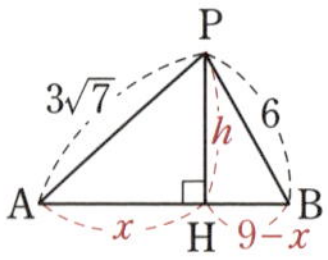
$h=\sqrt{(3\sqrt{7})^2-6^2}=\sqrt{63-36}$
$\quad =\sqrt{27}=3\sqrt{3}$

2つの円は,中心を通る直線ABについて対称であるから
$PQ=2PH=6\sqrt{3}$ (cm)

(2) △ABPの外接円の中心をOとする。
POの延長と円Oの交点をRとすると
△AHP∽△RBP（2組の角がそれぞれ等しい） 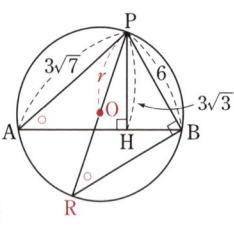
$PO=r$とおくと $PA:PR=HP:BP$
$3\sqrt{7}:2r=3\sqrt{3}:6 \quad 6\sqrt{3}\,r=18\sqrt{7}$
$r=\dfrac{18\sqrt{7}}{6\sqrt{3}}=\dfrac{3\sqrt{7}}{\sqrt{3}}=\dfrac{3\sqrt{21}}{3}=\sqrt{21}$ (cm)

▶ 本冊 p.75

213 (1) $\dfrac{\sqrt{5}}{2}$ (2) $\sqrt{11}$

解説

(1) $\overset{\frown}{CPD}$をもつ円O′をかく。
円O′≡円Oであるから
$O'C=O'D=O'P=2$
$\angle O'PO=90°$
$OO'=\sqrt{2^2+1^2}$
$\quad =\sqrt{5}$
Mは,ひし形DOCO′の対角線の交点であるから $OM=\dfrac{1}{2}OO'=\dfrac{\sqrt{5}}{2}$

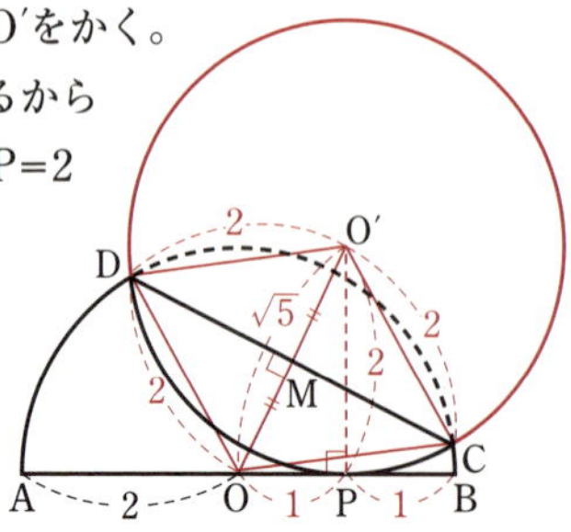

(2) ひし形の対角線は垂直に交わるから
$\angle OMD=90°$
三平方の定理により
$DM=\sqrt{2^2-\left(\dfrac{\sqrt{5}}{2}\right)^2}=\sqrt{4-\dfrac{5}{4}}=\sqrt{\dfrac{11}{4}}=\dfrac{\sqrt{11}}{2}$
よって $CD=2\times\dfrac{\sqrt{11}}{2}=\sqrt{11}$

▶ 本冊 p.75

214 (1) $BD=3$ (2) 12
(3) $DE=2$

解説

(1) 角の二等分線の性質により
$BD:DC=AB:AC$
$\quad =6:8=3:4$
$BD=7\times\dfrac{3}{3+4}=3$

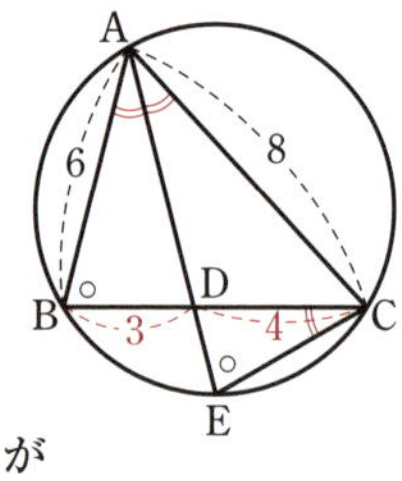

(2) △ABD∽△CED（2組の角がそれぞれ等しい）であるから
$AD:CD=BD:ED$
$AD:4=3:ED$
$AD\times ED=12$

(3) AからBCにひいた垂線をAHとする。
$BH=x$, $AH=h$とすると
$h^2=6^2-x^2=8^2-(7-x)^2$
$36-x^2$
$\quad =64-(49-14x+x^2)$ 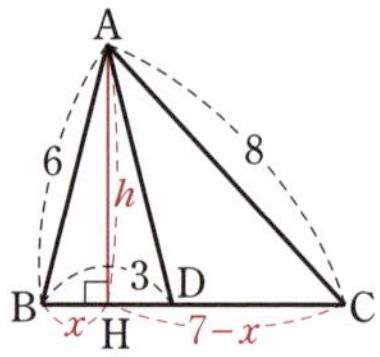
$36-x^2=64-49+14x-x^2 \quad 14x=21 \quad x=\dfrac{3}{2}$
$HD=3-\dfrac{3}{2}=\dfrac{3}{2}$であるから △ABH≡△ADH
（2組の辺とその間の角がそれぞれ等しい）
よって $AD=AB=6$
$AD\times DE=12$であるから $6\times DE=12$
よって $DE=2$

(別解)
$DE=x$とする。△CED∽△ABDより
$DE:DB=CE:AB \quad x:3=CE:6$
よって $CE=2x$
また,△AEC∽△CEDより（2組の角がそれぞれ等しい）
$AE:CE=AC:CD \quad AE:2x=8:4$
よって $AE=4x \quad AD=AE-DE=4x-x=3x$
(2)より,$AD\times DE=12$であるから $3x\times x=12$
$x^2=4 \quad x=\pm 2 \quad x>0$より $x=2$

▶本冊 p.76

215 (1) ∠AOB=120° (2) AP=$\dfrac{6\sqrt{19}}{5}$

解説

(1) BOの延長とAを通ってOPに平行な直線との交点をCとする。

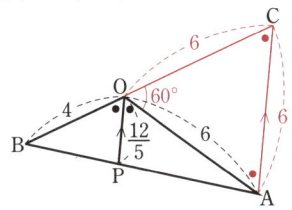

平行線の同位角は等しいので ∠BOP=∠OCA
また，錯角も等しいので ∠AOP=∠OAC
∠BOP=∠AOPであるから ∠OCA=∠OAC
よって，△OACはOA=OC(=6)の二等辺三角形である。
△BACで OP∥CA
ゆえに CA:OP=BC:BO
CA:$\dfrac{12}{5}$=10:4 CA=6
3辺が等しいので，△OACは正三角形である。
よって ∠AOC=60°
ゆえに ∠AOB=120°

(2) AからOCに垂線AHをひく。

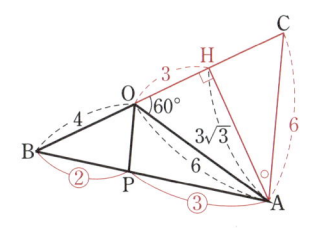

△OAHは3辺の比が1:2:$\sqrt{3}$の直角三角形であるから，OA=6より OH=3, AH=$3\sqrt{3}$
△ABHにおいて，三平方の定理により
AB=$\sqrt{7^2+(3\sqrt{3})^2}=\sqrt{49+27}=\sqrt{76}=2\sqrt{19}$
角の二等分線の性質により
AP:PB=OA:OB=6:4=3:2
よって AP=$2\sqrt{19}\times\dfrac{3}{5}=\dfrac{6\sqrt{19}}{5}$

▶本冊 p.76

216 (1) DQ=$\dfrac{6\sqrt{7}}{7}$ (2) AP=6

(3) $\dfrac{2}{3}\pi$

解説

(1) 三平方の定理により 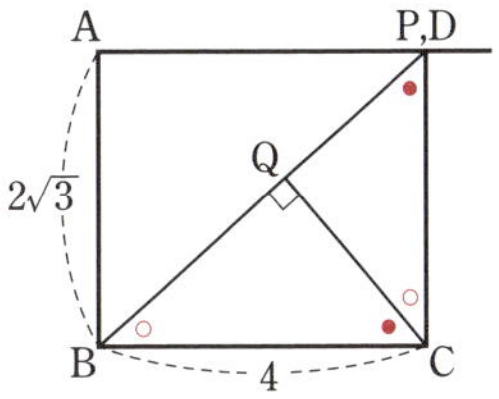
BD=$\sqrt{4^2+(2\sqrt{3})^2}$
=$\sqrt{16+12}$
=$\sqrt{28}=2\sqrt{7}$
△DBC∽△DCQ(2組の角がそれぞれ等しい)であるから
DB:DC=DC:DQ
$2\sqrt{7}:2\sqrt{3}=2\sqrt{3}$:DQ
DQ=$\dfrac{12}{2\sqrt{7}}=\dfrac{6}{\sqrt{7}}=\dfrac{6\sqrt{7}}{7}$

(2)

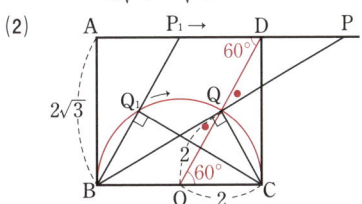

Pが半直線AD上を動くと，∠BQC=90°だからQはBCの中点Oを中心とする半径2の半円の周上を動く。
DQが最小となるのはQがOD上にあるとき。
△OCDは3辺の比が1:2:$\sqrt{3}$の直角三角形であるから OD=4
よって DQ=OQ=2
△BOQ≡△PDQ(1組の辺とその両端の角がそれぞれ等しい)より
PD=BO=2
よって AP=4+2=6

(3) DQが動いてできる図形は，右の図の色の部分である。
Dからひいた接線のC以外の接点をTとすると 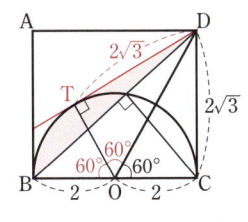
△OCD≡△OTD(3組の辺がそれぞれ等しい)
よって ∠COD=∠TOD=∠BOT=60°
(求める図形の面積)
=△OCD+△OTD+(おうぎ形OBTの面積)
 －△BCD
=$\dfrac{1}{2}\times 2\times 2\sqrt{3}\times 2+\pi\times 2^2\times\dfrac{60}{360}-\dfrac{1}{2}\times 4\times 2\sqrt{3}$
=$4\sqrt{3}+\dfrac{2}{3}\pi-4\sqrt{3}=\dfrac{2}{3}\pi$

(注意)
BT∥ODより等積変形できるので，
(求める面積)=(おうぎ形OBTの面積)となる。

▶本冊 p.76

217 (1) $CD = \dfrac{12}{5}$ cm (2) $\dfrac{12}{5}$ cm^3

(3) $\dfrac{3\sqrt{7}}{4} \leq \ell \leq \dfrac{12}{5}$

解説

(1) △ABCは3辺の比が 3:4:5 より，∠A=90°の直角三角形である。
3点A, B, C は M を中心とする半径 $\dfrac{5}{2}$ の半円の周上にあるから

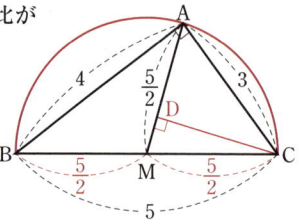

$AM = \dfrac{5}{2}$

$\triangle ABC = \dfrac{1}{2} \times 3 \times 4 = 6$

$\triangle AMC = \dfrac{1}{2} \triangle ABC = 3$

よって $\dfrac{1}{2} \times AM \times CD = 3$

$\dfrac{1}{2} \times \dfrac{5}{2} \times CD = 3$ $CD = 3 \times \dfrac{4}{5} = \dfrac{12}{5}$ (cm)

(2) PD⊥△ABM となるとき，四面体PABMの体積は最大となる。

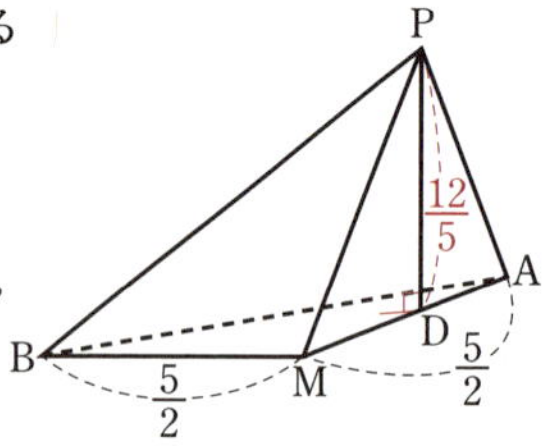

$\triangle ABM = \dfrac{1}{2} \triangle ABC = 3$,

$PD = \dfrac{12}{5}$ より

(四面体PABMの最大体積)

$= \dfrac{1}{3} \times 3 \times \dfrac{12}{5} = \dfrac{12}{5}$ (cm^3)

(3) ℓ の最大は，(2)の場合の PD，最小は，直線AB を含む平面ABMに垂直な平面上にPがあるときで，下の図の P_0H_0（H_0 は，P_0 から平面ABM上にひいた垂線と平面との交点）

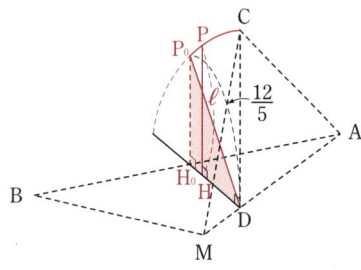

$P_0H_0 = \sqrt{P_0D^2 - DH_0^2}$

また，H_0 は CD の延長と AB との交点であるから

△DAH_0∽△DCA∽△ABC（2組の角がそれぞれ等しい）

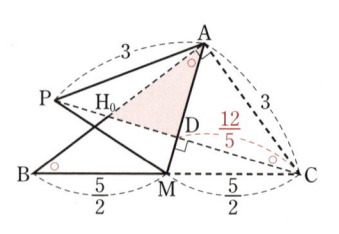

また $AD:P_0D:AP_0 = AD:\dfrac{12}{5}:3 = 3:4:5$

よって $AD = 3 \times \dfrac{3}{5} = \dfrac{9}{5}$

$H_0D = \dfrac{9}{5} \times \dfrac{3}{4} = \dfrac{27}{20}$

以上より

P_0H_0

$= \sqrt{\left(\dfrac{12}{5}\right)^2 - \left(\dfrac{27}{20}\right)^2} = \sqrt{\left(\dfrac{12}{5} + \dfrac{27}{20}\right)\left(\dfrac{12}{5} - \dfrac{27}{20}\right)}$

$= \sqrt{\dfrac{75}{20} \times \dfrac{21}{20}} = \sqrt{\dfrac{3 \times 5^2 \times 3 \times 7}{2^2 \times 5 \times 2^2 \times 5}} = \dfrac{3\sqrt{7}}{4}$

よって，求める ℓ の値の範囲は $\dfrac{3\sqrt{7}}{4} \leq \ell \leq \dfrac{12}{5}$

▶本冊 p.77

218 (1) $OP = \sqrt{3}$ (2) $OP = \sqrt{3}$

(3) $OP = \sqrt{3}$

解説

(1) ∠OPA = ∠APB であるから，角の二等分線の性質により

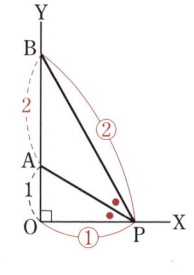

$OP:BP = OA:AB = 1:2$

△OPB は3辺の比が $1:2:\sqrt{3}$ の直角三角形であるから

$OP = 3 \times \dfrac{1}{\sqrt{3}} = \dfrac{3}{\sqrt{3}} = \sqrt{3}$

(2) 3点A, B, Pを通る円の中心をQとする。 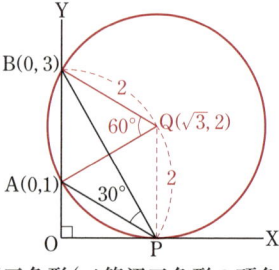
∠APB = 30° だから，円周角と中心角の関係により

∠AQB = 60°

よって，△QAB は正三角形（二等辺三角形の頂角が60°）となる。
ところで，OX, OY を座標軸と考えると，
A(0, 1), B(0, 3) だから $Q(\sqrt{3}, 2)$
$PQ = 2$（円Qの半径）より $P(\sqrt{3}, 0)$
よって $OP = \sqrt{3}$

(3) OX上で,(2)の点P以外のすべての点P'に対して,点P'は円Qの外部にあるから,円周角の定理の逆により ∠APB>∠AP'B
よって,∠APBが最大となるのは(2)の場合であるから OP=$\sqrt{3}$

入試メモ 円周角の定理の逆

円Oの周上に3点A,B,Cをとる。点Pが直線ABについて点Cと同じ側にあって,∠APBが円周角∠ACBに等しいとき,点Pは円Oの円周上にある。
また,
- 点Pが円の内部にあるとき
  ∠APB>∠ACB
- 点Pが円の外部にあるとき
  ∠APB<∠ACB

▶本冊 *p.77*

219 (1) **B(3, 9)**　(2) **DE=$2\sqrt{19}$**
(3) **C(5, 7)**

解説
(1) Bを通りy軸に平行な直線と,Aを通りx軸に平行な直線の交点をHとすると,直線ABの傾きが2であるから
AH:BH=1:2
よって,△AHBは3辺の比が1:2:$\sqrt{5}$の直角三角形である。
AB=$4\sqrt{5}$ より
AH=4, BH=8
A(-1, 1)であるから
B(-1+4, 1+8)
よって B(3, 9)

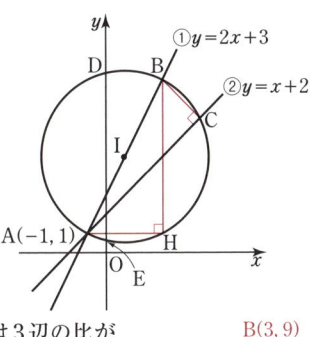

(2) IはABの中点であるから,
I$\left(\dfrac{-1+3}{2}, \dfrac{1+9}{2}\right)$ より I(1, 5)
Iからy軸に垂線IMをひくと
M(0, 5)
△DMI(∠DMI=90°)において,三平方の定理により
DM=$\sqrt{(2\sqrt{5})^2-1^2}=\sqrt{20-1}=\sqrt{19}$
DM=EMであるから DE=$2\sqrt{19}$

(3) 直線②: y=x+b は,A(-1, 1)を通るから
b=2
よって y=x+2
ABは直径であるから 直線BC⊥直線②
直線BCの傾きは -1
直線BC: y=-x+k は,B(3, 9)を通るから
k=12
よって y=-x+12
点Cは直線BCと直線②の交点であるから
$\begin{cases} y=x+2 \\ y=-x+12 \end{cases}$ を解いて
x+2=-x+12　2x=10　x=5
y=5+2=7
したがって C(5, 7)

▶本冊 *p.77*

220 (1) **R(0, 10),円の半径は6**
(2) **P($-4\sqrt{2}$, 8)**　(3) **$16\sqrt{2}+2\sqrt{5}$**

解説
(1) A,Bからy軸に垂線AH,BIをひく。
∠AHR=90°,
∠BIR=90°だから,
三平方の定理により
AR²=AH²+HR²
BR²=BI²+RI²
AR=BR=r,
R(0, a)とおくと
$r^2=(2\sqrt{5})^2+(14-a)^2=(\sqrt{11})^2+(5-a)^2$
$20+196-28a+a^2=11+a^2-10a+25$
$18a=180$　$a=10$ より R(0, 10)
$r=\sqrt{(2\sqrt{5})^2+4^2}=\sqrt{20+16}=\sqrt{36}=6$

(2) P$\left(-p, \dfrac{1}{4}p^2\right)$ (p>0)とおく。
Pからy軸に垂線PJをひく。
三平方の定理により
$p^2+\left(10-\dfrac{1}{4}p^2\right)^2=6^2$
$p^2+100-5p^2+\dfrac{1}{16}p^4=36$　$\dfrac{1}{16}p^4-4p^2+64=0$
$p^4-64p^2+1024=0$　$(p^2-32)^2=0$　$p^2=32$
$p=\pm\sqrt{32}=\pm 4\sqrt{2}$　p>0 より p=$4\sqrt{2}$
よって P($-4\sqrt{2}$, 8)

(3) PとQはy軸に関して対称であるから
  Q$(4\sqrt{2}, 8)$
PQとy軸の交点 P$(-4\sqrt{2},8)$をKとする。 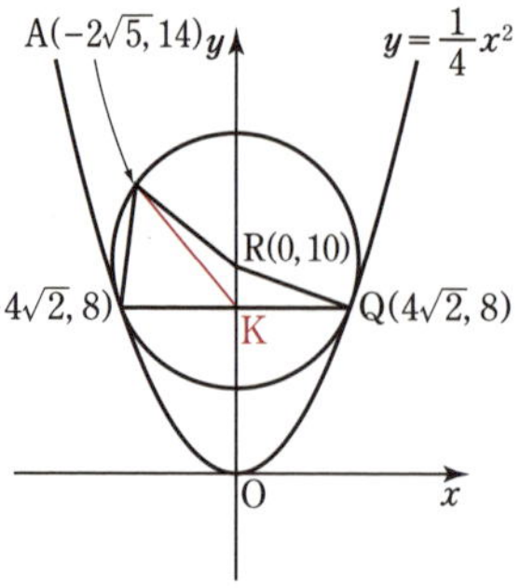
(求める図形の面積)
$= \triangle$APK
 $+ \triangle$AKR$+\triangle$RKQ
$= \dfrac{1}{2} \times 4\sqrt{2} \times (14-8) + \dfrac{1}{2} \times (10-8) \times 2\sqrt{5}$
 $+ \dfrac{1}{2} \times 4\sqrt{2} \times (10-8)$
$= 12\sqrt{2} + 2\sqrt{5} + 4\sqrt{2}$
$= 16\sqrt{2} + 2\sqrt{5}$

▶本冊 p.78

221 (1) $18\sqrt{6}$ (2) $\dfrac{81}{2}$

解説

(1) 切り口は，図のようなひし形となる。
A，B，C以外の頂点をDとすると 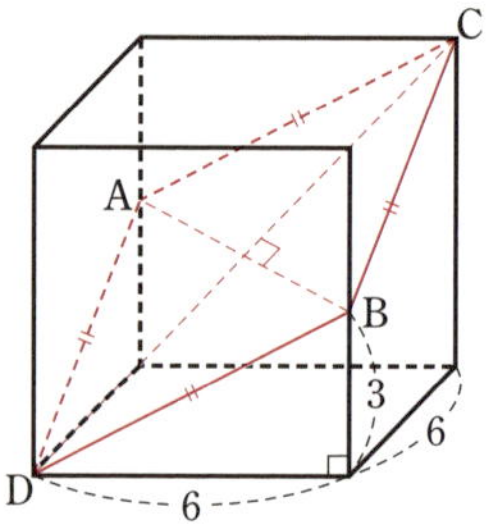
 AB$=\sqrt{6^2+6^2}$
  $=\sqrt{36\times 2} = 6\sqrt{2}$
 CD$=\sqrt{6^2+6^2+6^2}$
  $=\sqrt{36\times 3}=6\sqrt{3}$
(ひし形ABCDの面積)
 $=$AB$\times$CD$\times \dfrac{1}{2} = 6\sqrt{2}\times 6\sqrt{3} \times \dfrac{1}{2} = 18\sqrt{6}$

(2) 切り口は，図のような等脚台形となる。 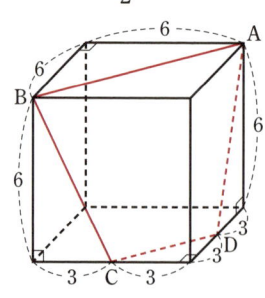
 AB$=6\sqrt{2}$
 CD$=3\sqrt{2}$
 BC$=\sqrt{6^2+3^2}$
  $=\sqrt{36+9}=\sqrt{45}$
  $=3\sqrt{5}$
CからABに垂線CHをひく。
 BH$=\dfrac{6\sqrt{2}-3\sqrt{2}}{2}$
  $=\dfrac{3\sqrt{2}}{2}$

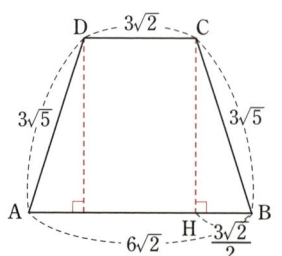

CH$=\sqrt{(3\sqrt{5})^2 - \left(\dfrac{3\sqrt{2}}{2}\right)^2}$
 $=\sqrt{45-\dfrac{18}{4}} = \sqrt{\dfrac{162}{4}} = \dfrac{9\sqrt{2}}{2}$
(台形ABCDの面積)
 $=\dfrac{1}{2}\times(3\sqrt{2}+6\sqrt{2})\times \dfrac{9\sqrt{2}}{2}$
 $=9\sqrt{2}\times \dfrac{9\sqrt{2}}{4} = \dfrac{81}{2}$

▶本冊 p.78

222 5 cm

解説

2つの球と円柱の各接点を通る平面で切断すると，右の図のようになる。
大きい円の中心をO，小さい円の中心をO′とし，小さい円の半径をrとする。 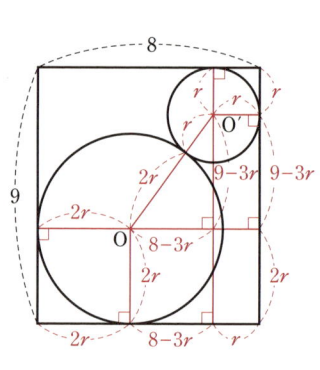
三平方の定理により
 $(3r)^2 = (8-3r)^2 + (9-3r)^2$
 $9r^2 = 64-48r+9r^2+81-54r+9r^2$
 $9r^2-102r+145=0$ $(3r-5)(3r-29)=0$
 $r=\dfrac{5}{3}, \dfrac{29}{3}$
$8-3r>0$ $r<\dfrac{8}{3}$より $r=\dfrac{5}{3}$
OO′$=x=3r=5$(cm)

▶本冊 p.78

223 (1) PB$=1$ cm (2) $12\sqrt{29}$ cm^2
  (3) ER$=\dfrac{64\sqrt{29}}{87}$ cm

解説

(1) PB$=x$とおくと，
$\triangle$ABPと$\triangle$GFPにおいて，
三平方の定理により
 AP$^2 =$ PB$^2 +$ AB^2
 PG$^2 =$ FG$^2 +$ PF^2
切り口はひし形だから AP$=$PG 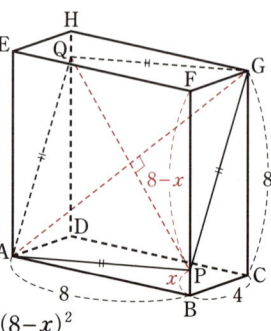
よって $x^2+8^2 = 4^2+(8-x)^2$

$x^2+64=16+64-16x+x^2$ $16x=16$
$x=1$(cm)

(2) △ABP≡△GHQ（直角三角形で斜辺と他の1辺がそれぞれ等しい）

よって　PB=QH

また　HF=$\sqrt{8^2+4^2}=\sqrt{64+16}=\sqrt{80}=4\sqrt{5}$

QからFBに垂線QSをひく。 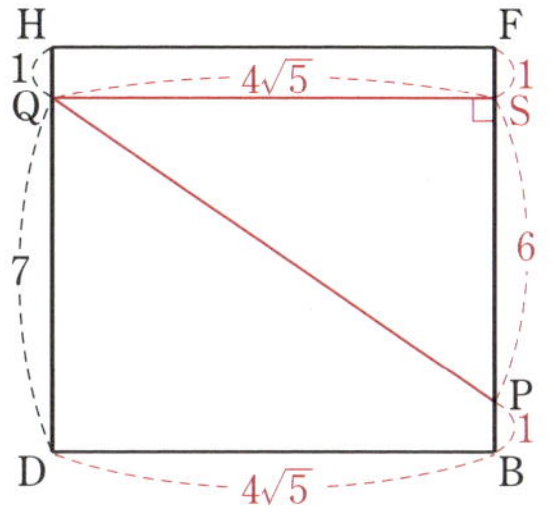
△PSQ（∠PSQ=90°）において，三平方の定理により
$PQ=\sqrt{(4\sqrt{5})^2+6^2}$
$=\sqrt{80+36}$
$=\sqrt{116}=2\sqrt{29}$

また　AG=$\sqrt{(4\sqrt{5})^2+8^2}=\sqrt{80+64}=\sqrt{144}=12$

（ひし形APGQの面積）
$=PQ\times AG\times\dfrac{1}{2}=2\sqrt{29}\times12\times\dfrac{1}{2}=12\sqrt{29}$（cm²）

(3) 直方体ABCD-EFGHの対角線の交点は，ひし形APGQを含む平面上にあるので，直方体の体積はひし形APGQによって2等分される。

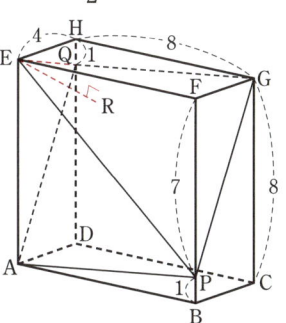

よって
（Eを含む側の立体の体積）
$=4\times8\times8\times\dfrac{1}{2}=128$（cm³）

（三角錐E-PFGの体積）
$=\dfrac{1}{3}\times\dfrac{1}{2}\times4\times7\times8=\dfrac{112}{3}$（cm³）

（三角錐G-EHQの体積）
$=\dfrac{1}{3}\times\dfrac{1}{2}\times4\times1\times8=\dfrac{16}{3}$（cm³）

（四角錐E-APGQの体積）
$=128-\dfrac{112}{3}-\dfrac{16}{3}=\dfrac{256}{3}$（cm³）

よって　$\dfrac{1}{3}\times$（ひし形APGQの面積）$\times ER=\dfrac{256}{3}$

$\dfrac{1}{3}\times12\sqrt{29}\times ER=\dfrac{256}{3}$

$ER=\dfrac{256}{12\sqrt{29}}=\dfrac{64}{3\sqrt{29}}=\dfrac{64\sqrt{29}}{87}$（cm）

▶本冊 p.78

224 (1) $h=\dfrac{\sqrt{6}}{3}$　　(2) $V=\dfrac{\sqrt{2}}{3}$

解説

(1) AB, AC, ADの中点をそれぞれ，L, M, Nとする。
Aから平面BCDへひいた垂線は正三角形LMNの重心（Gとする）を通る。 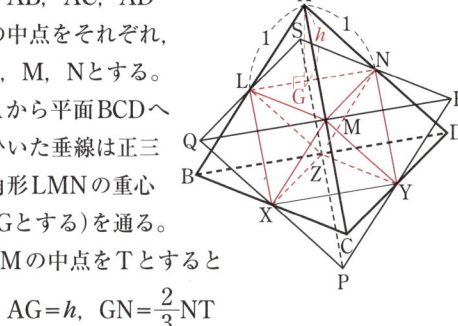
LMの中点をTとすると
$AG=h$，$GN=\dfrac{2}{3}NT$

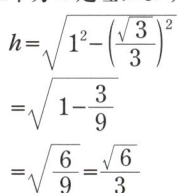

$NT=\dfrac{\sqrt{3}}{2}$であるから　$GN=\dfrac{\sqrt{3}}{3}$

△AGN（∠AGN=90°）で，三平方の定理により 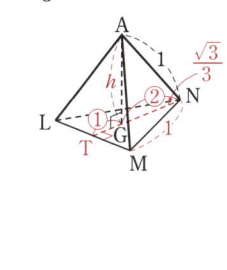
$h=\sqrt{1^2-\left(\dfrac{\sqrt{3}}{3}\right)^2}$
$=\sqrt{1-\dfrac{3}{9}}$
$=\sqrt{\dfrac{6}{9}}=\dfrac{\sqrt{6}}{3}$

(2) BC, CD, DBの中点をそれぞれ，X, Y, Zとする。
共通部分は，正八面体MLXYNZである。 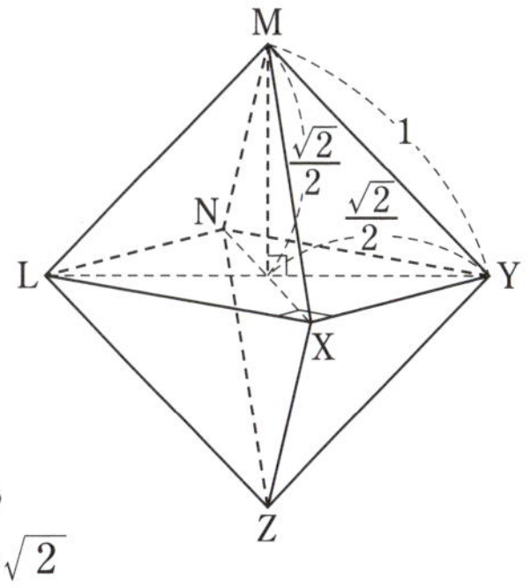
この正八面体は1辺が1であるから
$LY=\sqrt{2}$，$MZ=\sqrt{2}$

よって
$V=\dfrac{1}{3}\times$（正方形LXYNの面積）$\times MZ$
$=\dfrac{1}{3}\times1\times1\times\sqrt{2}=\dfrac{\sqrt{2}}{3}$

入試メモ　「三平方の定理」はあらゆる計量の基礎となる重要な定理で，平面図形，空間図形，座標平面と活躍の場は広い。正確に理解し，自在に使えるようにしておくことが，図形問題攻略の鍵である。

16 平面図形の総合問題

▶本冊 p.79

225 ∠BAC=60°

解説

∠BDC=∠BEC=90°
より，BCの中点を
Oとすると，4点B,
E, D, Cは円Oの
周上にある。

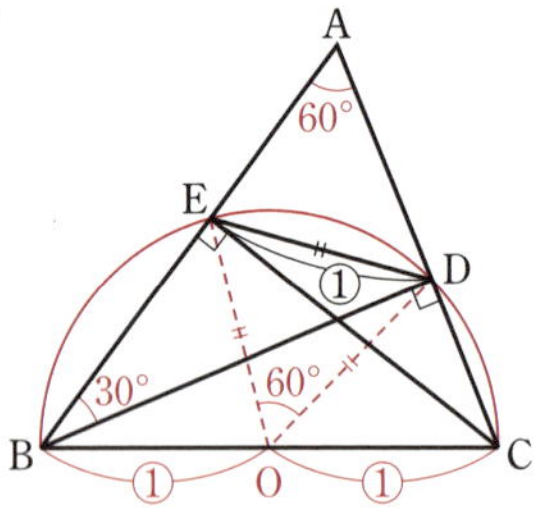

$DE = \frac{1}{2}BC$ より，
DEの長さは円の
半径に等しい。

よって，△ODEは正三角形であるから
　∠EOD=60°
よって ∠EBD=30°
∠BDA=90°だから ∠BAC=60°

▶本冊 p.79

226 (1) $32\sqrt{5}$ 　(2) **144**
　　　(3) $MN = 2\sqrt{17}$

解説

(1) DM⊥AB であるから 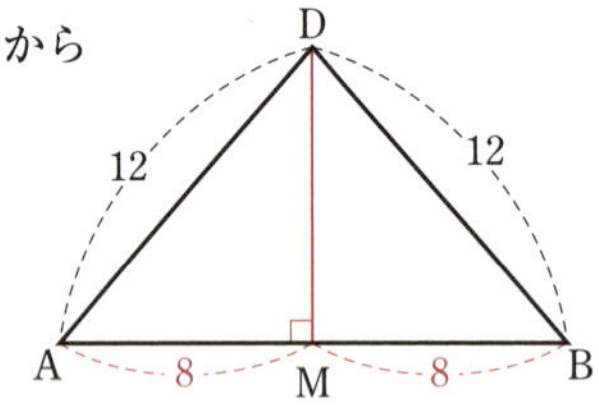
　　$DM = \sqrt{12^2 - 8^2}$
　　　　$= \sqrt{144 - 64}$
　　　　$= \sqrt{80} = 4\sqrt{5}$
　△ABD
　　$= \frac{1}{2} \times 16 \times 4\sqrt{5} = 32\sqrt{5}$

(2) CM=AM より 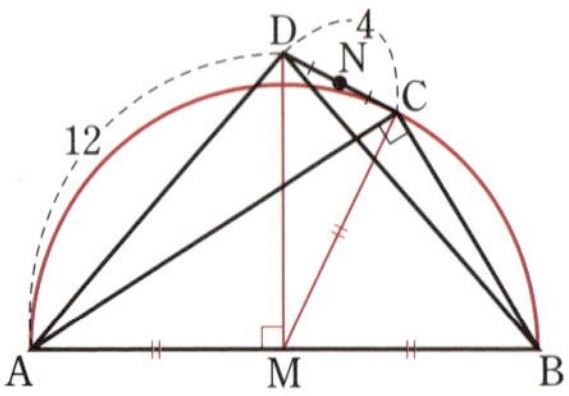
　　$CM^2 + DM^2$
　　$= AM^2 + DM^2$
　　$= AD^2 = 12^2 = 144$

(3) DCの延長上に
　垂線MHをひく。 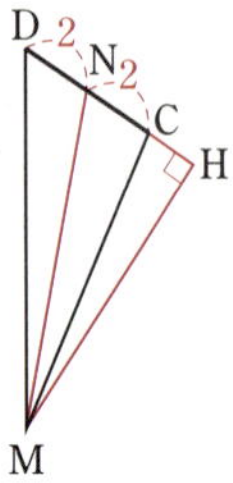
　三平方の定理により
　　$DM^2 = MH^2 + DH^2$ …①
　　$CM^2 = MH^2 + CH^2$ …②
　①+②より
　　$DM^2 + CM^2$
　　　$= 2MH^2 + DH^2 + CH^2$ …③
　また $MH^2 = NM^2 - NH^2$ …④

④を③に代入して
　$DM^2 + CM^2$
　$= 2(NM^2 - NH^2) + DH^2 + CH^2$
　$= 2NM^2 - 2NH^2 + DH^2 + CH^2$
　$= 2NM^2 - 2(NC+CH)^2 + (2NC+CH)^2 + CH^2$
　$= 2NM^2 - 2(NC^2 + 2NC \times CH + CH^2)$
　　　$+ 4NC^2 + 4NC \times CH + CH^2 + CH^2$
　$= 2NM^2 - 2NC^2 - 4NC \times CH - 2CH^2 + 4NC^2$
　　　$+ 4NC \times CH + 2CH^2$
　$= 2NM^2 + 2NC^2$
　　$DM^2 + CM^2 = 2(MN^2 + NC^2)$
ここで，(2)より $CM^2 + DM^2 = 144$
NC=2 を代入して
　$144 = 2(MN^2 + 2^2) = 2MN^2 + 8$　　$2MN^2 = 136$
　$MN^2 = 68$
MN>0 より $MN = \sqrt{68} = 2\sqrt{17}$

入試メモ　△ABCにおいて，
BCの中点をMとすると，
$AB^2 + AC^2 = 2(AM^2 + BM^2)$
が成り立つ。
これを，△ABCにおける
中線定理という。

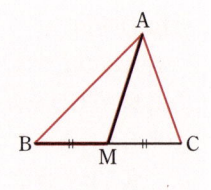

▶本冊 p.79

227 (1) $\dfrac{\sqrt{2}}{4}$ 　(2) $\dfrac{16\sqrt{3}}{9}$ 倍

解説

(1) C_3の半径をrとすると，
正三角形の内接
円の中心は重心
であるから， 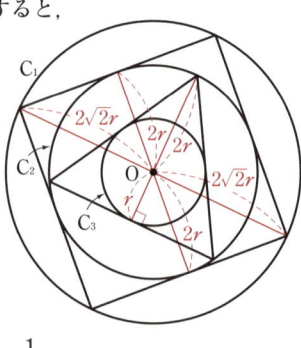
C_2の半径は $2r$
したがって，正
方形の1辺の長
さは $4r$
C_1の半径は正方
形の対角線の長さの$\dfrac{1}{2}$であるから
　$4r \times \sqrt{2} \times \dfrac{1}{2} = 2\sqrt{2}\,r$
よって，$2\sqrt{2}\,r = 1$ より $r = \dfrac{1}{2\sqrt{2}} = \dfrac{\sqrt{2}}{4}$

本冊 p.80 の解答

(2) 正三角形の1辺の長さは
$$3r \times \frac{2}{\sqrt{3}} = 2\sqrt{3}\,r = 2\sqrt{3} \times \frac{\sqrt{2}}{4} = \frac{\sqrt{6}}{2}$$
したがって,
(正三角形の面積)
$$= \frac{\sqrt{3}}{4} \times \left(\frac{\sqrt{6}}{2}\right)^2 = \frac{\sqrt{3}}{4} \times \frac{6}{4} = \frac{3\sqrt{3}}{8}$$

正方形の1辺の長さは $4r = 4 \times \frac{\sqrt{2}}{4} = \sqrt{2}$

したがって (正方形の面積)$= \sqrt{2} \times \sqrt{2} = 2$

$$\frac{(正方形の面積)}{(正三角形の面積)} = 2 \div \frac{3\sqrt{3}}{8} = \frac{2 \times 8}{3\sqrt{3}}$$
$$= \frac{16\sqrt{3}}{9}(倍)$$

▶ 本冊 p.80 ─

228 (1) $AB' = 2\,\text{cm}$

(2) $\angle BOC = 180° - 2x$

(3) $\dfrac{3\sqrt{7}}{2}\,\text{cm}^2$ (4) $\dfrac{35\sqrt{2}}{48}\pi\,\text{cm}^3$

解説

(1)

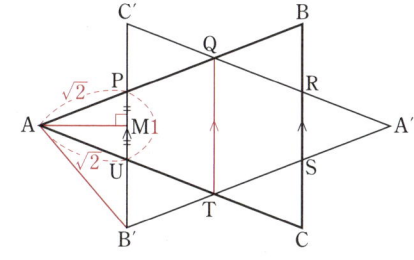

AP=PQ=QB, AU=UT=TCより
 PU//QT//BC
よって PU:BC=AP:AB=1:3
 PU:3=1:3 PU=1
また,1組の辺とその両端の角がそれぞれ等しい
ので △UB'T≡△CST
よって UB'=1
PUの中点をMとすると
$$AM = \sqrt{(\sqrt{2})^2 - \left(\frac{1}{2}\right)^2} = \sqrt{2 - \frac{1}{4}} = \frac{\sqrt{7}}{2}$$
よって
$$AB' = \sqrt{\left(\frac{\sqrt{7}}{2}\right)^2 + \left(\frac{3}{2}\right)^2} = \sqrt{\frac{7}{4} + \frac{9}{4}} = \sqrt{\frac{16}{4}}$$
$$= \sqrt{4} = 2\,(\text{cm})$$

(2)

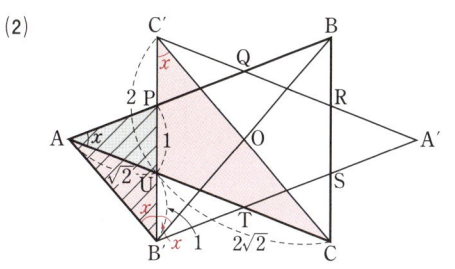

△AUPと△B'PAにおいて
 AU:B'P=UP:PA=PA:AB'=1:$\sqrt{2}$
よって,3組の辺の比がすべて等しいので
 △AUP∽△B'PA
ゆえに ∠PAU=∠AB'P=x
また,△UAB'と△UCC'において
 ∠B'UA=∠C'UC
 UA:UC=B'U:C'U=1:2
よって,2組の辺の比とその間の角がそれぞれ等
しいので △UAB'∽△UCC'
ゆえに ∠AB'U=∠CC'U=x
△OC'B'はOC'=OB'の二等辺三角形であるから
 ∠OC'B'=∠OB'C'=x
よって ∠BOC=∠B'OC'=180°$-2x$

(3)

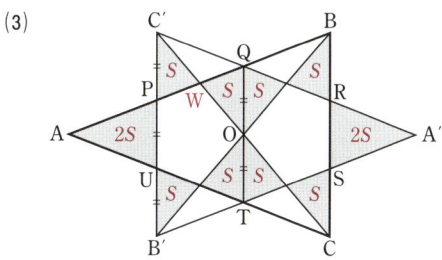

ABとCC'の交点をWとすると,(1),(2)の考察より
 △AUP∽△C'PW(2組の角がそれぞれ等しい)
AU:C'P=$\sqrt{2}$:1だから
 △AUP:△C'PW=$(\sqrt{2})^2$:1^2=2:1
また,B'C'//QT,C'P=OQ=1より
 △C'PW≡△OQW
 (1組の辺とその両端の角がそれぞれ等しい)
△AUP=2Sとすると
 △C'PW=△OQW=S
△AUP=$\dfrac{1}{2} \times 1 \times \dfrac{\sqrt{7}}{2} = \dfrac{\sqrt{7}}{4}$
よって $S = \dfrac{\sqrt{7}}{8}$
(影の部分の面積) 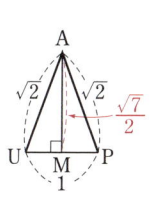
$= 12S = 12 \times \dfrac{\sqrt{7}}{8} = \dfrac{3\sqrt{7}}{2}\,(\text{cm}^2)$

96 | 本冊 p.80 の解答

(4)

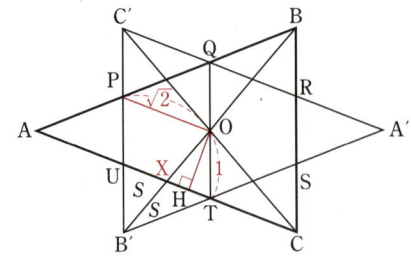

四角形 C'POQ において
　　C'P∥OQ，PO∥QC'
よって，四角形 C'POQ は平行四辺形だから
　　PO＝QC'＝$\sqrt{2}$
AC と BB' の交点を X とすると，(3)の考察より
　　△B'XU∽△AUP（2組の角がそれぞれ等しい）
OT：AU＝1：$\sqrt{2}$ であるから
　　OH：AM＝1：$\sqrt{2}$
　　OH：$\dfrac{\sqrt{7}}{2}$＝1：$\sqrt{2}$
　　OH＝$\dfrac{\sqrt{7}}{2\sqrt{2}}$＝$\dfrac{\sqrt{14}}{4}$

　　HT＝$\sqrt{1-\left(\dfrac{\sqrt{14}}{4}\right)^2}$＝$\sqrt{\dfrac{1}{8}}$＝$\dfrac{\sqrt{2}}{4}$

　　UH＝UT−HT＝$\sqrt{2}-\dfrac{\sqrt{2}}{4}$＝$\dfrac{3\sqrt{2}}{4}$

（回転体の体積）
　＝$\pi\times\left(\dfrac{\sqrt{14}}{4}\right)^2\times\dfrac{3\sqrt{2}}{4}$
　　＋$\dfrac{1}{3}\times\pi\times\left(\dfrac{\sqrt{14}}{4}\right)^2$
　　　$\times\left(\sqrt{2}-\dfrac{3\sqrt{2}}{4}\right)$
　＝$\pi\times\dfrac{14}{16}\times\dfrac{3\sqrt{2}}{4}+\dfrac{1}{3}\times\pi\times\dfrac{14}{16}\times\dfrac{\sqrt{2}}{4}$
　＝$\dfrac{21\sqrt{2}}{32}\pi+\dfrac{7\sqrt{2}}{96}\pi=\dfrac{70\sqrt{2}}{96}\pi=\dfrac{35\sqrt{2}}{48}\pi$（cm³）

▶本冊 p.80

229 (1) C(2, 1)　　(2) M$\left(\dfrac{4}{5},\dfrac{3}{5}\right)$

(3) $\dfrac{17}{10}$

解説

(1) △BOA は3辺の比が 1：1：$\sqrt{2}$ の直角二等辺三角形である。
直線 DC と x 軸の交点を F とすると，AB∥CD より
　　∠AFC＝∠OAB＝45°
C から x 軸に垂線 CH をひくと，△ACH は3辺の比が 1：1：$\sqrt{2}$ の直角二等辺三角形。
AC＝$\sqrt{2}$ より　AH＝CH＝1　　OH＝2
よって　C(2, 1)

(2) 直線 CD：$y=-x+b$ とおく。C(2, 1) を通るから
　　$b=3$
よって　D(0, 3)
△DMC は ∠DMC＝90° の直角三角形であるから
　　DC＝$\sqrt{(2-0)^2+(1-3)^2}$
　　　　＝$\sqrt{8}=2\sqrt{2}$
また，M は AD 上にある。
△ACD∽△CMD∽△AMC（2組の角がそれぞれ等しい）である。
　　AC：CD＝$\sqrt{2}$：$2\sqrt{2}$＝1：2
よって　AM：MC＝1：2
　　　　CM：MD＝1：2
したがって
　　AM：MC：MD＝1：2：4
M$\left(1\times\dfrac{4}{5},3\times\dfrac{1}{5}\right)$ より　M$\left(\dfrac{4}{5},\dfrac{3}{5}\right)$

(3) E(s, t) とおくと
　　$\dfrac{s+2}{2}=\dfrac{4}{5}$　　$s+2=\dfrac{8}{5}$　　$s=-\dfrac{2}{5}$

　　$\dfrac{t+1}{2}=\dfrac{3}{5}$　　$t+1=\dfrac{6}{5}$　　$t=\dfrac{1}{5}$

よって　E$\left(-\dfrac{2}{5},\dfrac{1}{5}\right)$

CE＝$\sqrt{\left(2+\dfrac{2}{5}\right)^2+\left(1-\dfrac{1}{5}\right)^2}=\sqrt{\dfrac{144}{25}+\dfrac{16}{25}}$

　　＝$\sqrt{\dfrac{160}{25}}=\dfrac{4\sqrt{10}}{5}$

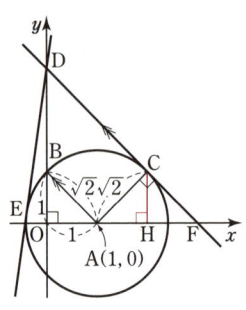

$AM = \sqrt{\left(\frac{4}{5}-1\right)^2 + \left(\frac{3}{5}-0\right)^2} = \sqrt{\frac{1}{25} + \frac{9}{25}}$
$= \sqrt{\frac{10}{25}} = \frac{\sqrt{10}}{5}$

$\triangle ACE = \frac{1}{2} \times \frac{4\sqrt{10}}{5} \times \frac{\sqrt{10}}{5} = \frac{4}{5}$

Pを通ってABと平行な直線とx軸との交点をQとすると
$\triangle BAP = \triangle BAQ = \frac{4}{5}$

Q(q, 0)とすると，
$\triangle BAQ = \frac{1}{2} \times AQ \times OB$ であるから
$\frac{1}{2} \times (q-1) \times 1 = \frac{4}{5}$ $q-1 = \frac{8}{5}$ $q = \frac{13}{5}$

よって Q$\left(\frac{13}{5}, 0\right)$

直線PQ：$y = -x + k$ とおく。Q$\left(\frac{13}{5}, 0\right)$を通るから
$k = \frac{13}{5}$
よって PQ：$y = -x + \frac{13}{5}$

また，直線CE：$y - 1 = \frac{1-\frac{1}{5}}{2+\frac{2}{5}}(x-2)$ より

$y - 1 = \frac{1}{3}(x-2)$ よって CE：$y = \frac{1}{3}x + \frac{1}{3}$

$\begin{cases} y = -x + \frac{13}{5} \\ y = \frac{1}{3}x + \frac{1}{3} \end{cases}$ を解いて

$-x + \frac{13}{5} = \frac{1}{3}x + \frac{1}{3}$ $-15x + 39 = 5x + 5$

$20x = 34$ $x = \frac{17}{10}$

よって，点Pのx座標は $\frac{17}{10}$ となる。

▶本冊 p.81

230 (1) $4 + \pi$
(2) 順に 4, $2\pi - 4$

解説
(1) AB, DCの中点をそれぞれP，Qとおくと，求める面積は
(長方形PBCQ) + (おうぎ形QCM) − △PBM
$= 2 \times 6 + \pi \times 2^2 \times \frac{90}{360} - \frac{1}{2}(6+2) \times 2$
$= 12 + \pi - 8 = 4 + \pi$

(2) (Pの面積)
$= \pi \times (\sqrt{2})^2 \times \frac{1}{2}$
$\quad + \frac{1}{2} \times 2 \times 2$
$\quad - \pi \times 2^2 \times \frac{90}{360}$
$= \pi + 2 - \pi = 2$

(Pの面積) = (Qの面積) であるから
(PとQをあわせた面積) = 4
また
(Rの面積) = $\pi \times (\sqrt{2})^2 \times \frac{1}{2} - \frac{1}{2} \times 2 \times 2 = \pi - 2$
(Sの面積) + (Tの面積) = (Rの面積) であるから
(RとSとTをあわせた面積) = $2\pi - 4$

▶本冊 p.81

231 (1) AP = $\sqrt{6}$ cm   (2) $2\sqrt{3}\pi$ cm³
(3) $6\sqrt{3}\pi$ cm³

解説
(1) ∠APC = 90° であるから
AP : AC = 1 : $\sqrt{2}$
AP : $2\sqrt{3}$ = 1 : $\sqrt{2}$
よって
AP = $\frac{2\sqrt{3}}{\sqrt{2}} = \frac{2\sqrt{6}}{2}$
$= \sqrt{6}$ (cm)

(2) 半円の中心をOとする。
PO = $\sqrt{3}$, AC = $2\sqrt{3}$ より
(回転体の体積)
$= \frac{1}{3} \times \pi \times (\sqrt{3})^2 \times 2\sqrt{3}$
$= 2\sqrt{3}\pi$ (cm³)

(3) △ABCをACの回りに回転させた円錐の体積をV，△APOをAOの回りに回転させた円錐の体積をW，球Oの体積をXとおくと
(求める立体の体積) $= \frac{1}{2}X - W + V - W - \frac{1}{2}X = V - 2W$
$= \frac{1}{3} \times \pi \times (2\sqrt{3})^2 \times 2\sqrt{3}$
$\quad - 2 \times \frac{1}{3} \times \pi \times (\sqrt{3})^2 \times \sqrt{3}$
$= 8\sqrt{3}\pi - 2\sqrt{3}\pi = 6\sqrt{3}\pi$ (cm³)

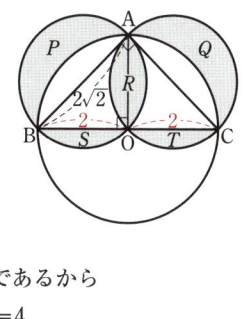

▶ 本冊 p.81

232 (1) $AB = \sqrt{3}-1$ (2) $CD = 2-\sqrt{3}$
(3) $\dfrac{6-\sqrt{3}}{4}$

解説

(1) 正十二角形は円に内接する。その円周を12等分した1つ分の弧に対する円周角は
$$\dfrac{180°}{12}=15°$$

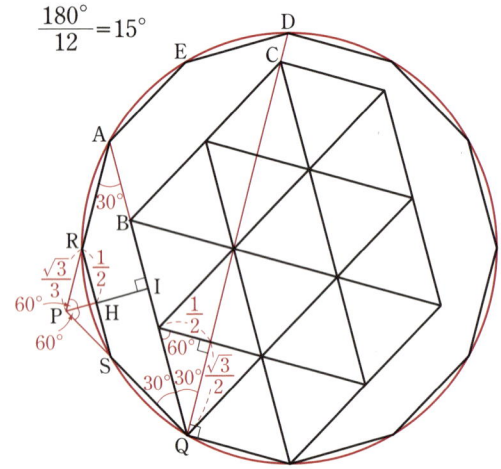

図のように，P, Q, R, Sをとると，△PAQは底角30°，頂角120°の二等辺三角形である。
PからRS, AQにひいた垂線とRS, AQの交点をH, Iとすると，$RH=\dfrac{1}{2}$ より $PR=\dfrac{\sqrt{3}}{3}$
よって $AP=1+\dfrac{\sqrt{3}}{3}=\dfrac{3+\sqrt{3}}{3}$
$AI=\dfrac{\sqrt{3}}{2}\times\dfrac{3+\sqrt{3}}{3}=\dfrac{3\sqrt{3}+3}{6}=\dfrac{\sqrt{3}+1}{2}$
$AQ=\sqrt{3}+1$　また，$BQ=2$ であるから
$AB=\sqrt{3}+1-2=\sqrt{3}-1$

(2) CはDQ上にある。
$ES=AQ=\sqrt{3}+1$
$ES \parallel DQ$
E, SからDQに垂線EJ, SKをひく。
$\angle EDJ=15°\times 4=60°$
$ED=1$ より $DJ=\dfrac{1}{2}$
よって
$DQ=\sqrt{3}+1+1=\sqrt{3}+2$
1辺の長さが1の正三角形の頂点から対辺までひいた垂線の長さは $\dfrac{\sqrt{3}}{2}$ であるから

$CD=DQ-CQ$
$=\sqrt{3}+2-4\times\dfrac{\sqrt{3}}{2}$
$=2-\sqrt{3}$

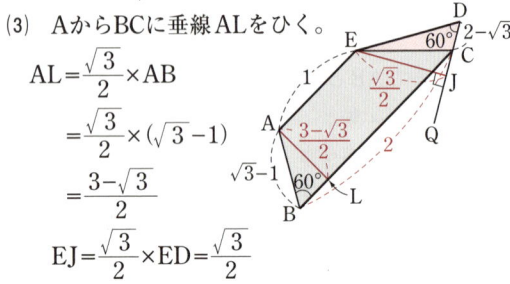

(3) AからBCに垂線ALをひく。
$AL=\dfrac{\sqrt{3}}{2}\times AB$
$=\dfrac{\sqrt{3}}{2}\times(\sqrt{3}-1)$
$=\dfrac{3-\sqrt{3}}{2}$

$EJ=\dfrac{\sqrt{3}}{2}\times ED=\dfrac{\sqrt{3}}{2}$

(五角形ABCDEの面積)
=(台形ABCEの面積)+△CDE
$=\dfrac{1}{2}\times(1+2)\times\dfrac{3-\sqrt{3}}{2}+\dfrac{1}{2}\times(2-\sqrt{3})\times\dfrac{\sqrt{3}}{2}$
$=\dfrac{9-3\sqrt{3}}{4}+\dfrac{2\sqrt{3}-3}{4}=\dfrac{6-\sqrt{3}}{4}$

▶ 本冊 p.82

233 (1) $CD=5\sqrt{2}$
(2) $24:25$　(3) $AF=2\sqrt{2}$

解説

(1) △ABCは，3辺の比が3:4:5の直角三角形であるから
$BC=10$
$\overparen{BD}$ に対する円周角であるから
$\angle BCD=\angle BAD=45°$
同様に，$\overparen{CD}$ に対する円周角であるから
$\angle CBD=\angle CAD=45°$
△BCDは，3辺の比が $1:1:\sqrt{2}$ の直角二等辺三角形であるから
$CD=10\times\dfrac{1}{\sqrt{2}}=5\sqrt{2}$

(2) AからBCに垂線AHをひく。
△ABC∽△HAC (2組の角がそれぞれ等しい) より
$AH=6\times\dfrac{8}{10}=\dfrac{24}{5}$
DからBCにひいた垂線はOD
よって $OD=5$
△AEH∽△DEO (2組の角がそれぞれ等しい) より
$AE:DE=AH:DO=\dfrac{24}{5}:5=24:25$

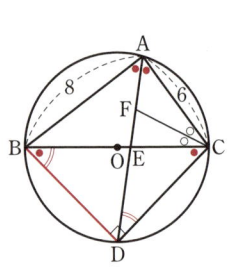

本冊 p.82の解答

(3) 角の二等分線の性質により
  BE:EC=AB:AC=8:6=4:3
  $BE=10\times\dfrac{4}{4+3}=\dfrac{40}{7}$
  △ABE∽△ADC(2組の角がそれぞれ等しい)より
  AB:AD=BE:DC
  $8:AD=\dfrac{40}{7}:5\sqrt{2}$
  $AD=40\sqrt{2}\div\dfrac{40}{7}=7\sqrt{2}$
  $AE=AD\times\dfrac{24}{24+25}=7\sqrt{2}\times\dfrac{24}{49}=\dfrac{24\sqrt{2}}{7}$
  角の二等分線の性質により
  $AF:FE=AC:CE=6:\left(10-\dfrac{40}{7}\right)=6:\dfrac{30}{7}$
  $=42:30=7:5$
  よって $AF=AE\times\dfrac{7}{7+5}=\dfrac{24\sqrt{2}}{7}\times\dfrac{7}{12}=2\sqrt{2}$

▶ 本冊 p.82

234 (1) $BD=2\sqrt{10}$ cm
  (2) ① $AP=6$ cm
     ② $AQ=\dfrac{8}{3}$ cm   ③ $\dfrac{9}{4}$ 倍

解説

(1) A, DからBCに垂線AI, DHをひく。
等脚台形の対称性により
  BI=CH=1
  $DH=\sqrt{4^2-1^2}=\sqrt{15}$
よって
  $BD=\sqrt{(\sqrt{15})^2+5^2}=\sqrt{15+25}=\sqrt{40}=2\sqrt{10}$ (cm)

(2) ① △ABPと△BACにおいて
  ∠BPA=∠ACB
  ∠PAB=∠CBA
  ($\overparen{BCP}=\overparen{BAD}$
   $=\overparen{ADC}$ より)
  よって ∠ABP=∠BAC
  ゆえに $\overparen{ADP}=\overparen{BC}$
  よって AP=BC=6(cm)

② △AQD∽△BQP(2組の角がそれぞれ等しい)で,その相似比は
  AD:BP
  $=4:2\sqrt{10}=2:\sqrt{10}$
  AQ=2p, BQ=$\sqrt{10}p$,

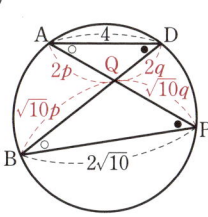

DQ=2q, PQ=$\sqrt{10}q$とおくと
$\begin{cases} 2p+\sqrt{10}q=6 & \cdots[1] \\ \sqrt{10}p+2q=2\sqrt{10} & \cdots[2] \end{cases}$
[2]×5-[1]×$\sqrt{10}$ より
$\quad 5\sqrt{10}p+10q=10\sqrt{10}$
$-)\ 2\sqrt{10}p+10q=\ 6\sqrt{10}$
$\quad\overline{3\sqrt{10}p\quad\quad=\ 4\sqrt{10}}$
$\quad\quad\quad p=\dfrac{4}{3},\ q=\dfrac{\sqrt{10}}{3}$

よって $AQ=2p=\dfrac{8}{3}$ (cm)

③ A, PからBDに垂線AJ, PKをひく。
BDを底辺と考えると
  △ABD:△BPD
  =AJ:PK
△AJQ∽△PKQ(2組の角がそれぞれ等しい)より
  AJ:PK=AQ:PQ
ところで $AQ=\dfrac{8}{3}$, $PQ=\sqrt{10}\times\dfrac{\sqrt{10}}{3}=\dfrac{10}{3}$
よって △ABD:△BPD$=\dfrac{8}{3}:\dfrac{10}{3}=4:5$
したがって
$\dfrac{(四角形ABPDの面積)}{△ABD}=\dfrac{4+5}{4}=\dfrac{9}{4}$(倍)

▶本冊 p.82

235 (1) (証明) 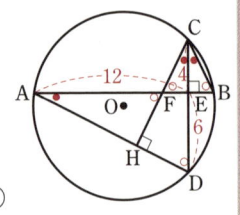
△AFHと△CBEにおいて，仮定より
∠AHF＝∠CEB＝90°　…①
$\overparen{BD}$に対する円周角であるから
∠FAH＝∠BCE　…②
①，②より，2組の角がそれぞれ等しいので
△AFH∽△CBE

(2) CH＝$4\sqrt{5}$ cm，AH＝$4\sqrt{5}$ cm

(3) 50π cm^2

解説

(2) △ADE∽△CBE（2組の角がそれぞれ等しい）より
AE：CE＝DE：BE
AE×BE＝CE×DE（方べきの定理）
12×BE＝4×6　　BE＝2
△CBE（∠CEB＝90°）において，三平方の定理により
BC＝$\sqrt{4^2+2^2}$＝$\sqrt{20}$＝$2\sqrt{5}$
△CBEは3辺の比が1：2：$\sqrt{5}$ の直角三角形である。
△CDH∽△CBE（2組の角がそれぞれ等しい）より
△CDHの3辺の比も1：2：$\sqrt{5}$ であるから
CH：CD＝2：$\sqrt{5}$　　CH：10＝2：$\sqrt{5}$
CH＝$\dfrac{20}{\sqrt{5}}$＝$4\sqrt{5}$（cm）
また，△CFE≡△CBE（1組の辺とその両端の角がそれぞれ等しい）より　FE＝BE＝2
よって　AF＝10
△AFH≡△CDH（1組の辺とその両端の角がそれぞれ等しい）より　AH＝CH＝$4\sqrt{5}$（cm）

(3) △AEC（∠AEC＝90°）において，三平方の定理により
AC＝$\sqrt{12^2+4^2}$
　　＝$\sqrt{160}$＝$4\sqrt{10}$ 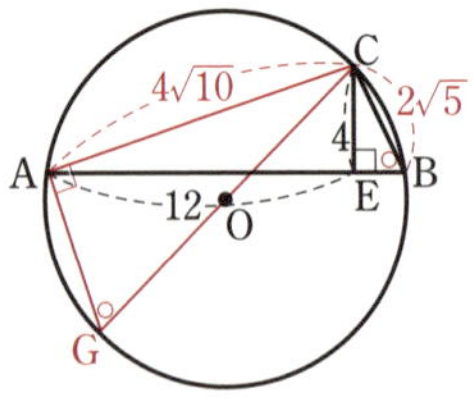
COの延長と円Oとの交点をGとする。
△CAG∽△CEB（2組の角がそれぞれ等しい）より
GC：BC＝CA：CE
CO＝rとおくと
2r：$2\sqrt{5}$＝$4\sqrt{10}$：4
8r＝$8\sqrt{50}$　　r＝$\sqrt{50}$＝$5\sqrt{2}$
よって
（円Oの面積）＝$\pi \times (5\sqrt{2})^2$＝50π（cm^2）

▶本冊 p.83

236 (1) (証明) 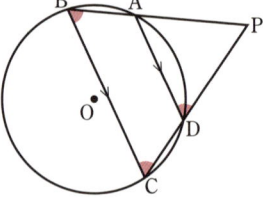
BC∥ADより，同位角は等しいので
∠ADP＝∠BCD
四角形ABCDは円に内接しているので
∠ADP＝∠ABC
よって　∠BCD＝∠ABC
四角形ABCDは等脚台形であるので
AB＝CD

(2) AC＝7　　(3) AP＝5，AQ＝$\dfrac{35}{13}$

(4) PQ＝$\dfrac{40\sqrt{3}}{13}$

解説

(1) 円に内接する台形はすべて等脚台形である。また，△ABC≡△DCBを証明してもよい。

(2) AからBCに垂線AHをひく。 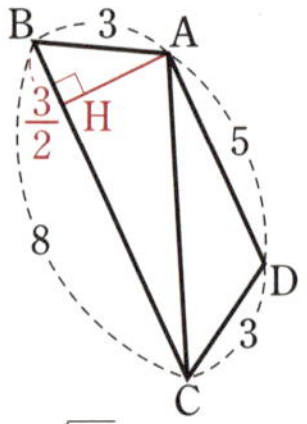
四角形ABCDが等脚台形であることより
BH＝$\dfrac{8-5}{2}$＝$\dfrac{3}{2}$
△ABHにおいて，BH：AB＝1：2
であるから　∠ABH＝60°，AH＝$\dfrac{3\sqrt{3}}{2}$
△ACHにおいて，三平方の定理により
AC＝$\sqrt{\left(\dfrac{3\sqrt{3}}{2}\right)^2+\left(8-\dfrac{3}{2}\right)^2}$＝$\sqrt{\dfrac{27}{4}+\dfrac{169}{4}}$
　　＝$\sqrt{\dfrac{196}{4}}$＝$\dfrac{14}{2}$＝7

(3) ∠ABC＝60°であるから，△PBCは正三角形である。 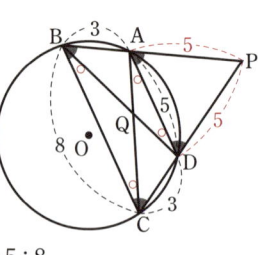
PB＝BC＝8より
AP＝8－3＝5
AD∥BCより
AQ：CQ＝AD：CB＝5：8
よって　AQ：AC＝5：(5+8)＝5：13
ゆえに　AQ＝$\dfrac{5}{13}$AC＝$\dfrac{35}{13}$

(4) PからBCに垂線PKをひき，ADとの交点をJとする。 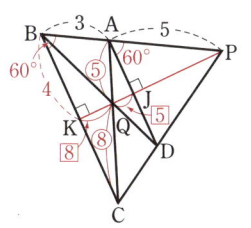
JKは(2)で求めたAHに等しいので　$JK=\dfrac{3\sqrt{3}}{2}$
また　$PJ=\dfrac{5\sqrt{3}}{2}$
$JQ:QK=5:8$ より
$PQ=\dfrac{5\sqrt{3}}{2}+\dfrac{3\sqrt{3}}{2}\times\dfrac{5}{5+8}=\dfrac{40\sqrt{3}}{13}$

▶ 本冊 p.83

237 (1) $AR=1$　　(2) $180°$

(3) （証明）
四角形RSUQは円に内接しているので
　　$\angle AQR=\angle RSU$　…①
また，4点B，R，Q，Cは，BCを直径とする円周上にあるので　$\angle AQR=\angle RBC$　…②
①，②より　$\angle RSU=\angle RBC$
同位角が等しいので　SU∥BC

(4) $4:49$

解説

(1) $AR=x$，$CR=h$ とおくと
$h^2=7^2-x^2=8^2-(5-x)^2$
$49-x^2=64-(25-10x+x^2)$
$49-x^2=64-25+10x-x^2$　　$10x=49-64+25$
$x=1$　　よって　$AR=1$

(2) 4点B，R，Q，CはBCを直径とする半円の周上にあるので，円に内接する四角形の性質により
　　$\angle CQR+\angle RBC=180°$

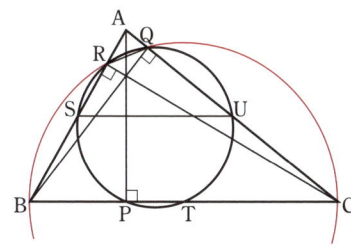

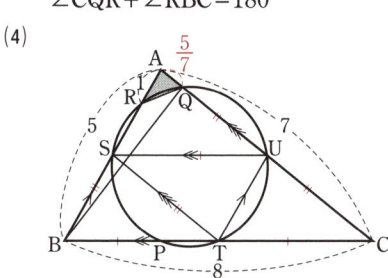

(1)と同様にして，$AQ=y$ とおくと
$BQ^2=5^2-y^2=8^2-(7-y)^2$
$25-y^2=64-(49-14y+y^2)$
$14y=10$　　よって　$y=\dfrac{5}{7}$

$\triangle AQR=\dfrac{1}{5}\times\dfrac{\dfrac{5}{7}}{7}\triangle ABC=\dfrac{1}{49}\triangle ABC$　…①

SU∥BC，UT∥AB，TS∥CAより，四角形BTUS，ASTU，STCUはすべて平行四辺形。
　BT=SU=TCより，Tは辺BCの中点
　AU=ST=UCより，Uは辺ACの中点
となる。したがって

$\triangle UTC=\dfrac{1}{2}\times\dfrac{1}{2}\triangle ABC=\dfrac{1}{4}\triangle ABC$　…②

①，②より　$\triangle AQR:\triangle UTC$
$=\dfrac{1}{49}\triangle ABC:\dfrac{1}{4}\triangle ABC$
$=4:49$

● パワーアップ

AP，BQ，CRの交点（垂心）をH，AHの中点をV，BHの中点をW，CHの中点をXとすると，P，Q，R，S，T，U，V，W，Xの9点は同一円周上にあり，「9点円」と呼ばれる。S，T，Uが各辺の中点とわかっていれば，それを用いる解法もある。

▶ 本冊 p.83

238 (1) （証明） 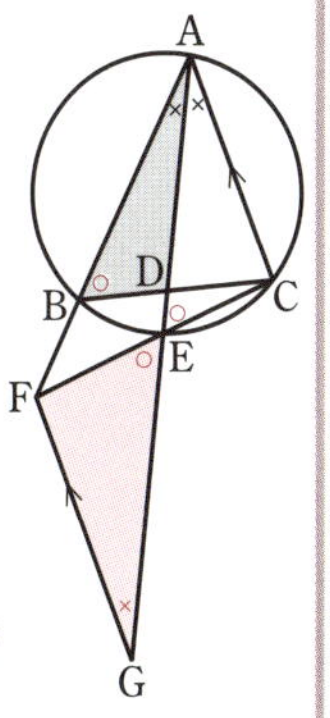
△ABDと△GEFにおいて，
$\overset{\frown}{AC}$に対する円周角であるから
　　$\angle ABD=\angle AEC$
対頂角であるから
　　$\angle AEC=\angle GEF$　…[1]
AC∥FGより錯角は等しいので
　　$\angle CAD=\angle EGF$
仮定より
　　$\angle BAD=\angle CAD$
よって　$\angle BAD=\angle EGF$　…[2]
[1]，[2]より，2組の角がそれぞれ等しいので
　　$\triangle ABD\sim\triangle GEF$

(2) ① 2　　② $CF=\dfrac{4\sqrt{5}}{3}$　　③ $\dfrac{125}{36}$

解説

(2) ① DはBCの中点。 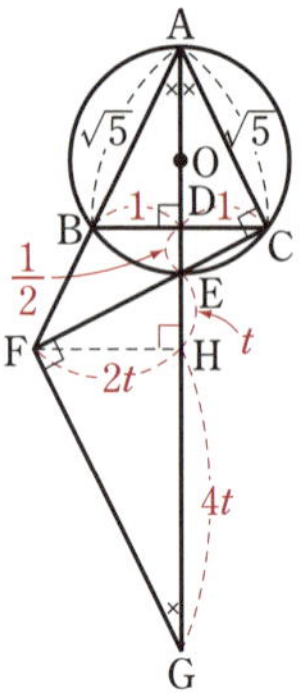
AD⊥BCであるから
$AD = \sqrt{(\sqrt{5})^2 - 1^2} = \sqrt{4} = 2$
$\triangle ABC = \dfrac{1}{2} \times 2 \times 2 = 2$

② FからAGに垂線FHをひく。
△ABD∽△AEC∽△CED
∽△FEH∽△GFH∽△GEF
(いずれも2組の角がそれぞれ等しい)で,辺の比は
$AB:BD:AD = \sqrt{5}:1:2$
よって $AE = \sqrt{5} \times \dfrac{\sqrt{5}}{2} = \dfrac{5}{2}$
$DE = 1 \times \dfrac{1}{2} = \dfrac{1}{2}$, $CE = 1 \times \dfrac{\sqrt{5}}{2} = \dfrac{\sqrt{5}}{2}$
$EH = t$ とおくと $FH = 2t$
よって $HG = 4t$
△AFGは二等辺三角形であるから $AH = GH$
よって $\dfrac{5}{2} + t = 4t$ $3t = \dfrac{5}{2}$ $t = \dfrac{5}{6}$
$EF = \sqrt{5}\, t = \dfrac{5\sqrt{5}}{6}$
よって $CF = \dfrac{\sqrt{5}}{2} + \dfrac{5\sqrt{5}}{6} = \dfrac{4\sqrt{5}}{3}$

③ $\triangle GEF = \dfrac{1}{2} \times (4t + t) \times 2t = 5t^2 = 5 \times \dfrac{25}{36}$
$= \dfrac{125}{36}$

パワーアップ

3辺の比が3:4:5の大きい方の鋭角の二等分線によって作られる直角三角形の3辺の比が$1:2:\sqrt{5}$であることは,P.83入試メモで説明した。その知識を使えば,△ACFは3辺の比3:4:5の直角三角形であることがわかるので,$CF = \sqrt{5} \times \dfrac{4}{3} = \dfrac{4\sqrt{5}}{3}$
と導ける。

▶本冊 p.84

239 (1) $BG = 3$ (2) $BF = \dfrac{12\sqrt{2}}{5}$

解説

(1) △CODにおいて,
CO=12, OD=16より,
△CODは3辺の比が
3:4:5の直角三角形である。

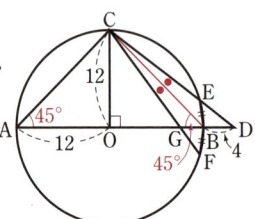

△CODと△GOCにおいて
∠COD=∠GOC=90° …①
∠ECB=aとおくと,∠OBC=45°であるから
∠CDO=45°−a
また,∠OCB=45°,∠BCF=∠ECB=aであるから
∠GCO=45°−a
よって ∠CDO=∠GCO …②
①,②より,2組の角がそれぞれ等しいから
△COD∽△GOC
よって OG:OC=CO:DO=3:4 より OG=9
BG=OB−OG=12−9=3

(2) $\overset{\frown}{BE} = \overset{\frown}{BF}$ より BE=BF
△EBD∽△ACD(2組の角がそれぞれ等しい)
EB:AC=BD:CD
△AOCは$1:1:\sqrt{2}$の直角三角形であるから
$AC = 12\sqrt{2}$
△CODは3:4:5の直角三角形であるから
CD=20
よって $EB:12\sqrt{2} = 4:20$
$EB = \dfrac{48\sqrt{2}}{20} = \dfrac{12\sqrt{2}}{5}$ よって $BF = \dfrac{12\sqrt{2}}{5}$

▶本冊 p.84

240 (1) DE=2cm   (2) $CD = 2\sqrt{7}$ cm
(3) $\dfrac{2\sqrt{21}}{3}$ cm   (4) $4\sqrt{3}$ cm²

解説

(1) 円に内接する四角形の性質により 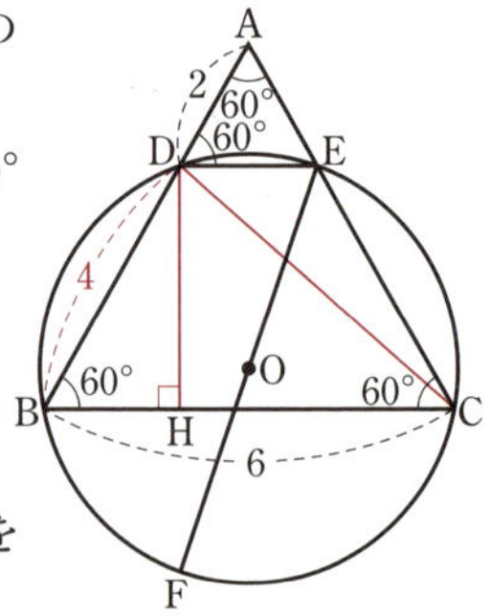
∠ADE=∠BCA=60°
よって,△ADEは1辺が2cmの正三角形であるから
DE=2(cm)

(2) DからBCに垂線DHをひく。△BDHは3辺の比が$1:2:\sqrt{3}$の直角三角形であるから
BH=2, $DH = 2\sqrt{3}$
よって HC=6−2=4
△DCHにおいて,三平方の定理により
$CD = \sqrt{(2\sqrt{3})^2 + 4^2} = \sqrt{12+16} = \sqrt{28} = 2\sqrt{7}$ (cm)

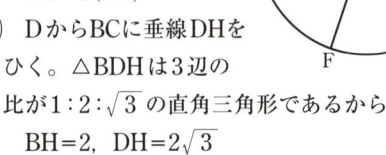

本冊 p.84～p.85の解答   103

(3) 四角形DBCEは
等脚台形であるから
DB=EC
△DBC≡△ECB
（2組の辺とその間の
角がそれぞれ等しい）
であるから
　BE=CD=$2\sqrt{7}$
∠BFE=∠BCE=60°
∠FBE=90°より，△BEFは3辺の比が $1:2:\sqrt{3}$
の直角三角形であるから
EF=$2\sqrt{7} \times \dfrac{2}{\sqrt{3}} = \dfrac{4\sqrt{21}}{3}$
よって，円の半径は $\dfrac{2\sqrt{21}}{3}$ (cm)

(4) ∠EDF=90°，
DE∥BCより，
D, H, Fは
同一直線上にある。
DF=$\sqrt{\left(\dfrac{4\sqrt{21}}{3}\right)^2 + 2^2}$
　＝$\sqrt{\dfrac{336}{9} - 4}$
　＝$\sqrt{\dfrac{336-36}{9}} = \sqrt{\dfrac{300}{9}} = \dfrac{10\sqrt{3}}{3}$
よって　HF=DF−DH=$\dfrac{10\sqrt{3}}{3} - 2\sqrt{3} = \dfrac{4\sqrt{3}}{3}$
△BCF=$\dfrac{1}{2} \times 6 \times \dfrac{4\sqrt{3}}{3} = 4\sqrt{3}$ (cm²)

▶本冊 p.84

241 (1) **15**
(2) $\sqrt{2}$　　　(3) $1+\sqrt{3}$

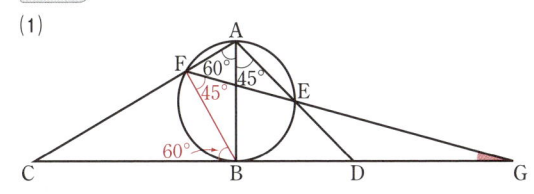

解説
(1) 接弦定理により　∠CBF=∠BAF=60°
円周角の定理により　∠BFE=∠BAE=45°
∠DGE=∠CBF−∠BFE=60°−45°=15°

(2) △EDGと△CFGにおいて
共通なので　∠DGE=∠FGC　…①
∠DEG=∠BDE−∠DGE=45°−15°=30°
よって　∠DEG=∠FCG=30°　…②
①，②より，2組の角がそれぞれ等しいから
　△EDG∽△CFG
GD:GF=ED:CF
ところで　ED=BD×$\dfrac{1}{\sqrt{2}} = \dfrac{2}{\sqrt{2}} = \sqrt{2}$
また　CB=AB×$\sqrt{3} = 2\sqrt{3}$，CF=CB×$\dfrac{\sqrt{3}}{2} = 3$
よって　GD:GF=$\sqrt{2}:3$

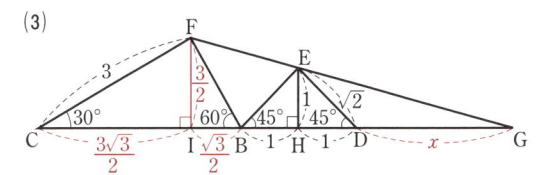

(3)

E, FからCGに垂線EH, FIをひくと
　EH=1，FI=$\dfrac{3}{2}$
EH∥FIであるから　GH:GI=EH:FI
ここで，GD=xとおくと
GH=$x+1$，HB=1，BI=$\dfrac{\sqrt{3}}{2}$より
　GI=$x+1+1+\dfrac{\sqrt{3}}{2} = x+2+\dfrac{\sqrt{3}}{2}$
$(x+1):\left(x+2+\dfrac{\sqrt{3}}{2}\right) = 1:\dfrac{3}{2} = 2:3$
$3(x+1) = 2\left(x+2+\dfrac{\sqrt{3}}{2}\right)$　　$3x+3 = 2x+4+\sqrt{3}$
$x=1+\sqrt{3}$　　よって　GD=$1+\sqrt{3}$

▶本冊 p.85

242 (1) $\dfrac{35\sqrt{3}}{2}$ cm²　　(2) $8\sqrt{3}$ cm²
(3) **2秒後**　　(4) $12-2\sqrt{5}$（秒後）

解説
(1) AP=1×5=5 (cm)
BQ=2×5=10 (cm)
PからBCに垂線PHをひ
くと，△PBHは3辺の比が
$1:2:\sqrt{3}$ の直角三角形で
あるから
PH=PB×$\dfrac{\sqrt{3}}{2} = 7 \times \dfrac{\sqrt{3}}{2} = \dfrac{7\sqrt{3}}{2}$
△PBQ=$\dfrac{1}{2} \times 10 \times \dfrac{7\sqrt{3}}{2} = \dfrac{35\sqrt{3}}{2}$ (cm²)

(2) AP=1×8=8(cm)
BC+CQ=2×8=16(cm)
BC=12であるから
CQ=4
△PBQ=$\frac{1}{3}$△ABQ
△ABQ=$\frac{2}{3}$△ABC

1辺の長さがaの正三角形の面積Sは，$S=\frac{\sqrt{3}}{4}a^2$
であるから
△ABC=$\frac{\sqrt{3}}{4}×12^2=36\sqrt{3}$
よって △PBQ=$\frac{1}{3}×\frac{2}{3}×36\sqrt{3}=8\sqrt{3}$ (cm^2)

(3) t秒後($0<t<6$)とする
と，PはAB上，QはBC
上にあるから
AP=t, BQ=$2t$
PB=$12-t$より
△PBQ
=$\frac{12-t}{12}×\frac{2t}{12}$△ABC=$\frac{5}{18}$△ABC
よって $\frac{12-t}{12}×\frac{t}{6}=\frac{5}{18}$
$(12-t)t=20$ $12t-t^2=20$
$t^2-12t+20=0$ $(t-2)(t-10)=0$
$t=2, 10$ $0<t<6$より $t=2$
よって，2秒後。

(4) t秒後($6<t<12$)とする
と，PはAB上，QはCA
上にある。
AP=t
よって PB=$12-t$
BC+CQ=$2t$より
CQ=$2t-12$
また AQ=$24-2t$
△PBQ=$\frac{12-t}{12}$△ABQ
=$\frac{12-t}{12}×\frac{24-2t}{12}$△ABC
=$\frac{(12-t)^2}{72}$△ABC
=$\frac{5}{18}$△ABC
ゆえに $\frac{(12-t)^2}{72}=\frac{5}{18}$ $(12-t)^2=20$
$12-t=±2\sqrt{5}$ $t=12±2\sqrt{5}$
$6<t<12$より $t=12-2\sqrt{5}$
よって，$12-2\sqrt{5}$秒後。

▶本冊$p.85$

243 (1) $\sqrt{2}\pi$ (2) $\sqrt{2}$

解説

(1) 点Pは，円Oの周上を∠BPD=45°を保ちながら移動する。点Pが円周上をCからDまで動くとき，Qは中心Oから図のようにBDの中点(Mとする)を中心とする半径$\sqrt{2}$cmの円の周上を半周する。(図中の$\overparen{ODH}$)
よって $2\pi×\sqrt{2}×\frac{180}{360}=\sqrt{2}\pi$ (cm)

(2) 図のように，正方形ODHBとする。題意を満たすQは$\overparen{DH}$の中点である。
∠DMQ=45°であるから
∠DBQ=22.5°
∠PBD
=∠PBQ-∠QBD
=22.5°
であるから，角の二等分線の性質により
PD:DQ=BP:BQ=$\sqrt{2}$:1
方べきの定理により
QE×QB=QD×QP
QB=QPより QE=QD
よって BE=PD
したがって BE:EQ=PD:DQ=$\sqrt{2}$:1

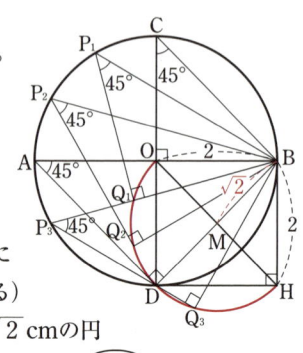

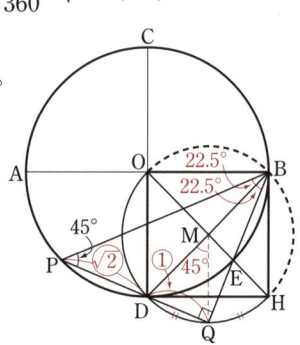

17 空間図形の総合問題

▶本冊 p.86

244 288

解説

QからDHに垂線QIをひく。
△PFE≡△RQI（直角三角形において斜辺と他の1辺がそれぞれ等しい）から
　RI=PE=3
よって　RH=9 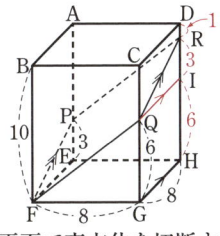
Rを通り底面EFGHに平行な平面で直方体を切断すると，右の図のような
直方体STUR-EFGHができ，切断面PFQRはこの直方体の対角線を含む平面となる。
直方体は，対角線の交点を含む平面で切断すると体積が2等分されるから

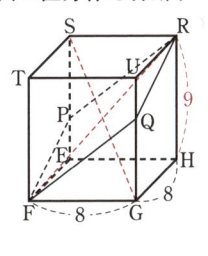

(求める立体の体積)$=8×8×9×\dfrac{1}{2}=288$(cm³)

入試メモ　右の図において，3点P，Q，Rを通る平面で直方体を切断すると，切り口PQRSは平行四辺形となり，QF+SH=PE+RGとなる。
また，点Hを含む側の立体の体積は底面が長方形EFGH，高さが$\dfrac{QF+SH}{2}$の直方体の体積に等しい。

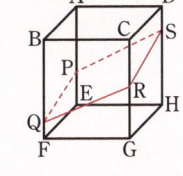

▶本冊 p.86

245 表面積：33πcm²，体積：30πcm³

解説

(円錐の側面積)=(母線の長さ)×(半径)×π
(球の表面積)=$4×\pi×$(半径)²
であるから

(求める立体の表面積)$=5×3×\pi+4×\pi×3^2×\dfrac{1}{2}$
　　　　　　　　　$=15\pi+18\pi$
　　　　　　　　　$=33\pi$(cm²)

(円錐の体積)=$\dfrac{1}{3}×\pi×$(半径)²×(高さ)

(球の体積)=$\dfrac{4}{3}×\pi×$(半径)³

であるから

(求める立体の体積)$=\dfrac{1}{3}\pi×3^2×4+\dfrac{4}{3}×\pi×3^3×\dfrac{1}{2}$
　　　　　　　　$=12\pi+18\pi$
　　　　　　　　$=30\pi$(cm³)

▶本冊 p.86

246 (1) $4\sqrt{2}$　　　(2) $\dfrac{4\sqrt{6}}{3}$

(3) $2\sqrt{3}$

解説

(1)　AM=$\sqrt{4^2-2^2}$
　　　　$=\sqrt{12}=2\sqrt{3}$
BM=$\sqrt{4^2-2^2}=2\sqrt{3}$
ABの中点をNとすると
AB⊥MNであるから，
三平方の定理により
　MN=$\sqrt{(2\sqrt{3})^2-2^2}$
$=\sqrt{12-4}=\sqrt{8}=2\sqrt{2}$
よって 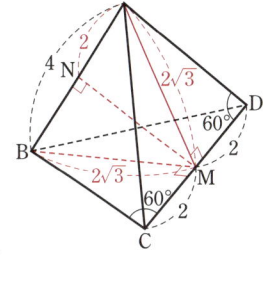
　△ABM=$\dfrac{1}{2}×4×2\sqrt{2}=4\sqrt{2}$(cm²)

(2)　点Aから△BCDに垂線AGをひくと，直角三角形で斜辺と他の1辺(AG)が等しいことから
　△ABG≡△ACG
　　　　≡△ADG 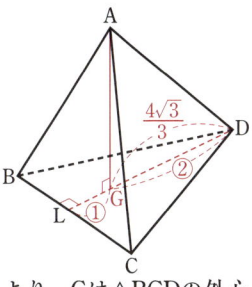
よって，BG=CG=DGより，Gは△BCDの外心である。正三角形の外心は，重心と重なる。
BCの中点をLとすると　DG:GL=2:1
DL=$2\sqrt{3}$より　DG=$\dfrac{2}{3}×2\sqrt{3}=\dfrac{4\sqrt{3}}{3}$
△ADGで三平方の定理により
　AG=$\sqrt{4^2-\left(\dfrac{4\sqrt{3}}{3}\right)^2}=\sqrt{16-\dfrac{16×3}{9}}$
　　$=\sqrt{\dfrac{16×9-16×3}{9}}=\sqrt{\dfrac{16×6}{9}}=\dfrac{4\sqrt{6}}{3}$(cm)

(3) $CQ=CP=x$ とおく。
頂点を共有する三角錐の体積比は，共有する頂点に集まる3辺の比の積で表される。 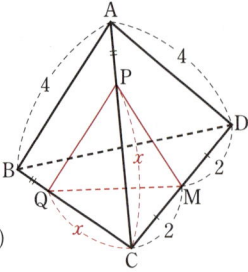
よって
（三角錐C-PQMの体積）
$=\dfrac{x}{4}\times\dfrac{x}{4}\times\dfrac{1}{2}\times$（正四面体A-BCDの体積）
$=\dfrac{x^2}{32}\times$（正四面体A-BCDの体積）
ここで
（三角錐C-PQMの体積）
$=\dfrac{3}{3+5}\times$（正四面体A-BCDの体積）
であるから $\dfrac{x^2}{32}=\dfrac{3}{8}$　$x^2=12$　$x=\pm 2\sqrt{3}$
$0<x<4$ より　$x=2\sqrt{3}$
よって　$CQ=2\sqrt{3}$ (cm)

▶本冊 p.87

247 (1) 4　　(2) $4\sqrt{22}$

(3) $\dfrac{6\sqrt{22}}{11}$

解説
(1) （四面体CAFHの体積）
　＝（直方体ABCD-EFGHの体積）
　　－（三角錐C-FGHの体積）
　　－（三角錐B-ACFの体積）
　　－（三角錐D-ACHの体積）
　　－（三角錐A-EFHの体積）であるから 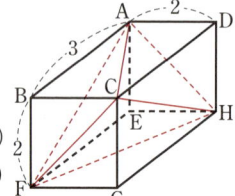
（四面体CAFHの体積）
$=3\times 2\times 2-\dfrac{1}{3}\times\dfrac{1}{2}\times 2\times 3\times 2\times 4$
$=12-8=4$

(2) $AF=FH=CH=AC=\sqrt{2^2+3^2}=\sqrt{13}$
$CF=AH=\sqrt{2^2+2^2}=2\sqrt{2}$
二等辺三角形AFCの高さをAIとすると
$AI=\sqrt{(\sqrt{13})^2-(\sqrt{2})^2}=\sqrt{11}$ 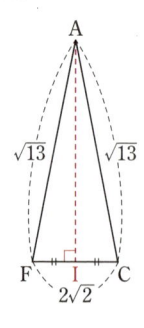
（四面体CAFHの表面積）
$=\triangle AFC\times 4$
$=\dfrac{1}{2}\times 2\sqrt{2}\times\sqrt{11}\times 4$
$=4\sqrt{22}$

(3) Cから平面AFHにひいた垂線の長さをhとすると
（四面体CAFHの体積）$=\dfrac{1}{3}\times\triangle AFH\times h$
よって　$\dfrac{1}{3}\times\dfrac{1}{2}\times 2\sqrt{2}\times\sqrt{11}\times h=4$
$\dfrac{\sqrt{22}}{3}h=4$　$h=4\times\dfrac{3}{\sqrt{22}}=\dfrac{12\sqrt{22}}{22}=\dfrac{6\sqrt{22}}{11}$

▶本冊 p.87

248 $\angle AEG=60°$

解説
EGの延長上に $\angle DHE=45°$ となる点Hをとる。
△DEHは，$\angle HDE=90°$ の直角二等辺三角形になるから
$AD=ED=HD=4$ 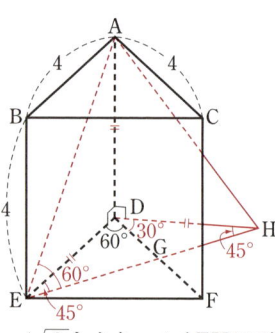
よって，$AE=EH=HA=4\sqrt{2}$ となり，△AEHは正三角形である。よって　$\angle AEG=60°$

▶本冊 p.87

249 (1) $AH=2\sqrt{2}$ cm

(2) $DP=\dfrac{6\sqrt{11}}{11}$ cm　　(3) $\dfrac{32\sqrt{2}}{11}$ cm³

解説
(1) △ABCは，$AB=AC$ の二等辺三角形で，点Hは辺BCの中点であるから　$AH\perp BC$
直角三角形ABHにおいて，三平方の定理により
$AH=\sqrt{3^2-1^2}=\sqrt{8}=2\sqrt{2}$ (cm)

(2) △ADHは直角三角形であるから
$HD=\sqrt{(2\sqrt{2})^2+6^2}=\sqrt{8+36}=\sqrt{44}=2\sqrt{11}$
△DPG∽△DAH（2組の角がそれぞれ等しい）より
$DP:DA=GD:HD$
$DP:6=2:2\sqrt{11}$　$DP=\dfrac{12}{2\sqrt{11}}=\dfrac{6\sqrt{11}}{11}$ (cm)

(3) $DP=\dfrac{6\sqrt{11}}{11}$ より　$HP=2\sqrt{11}-\dfrac{6\sqrt{11}}{11}=\dfrac{16\sqrt{11}}{11}$
よって　$DP:HP=3:8$
（三角錐PEFHの体積）
$=\dfrac{8}{3+8}\times$（三角錐DEFHの体積）
$=\dfrac{8}{11}\times\dfrac{1}{3}\times\dfrac{1}{2}\times 2\times 6\times 2\sqrt{2}=\dfrac{32\sqrt{2}}{11}$ (cm³)

▶本冊 p.87

250 (1) $\dfrac{2\sqrt{6}}{3}$ (2) $\dfrac{\sqrt{2}}{6}$

(3) $\dfrac{\sqrt{6}}{9}$

解説

(1) BCの中点をMとすると
 AM=$\sqrt{3}$
AH:MH=2:1 より
 AM=$\dfrac{2\sqrt{3}}{3}$

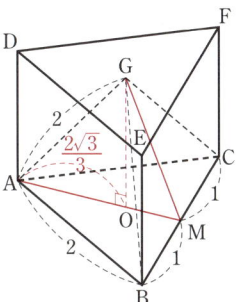

正四面体の頂点Gから底面ABCにひいた垂線は，△ABCの外心を通る。この点をOとすると，正三角形の外心は重心と一致するから
 GO⊥△ABC
△GAOにおいて，三平方の定理により
 GO=$\sqrt{2^2-\left(\dfrac{2\sqrt{3}}{3}\right)^2}$
  =$\sqrt{4-\dfrac{12}{9}}=\sqrt{\dfrac{24}{9}}=\dfrac{2\sqrt{6}}{3}$

よって AD=$\dfrac{2\sqrt{6}}{3}$

(2) Hは(1)でOとした点である。AGとDHの交点をP，BGとEHの交点をQ，CGとFHの交点をRとすると，共通部分は六面体GPQRHである。P, Q, Rは，それぞれGA, GB, GCの中点であるから 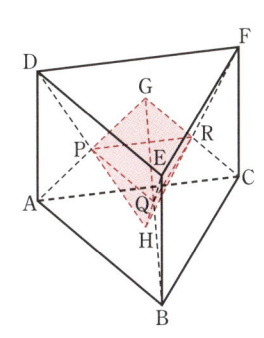
 (正四面体G-PQRの体積)
 :(正四面体G-ABCの体積)
 =$1^3:2^3=1:8$
よって，立体Vの体積をVで表すと
 $\dfrac{1}{2}V=\dfrac{1}{8}\times$(正四面体G-ABCの体積)
 $\dfrac{1}{2}V=\dfrac{1}{8}\times\dfrac{1}{3}\times\dfrac{\sqrt{3}}{4}\times2^2\times\dfrac{2\sqrt{6}}{3}$
 $\dfrac{1}{2}V=\dfrac{\sqrt{2}}{12}$
よって $V=\dfrac{\sqrt{2}}{6}$

(3) 球の中心をO，半径をrとすると， 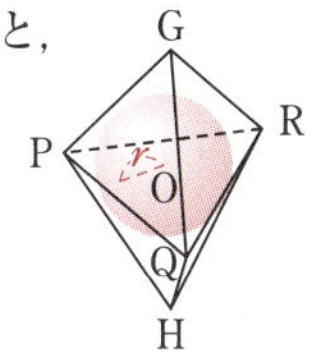
 $V=\dfrac{1}{3}\times△GPQ\times r$
  $+\dfrac{1}{3}\times△GQR\times r$
  $+\dfrac{1}{3}\times△GPR\times r$
  $+\dfrac{1}{3}\times△HPQ\times r$
  $+\dfrac{1}{3}\times△HQR\times r+\dfrac{1}{3}\times△HPR\times r$
  $=\dfrac{1}{3}\times(V$の表面積$)\times r$

よって $\dfrac{1}{3}\times\dfrac{\sqrt{3}}{4}\times1^2\times6\times r=\dfrac{\sqrt{2}}{6}$
 $\dfrac{\sqrt{3}}{2}r=\dfrac{\sqrt{2}}{6}$ $r=\dfrac{\sqrt{2}\times2}{6\times\sqrt{3}}=\dfrac{\sqrt{2}}{3\sqrt{3}}=\dfrac{\sqrt{6}}{9}$

▶本冊 p.88

251 (1) AH=$\sqrt{2}$ cm (2) 3 cm^2

(3) $\dfrac{4\sqrt{2}}{3}$ cm

解説

(1) ∠ABC=90°で，AB=BC=2 より AC=$2\sqrt{2}$
 よって AH=$\sqrt{2}$ (cm)

(2) BCの中点をMとすると
 OM=$\sqrt{(\sqrt{10})^2-1^2}=\sqrt{9}=3$
 よって △OBC=$\dfrac{1}{2}\times2\times3=3$ (cm^2)

(3) OH=$\sqrt{(\sqrt{10})^2-(\sqrt{2})^2}=\sqrt{8}=2\sqrt{2}$ であるから
 (四角錐O-ABCDの体積)
 =$\dfrac{1}{3}\times2\times2\times2\sqrt{2}=\dfrac{8\sqrt{2}}{3}$
 (三角錐O-ABCの体積)
 =(四角錐O-ABCDの体積)$\times\dfrac{1}{2}=\dfrac{4\sqrt{2}}{3}$

また，Aから平面Pにひいた垂線の長さをhとすると

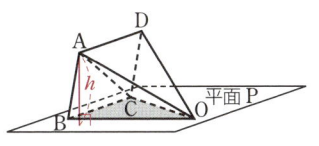

 (三角錐A-BOCの体積)
 =$\dfrac{1}{3}\times△OBC\times h=\dfrac{1}{3}\times3\times h=h$

よって $h=\dfrac{4\sqrt{2}}{3}$ (cm)

▶ 本冊 p.88

252 (1) $\dfrac{64\sqrt{2}}{9}$ (2) $\dfrac{128}{27}$

解説

(1) ABの中点をX，CDの中点をY，OYとPQの交点をZとする。 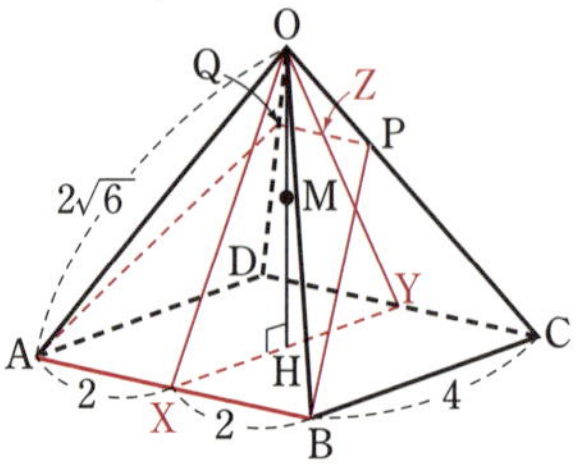
△OXYにおいて，Hを通ってXZに平行な直線をひき，OYとの交点をRとする。 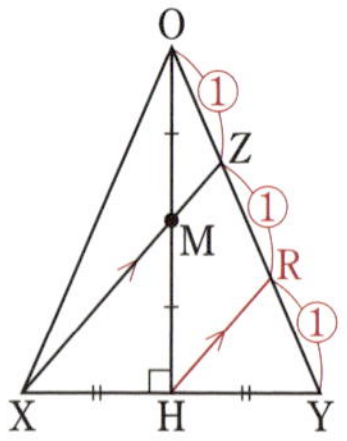
　YR:RZ=YH:HX=1:1
また
　OZ:ZR=OM:MH=1:1
よって　OZ:ZY=1:2
OP:PC=OZ:ZY であるから　OP:PC=1:2
ここで，BCの中点をIとし，PからBCに垂線PJをひく。 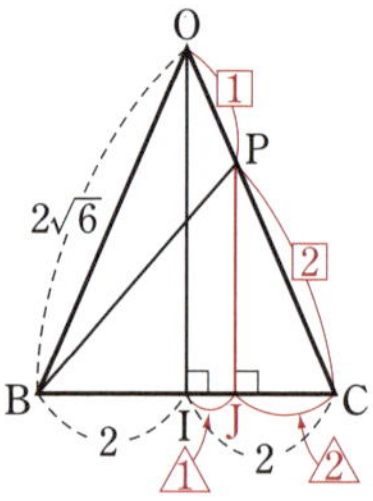
　OI=$\sqrt{(2\sqrt{6})^2-2^2}$
　　=$\sqrt{20}=2\sqrt{5}$
△PJC∽△OIC（2組の角がそれぞれ等しい）より
　PJ:OI=CP:CO
　PJ:$2\sqrt{5}$=2:3
　PJ=$\dfrac{4\sqrt{5}}{3}$
CJ:JI=CP:PO=2:1
JI=$\dfrac{2}{2+1}=\dfrac{2}{3}$　　BJ=$2+\dfrac{2}{3}=\dfrac{8}{3}$
△PBJ（∠BJP=90°）で，三平方の定理により
　PB=$\sqrt{\left(\dfrac{4\sqrt{5}}{3}\right)^2+\left(\dfrac{8}{3}\right)^2}=\sqrt{\dfrac{80}{9}+\dfrac{64}{9}}=\sqrt{\dfrac{144}{9}}$
　　=$\sqrt{16}=4$
また，△OPQ∽△OCD（2組の角がそれぞれ等しい）より 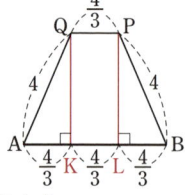
　PQ:CD=OP:OC=1:3
　PQ:4=1:3　　PQ=$\dfrac{4}{3}$
四角形ABPQは等脚台形であるから
　QA=PB=4
Q，PからABに垂線QK，PLをひく。
　QK=$\sqrt{4^2-\left(\dfrac{4}{3}\right)^2}=\sqrt{16-\dfrac{16}{9}}=\sqrt{\dfrac{144-16}{9}}$
　　=$\sqrt{\dfrac{128}{9}}=\dfrac{8\sqrt{2}}{3}$
（台形ABPQの面積）=$\dfrac{1}{2}\times\left(\dfrac{4}{3}+4\right)\times\dfrac{8\sqrt{2}}{3}=\dfrac{64\sqrt{2}}{9}$

(2) △OIHにおいて，OI=$2\sqrt{5}$であるから
　OH=$\sqrt{(2\sqrt{5})^2-2^2}$
　　=$\sqrt{16}=4$
よって
　△OXY=$\dfrac{1}{2}\times4\times4=8$
　△OXZ=$\dfrac{1}{3}\triangle$OXY=$\dfrac{8}{3}$
（四角錐O-ABPQの体積）
=△OXZ×$\dfrac{PQ+AB}{3}$
=$\dfrac{8}{3}\times\left(\dfrac{4}{3}+4\right)\times\dfrac{1}{3}=\dfrac{8}{3}\times\dfrac{16}{9}=\dfrac{128}{27}$

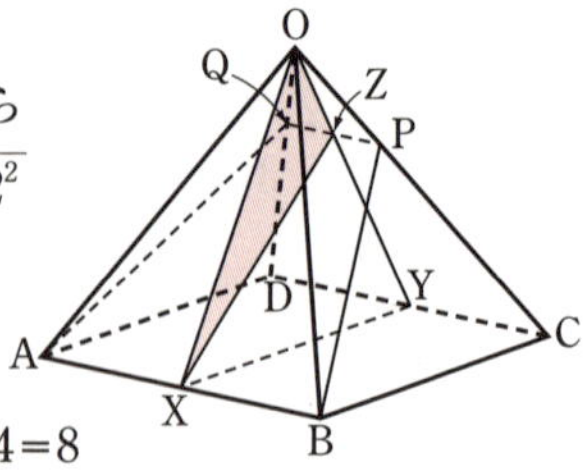

入試メモ　「屋根型立体」の体積は図のように3辺に垂直な平面で切断した，切断平面を底面とし，3辺の平均を高さとした三角柱の体積に等しい。252(2)では1辺が点になっている場合である。

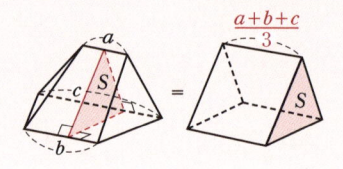

▶ 本冊 p.88

253 (1) AP=$\sqrt{13}$ cm   (2) 10:3

(3) ① 5:2   ② CS=$\dfrac{4\sqrt{2}}{5}$ cm

解説

(1) △ABCは直角二等辺三角形であるから
　AC=$2\sqrt{2}\times\sqrt{2}=4$
よって，△OACは正三角形である。
OCの中点をMとすると， 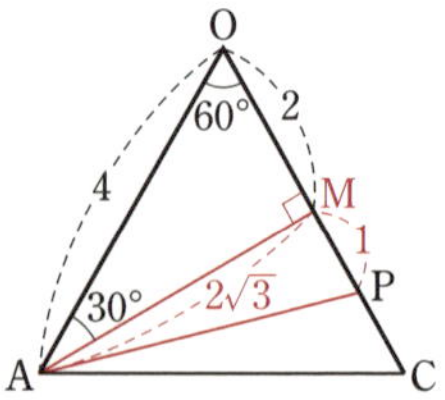
△OAMは3辺の比が
$1:2:\sqrt{3}$の直角三角形
であるから
　AM=$2\sqrt{3}$
また，MP=1より，
△APMにおいて，三平方の定理により
　AP=$\sqrt{(2\sqrt{3})^2+1^2}=\sqrt{13}$ (cm)

本冊p.89の解答

(2) $AQ=x$, $OQ=h$ とおくと
$h^2=4^2-x^2=3^2-(\sqrt{13}-x)^2$
$16-x^2=9-(13-2\sqrt{13}x+x^2)$
$16-x^2=9-13+2\sqrt{13}x-x^2$
$2\sqrt{13}x=20$
$x=\dfrac{20}{2\sqrt{13}}=\dfrac{10}{\sqrt{13}}=\dfrac{10\sqrt{13}}{13}$ 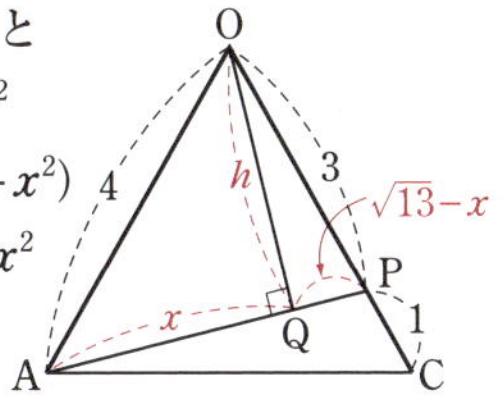
よって $QP=\sqrt{13}-\dfrac{10\sqrt{13}}{13}=\dfrac{3\sqrt{13}}{13}$
$AQ:QP=\dfrac{10\sqrt{13}}{13}:\dfrac{3\sqrt{13}}{13}=10:3$

(3) ① PからORに平行な直線をひき,ACとの交点をTとする。 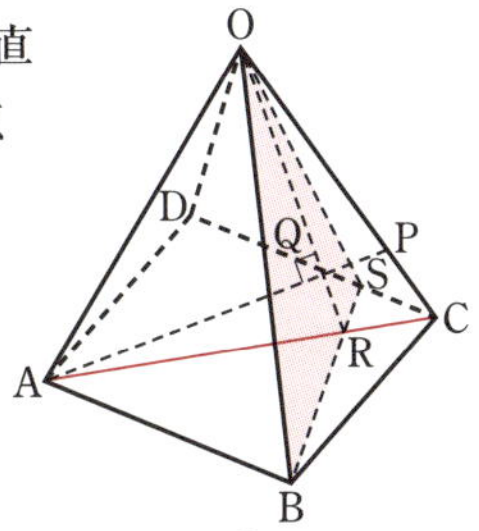
$CT:TR=CP:PO$
$\quad =1:3$
$AR:RT=AQ:QP$
$\quad =10:3$
よって
$AR:RC=10:4$
$\quad =5:2$

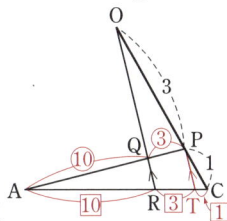

② △ABR∽△CSR(2組の角がそれぞれ等しい)より
$AB:CS=AR:CR$
$2\sqrt{2}:CS=5:2$
$CS=\dfrac{4\sqrt{2}}{5}$ (cm)

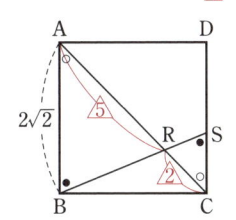

▶ 本冊 p.89

254 (1) **14cm³**　　(2) **ON=$2\sqrt{11}$ cm**
(3) **DH=$\dfrac{6\sqrt{22}}{11}$ cm**　　(4) **7:4**
(5) **11:2**

解説

(1) (三角錐O-DEFの体積)
$=\dfrac{1}{3}\times\dfrac{1}{2}\times4\times4\times6$
$=16$
(三角錐O-ABCの体積)
$=\dfrac{1}{3}\times\dfrac{1}{2}\times2\times2\times3$
$=2$
(求める立体の体積)
$=16-2=14$ (cm³)

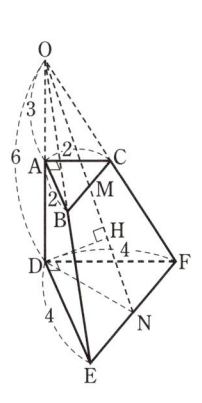

(2) $DN=\dfrac{1}{2}EF=2\sqrt{2}$
$ON=\sqrt{6^2+(2\sqrt{2})^2}$
$\quad =\sqrt{36+8}=\sqrt{44}$
$\quad =2\sqrt{11}$ (cm)

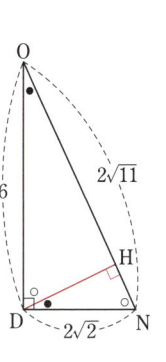

(3) △DNH∽△OND
(2組の角がそれぞれ等しい)より
$DH:OD=DN:ON$
$DH:6=2\sqrt{2}:2\sqrt{11}$
$DH=\dfrac{12\sqrt{2}}{2\sqrt{11}}=\dfrac{6\sqrt{22}}{11}$ (cm)

(4) $OM=\sqrt{3^2+(\sqrt{2})^2}=\sqrt{11}$
△ODH∽△OMA(2組の角がそれぞれ等しい)より
$OH:OA=OD:OM$
$OH:3=6:\sqrt{11}$
$OH=\dfrac{18}{\sqrt{11}}=\dfrac{18\sqrt{11}}{11}$ 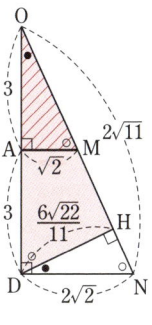
よって
$MH=\dfrac{18\sqrt{11}}{11}-\sqrt{11}=\dfrac{7\sqrt{11}}{11}$
また $HN=2\sqrt{11}-\dfrac{18\sqrt{11}}{11}=\dfrac{4\sqrt{11}}{11}$
したがって $MH:HN=\dfrac{7\sqrt{11}}{11}:\dfrac{4\sqrt{11}}{11}=7:4$

(5) $OH:HN=\dfrac{18\sqrt{11}}{11}:\dfrac{4\sqrt{11}}{11}$
$\quad =9:2$
Aを通ってDHに平行な直線をひき,交点をIとする。 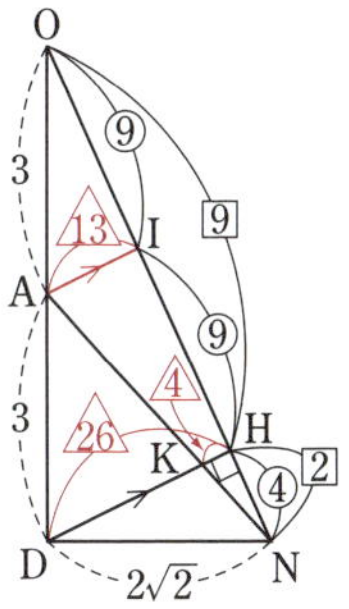
$OI:IH=OA:AD=1:1$
よって
$OI:IH:HN=9:9:4$
$HK:IA=NH:NI=4:13$
$AI:DH=OA:OD=1:2$
よって $HK:AI:DH=4:13:26$
したがって $DK:KH=(26-4):4=22:4$
$\quad =11:2$

▶ 本冊 p.89

255 (1) $\dfrac{\sqrt{23}}{3}$ cm³   (2) $\dfrac{5}{9}$ 倍

(3) 順に $\dfrac{8\sqrt{2}}{3}+2$ (cm), $\dfrac{2}{9}$ 倍

解説

(1) Oから△ABCにひいた垂線は,△ABCの重心Gを通る。

$AG=\dfrac{2\sqrt{3}}{3}$, $OA=3$ であるから

$OG=\sqrt{3^2-\left(\dfrac{2\sqrt{3}}{3}\right)^2}=\sqrt{9-\dfrac{12}{9}}$

$=\sqrt{\dfrac{81-12}{9}}=\sqrt{\dfrac{69}{9}}=\dfrac{\sqrt{69}}{3}$

(三角錐O-ABCの体積)

$=\dfrac{1}{3}\times\dfrac{\sqrt{3}}{4}\times 2^2\times\dfrac{\sqrt{69}}{3}=\dfrac{\sqrt{3}\times\sqrt{3\times 23}}{9}=\dfrac{\sqrt{23}}{3}$ (cm³)

(2) △BPA∽△OAB(2組の角がそれぞれ等しい)

$BP:OA=2:3$ より

△BPA:△OAB=$2^2:3^2$
           $=4:9$

よって

△OPB:△OAB=$5:9$

(三角錐O-PBCの体積)
 :(三角錐O-ABCの体積)
$=$△OPB:△OAB
$=5:9$

(三角錐O-PBCの体積)は

(三角錐O-ABCの体積)の $\dfrac{5}{9}$ 倍

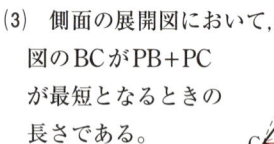

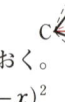

(3) 側面の展開図において, 図のBCがPB+PCが最短となるときの長さである。

$OP=x$, $BP=h$ とおく。

$h^2=3^2-x^2=2^2-(3-x)^2$

$9-x^2=4-(9-6x+x^2)$

$9-x^2=4-9+6x-x^2$

$6x=14$ $x=\dfrac{7}{3}$

$h=\sqrt{3^2-\left(\dfrac{7}{3}\right)^2}=\sqrt{9-\dfrac{49}{9}}=\sqrt{\dfrac{32}{9}}=\dfrac{4\sqrt{2}}{3}$

よって 展開図上のBC=$2h=\dfrac{8\sqrt{2}}{3}$

△PBCの周の長さの最小は $\dfrac{8\sqrt{2}}{3}+2$ (cm)

また, (2)と同様に考えて, $OP=\dfrac{7}{3}$ であるから

△PAB:△OAB=$\left(3-\dfrac{7}{3}\right):3=\dfrac{2}{3}:3=2:9$

(三角錐P-ABCの体積)
 :(三角錐O-ABCの体積)=$2:9$

(三角錐P-ABCの体積)は

(三角錐O-ABCの体積)の $\dfrac{2}{9}$ 倍

▶ 本冊 p.89

256 (1) ① $IP=3$ ② $\dfrac{4\sqrt{6}}{9}$

(2) ① $IQ=\dfrac{3\sqrt{6}}{4}$ ② $\dfrac{28\sqrt{6}}{81}$

解説

(1) ABの中点をMとする。

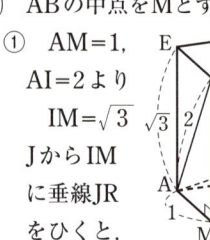

① $AM=1$, $AI=2$ より $IM=\sqrt{3}$

JからIMに垂線JRをひくと, Rは△ABIの重心である。

よって

$IR:RM=2:1$

$IJ:JP=IR:RM$

よって

$IJ:IP=2:3$

$IJ=2$ より $IP=3$

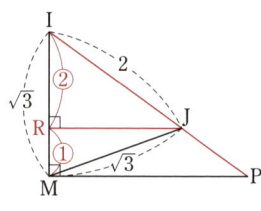

② 右の図のように切り口を△JXYとする。

$IR=\sqrt{3}\times\dfrac{2}{3}=\dfrac{2\sqrt{3}}{3}$

△IRJ($\angle IRJ=90°$)で, 三平方の定理により

$JR=\sqrt{2^2-\left(\dfrac{2\sqrt{3}}{3}\right)^2}$

$=\sqrt{4-\dfrac{12}{9}}$

$=\sqrt{\dfrac{24}{9}}=\dfrac{2\sqrt{6}}{3}$

$XY:AB=2:3$ $XY:2=2:3$

よって $XY=\dfrac{4}{3}$

△JXY$=\dfrac{1}{2}\times\dfrac{4}{3}\times\dfrac{2\sqrt{6}}{3}=\dfrac{4\sqrt{6}}{9}$

(2) ① Kは△ABJの重心であり，JM=$\sqrt{3}$ であるから 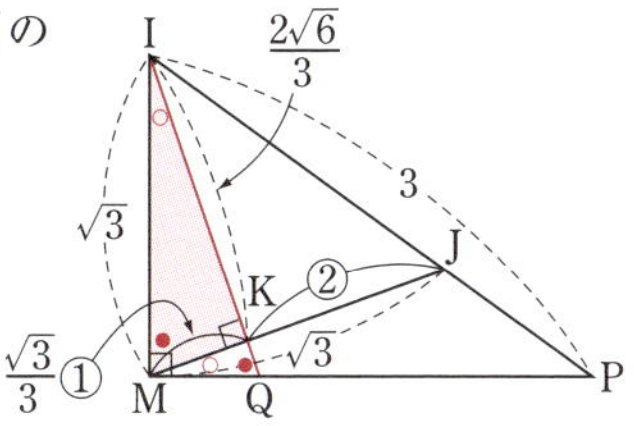
$$KM=\frac{\sqrt{3}}{3}$$
また
$$IK=JR=\frac{2\sqrt{6}}{3}$$
△IMQ∽△IKM（2組の角がそれぞれ等しい）より
$$IQ:IM=IM:IK$$
$$IQ:\sqrt{3}=\sqrt{3}:\frac{2\sqrt{6}}{3}$$
$$IQ=3\div\frac{2\sqrt{6}}{3}=\frac{9}{2\sqrt{6}}=\frac{3\sqrt{6}}{4}$$

② 切り口は台形。図のように台形SVWTとする。また，VWとIMの交点をNとする。 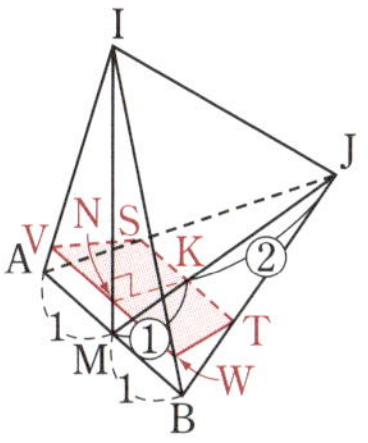
ST:AB=JK:JM=2:3
ST:2=2:3
よって ST=$\frac{4}{3}$ 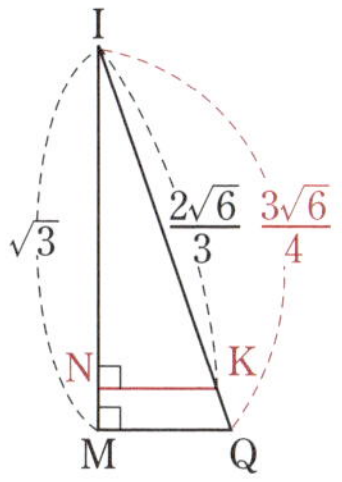
VW:AB=IN:IM
=IK:IQ=$\frac{2\sqrt{6}}{3}:\frac{3\sqrt{6}}{4}$
=8:9
VW:2=8:9
よって VW=$\frac{16}{9}$
また QM=$\sqrt{\left(\frac{3\sqrt{6}}{4}\right)^2-(\sqrt{3})^2}=\sqrt{\frac{54}{16}-3}$
$=\sqrt{\frac{54-48}{16}}=\frac{\sqrt{6}}{4}$
KN:QM=IK:IQ=8:9 より
KN=$\frac{\sqrt{6}}{4}\times\frac{8}{9}=\frac{2\sqrt{6}}{9}$
よって（台形SVWTの面積）
$=\frac{1}{2}\times\left(\frac{4}{3}+\frac{16}{9}\right)\times\frac{2\sqrt{6}}{9}=\frac{28\sqrt{6}}{81}$

▶本冊p.90

257 (1) ① DB=$2-\sqrt{3}$ (cm)
② 2 cm　　(2) $2\sqrt{2}$ cm

解説
(1) ① 側面の展開図をかく。AとA'は，組み立てたときに重なる点。糸の長さが最短となるのは，図のACのとき。 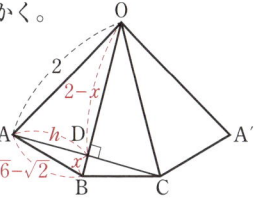
DB=x, AD=h とおくと
$h^2=2^2-(2-x)^2=(\sqrt{6}-\sqrt{2})^2-x^2$
$4-(4-4x+x^2)=6-2\sqrt{12}+2-x^2$
$4-4+4x-x^2=6-4\sqrt{3}+2-x^2$
$4x=8-4\sqrt{3}$ 　 $x=2-\sqrt{3}$ (cm)
② $h=\sqrt{2^2-(2-2+\sqrt{3})^2}=\sqrt{4-3}=1$
AC=$2h$=2(cm)

(2) OA=AC=CO=2 より，△OACは正三角形。よって，
∠AOB=30° より
∠AOA'=90°
糸の長さが最短となるのは，図のAA'のとき。
△OAA'は直角二等辺三角形であるから
AA'=$2\sqrt{2}$ (cm)

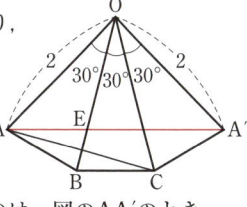

▶本冊p.90

258 (1) $\dfrac{16\sqrt{2}\pi}{3}$　　(2) ① $2\sqrt{7}$
② MH=$\dfrac{12\sqrt{2}-2\sqrt{6}}{3}$
(3) S=$12\pi-6\sqrt{7}$

解説
(1) 底面の円の中心をO'とする。
OO'=$\sqrt{6^2-2^2}=\sqrt{36-4}=\sqrt{32}=4\sqrt{2}$
よって
（直円錐の体積）
$=\dfrac{1}{3}\times\pi\times2^2\times4\sqrt{2}=\dfrac{16\sqrt{2}\pi}{3}$

(2) ① 展開図をかくと, 側面の中心角の大きさは
$$360° \times \frac{O'A}{OA} = 360° \times \frac{2}{6} = 120°$$

AとA′, BとB′, CとC′は組み立てたときに重なる点。

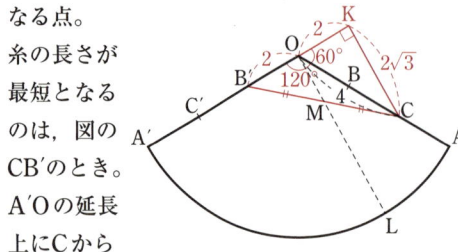

糸の長さが最短となるのは, 図のCB′のとき。

A′Oの延長上にCから垂線CKをひく。

∠KOC=60°, OC=4 より OK=2, KC=$2\sqrt{3}$

△KB′C(∠K=90°)において, 三平方の定理により

CB′=$\sqrt{4^2+(2\sqrt{3})^2}=\sqrt{16+12}=\sqrt{28}=2\sqrt{7}$

② B′O:OK=B′M:MC=1:1であるから, 中点連結定理より OM=$\frac{1}{2}$KC=$\sqrt{3}$

OMの延長と$\overset{\frown}{AA'}$の交点をLとする。

ML=$6-\sqrt{3}$

△MLH∽△OLO′ (2組の角がそれぞれ等しい) より

MH:OO′=ML:OL

MH:$4\sqrt{2}$=$(6-\sqrt{3})$:6

MH=$\frac{4\sqrt{2}(6-\sqrt{3})}{6}=\frac{2\sqrt{2}(6-\sqrt{3})}{3}$

=$\frac{12\sqrt{2}-2\sqrt{6}}{3}$

(3) S(色の部分)の面積が最小となるのは, 四角形OB′NCの面積が最大となるとき。

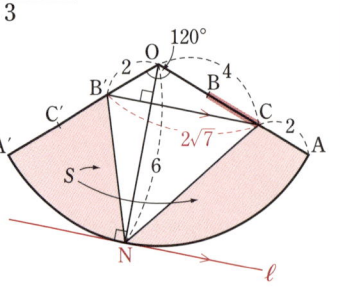

→△OB′Cの面積は一定であるから, △B′NCの面積が最大となるときを考える。

→CB′を底辺とし, 高さが最も高くなる位置にNをとる。

→CB′に平行で$\overset{\frown}{AA'}$に接する直線をℓとすると, 接点がNになる。

$\ell \perp$ON より CB′⊥ON

(四角形OB′NCの面積)=$2\sqrt{7} \times 6 \times \frac{1}{2} = 6\sqrt{7}$

(おうぎ形OAA′の面積)=$\pi \times 6^2 \times \frac{120}{360} = 12\pi$

よって $S=12\pi - 6\sqrt{7}$

▶ 本冊 p.91

259 (1) $\frac{8\sqrt{6}}{3}$ cm³ (2) 24cm²

(3) $\frac{\sqrt{6}}{3}$ cm

解説

(1) Oから底面にひいた垂線をOHとすると, Hは正方形ABCDの対角線の交点である。

AC=$2\sqrt{2}$ より AH=$\sqrt{2}$

OH=$\sqrt{(\sqrt{26})^2-(\sqrt{2})^2}=\sqrt{26-2}=\sqrt{24}=2\sqrt{6}$

よって (正四角錐O-ABCDの体積)

=$\frac{1}{3} \times 2 \times 2 \times 2\sqrt{6} = \frac{8\sqrt{6}}{3}$(cm³)

(2) ABの中点をMとする。

OM=$\sqrt{(\sqrt{26})^2-1^2}=\sqrt{25}=5$

よって (正四角錐O-ABCDの表面積)

=$\frac{1}{2} \times 2 \times 5 \times 4 + 2 \times 2 = 24$(cm²)

(3) 球の中心をPとする。また, △OABと球Pの接点をQ, △OCDと球Pの接点をR, CDの中点をNとする。

3点O, M, Nを通る平面で立体を切断すると, 切断面は点Pを含む。よって, △OMNに内接する円は点Pを中心とする円であるから, その半径は球の半径に等しい。

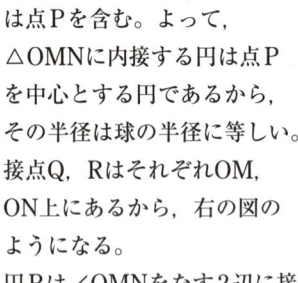

接点Q, RはそれぞれOM, ON上にあるから, 右の図のようになる。

円Pは∠OMNをなす2辺に接するので, 中心Pは∠OMNの二等分線上にある。

PH:OP=MH:MO=1:5

OH=$6r=2\sqrt{6}$

よって $r=\frac{\sqrt{6}}{3}$(cm)

(別解)

正四角錐O-ABCDの体積は, 正四角錐P-ABCD, 三角錐P-OAB, 三角錐P-OBC, 三角錐P-OCD, 三角錐P-OADの体積の和に等しいから, 次のような等式が成り立つ。

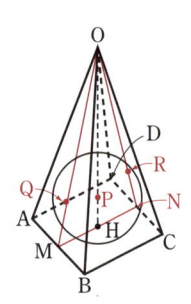

(正四角錐O-ABCDの体積)
$= \frac{1}{3} \times$(正四角錐O-ABCDの表面積)×(球の半径)

よって，球の半径をrとすると
$\frac{1}{3} \times 24 \times r = \frac{8\sqrt{6}}{3}$　　$8r = \frac{8\sqrt{6}}{3}$　　$r = \frac{\sqrt{6}}{3}$(cm)

▶本冊 p.91

260 (1) $\frac{28+16\sqrt{3}}{3}\pi$ cm²

(2) $3+\frac{\sqrt{33}}{3}$(cm)

▶本冊 p.91

261 (1) $\sqrt{2}\,a$　　(2) AB=4

(3) $64-\frac{32}{3}\pi$　　(4) $16-4\pi$

(5) $32-\frac{22}{3}\pi$

解説

(1) 図のように半径2cmの球の中心をP，Q，Rとし，3点P，Q，Rを通る平面で円柱を切断する。球Pと円柱との接点をSとし，正三角形PQRの重心をOとすると，円柱の底面の半径はOSである。 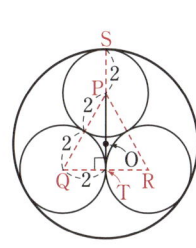
QRの中点をTとすると，△PQTは3辺の比が$1:2:\sqrt{3}$の直角三角形であるから　$PT=2\sqrt{3}$
PO:OT=2:1より　$PO = \frac{4\sqrt{3}}{3}$
よって　$OS = 2 + \frac{4\sqrt{3}}{3}$

(底面積)$= \left(2+\frac{4\sqrt{3}}{3}\right)^2 \pi = \left(\frac{6+4\sqrt{3}}{3}\right)^2 \pi$

$= \frac{36+48\sqrt{3}+48}{9}\pi = \frac{84+48\sqrt{3}}{9}\pi$

$= \frac{28+16\sqrt{3}}{3}\pi$ (cm²)

(2) 半径1cmの球の中心をUとすると，求める円柱の高さは，大きい球1つ分の半径と，小さい球の半径の和にUOの長さを加えたものに等しい。

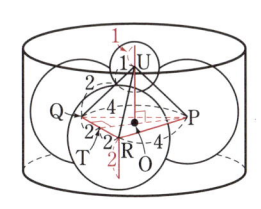

△PUOにおいて，PU=3，$PO=\frac{4\sqrt{3}}{3}$より

$UO = \sqrt{3^2 - \left(\frac{4\sqrt{3}}{3}\right)^2} = \sqrt{9-\frac{48}{9}}$

$= \sqrt{\frac{81-48}{9}} = \sqrt{\frac{33}{9}} = \frac{\sqrt{33}}{3}$

よって　(円柱の高さ)
$= 2+1+\frac{\sqrt{33}}{3} = 3+\frac{\sqrt{33}}{3}$(cm)

解説

(1) AB:AC=$1:\sqrt{2}$であるから　$AC=\sqrt{2}\,a$

(2) △AEGにおいて，三平方の定理により
$AG = \sqrt{a^2 + (\sqrt{2}\,a)^2} = \sqrt{3a^2} = \sqrt{3}\,a$
よって，$\sqrt{3}\,a = 4\sqrt{3}$より　$a=4$

(3) (立方体Kの体積)$= 4 \times 4 \times 4 = 64$
(球Vの体積)$= \frac{4}{3}\pi \times 2^3 = \frac{32}{3}\pi$
(立体Lの体積)$= 64 - \frac{32}{3}\pi$

(4) 円柱Tが通過できない部分は図の色をつけた部分で，全部で4か所ある。

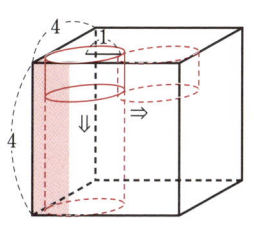

$\left(1 \times 1 \times 4 - \pi \times 1^2 \times \frac{1}{4} \times 4\right) \times 4$
$= (4-\pi) \times 4$
$= 16-4\pi$

(5) 球Wが通過できない部分のうち，8か所ある角の部分を立体Aとすると，立体Aは1辺の長さが1の立方体から半径1の球の$\frac{1}{8}$を除いたものである。

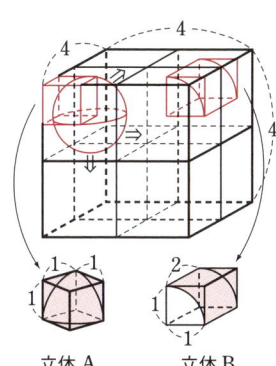

立体A　立体B

また，各辺上で立体Bのように球Wが通過できない部分が存在する。これは，底辺が1辺の長さが1の正方形で高さが2の直方体から半径1，中心角90°のおうぎ形を底面とする高さ2の柱体の体積を除いたものである。辺の数は全部で12ある。
よって
$\left(1 \times 1 \times 1 - \frac{4}{3}\pi \times 1^3 \times \frac{1}{8}\right) \times 8$
$+ \left(1 \times 1 \times 2 - \pi \times 1^2 \times \frac{1}{4} \times 2\right) \times 12$
$= 8 - \frac{4}{3}\pi + 24 - 6\pi = 32 - \frac{22}{3}\pi$

▶本冊 p.92

262 (1) $PG = \dfrac{\sqrt{6}}{3}$

(2) $OQ = r - \dfrac{\sqrt{6}}{12}$ または $\sqrt{r^2 - \dfrac{3}{64}}$

(3) $r = \dfrac{17\sqrt{6}}{192}$

解説

(1) $CM = \dfrac{\sqrt{3}}{2}$, $CG:GM = 2:1$ より

$CG = \dfrac{\sqrt{3}}{2} \times \dfrac{2}{3} = \dfrac{\sqrt{3}}{3}$

よって

$PG = \sqrt{1^2 - \left(\dfrac{\sqrt{3}}{3}\right)^2} = \sqrt{1 - \dfrac{3}{9}} = \sqrt{\dfrac{6}{9}} = \dfrac{\sqrt{6}}{3}$

(2) DEの中点をNとする。

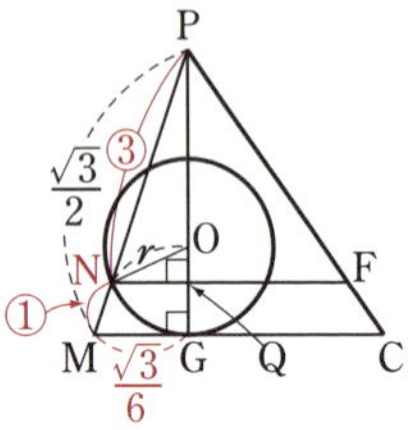

$MG = \dfrac{\sqrt{3}}{3} \times \dfrac{1}{2} = \dfrac{\sqrt{3}}{6}$

△PNQ∽△PMG（2組の角がそれぞれ等しい）より

NQ:MG = PN:PM = 3:4

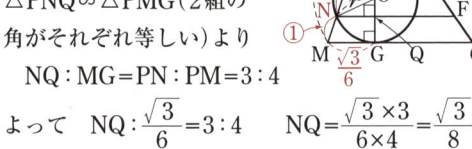

よって NQ:$\dfrac{\sqrt{3}}{6}$ = 3:4 NQ = $\dfrac{\sqrt{3} \times 3}{6 \times 4} = \dfrac{\sqrt{3}}{8}$

また, PG:QG = PM:NM = 4:1 であるから

$\dfrac{\sqrt{6}}{3}$:QG = 4:1 QG = $\dfrac{\sqrt{6}}{3 \times 4} = \dfrac{\sqrt{6}}{12}$

ここで OQ = OG - QG = $r - \dfrac{\sqrt{6}}{12}$

または OQ = $\sqrt{ON^2 - NQ^2}$

$= \sqrt{r^2 - \left(\dfrac{\sqrt{3}}{8}\right)^2} = \sqrt{r^2 - \dfrac{3}{64}}$

(3) $r - \dfrac{\sqrt{6}}{12} = \sqrt{r^2 - \dfrac{3}{64}}$

両辺を2乗して $r^2 - \dfrac{\sqrt{6}}{6}r + \dfrac{6}{144} = r^2 - \dfrac{3}{64}$

$\dfrac{\sqrt{6}}{6}r = \dfrac{6}{144} + \dfrac{3}{64} = \dfrac{1}{24} + \dfrac{3}{64} = \dfrac{8}{192} + \dfrac{9}{192} = \dfrac{17}{192}$

$r = \dfrac{17 \times 6}{192 \times \sqrt{6}} = \dfrac{17}{32\sqrt{6}} = \dfrac{17\sqrt{6}}{192}$

入試メモ

262 の問題に与えられた図は正確ではない。

（点Oと辺PCとの距離）= $\dfrac{47\sqrt{2}}{192}$ ≒ 0.35,

$r = \dfrac{17\sqrt{6}}{192}$ ≒ 0.2 だから $r <$（点Oと辺PCとの距離）

よって, 円Oは辺PCとは交わらない。入試問題では, 与えられた図が正確ではない場合があることに注意しよう。

▶本冊 p.92

263 (1) 6個 (2) 点I, 点J

(3) 6 cm (4) $3\sqrt{3}$ cm

解説

(1) 正八面体の頂点の数は6である。

(2) 展開図を組み立てると右の図のようになる。1辺を共有している2つの正三角形をとり出し, 順番に頂点を入れていくと重なる点がわかってくる。頂点Aと重なるのは, 頂点IとJの2つである。

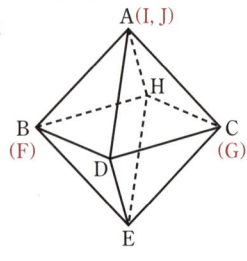

(3) BからGまで辺に沿って移動すると, その最短は辺を2本移動すればよいから 3×2 = 6 (cm)

(4) △ABDと△ADGを平面上に広げ, 線分BGの長さを求めれば, それが題意を満たす最短距離となる。

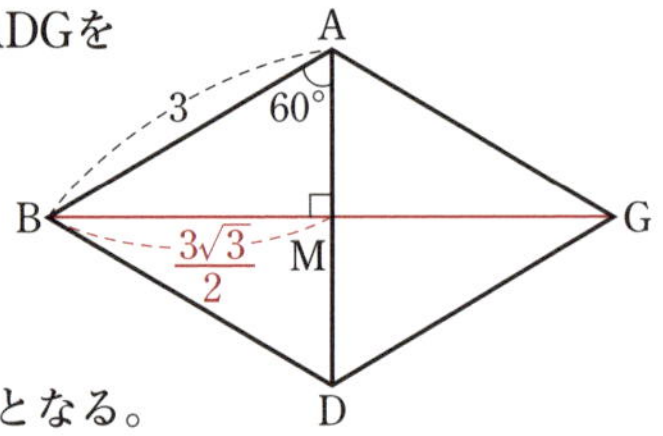

BGとADの交点をMとすると, △ABMは3辺の比が1:2:$\sqrt{3}$の直角三角形であるから, AB = 3 より BM = $\dfrac{3\sqrt{3}}{2}$

したがって BG = $\dfrac{3\sqrt{3}}{2} \times 2 = 3\sqrt{3}$ (cm)

▶本冊 p.92

264 (1) $4\sqrt{7}$ (2) $\dfrac{16\sqrt{7}}{3}$

(3) $\dfrac{2\sqrt{210}}{15}$

解説

(1) BFとDHの交点をMとする。

BF = $8\sqrt{2}$ であるから BM = $4\sqrt{2}$

AB = 12 より

AM = $\sqrt{12^2 - (4\sqrt{2})^2} = \sqrt{144 - 32} = \sqrt{112} = 4\sqrt{7}$

(2) △PQRと△BDFにおいて,

PQ:BD = 1:2

QR:DF = 1:2

PR:BF = 1:2

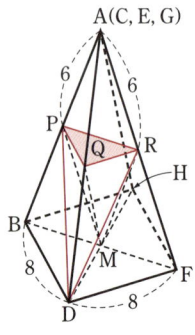

3組の辺の比がすべて等しいので △PQR∽△BDF

相似比が1:2だから,

面積比は 1:4

$\triangle$PQR$=\dfrac{1}{4}\triangle$BDF$=\dfrac{1}{4}\times\dfrac{1}{2}\times 8\times 8=8$

(四面体PQRDの体積)＝(四面体PQRMの体積)
であるから，△PQRを底面とすると，

高さは　$\dfrac{1}{2}$AM$=2\sqrt{7}$

よって　(四面体PQRDの体積)
$=\dfrac{1}{3}\times 8\times 2\sqrt{7}=\dfrac{16\sqrt{7}}{3}$

(3)　△DPRはDP＝DRの二等辺三角形であるから，PRの中点をNとすると
　　DN⊥PR
　　NはAMの中点でもあるから　NM$=2\sqrt{7}$
　　DM$=4\sqrt{2}$ より
　　DN$=\sqrt{(4\sqrt{2})^2+(2\sqrt{7})^2}=\sqrt{32+28}$
　　　　$=\sqrt{60}=2\sqrt{15}$

よって　△DRP$=\dfrac{1}{2}\times$PR$\times$DN
　　　　　　$=\dfrac{1}{2}\times 4\sqrt{2}\times 2\sqrt{15}=4\sqrt{30}$

求める長さをhとすると，四面体PQRDの体積に着目して

$\dfrac{1}{3}\times\triangle$DRP$\times h=\dfrac{16\sqrt{7}}{3}$

$h=\dfrac{16\sqrt{7}}{4\sqrt{30}}=\dfrac{4\sqrt{210}}{30}=\dfrac{2\sqrt{210}}{15}$

▶ 本冊 p.93

265 (1) **点H，点P**　　(2) **$16\sqrt{3}$ cm^2**
(3) **GL$=4\sqrt{5}$ cm**

解説
(1) 展開図を組み立てると1辺の長さが12cmの正四面体の頂点を4か所切り落とした八面体となる。点Vと重なるのは図より，点Hと点Pである。

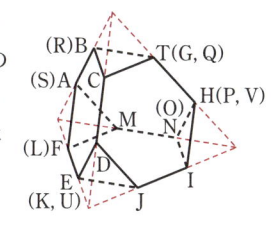

(2) △GJMは1辺の長さが8cmの正三角形であるから，1辺の長さがaの正三角形の面積の公式 $S=\dfrac{\sqrt{3}}{4}a^2$ を用いて
△GJM$=\dfrac{\sqrt{3}}{4}\times 8^2=16\sqrt{3}$ (cm^2) 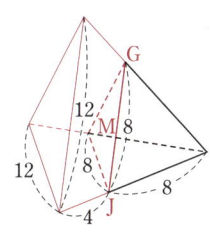

(3) (2)の図の正四面体で，Gを含む辺の中点をX，その辺とねじれの位置にある辺を図のようにYZとする。 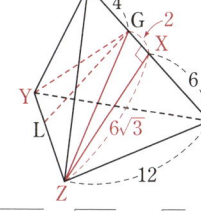
ZX$=6\sqrt{3}$ より
　GZ$=\sqrt{(6\sqrt{3})^2+2^2}=\sqrt{108+4}=\sqrt{112}=4\sqrt{7}$
図形の対称性より
　GY$=$GZ$=4\sqrt{7}$
YZの中点をWとする。 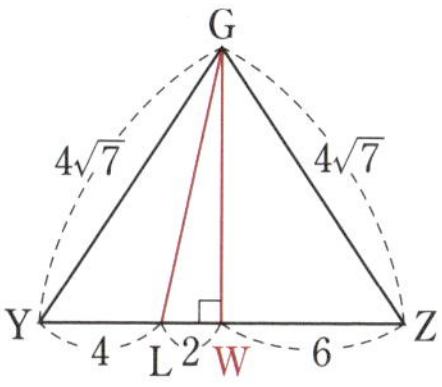
GW$=\sqrt{(4\sqrt{7})^2-6^2}$
　　$=\sqrt{112-36}$
　　$=\sqrt{76}=2\sqrt{19}$
よって
　GL$=\sqrt{(2\sqrt{19})^2+2^2}=2\sqrt{19+1}$
　　　$=2\sqrt{20}=4\sqrt{5}$ (cm)

▶ 本冊 p.93

266 (1) **$9\sqrt{2}$**　　(2) **24個**
(3) **$8\sqrt{2}$**

解説
(1) 展開図を組み立てると，1辺の長さが3の正八面体になる。よって 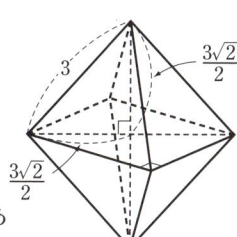
$\dfrac{1}{3}\times 3\times 3\times 3\sqrt{2}=9\sqrt{2}$

(2) 正六角形が全部で8つあり，正方形が全部で6つある。また，1つの頂点に3つの面が集まっているので

$\dfrac{6\times 8+4\times 6}{3}=\dfrac{48+24}{3}=\dfrac{72}{3}=24$(個)

(3) 展開図を組み立てると，各辺の長さが3の正八面体から各辺の長さが1の正四角錐を頂点ごとに6つ取り除いた立体となる。正八面体の半分の体積にあたる，各辺の長さが3の正四角錐の体積をV，取り除いた，各辺の長さが1の正四角錐の体積をWとすると　$V:W=3^3:1^3=27:1$

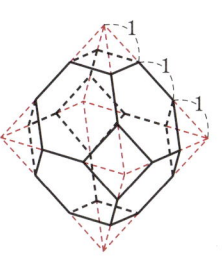

$2V=9\sqrt{2}$ であるから　$V=\dfrac{9\sqrt{2}}{2}$

よって　$W=\dfrac{9\sqrt{2}}{2}\times\dfrac{1}{27}=\dfrac{\sqrt{2}}{6}$

(求める立体の体積)$=9\sqrt{2}-6\times\dfrac{\sqrt{2}}{6}=8\sqrt{2}$

▶ 本冊 p.93

267 (1) $\dfrac{7\sqrt{2}}{6}$ cm³ (2) $\dfrac{\sqrt{6}+\sqrt{2}}{4}$ cm

解説

(1) 展開図を組み立てると，図のようになる。 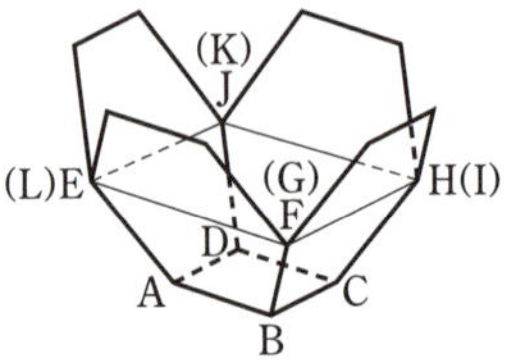
EAの延長とFBの延長との交点をPとする。
求める水の体積は四角錐台ABCD-EFHJの体積に等しい。 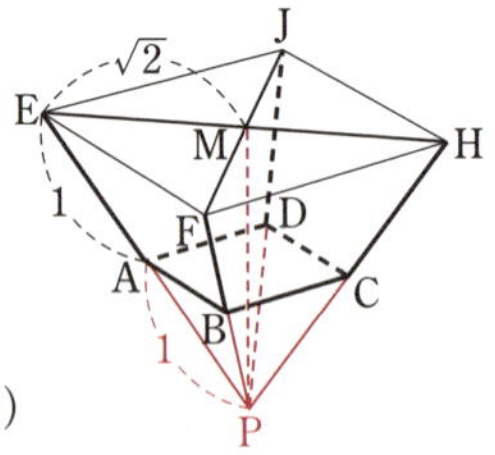
EHの中点をMとすると，EM=$\sqrt{2}$, PE=2 であるから
PM=$\sqrt{2}$
(三角錐P-ABCDの体積)：(三角錐P-EFHJの体積)
=$1^3:2^3=1:8$
よって (四角錐台ABCD-EFHJの体積)
$=\dfrac{7}{8}\times$(三角錐P-EFHJの体積)
$=\dfrac{7}{8}\times\dfrac{1}{3}\times 2\times 2\times\sqrt{2}$
$=\dfrac{7\sqrt{2}}{6}$ (cm³)

(2) EJ, FHの中点をそれぞれX, Yとし，ADとPXの交点をQ，BCとPYの交点をR，QRの中点をSとする。 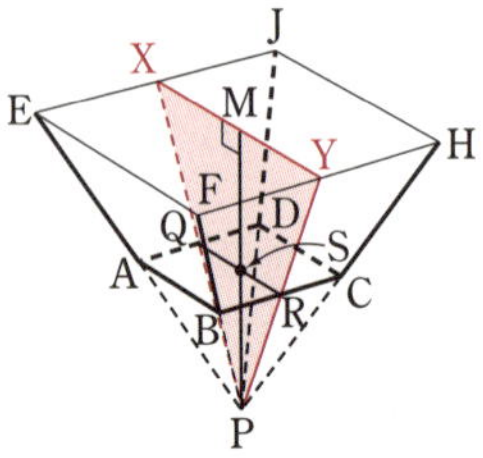
3点P, X, Yを通る平面で立体を切断すると，XQ, QR, RYに内接する円の中心は，内接球の中心である。円の中心をO，半径をrとする。 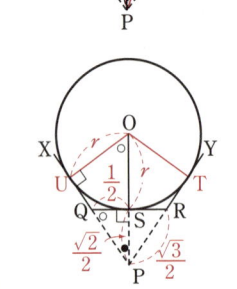
QS=$\dfrac{1}{2}$, SP=$\dfrac{\sqrt{2}}{2}$ より
PQ=$\sqrt{\left(\dfrac{1}{2}\right)^2+\left(\dfrac{\sqrt{2}}{2}\right)^2}=\sqrt{\dfrac{1}{4}+\dfrac{2}{4}}=\dfrac{\sqrt{3}}{2}$
円OとPX, PYの接点をU, Tとすると
△PQS∽△POU (2組の角がそれぞれ等しい)
QS:OU=QP:OPより
$\dfrac{1}{2}:r=\dfrac{\sqrt{3}}{2}:\left(r+\dfrac{\sqrt{2}}{2}\right)$
$\dfrac{\sqrt{3}}{2}r=\dfrac{1}{2}\left(r+\dfrac{\sqrt{2}}{2}\right)$ $\dfrac{\sqrt{3}}{2}r=\dfrac{1}{2}r+\dfrac{\sqrt{2}}{4}$

$\dfrac{\sqrt{3}}{2}r-\dfrac{1}{2}r=\dfrac{\sqrt{2}}{4}$ $\dfrac{(\sqrt{3}-1)}{2}r=\dfrac{\sqrt{2}}{4}$

$r=\dfrac{\sqrt{2}\times 2}{4\times(\sqrt{3}-1)}=\dfrac{\sqrt{2}}{2(\sqrt{3}-1)}$
$=\dfrac{\sqrt{2}(\sqrt{3}+1)}{2(\sqrt{3}-1)(\sqrt{3}+1)}$
$=\dfrac{\sqrt{6}+\sqrt{2}}{2\times 2}=\dfrac{\sqrt{6}+\sqrt{2}}{4}$ (cm)

▶ 本冊 p.94

268 (1) $\sqrt{2}$ cm² (2) $12\sqrt{2}$ cm²
(3) $4\sqrt{2}$ cm³

解説

(1) 投影図を見取り図にすると，図のような1つの面がひし形の十二面体になる。これは，中央にある立方体の各面上に正四角錐を6個つけ加えた立体である。
図のように，1つの面の4つの頂点をA, B, C, Dとし，BDの中点をMとする。また，正面から見て外側の正方形となる頂点をA, C, E, Fとする。AとFを頂点にもつひし形の残りの頂点をG, Iとし，GIの中点をNとする。AからMNにひいた垂線をAHとする。 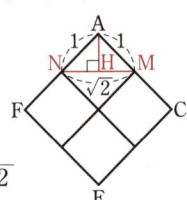
AC=2, BD=BG=MN=$\sqrt{2}$
よって
(1つのひし形の面積)
$=AC\times BD\times\dfrac{1}{2}=2\times\sqrt{2}\times\dfrac{1}{2}=\sqrt{2}$ (cm²)

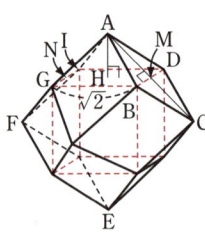

(2) (表面積)$=\sqrt{2}\times 12=12\sqrt{2}$ (cm²)

(3) △AMHは3辺の比が$1:1:\sqrt{2}$の直角三角形であるから
AH=$\dfrac{\sqrt{2}}{2}$
求める立体の体積は，1辺が$\sqrt{2}$の立方体の体積とその各面上に置かれた正四角錐6個の体積の和であるから
(求める立体の体積)
$=(\sqrt{2})^3+\dfrac{1}{3}\times(\sqrt{2})^2\times\dfrac{\sqrt{2}}{2}\times 6$
$=2\sqrt{2}+2\sqrt{2}=4\sqrt{2}$ (cm³)

▶ 本冊 p.94

269 (1) $450\sqrt{3}$ cm³ (2) $80\sqrt{3}$ cm²

(3) $\dfrac{425}{27}$ cm

解説

(1) 1辺の長さが $6\sqrt{3}$ の正三角形の面積は
$$\dfrac{\sqrt{3}}{4} \times (6\sqrt{3})^2 = 27\sqrt{3}$$
よって （正三角柱の体積）$= 27\sqrt{3} \times 10 = 270\sqrt{3}$
1辺の長さが $2\sqrt{3}$ の正三角形の面積は
$$\dfrac{\sqrt{3}}{4} \times (2\sqrt{3})^2 = 3\sqrt{3}$$
よって，正六角柱の底面の面積は
$$3\sqrt{3} \times 6 = 18\sqrt{3}$$
よって （正六角柱の体積）$= 18\sqrt{3} \times 10 = 180\sqrt{3}$
したがって （求める立体の体積）
$$= 270\sqrt{3} + 180\sqrt{3} = 450\sqrt{3} \text{ (cm}^3\text{)}$$

(2) 図のように置いたとき，正三角柱の高さは9cm，正六角柱の高さは6cmである。
右の図のように正三角形，正六角形の頂点を決める。DE，LMは水面の位置を表す。またPはGHとJIの交点である。 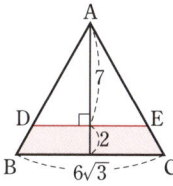 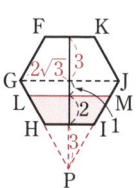
DE : BC = 7 : 9　　DE : $6\sqrt{3}$ = 7 : 9
　DE = $\dfrac{14\sqrt{3}}{3}$
LM : GJ = 5 : 6　　LM : $4\sqrt{3}$ = 5 : 6
　LM = $\dfrac{10\sqrt{3}}{3}$
よって，水面の面積は 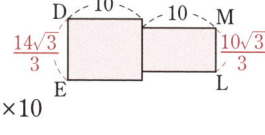
$$\dfrac{14\sqrt{3}}{3} \times 10 + \dfrac{10\sqrt{3}}{3} \times 10$$
$$= \dfrac{24\sqrt{3}}{3} \times 10 = 80\sqrt{3} \text{ (cm}^2\text{)}$$

(3) 正三角柱の水面をD'E'とすると
△AD'E' ∽ △ABC
(2組の角がそれぞれ等しい) より 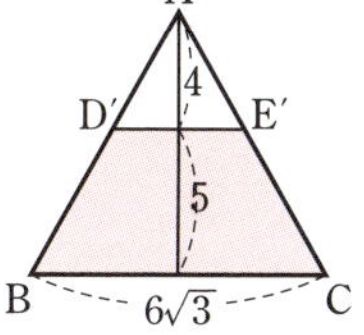 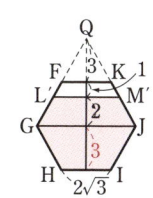
　D'E' : BC = 4 : 9
よって　△AD'E' : △ABC = $4^2 : 9^2 = 16 : 81$
(台形D'BCE'の面積)
$$= \dfrac{81 - 16}{81} \times \triangle ABC$$
$$= \dfrac{65}{81} \times \dfrac{\sqrt{3}}{4} \times (6\sqrt{3})^2 = \dfrac{65\sqrt{3}}{3}$$

正六角柱の水面をL'M'とし，GFとJKの交点をQとする。
△QFK ∽ △QL'M' ∽ △QGJ (2組の角がそれぞれ等しい) より
FK : L'M' : GJ = 3 : 4 : 6
よって　△QFK : △QL'M' : △QGJ
　　　　$= 3^2 : 4^2 : 6^2 = 9 : 16 : 36$
(六角形L'GHIJM'の面積)
$$= \dfrac{(36-16) + (36-9)}{36} \times \triangle QGJ$$
$$= \dfrac{47}{36} \times \dfrac{\sqrt{3}}{4} \times (4\sqrt{3})^2 = \dfrac{47\sqrt{3}}{3}$$

よって，底面から5cmのところまで入れた水の体積は
$$\dfrac{65\sqrt{3}}{3} \times 10 + \dfrac{47\sqrt{3}}{3} \times 10 = \dfrac{1120\sqrt{3}}{3}$$
(正三角柱の体積) $= 270\sqrt{3}$ であるから，正六角柱に入る水の体積は
$$\dfrac{1120\sqrt{3}}{3} - 270\sqrt{3} = \dfrac{310\sqrt{3}}{3}$$
正六角柱の下からhcmのところまで水が入ったとすると
$$18\sqrt{3} \times h = \dfrac{310\sqrt{3}}{3} \qquad h = \dfrac{310\sqrt{3}}{3 \times 18\sqrt{3}} = \dfrac{155}{27}$$
よって，水の高さは底面から
$$10 + \dfrac{155}{27} = \dfrac{425}{27} \text{ (cm)}$$

▶ 本冊 p.95

270 (1) $1 + \sqrt{5}$ (cm)

(2) ① $x^2 = 10 + 2\sqrt{5}$　② $h^2 = \dfrac{14 + 6\sqrt{5}}{3}$

解説

(1) 右の図のようにP，Q，R，Sを決める。 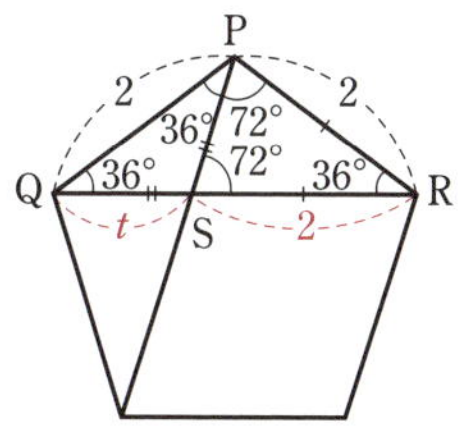
△PQR ∽ △SPQ (2組の角がそれぞれ等しい) より
　PQ : SP = QR : PQ
QS = t とおくと
　$2 : t = (t + 2) : 2$
　$t(t+2) = 4$　　$t^2 + 2t - 4 = 0$
　$t = -1 \pm \sqrt{1+4} = -1 \pm \sqrt{5}$
　$0 < t < 2$ より　$t = -1 + \sqrt{5}$
よって　QR = $-1 + \sqrt{5} + 2 = 1 + \sqrt{5}$ (cm)

(2) ① 点A, E′, B′, D, Cは同じ円周上にあり AE′=E′B′=B′D=DC=CA=2 より, 五角形 AE′B′DC は正五角形である。

(1)より AD=$1+\sqrt{5}$

また, AD′∥DA′,
AD∥D′A,
AA′=DD′ より
四角形ADA′D′
は長方形である。

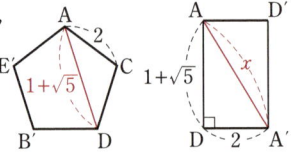

△ADA′ において, 三平方の定理により
$x^2=(1+\sqrt{5})^2+2^2=1+2\sqrt{5}+5+4$

よって $x^2=10+2\sqrt{5}$

② (平面AE′F′) ∥ (平面FA′E)

△AE′F′ の重心
をG, △FA′Eの
重心をG′とする。

AG=$\dfrac{2\sqrt{3}}{3}$

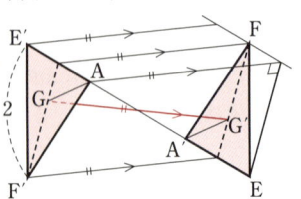

AGの延長にA′
から垂線A′H
をひく。

AA′=x,
GG′=HA′=h
であるから 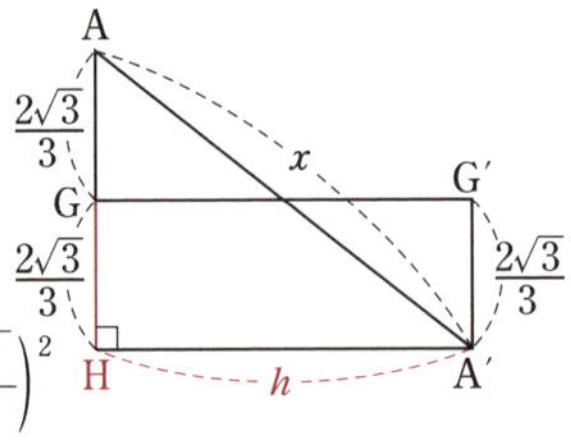
$x^2=h^2+\left(\dfrac{4\sqrt{3}}{3}\right)^2$

$h^2=x^2-\dfrac{16}{3}$

$x^2=10+2\sqrt{5}$ を代入して
$h^2=10+2\sqrt{5}-\dfrac{16}{3}=\dfrac{14+6\sqrt{5}}{3}$

▶本冊 p.95

271 (1) **AP=$\sqrt{6}-\sqrt{2}$ (cm)**

(2) $\dfrac{8\sqrt{3}-12}{3}$ **(cm³)**

解 説

(1) CP=x とおくと, PQ=$\sqrt{2}x$ であるから
AP=$\sqrt{2}x$

また PB=$1-x$

△ABPで, 三平方の定理により 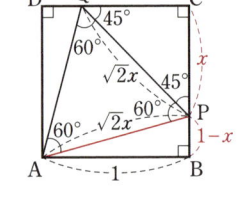
$(\sqrt{2}x)^2=(1-x)^2+1^2$
$2x^2=1-2x+x^2+1$
$x^2+2x-2=0$
$x=-1\pm\sqrt{3}$

$0<x<1$ より $x=\sqrt{3}-1$

よって AP=$\sqrt{2}(\sqrt{3}-1)=\sqrt{6}-\sqrt{2}$ (cm)

(2) できる立体は八面体であるが, 正八面体ではない。立方体からまわりの立体を取り除くことを考える。

取り除く立体は
(三角錐 A-ESR) と同体積の立体2個と,
(四角錐 P-ABFS) と同体積の立体2個, そして,
(三角錐 P-SFG) と同体積の立体2個である。

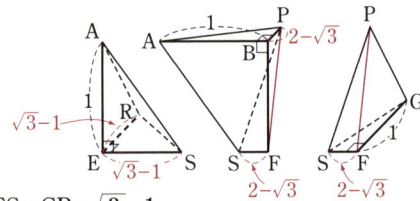

ES=CP=$\sqrt{3}-1$
SF=$1-(\sqrt{3}-1)=2-\sqrt{3}$

よって
$1\times1\times1$
$-\dfrac{1}{3}\times\dfrac{1}{2}\times(\sqrt{3}-1)^2\times1\times2$
$-\dfrac{1}{3}\times\dfrac{1}{2}\times(1+2-\sqrt{3})\times1\times(2-\sqrt{3})\times2$
$-\dfrac{1}{3}\times\dfrac{1}{2}\times1\times(2-\sqrt{3})\times1\times2$
$=1-\dfrac{4-2\sqrt{3}}{3}-\dfrac{9-5\sqrt{3}}{3}-\dfrac{2-\sqrt{3}}{3}$
$=\dfrac{3-4+2\sqrt{3}-9+5\sqrt{3}-2+\sqrt{3}}{3}$
$=\dfrac{8\sqrt{3}-12}{3}$ (cm³)

▶ 本冊 p.96

272 (1) 12　　(2) $2-\sqrt{3}$
(3) ① $h^2 = 4\sqrt{3}-4$　② $4+4\sqrt{3}$

解説

(1) 正十二角形は円に内接する。円の中心をZとすると
　　A'Z=UP=2
　(四角形UA'PZの面積)
　　$=2\times 2\times \dfrac{1}{2}=2$ 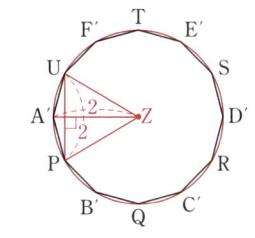
よって (正十二角形の面積)$=2\times 6=12$

(2) △UA'P=(四角形UA'PZの面積)－△UPZ
　　$=2-\dfrac{\sqrt{3}}{4}\times 2^2 = 2-\sqrt{3}$

(3) ① ABの中点をM, DEの中点をNとする。
△OABは正三角形であるから　OM=ON=$\sqrt{3}$
PS=4
等脚台形MPSNを取り出す。 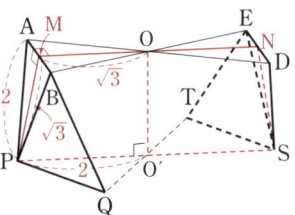
MからPSに垂線MM'をひくと
　MM'=OO' 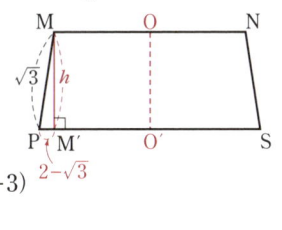
△MPM'において，三平方の定理により
　$h^2 = (\sqrt{3})^2 - (2-\sqrt{3})^2$
　　$= 3-(4-4\sqrt{3}+3)$
　　$= 4\sqrt{3}-4$

② 三角錐A-UA'P, 三角錐Q-BQ'C, …をつけ加えていくと，与えられた立体は，底面が正十二角形の柱体となる。
(三角錐A-UA'Pの体積)=Wとすると
　$V+12W = 12h$
ここで $W = \dfrac{1}{3}\times(2-\sqrt{3})\times h = \dfrac{2-\sqrt{3}}{3}h$
よって $V + 12\times\dfrac{2-\sqrt{3}}{3}h = 12h$
　$V+(8-4\sqrt{3})h = 12h$　　$V = 4h+4\sqrt{3}\,h$
　$V = (4+4\sqrt{3})h$　　$\dfrac{V}{h} = 4+4\sqrt{3}$

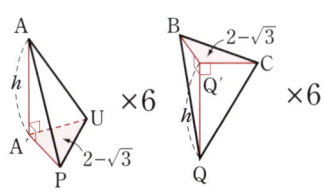

第1回 模擬テスト

▶ 本冊 p.98

1 (1) $-\dfrac{3}{2}$　　(2) $\dfrac{9x}{y^6}$
(3) $-\sqrt{2}$　　(4) $x(y-2)(y+6)$

解説

(1) $\{4-6\times\dfrac{1}{2}+(-2)^2\}\times\dfrac{1}{2}-2^2$
　$=(4-3+4)\times\dfrac{1}{2}-4$
　$=\dfrac{5}{2}-4$
　$=-\dfrac{3}{2}$

(2) $-3x^3y^2\div\left(-\dfrac{1}{3}x^2y\right)^3\times\dfrac{4}{9}x^6y\div(-2xy^3)^2$
　$=-3x^3y^2\div\left(-\dfrac{x^6y^3}{27}\right)\times\dfrac{4x^6y}{9}\div 4x^2y^6$
　$=\dfrac{3x^3y^2\times 27\times 4x^6y}{x^6y^3\times 9\times 4x^2y^6}$
　$=\dfrac{9x^9y^3}{x^8y^9}$
　$=\dfrac{9x}{y^6}$

(3) $\dfrac{(\sqrt{2}+1)(2+\sqrt{2})(4-3\sqrt{2})}{\sqrt{2}}$
　$=\dfrac{(\sqrt{2}+1)(\sqrt{2}+2)(4-3\sqrt{2})}{\sqrt{2}}$
　$=\dfrac{(2+3\sqrt{2}+2)(4-3\sqrt{2})}{\sqrt{2}}$
　$=\dfrac{(4+3\sqrt{2})(4-3\sqrt{2})}{\sqrt{2}}$
　$=\dfrac{16-18}{\sqrt{2}}$
　$=-\dfrac{2}{\sqrt{2}}$
　$=-\sqrt{2}$

(4) $x(y+4)^2 - 4xy - 28x$
　$=x\{(y+4)^2 - 4y - 28\}$
　$=x(y^2+8y+16-4y-28)$
　$=x(y^2+4y-12)$
　$=x(y-2)(y+6)$

▶本冊 p.98

2 (1) $x=4$, $y=-1$

(2) $x=-2$, 6 (3) $\dfrac{3}{2}$ (4) ア

▶本冊 p.99

3 (1) $y=\dfrac{1}{2}x+1$ (2) $M\left(1, \dfrac{3}{2}\right)$

(3) $\dfrac{5\sqrt{5}}{4}$ (4) $1+\sqrt{10}$

解説

(1) $\begin{cases} 0.75(x-2)+1.5(y+2)=3 & \cdots ① \\ \dfrac{x}{4}-\dfrac{y-1}{2}=2 & \cdots ② \end{cases}$

①×4 より $3(x-2)+6(y+2)=12$
$3x-6+6y+12=12$ $3x+6y=6$
$x+2y=2$ …①′

②×4 より $x-2(y-1)=8$
$x-2y+2=8$ $x-2y=6$ …②′

①′+②′より $2x=8$ $x=4$

①′に $x=4$ を代入して $4+2y=2$
$2y=-2$ $y=-1$

(2) $\dfrac{(x-2)(x+4)}{4}=\dfrac{(x-1)(x+6)}{6}$

両辺×12 より
$3(x-2)(x+4)=2(x-1)(x+6)$
$3x^2+6x-24=2x^2+10x-12$ $x^2-4x-12=0$
$(x+2)(x-6)=0$ $x=-2$, 6

(3) $y=2ax^2$ において,x の値が $-a-1$ から 0 まで変化するときの変化の割合は
$2a(-a-1+0)=2a(-a-1)=-2a^2-2a$
$y=-5ax+1$ において,変化の割合は $-5a$ に等しい。
よって $-2a^2-2a=-5a$ $2a^2-3a=0$
$a(2a-3)=0$ $a=0$, $\dfrac{3}{2}$
$a>0$ より $a=\dfrac{3}{2}$

(4) どちら側から数えても16番目の人は18歳であるから,中央値は 18
最も人数の多いのは17歳であるから,最頻値は 17
よって ア

解説

(1) P の x 座標を $-p$ ($p>0$) とすると
$P\left(-p, \dfrac{1}{4}p^2\right)$

OR+RP=3 で,OR=$\dfrac{1}{4}p^2$,RP=p より

$\dfrac{1}{4}p^2+p=3$ $p^2+4p-12=0$
$(p+6)(p-2)=0$
$p=-6$, 2 $p>0$ より $p=2$
よって P(-2, 1),Q(-2, 0),R(0, 1) であるから
直線 QR:$y=\dfrac{1}{2}x+1$

(2) $\begin{cases} y=\dfrac{1}{4}x^2 \\ y=\dfrac{1}{2}x+1 \end{cases}$ を解いて $\dfrac{1}{4}x^2=\dfrac{1}{2}x+1$

$x^2=2x+4$ $x^2-2x-4=0$ $x=1\pm\sqrt{5}$

T の x 座標は $1+\sqrt{5}$,S の x 座標は $1-\sqrt{5}$ であるから
(M の x 座標)$=\dfrac{1+\sqrt{5}+1-\sqrt{5}}{2}=1$

$y=\dfrac{1}{2}x+1$ に $x=1$ を代入して $y=\dfrac{3}{2}$

よって $M\left(1, \dfrac{3}{2}\right)$

(3) $y=\dfrac{1}{4}x^2$ に $x=1$ を代入して $y=\dfrac{1}{4}$

よって $N\left(1, \dfrac{1}{4}\right)$

$\triangle STN=\dfrac{1}{2}\times\{(T の x 座標)-(S の x 座標)\}\times MN$
であるから
$\triangle STN=\dfrac{1}{2}\times\{(1+\sqrt{5})-(1-\sqrt{5})\}\times\left(\dfrac{3}{2}-\dfrac{1}{4}\right)$
$=\dfrac{1}{2}\times 2\sqrt{5}\times\dfrac{5}{4}=\dfrac{5\sqrt{5}}{4}$

(4) 直線 ST に平行で,点 N を通る直線 ℓ は,傾きが $\dfrac{1}{2}$ で,$N\left(1, \dfrac{1}{4}\right)$ を通る。

$y=\dfrac{1}{2}x+b$ とおくと,

$\dfrac{1}{4}=\dfrac{1}{2}+b$ より $b=-\dfrac{1}{4}$

よって,求める直線は $y=\dfrac{1}{2}x-\dfrac{1}{4}$

$$\begin{cases} y = \dfrac{1}{4}x^2 \\ y = \dfrac{1}{2}x - \dfrac{1}{4} \end{cases}$$ を解いて $\dfrac{1}{4}x^2 = \dfrac{1}{2}x - \dfrac{1}{4}$

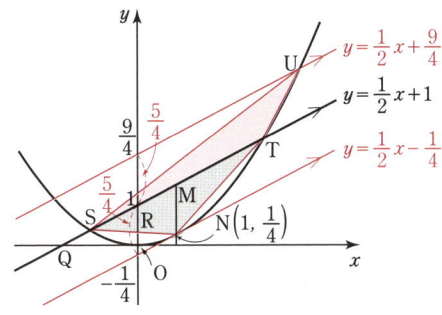

$x^2 - 2x + 1 = 0$　　$(x-1)^2 = 0$　　$x = 1$

よって，交点は$N\left(1, \dfrac{1}{4}\right)$のみ。

$\left(y = \dfrac{1}{2}x - \dfrac{1}{4} \text{は} y = \dfrac{1}{4}x^2 \text{の接線}\right)$

直線STに関して直線ℓと反対側にℓと対称になるSTの平行線をひくと，その直線の切片は

$1 + \left(1 + \dfrac{1}{4}\right) = \dfrac{9}{4}$　　よって　$y = \dfrac{1}{2}x + \dfrac{9}{4}$

$$\begin{cases} y = \dfrac{1}{4}x^2 \\ y = \dfrac{1}{2}x + \dfrac{9}{4} \end{cases}$$ を解いて $\dfrac{1}{4}x^2 = \dfrac{1}{2}x + \dfrac{9}{4}$

$x^2 = 2x + 9$　　$x^2 - 2x - 9 = 0$　　$x = 1 \pm \sqrt{10}$

点Uのx座標は正であるから　$x = 1 + \sqrt{10}$

▶ 本冊 p.99

4 (1)　$PD = 4$ cm

(2)　(証明)

　　△QBEと△PDAにおいて

　　正方形の1つの内角であるから

　　　　$\angle QBE = \angle PDA = 90°$　…①

　　$\angle PAD = 90° - \angle CAE$

　　$\angle AEC = 90° - \angle CAE$

　　よって　$\angle PAD = \angle AEC$

　　対頂角であるから　$\angle QEB = \angle AEC$

　　よって　$\angle QEB = \angle PAD$　…②

　①，②より2組の角がそれぞれ等しいので

　　　　△QBE ∽ △PDA

(3)　$PQ = 3\sqrt{10}$ cm

解説

(1)　$PD = x$とおくと　$PA = 9 - x$

　　よって，三平方の定理により

$x^2 + 3^2 = (9-x)^2$　　$x^2 + 9 = 81 - 18x + x^2$

$18x = 72$　　$x = 4$

よって　$PD = 4$ cm

(3)　$PA = PA' = A'D - PD$
　　　$= 9 - 4 = 5$ (cm)

だから，△PDAは3辺の比が3:4:5の三角形。

一方　$AC = DC - DA$
　　　$= 9 - 3 = 6$ (cm)

△PDA ∽ △ACE（2組の角がそれぞれ等しい）から，

$PD : DA = AC : CE = 4 : 3$より

　$4 : 3 = 6 : CE$　　$CE = 4.5$ (cm)

$B'E = B'C - EC = 9 - 4.5 = 4.5$ (cm)

また，(2)より，$QE : BQ = PA : DP = 5 : 4$だから

$QE = 5x$，$BQ = 4x$とおける。

よって　$4x + 5x = 9x = 4.5$ (cm)　　$x = 0.5$ (cm)

QからA'Dに垂線QHをひく。

$PH = PA' - HA' = 5 - 4 \times 0.5 = 3$ (cm)

よって　$PQ = \sqrt{3^2 + 9^2} = \sqrt{9 + 81} = \sqrt{90}$
　　　　　　$= 3\sqrt{10}$ (cm)

▶ 本冊 p.99

5 (1)　$AE = 4\sqrt{6}$　　(2)　$12\sqrt{2}$

(3)　$\dfrac{3\sqrt{11}}{2}$

解説

(1)　CDの中点をMとすると，AEとBMの交点は，正三角形BCDの重心である。重心をGとすると
　　$BG = 2\sqrt{3}$

よって　$AG = \sqrt{6^2 - (2\sqrt{3})^2} = \sqrt{24} = 2\sqrt{6}$

$AE = 2AG = 4\sqrt{6}$

(2)　$\triangle BCG = \dfrac{1}{3}\triangle BCD$

$= \dfrac{1}{3} \times \dfrac{\sqrt{3}}{4} \times 6^2 = 3\sqrt{3}$

（四面体ABCEの体積）

$= \dfrac{1}{3} \times \triangle BCG \times AE$

$= \dfrac{1}{3} \times 3\sqrt{3} \times 4\sqrt{6}$

$= 4\sqrt{18}$

$= 12\sqrt{2}$

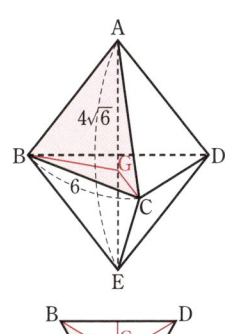

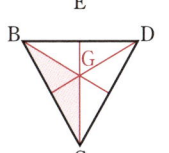

(3) 3点P, Q, Rを通る平面であるので, △PQRはその平面上にある。
PQ=RQより, PRの中点をMとすると, QMは平面PQRと平面BCDの交線となる。
よって, 3点P, Q, Rを通る平面は点G, 点Dを含んだ平面である。
四面体ABCEを3点P, Q, Rを通る平面で切ったときにできる図形は四角形PQRGである。

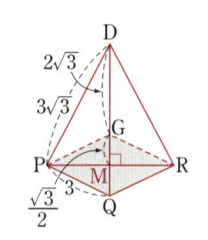

△ABCで, 点PはBAの, 点QはBCの中点であるから

$PQ=\frac{1}{2}AC$, $PQ /\!/ AC$

△AECで, 点GはEAの, 点RはECの中点であるから

$GR=\frac{1}{2}AC$, $GR /\!/ AC$

よって, $PQ /\!/ GR$, $PQ=GR$より, 四角形PQRGは平行四辺形。さらに, PQ=QRより, 四角形PQRGはひし形である。

$GQ=3\sqrt{3}\times\frac{1}{3}=\sqrt{3}$

PQ=3, $QM=\frac{1}{2}GQ=\frac{\sqrt{3}}{2}$, PM⊥QMであるから

$PM=\sqrt{3^2-\left(\frac{\sqrt{3}}{2}\right)^2}=\sqrt{9-\frac{3}{4}}$

$=\sqrt{\frac{33}{4}}=\frac{\sqrt{33}}{2}$

よって $PR=\sqrt{33}$

(ひし形PQRGの面積)

$=\sqrt{3}\times\sqrt{33}\times\frac{1}{2}=\frac{\sqrt{3\times3\times11}}{2}=\frac{3\sqrt{11}}{2}$

第2回 模擬テスト

▶本冊 p.100

1 (1) $\dfrac{209\sqrt{6}-153}{5}$

(2) $(2x+1)(2x+3)$

(3) $x=5, -2$ (4) 54

解説

(1) $\dfrac{\sqrt{27}}{\sqrt{50}}\left(6-\dfrac{2\sqrt{3}}{3\sqrt{2}}\right)-\sqrt{75}(\sqrt{12}-4\sqrt{8})$

$=\dfrac{3\sqrt{3}}{5\sqrt{2}}\left(6-\dfrac{2\sqrt{6}}{6}\right)-5\sqrt{3}(2\sqrt{3}-8\sqrt{2})$

$=\dfrac{3\sqrt{6}}{10}\left(6-\dfrac{\sqrt{6}}{3}\right)-5\sqrt{3}(2\sqrt{3}-8\sqrt{2})$

$=\dfrac{9\sqrt{6}}{5}-\dfrac{6}{10}-30+40\sqrt{6}$

$=\dfrac{9\sqrt{6}}{5}+40\sqrt{6}-\dfrac{3}{5}-30$

$=\dfrac{209}{5}\sqrt{6}-\dfrac{153}{5}$

$=\dfrac{209\sqrt{6}-153}{5}$

(2) $(2x+1)(x+1)+4x(x+2)-(2x-1)(x+2)$

$=(2x+1)(x+1)+(x+2)\{4x-(2x-1)\}$

$=(2x+1)(x+1)+(x+2)(2x+1)$

$=(2x+1)\{(x+1)+(x+2)\}$

$=(2x+1)(2x+3)$

(3) $(3\odot x)\odot x=23$

$(3x-3-x)\odot x=23$

$(2x-3)\odot x=23$

$x(2x-3)-(2x-3)-x=23$

$2x^2-3x-2x+3-x=23$

$2x^2-6x-20=0$

$x^2-3x-10=0$

$(x-5)(x+2)=0$

$x=5, -2$

(4) $x+y=\sqrt{14}+\sqrt{13}+\sqrt{14}-\sqrt{13}=2\sqrt{14}$

$xy=(\sqrt{14}+\sqrt{13})(\sqrt{14}-\sqrt{13})=14-13=1$

$\dfrac{1}{x^2}+\dfrac{1}{y^2}=\dfrac{y^2+x^2}{x^2y^2}=\dfrac{(x+y)^2-2xy}{x^2y^2}$

$=\dfrac{(2\sqrt{14})^2-2\times1}{1^2}=4\times14-2=54$

本冊p.100～p.101の解答

▶本冊 p.100

② (1) [図]

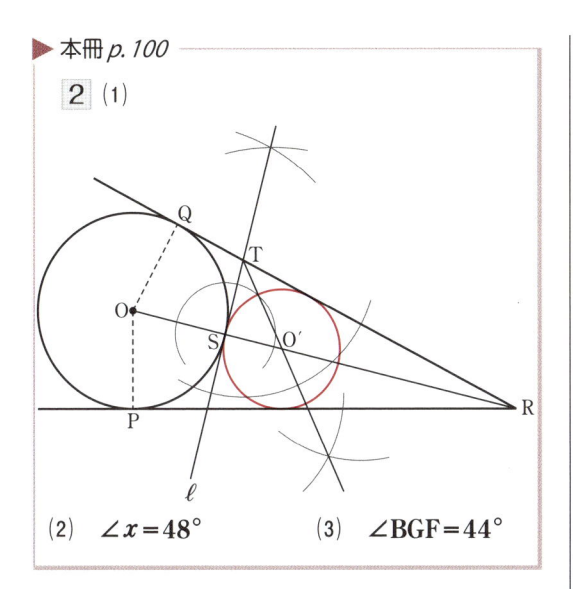

(2) ∠x = 48°   (3) ∠BGF = 44°

16° + ∠BGF = 30° + 30°
∠BGF = 44°

▶本冊 p.101

③ (1) $a = \dfrac{1}{4}$, $b = 2$ (2) $y = \dfrac{5}{2}x - 4$

(3) $-\dfrac{64}{5}$, 16

解 説

(1) 線分ORと円Oとの交点をSとし，Sを通ってORに垂直な直線ℓをひく。ℓとQRの交点をTとすると，作図したい円O'の中心O'は∠STRの二等分線とORの交点であり，円O'の半径はO'Sである。

(2) DE∥BCより，錯角は等しいので
∠DCB = ∠EDC = 21°
$\stackrel{\frown}{DB}$に対する円周角であるから
∠DAB = ∠DEB = ∠DCB = 21° 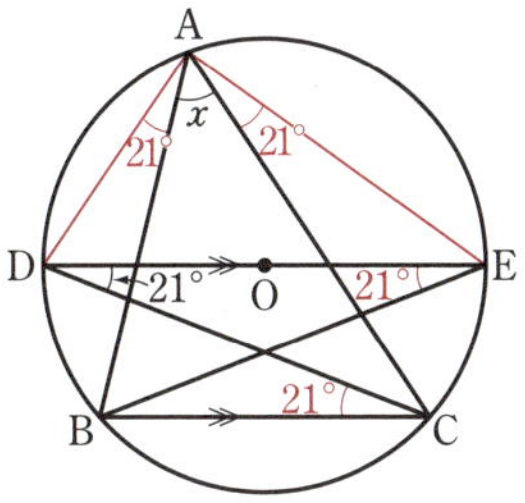
$\stackrel{\frown}{EC}$に対する円周角であるから
∠EAC = ∠EDC = 21°
∠DAEは半円の弧に対する円周角であるから90°
よって ∠x = 90° − 21° − 21° = 48°

(3) 3つの円の中心を結ぶと正三角形となり，A, B, Cはそれぞれ，その正三角形の辺の中点であるから，△ACBは正三角形。 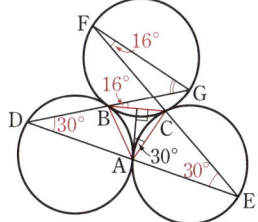
∠BACの二等分線は下の2つの円の共通内接線であるから，接弦定理により ∠AEC = 30°
同様に ∠ADB = 30°
$\stackrel{\frown}{CG}$に対する円周角であるから
∠GFC = ∠GBC = 16°
∠GFC + ∠BGF = ∠AEC + ∠ADB より

解 説

(1) 放物線 $y = ax^2$ と2点で交わる直線の式は，その x 座標をそれぞれ p, q とすると，
$y = a(p+q)x - apq$ と表される。
よって，直線ABの式は
$y = a(-4+2)x - a \times (-4) \times 2$
$y = -2ax + 8a$
$-2a = -\dfrac{1}{2}$ より $a = \dfrac{1}{4}$ $b = 8a = 2$ より $b = 2$

(2) 直線BC：$y = \dfrac{1}{4}(2+8)x - \dfrac{1}{4} \times 2 \times 8$ より
$y = \dfrac{5}{2}x - 4$

(3) 直線BCとx軸との交点をSとする。
$y = \dfrac{5}{2}x - 4$ に $y = 0$ を代入して $x = \dfrac{8}{5}$
よって S$\left(\dfrac{8}{5}, 0\right)$

ここで，△ABC = △KBCとなる点Kをx軸上にとる。

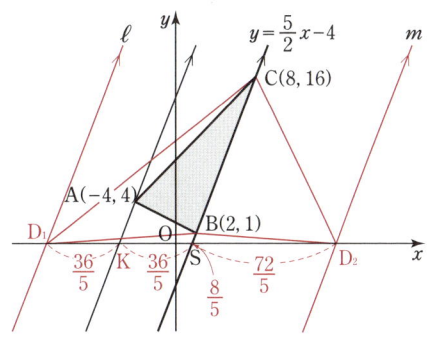

[図]

AK∥BCであるから AK：$y = \dfrac{5}{2}x + k$
A(−4, 4)を通るから $k = 14$
よって AK：$y = \dfrac{5}{2}x + 14$
この式に $y = 0$ を代入すると $x = -\dfrac{28}{5}$
よって K$\left(-\dfrac{28}{5}, 0\right)$

△DBC = 2△ABC = 2△KBCより平行線間の距離で考えて，求める点Dのうち，x座標が負の方をD_1，正の方をD_2とすると，

SとKのx座標の差は $\dfrac{8}{5}-\left(-\dfrac{28}{5}\right)=\dfrac{36}{5}$

よって

(D_1のx座標)$=-\dfrac{28}{5}-\dfrac{36}{5}=-\dfrac{64}{5}$

(D_2のx座標)$=\dfrac{8}{5}+\dfrac{36}{5}\times 2=\dfrac{80}{5}=16$

▶ 本冊 p.101

4 (1) [図]

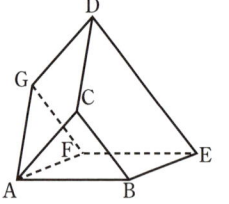

(2) $\dfrac{\sqrt{2}}{2}$ (3) 31:50

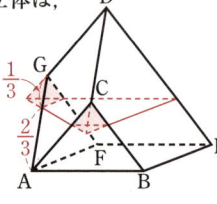

それぞれの体積は，$\left(\dfrac{4}{3}\right)^3 V$ と $\left(\dfrac{1}{3}\right)^3 V$ であるから，

(上側の体積)$=\left(\dfrac{4}{3}\right)^3 V-\left(\dfrac{1}{3}\right)^3 V\times 2=\dfrac{64-2}{27}V$

$=\dfrac{62}{27}V$

(下側の体積)$=6V-\dfrac{62}{27}V=\dfrac{162-62}{27}V=\dfrac{100}{27}V$

(上側の体積):(下側の体積)$=\dfrac{62}{27}V:\dfrac{100}{27}V$

$=31:50$

▶ 本冊 p.101

5 (1) $\dfrac{3}{2}$秒後，2秒後，3秒後

(2) ① $S=\dfrac{27}{2}$ cm^2 ② 2 cm

解説

(1) BC∥ED∥FGであることを参考にする。

(2) この立体は，1辺の長さが2の正四面体から，1辺の長さが1の正四面体を2つを取り除いたものである。DEの中点をHとし，Dから△GCHに垂線DIをひく。

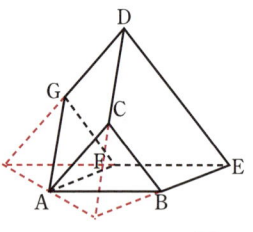

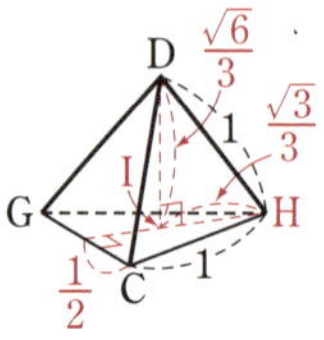

$IH=\dfrac{\sqrt{3}}{3}$ より

$DI=\sqrt{1^2-\left(\dfrac{\sqrt{3}}{3}\right)^2}$

$=\sqrt{\dfrac{6}{9}}=\dfrac{\sqrt{6}}{3}$

1辺の長さが1の正四面体の体積をVとすると

$V=\dfrac{1}{3}\times\dfrac{\sqrt{3}}{4}\times 1^2\times\dfrac{\sqrt{6}}{3}=\dfrac{\sqrt{2}}{12}$

1辺の長さが2の正四面体の体積は，相似比が1:2より，体積比は$1^3:2^3=1:8$であるから，$8V$となる。よって，求める体積は

$8V-2V=6V=6\times\dfrac{\sqrt{2}}{12}=\dfrac{\sqrt{2}}{2}$

(3) 切断面から上側にある立体は，1辺が$\dfrac{4}{3}$の正四面体から1辺が$\dfrac{1}{3}$の正四面体を2つ取り除いたものである。

解説

(1) 次の3つの場合である。

(i) [図]

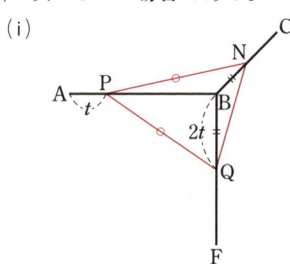

$2t=3$ より $t=\dfrac{3}{2}$ (秒後)

(ii) [図]

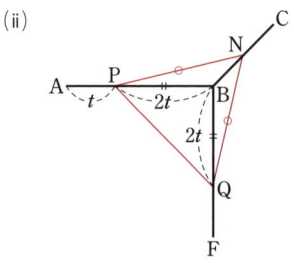

$3t=6$ より $t=2$ (秒後)

(iii) [図]

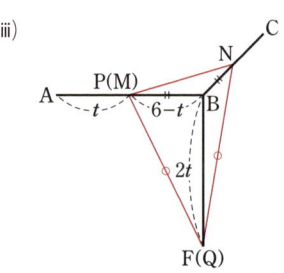

$6-t=3$ より $t=3$ (秒後)

(2) ① (ⅰ)の場合

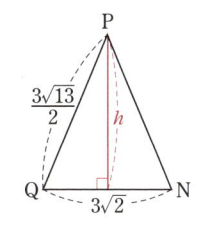

$QN = 3\sqrt{2}$

$PQ = PN = \sqrt{3^2 + \left(\dfrac{9}{2}\right)^2}$

$= \sqrt{9 + \dfrac{81}{4}} = \sqrt{\dfrac{117}{4}}$

$= \dfrac{3\sqrt{13}}{2}$

PからQNにひいた垂線の長さをhとすると

$h = \sqrt{\left(\dfrac{3\sqrt{13}}{2}\right)^2 - \left(\dfrac{3\sqrt{2}}{2}\right)^2}$

$= \sqrt{\dfrac{9 \times 13}{4} - \dfrac{18}{4}} = \sqrt{\dfrac{9 \times 11}{4}} = \dfrac{3\sqrt{11}}{2}$

よって $\triangle PQN = \dfrac{1}{2} \times 3\sqrt{2} \times \dfrac{3\sqrt{11}}{2} = \dfrac{9\sqrt{22}}{4}$

(ⅱ)の場合

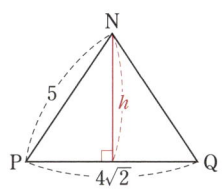

$PQ = 4\sqrt{2}$

$NP = NQ = \sqrt{3^2 + 4^2}$

$= \sqrt{25} = 5$

NからPQにひいた
垂線の長さをhとすると

$h = \sqrt{5^2 - (2\sqrt{2})^2} = \sqrt{25 - 8} = \sqrt{17}$

よって $\triangle NPQ = \dfrac{1}{2} \times 4\sqrt{2} \times \sqrt{17} = 2\sqrt{34}$

(ⅲ)の場合

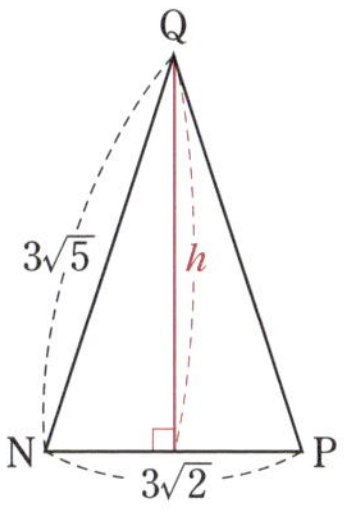

$NP = 3\sqrt{2}$

$QN = QP = \sqrt{3^2 + 6^2}$

$= \sqrt{45} = 3\sqrt{5}$

QからNPにひいた垂線の
長さをhとすると

$h = \sqrt{(3\sqrt{5})^2 - \left(\dfrac{3\sqrt{2}}{2}\right)^2}$

$= \sqrt{45 - \dfrac{18}{4}} = \sqrt{\dfrac{162}{4}} = \dfrac{9\sqrt{2}}{2}$

よって $\triangle QNP = \dfrac{1}{2} \times 3\sqrt{2} \times \dfrac{9\sqrt{2}}{2} = \dfrac{27}{2}$

(ⅰ)より $\dfrac{9\sqrt{22}}{4} = \dfrac{\sqrt{81 \times 22}}{4} = \dfrac{\sqrt{1782}}{4}$

(ⅱ)より $2\sqrt{34} = \dfrac{\sqrt{64 \times 34}}{4} = \dfrac{\sqrt{2176}}{4}$

(ⅲ)より $\dfrac{27}{2} = \dfrac{\sqrt{54 \times 54}}{4} = \dfrac{\sqrt{2916}}{4}$

したがって，面積が最大となるのは，(ⅲ)のとき

よって $S = \dfrac{27}{2}$

② (三角錐B-PQNの体積)

$= \dfrac{1}{3} \times \dfrac{1}{2} \times 3 \times 3 \times 6 = 9$

Bから$\triangle PQN$にひいた垂線の長さをpと
すると，①の(ⅲ)より

$\dfrac{1}{3} \times \dfrac{27}{2} \times p = 9$ $p = 9 \times \dfrac{6}{27} = 2$

(別解)

PNとBDの交点をRとする。

$RQ = \sqrt{\left(\dfrac{3\sqrt{2}}{2}\right)^2 + 6^2} = \sqrt{\dfrac{18}{4} + 36}$

$= \sqrt{\dfrac{162}{4}} = \dfrac{9\sqrt{2}}{2}$

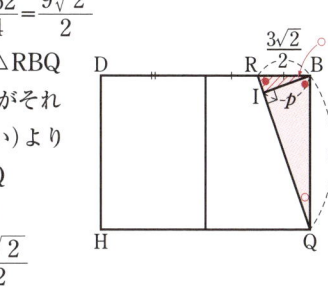

$\triangle RIB \backsim \triangle RBQ$
(2組の角がそれ
ぞれ等しい)より

RB : RQ
= BI : QB

$\dfrac{3\sqrt{2}}{2} : \dfrac{9\sqrt{2}}{2}$

$= p : 6$

$1 : 3 = p : 6$ よって $p = 2$

第3回 模擬テスト

▶本冊 p.102

1 (1) $a=1$, $b=-3$
(2) $a=4$　　(3) 502
(4) $(a, b)=(5, 100)$, $(20, 25)$

解説

(1) $\begin{cases} 2x+y=11 & \cdots① \\ 3ax+by=-6 & \cdots② \end{cases}$ $\begin{cases} bx+2ay=1 & \cdots③ \\ 8x-3y=9 & \cdots④ \end{cases}$

①, ④の連立方程式を解く。①×3+④より
$\quad 6x+3y=33$
$+)\ 8x-3y=9$
$\quad\overline{14x\quad=42}$
$x=3$　よって　$y=5$
$x=3$, $y=5$を②, ③に代入して
$\begin{cases} 9a+5b=-6 & \cdots②' \\ 3b+10a=1 & \cdots③' \end{cases}$
②'×3-③'×5より
$\quad 27a+15b=-18$
$-)\ 50a+15b=5$
$\quad\overline{-23a\quad=-23}$
$a=1$　よって　$b=-3$

(2) $x=-1$が$x^2-(2a-3)x+a^2-3a-10=0$の解であるから，代入して
$1+(2a-3)+a^2-3a-10=0$
$a^2-a-12=0$　　$(a-4)(a+3)=0$
よって　$a=4$, -3

(i) $a=4$のとき
$x^2-5x-6=0$より　$(x-6)(x+1)=0$
よって，$x=6$, -1となり，もう1つの解6は3の倍数であるから，適する。

(ii) $a=-3$のとき
$x^2+9x+8=0$　　$(x+8)(x+1)=0$
よって，$x=-8$, -1となり，もう1つの解-8は3の倍数ではないから，不適。
よって　$a=4$

(3) $\sqrt{2012+n^2}=a$とおく。（題意よりaは整数）
$2012+n^2=a^2$　　$a^2-n^2=2012$
$(a+n)(a-n)=2012$
$(a+n)(a-n)=2^2\times 503$

$a+n$	$a-n$	a	n
2012	1	非整数	非整数
1006	2	504	502
503	4	非整数	非整数

よって　$n=502$

(4) 2数a, bの最大公約数をp $(p>0)$とすると
$a=pk$　　（k, ℓは互いに素な自然数で，$k<\ell$）
$b=p\ell$
aとbの最小公倍数は100であるから
$pk\ell=100$　$\cdots①$
また，aとbの積が500であるから
$p^2k\ell=500$　$\cdots②$
①を②に代入して
$p(pk\ell)=500$　　$100p=500$　　よって　$p=5$
①に代入して
$5k\ell=100$　　$k\ell=20$
k, ℓは互いに素で，$k<\ell$より
$(k, \ell)=(1, 20)$, $(4, 5)$
したがって　$(a, b)=(5, 100)$, $(20, 25)$

▶本冊 p.102

2 (1) 2と3と5　(2) 1番目
(3) 7通り

解説

(1) $1\div 3=0$余り1, $2\div 3=0$余り2, $3\div 3=1$,
$4\div 3=1$余り1, $5\div 3=1$余り2
よって，題意を満たすのは　2と3と5

(2) $1\div 1=1$, $1\div 2=0$余り1, $1\div 3=0$余り1,
$1\div 4=0$余り1, $1\div 5=0$余り1
よって，題意を満たすのは　1番目

(3) それぞれ並べてもよいカードを記すと，次のようになる。

1番目	2番目	3番目	4番目	5番目
1 —	2 —	3 —	4 —	5
1 —	2 —	5 —	3 —	4
1 —	2 —	5 —	4 —	3
1 —	4 —	2 —	3 —	5
1 —	4 —	2 —	3 —	5
1 —	4 —	2 —	2 —	3
1 —	4 —	5 —	3 —	2

よって　7通り

▶本冊 p.102

3 (1) $\dfrac{1}{36}$ (2) $\dfrac{5}{54}$ (3) $\dfrac{7}{8}$

> 解 説

(1) さいころを3回ふって出る目の出方は,全部で
 $6 \times 6 \times 6 = 216$(通り)
 そのうち,$(1, 1, 1), (2, 2, 2), (3, 3, 3), \cdots,$
 $(6, 6, 6)$の6通りが該当するから
 $\dfrac{6}{6 \times 6 \times 6} = \dfrac{1}{36}$

(2) (1回目,2回目,3回目)として題意を満たすのは,
 $(1, 2, 3), (1, 2, 4), (1, 2, 5), (1, 2, 6),$
 $(1, 3, 4), (1, 3, 5), (1, 3, 6),$
 $(1, 4, 5), (1, 4, 6),$
 $(1, 5, 6),$
 $(2, 3, 4), (2, 3, 5), (2, 3, 6),$
 $(2, 4, 5), (2, 4, 6),$
 $(2, 5, 6),$
 $(3, 4, 5), (3, 4, 6),$
 $(3, 5, 6),$
 $(4, 5, 6)$
 の20通りであるから
 $\dfrac{20}{216} = \dfrac{5}{54}$

(3) 1度も2の倍数すなわち偶数が出ないのは,3回連続で奇数が出る場合である。1からその確率をひいて
 $1 - \dfrac{1}{2} \times \dfrac{1}{2} \times \dfrac{1}{2} = 1 - \dfrac{1}{8} = \dfrac{7}{8}$

▶本冊 p.102

4 $(a, b, c) = (2, 8, 13)$

> 解 説

$\begin{cases} a + bc = 106 & \cdots ① \\ ab + c = 29 & \cdots ② \\ a \leqq b \leqq c & \cdots ③ \end{cases}$

①+②より $a + ab + bc + c = 135$
 $ab + bc + a + c = 135$
 $b(a + c) + (a + c) = 135$
 $(a + c)(b + 1) = 135$

a, b, cは自然数で,③より $a + c \geqq b + 1$
また,②より $a + c \leqq ab + c = 29$

$\begin{cases} a + c = 27 \\ b + 1 = 5 \end{cases} \cdots ④ \quad \begin{cases} a + c = 15 \\ b + 1 = 9 \end{cases} \cdots ⑤$

④のとき $b = 4$
 ①より $a + 4c = 106$ ②より $4a + c = 29$
 これより $a = \dfrac{2}{3}$ となり,不適。

⑤のとき $b = 8$
 ①より $a + 8c = 106$ ②より $8a + c = 29$
 これより $a = 2, c = 13$ これは③を満たす。

▶本冊 p.103

5 (1) $a = 30$ (2) $a = 60$
  (3) $h = \dfrac{3}{2}b + \dfrac{35}{4}$

> 解 説

(1) $5t^2 = 20$ $t^2 = 4$
 $t > 0$ より $t = 2$
 よって,弾は2秒で20m落下するから,2秒間で60m進めばよい。
 $a = \dfrac{60}{2} = 30$(m/秒)

(2) $20 - 5t^2 = 35 - 20t$
 $4 - t^2 = 7 - 4t$
 $t^2 - 4t + 3 = 0$
 $(t-1)(t-3) = 0$
 $t = 1, 3$
 (1)より弾は2秒でQに着地するから,
 $0 < t < 2$ より $t = 1$
 よって,60mを1秒で進めばよいので
 $a = \dfrac{60}{1} = 60$(m/秒)

(3) $60 \div 40 = \dfrac{3}{2}$
 弾は$\dfrac{3}{2}$秒で的に当たるので
 $h - bt = 20 - 5t^2$
 $h = \dfrac{3}{2}b + 20 - 5 \times \dfrac{9}{4} = \dfrac{3}{2}b + \dfrac{35}{4}$
 よって $h = \dfrac{3}{2}b + \dfrac{35}{4}$

▶本冊 p.103

6 (1) $a = \dfrac{1}{2}$　　(2) B(4, 8)

(3) CD = 12

解説

(1) 円Aの直径は4であるから　A(2, 2)
$y = ax^2$ が点Aを通るから　$2 = 4a$　$a = \dfrac{1}{2}$

(2) Bの x 座標を t とおくと　B(t, $t+4$)
$y = \dfrac{1}{2}x^2$ が点Bを通るから　$t+4 = \dfrac{1}{2}t^2$
$t^2 - 2t - 8 = 0$　$(t-4)(t+2) = 0$　$t = 4, -2$
$t > 0$ であるから　$t = 4$
よって　B(4, 8)

(3) 円A, 円Bと y 軸との接点をそれぞれE, Fとする。 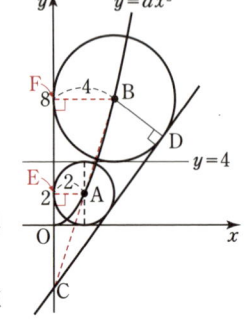
EA // FB であるから
CE : CF = AE : BF
　　　　= 2 : 4 = 1 : 2
CO = ℓ とおくと
$(\ell+2):(\ell+8) = 1:2$
$2\ell + 4 = \ell + 8$　$\ell = 4$
よって　C(0, −4)
△BCD ≡ △BCF（直角三角形で斜辺と他の1辺がそれぞれ等しい）であるから
CD = CF = 8 + 4 = 12

▶本冊 p.103

7 (1) OR = 3　　(2) $\dfrac{1}{3}$ 倍

(3) OH = $\dfrac{6\sqrt{5}}{5}$

解説

(1) 頂点Oから底面ABCDに垂線OIをひく。PQとOIの交点をSとすると 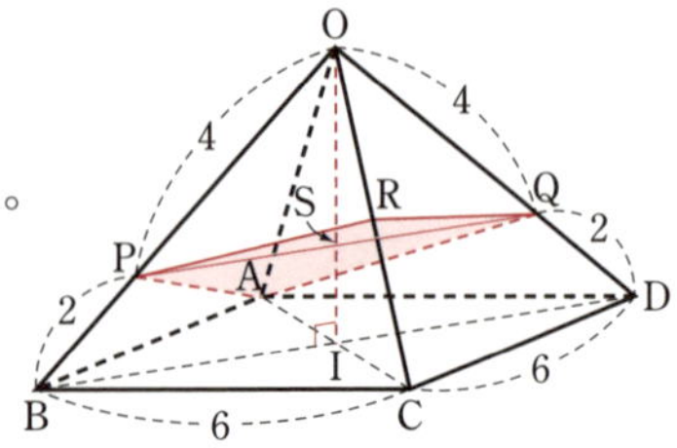
OS : SI = OP : PB = 2 : 1
AC = $6\sqrt{2}$ であるから, △OACはOA = OCの直角二等辺三角形である。
OC上にAR // IT となる点Tをとる。 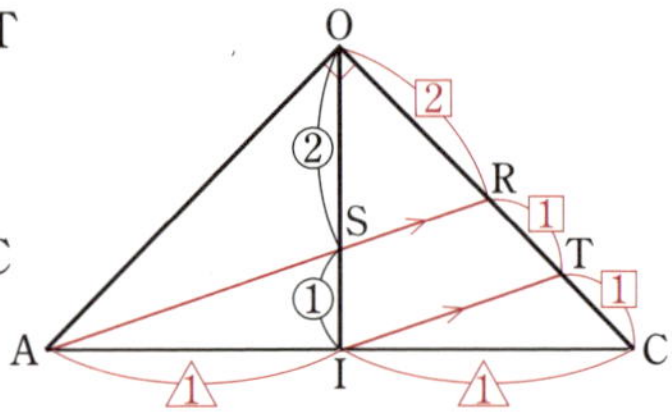
OR : RT : TC
= 2 : 1 : 1
よって, RはOCの中点。
したがって　OR = 3

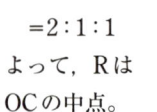

(2) 立体O-APRQは面OACに関して対称な立体である。 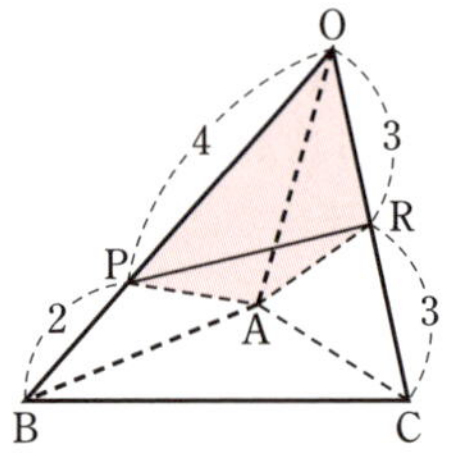
立体O-ABCDの体積を V とすると
（三角錐O-APRの体積）
$= \dfrac{2}{3} \times \dfrac{1}{2} \times 1 \times \dfrac{1}{2}V = \dfrac{1}{6}V$
よって　（立体O-APRQの体積）
$= \dfrac{1}{6}V \times 2 = \dfrac{1}{3}V$
したがって, $\dfrac{1}{3}$ 倍。

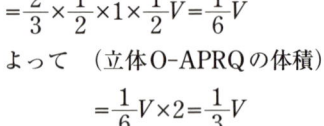

(3) △OARにおいて, 三平方の定理により 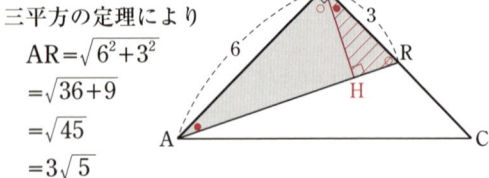
AR = $\sqrt{6^2 + 3^2}$
　　= $\sqrt{36+9}$
　　= $\sqrt{45}$
　　= $3\sqrt{5}$
△OHR ∽ △AOR（2組の角がそれぞれ等しい）より
OH : AO = OR : AR
OH : 6 = 3 : $3\sqrt{5}$
OH = $\dfrac{18}{3\sqrt{5}} = \dfrac{6}{\sqrt{5}} = \dfrac{6\sqrt{5}}{5}$

B